次の各問いに答えよ。ただし，気体はすべて理想気体とし，気体定数 $R = 8.3 \times 10^3$ Pa·L/(mol·K) とする。

(1) 27℃，1.2 L の気体を同圧で 77℃ にすると気体の体積は何 L になるか。

_____ L

(2) 容積一定の容器に 127℃ で気体を捕集したところ，8.0×10^4 Pa を示した。この気体を 7℃ としたとき，圧力は何 Pa を示すか。

_____ Pa

(3) 127℃，1.00×10^5 Pa で体積が 600 mL を占める気体の物質量〔mol〕を求めよ。

_____ mol

(4) ある気体 1.0 g をピストン付き容器に封入し，27℃，大気圧(1.0×10^5 Pa)で測定したところ，780 mL となった。この気体の分子量を整数で求めよ。

(5) 87℃で 4.0 L の気体は 1.5×10^5 Pa の圧力を示した。177℃，3.0×10^5 Pa にすると気体の体積は何 L になるか。

_____ L

(6) 1.0 mol の酸素を 27℃で 8.3 L の容器に封入した。酸素が示す圧力〔Pa〕を求めよ。

_____ Pa

(7) 温度を 45℃に保ったまま，1.0×10^5 Pa，8.0 L の気体の体積を 2.0 L にすると圧力は何 Pa になるか。

_____ Pa

(8) 27℃で，ある気体の圧力は 2.0×10^5 Pa であった。体積を一定に保って，圧力を 2.6×10^5 Pa にするには温度を何℃にすればよいか。

_____ ℃

(9) ある気体の密度は 17℃，1.0×10^5 Pa で 2.4 g/L であった。この気体の分子量はいくらか。

_____

次の各問いに答えよ。ただし，原子量は問題集の裏表紙にある「原子量概数値」の値を用いよ。

(1) 質量パーセント濃度 8.0 % の塩化ナトリウム水溶液（密度 1.0 g/cm³）のモル濃度を求めよ。

_____ mol/L

(2) 1.0 mol/L グルコース $C_6H_{12}O_6$ 水溶液（密度 1.0 g/cm³）の質量モル濃度〔mol/kg〕を求めよ。

_____ mol/kg

(3) 質量パーセント濃度 8.0 % の水酸化ナトリウム水溶液は，モル濃度で表すと 2.20 mol/L である。この水溶液の密度は何 g/cm³ か。

_____ g/cm³

(4) 水 100 g に硫酸銅(Ⅱ)五水和物 25 g を完全に溶かして，硫酸銅(Ⅱ)水溶液を得た。この溶液の質量パーセント濃度を求めよ。式量 $CuSO_4 = 160$，分子量 $H_2O = 18$

_____ %

(5) ある水溶液のモル濃度は C〔mol/L〕，密度は d〔g/cm³〕である。また，溶解している溶質のモル質量は M〔g/mol〕である。この水溶液の質量パーセント濃度を C，d，M を用いて表せ。

_____ %

(6) 100 g の水に，モル質量が M〔g/mol〕である物質を完全に溶解させた。この水溶液の密度が d〔g/cm³〕，モル濃度が C〔mol/L〕であるとき，溶解した物質の質量は何 g か，C，d，M を用いて表せ。

_____ g

(7) モル質量 M〔g/mol〕の物質を C〔mol〕溶かした 1.0 L の水溶液を調製した。この水溶液の密度は d〔g/cm³〕である。この水溶液の質量モル濃度 m〔mol/kg〕を M，C，d を用いて表せ。

_____ mol/kg

次の各問いに答えよ。ただし，水のイオン積 $K_w = 1.0 \times 10^{-14} \, (mol/L)^2$ とする。

(1) $[H^+] = 1.0 \times 10^{-2} \, mol/L$ の水溶液の pH はいくらか。

pH _____

(2) $[OH^-] = 1.0 \times 10^{-3} \, mol/L$ の水溶液の pH はいくらか。

pH _____

(3) pH 4 の水溶液に水を加え，体積を 100 倍にした水溶液の pH はいくらか。

pH _____

(4) pH 6 の水溶液に水を加え，体積を 100 倍にした水溶液の pH はおよそいくらか。

pH _____

(5) 0.050 mol/L の硫酸水溶液の pH はいくらか。硫酸は完全に電離するものとする。

pH _____

(6) 0.010 mol/L の酢酸水溶液の pH を求めよ。ただし，電離度を 1.0×10^{-2} とする。

pH _____

(7) (6)の水溶液を 9 倍に薄めると，電離度は何倍になるか。酢酸の電離定数を $2.8 \times 10^{-5} \, mol/L$ とする。

_____ 倍

(8) 標準状態で 224 mL のアンモニアを水に溶かして 100 mL にした水溶液の pH は 10 だった。アンモニアの電離度はいくらか。

_____

(9) pH 1 の水溶液と pH 2 の水溶液とを 10 mL ずつ混合したときの水素イオン濃度はいくらか。

_____ mol/L

(10) 0.10 mol/L の酢酸水溶液 100 mL に酢酸ナトリウムを $5.0 \times 10^{-3} \, mol$ 溶かした溶液の水素イオン濃度はいくらか。酢酸の電離定数を $2.8 \times 10^{-5} \, mol/L$ とし，溶液の体積変化はないものとする。

_____ mol/L

次の各問いに答えよ。

(1) 水素 1.0 mol とヨウ素 1.5 mol を 100 L の容器に入れ，ある温度に保った。このときの水素の物質量は，はじめは減少し，時刻 t を過ぎると 0.1 mol になった。時刻 t において生成するヨウ化水素の物質量はいくらか。また，この温度における平衡定数を求めよ。ただし，反応は次式で表されるものとする。$H_2 + I_2 \rightleftarrows 2HI$

ヨウ化水素 ＿＿＿＿ mol ＿＿＿ 平衡定数

(2) ピストン付きの容器に 1.0 mol の四酸化二窒素 N_2O_4 を入れ，一定温度で圧力 2.0×10^5 Pa に保ったところ，一部が解離して二酸化窒素 NO_2 が生じ，平衡状態に達した（$N_2O_4 \rightleftarrows 2NO_2$）。このとき，生成した二酸化窒素が 1.2 mol であったとすると，二酸化窒素の分圧はいくらか。また，圧平衡定数はいくらか。

＿＿＿＿＿＿＿ Pa

＿＿＿＿＿＿＿ Pa

(3) 酢酸は，水溶液中で次のような電離平衡の状態になる。$CH_3COOH \rightleftarrows CH_3COO^- + H^+$
ある温度で酢酸の電離定数 K_a は 2.0×10^{-5} mol/L であった。この温度で pH の値が 3 の酢酸水溶液の濃度は何 mol/L か。ただし，この濃度における酢酸の電離度は 1 に比べて非常に小さいとする。

＿＿＿＿＿＿＿ mol/L

(4) 塩化鉛(Ⅱ)は難溶性の塩であり，その溶解度積は $K_{sp} = [Pb^{2+}][Cl^-]^2$ で表される。

(ア) ある温度での塩化鉛(Ⅱ)飽和水溶液のモル濃度は 5.0×10^{-3} mol/L であった。溶解度積 K_{sp} は何 $(mol/L)^3$ か。

(イ) (ア)と同じ温度で 0.50 mol/L の塩酸 1.0 L に塩化鉛(Ⅱ)を何 mol まで溶かすことができるか。ただし，溶液中の塩化物イオンは，塩酸の電離によるものと近似してよい。また，溶液の体積変化はないものとする。

＿＿＿＿＿＿＿ $(mol/L)^3$

＿＿＿＿＿＿＿ mol

P.7 ▶**1** 状態変化

1 解答

(1) B （エ）　　D （オ）　　E （ウ）
(2) T_1 融点　0 ℃　273 K　　T_2 沸点　100 ℃　373 K
(3) T_1 融解熱　　T_2 蒸発熱

解説

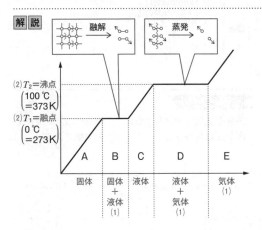

(3) 融解熱…粒子間にはたらく結合力を一部切断するため
に必要なエネルギー。

蒸発熱…粒子間にはたらく結合力を完全に切断するた
めに必要なエネルギー。

2 解答

(1) Cl_2　　(2) C_3H_8　　(3) NH_3　　(4) HF

解説

	(1) F_2	Cl_2	(2) C_2H_6	C_3H_8
①水素結合	×	×	×	×
②極性	×	×	×	×
③分子量	$F_2 <$	Cl_2	$C_2H_6 <$	C_3H_8

└周期表の位置で判断

	(3) NH_3	CH_4	(4) HF	HCl
①水素結合	○	×	○	×

3 解答

(1) 1.01×10^3 hPa　　(2) 9.09×10^4 Pa　　(3) 608 mmHg

解説　(1) 1.01×10^5 Pa $= 1.01 \times 10^5$ Pa $\times \dfrac{1 \text{ hPa}}{10^2 \text{ Pa}} = 1.01 \times 10^3$ hPa

(2) 0.90 atm $\times \dfrac{1.01 \times 10^5 \text{ Pa}}{1 \text{ atm}} = 9.09 \times 10^4$ Pa

(3) 8.08×10^4 Pa $\times \dfrac{760 \text{ mmHg}}{1.01 \times 10^5 \text{ Pa}} = 608$ mmHg

4 解答

(1) 気液平衡　(2) (飽和)蒸気圧

解説

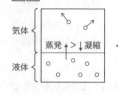

気体の蒸気は飽和
気液平衡の気体の圧力
→ (2)(飽和)蒸気圧

(1)気液平衡

---

5 解答

(1) C　(2) $2.0×10^4$ Pa
(3) $6.5×10^4$ Pa　(4) (イ)

解説

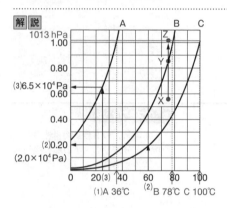

(4)
X: 75℃, $5.5×10^4$ Pa → Y: 75℃, $\boxed{8.5×10^4\,\text{Pa}}$ → Z: 75℃, $1.0×10^5$ Pa
＝蒸気圧

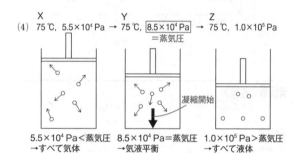

凝縮開始

$5.5×10^4$ Pa＜蒸気圧　$8.5×10^4$ Pa＝蒸気圧　$1.0×10^5$ Pa＞蒸気圧
→すべて気体　　　　→気液平衡　　　　→すべて液体

---

6 解答

(1) (ア) 凝固　(イ) 融解　(ウ) 凝縮
　(エ) 蒸発　(オ) 昇華　(カ) 凝華
(2) ① 凝固熱　② 融解熱　③ 蒸発熱　④ 昇華熱
(3) 気体

解説

固体　　　　　　液体　　　　　　気体

その場で振動　　位置は変わる　　自由に運動
　　　　　　　　自由に動けない

エネルギー 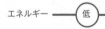 低　　中　　高

7 〔解答〕

(1) NaCl, (イ)　(2) Br₂, (ウ)　(3) H₂O, (ア)

....

〔解説〕 (1) I₂…分子結晶　NaCl…イオン結晶

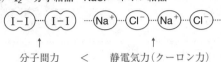

分子間力　＜　静電気力(クーロン力)

(2)　　　　　　Cl₂　　Br₂　(3)　　　　　　H₂O　H₂S
①水素結合　　×　　　×　　①水素結合　○　　×
②極性　　　　×　　　×
③分子量　　Cl₂　＜　Br₂
　　　　　　└周期表の位置で判断

▶ ベストフィット

結合力の強弱
共有結合＞イオン結合・金属結合＞分子間力

---

8 〔解答〕

(1) 分子間にはたらくファンデルワールス力は,
　　分子量が大きいほど大きくなるため。
(2) 16, 17族の水素化合物は極性分子, 14族の
　　水素化合物は無極性分子であるため。
(3) HFの分子間には, 水素結合が形成されるため。

▶ ベストフィット

極性の有無は, 電気陰性度と分子の形から判断する。

....

〔解説〕 分子間にはたらく力❶

無極性分子

CH_4 .... CH_4
ファンデルワールス力

極性分子
$\overset{\delta+}{H} - \overset{\delta-}{Cl}$ .... $\overset{\delta+}{H} - \overset{\delta-}{Cl}$
ファンデルワールス力
＋静電気力

極性分子(HF, H₂O, NH₃)
$\overset{\delta+}{H} - \overset{\delta-}{F}$ .... $\overset{\delta+}{H} - \overset{\delta-}{F}$
ファンデルワールス力
＋水素結合

F, O, Nは特に電気陰性度が大きく,
これらの水素化合物は特に大きな極性
をもつ。

❶ keyword
(1)分子量が大きいほど大きくなる
(2)極性分子, 無極性分子
(3)水素結合

9 解答

(1) 3.4 kJ (2) 18 kJ

(3) 水の融解熱は，分子間にはたらく水素結合を一部断ち切るために必要な
エネルギーであるのに対し，蒸発熱は分子間にはたらく水素結合を完全
に断ち切るために必要なエネルギーであるため。

(4) (A) 7 (B) 43 (C) 88 (D) 340

▶ ベストフィット

単位に着目すると
$$Q = mcT$$
↔ $J = \not{g} \times \dfrac{J}{\not{g} \times \not{℃}} \times \not{℃}$

解説 (1)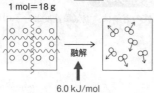

$$Q = m \times c \times T$$

54 g 2.1 J/(g·℃) 0℃ − (−30℃)
= 30℃

$= 54 \text{ g} \times 2.1 \text{ J/(g·℃)} \times 30℃ = 3402 \text{ J} ≒ 3.4 \text{ kJ}$

$\times \dfrac{1 \text{ kJ}}{10^3 \text{ J}}$

(2) 融解熱 6.0 kJ/mol

→ 氷 1 mol を融解するために 6.0 kJ の熱が必要。

1 mol = 18 g

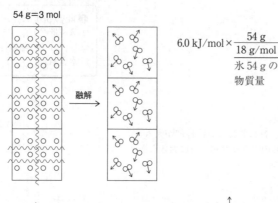

融解

6.0 kJ/mol

54 g = 3 mol

融解

$6.0 \text{ kJ/mol} \times \dfrac{54 \text{ g}}{18 \text{ g/mol}} = 18 \text{ kJ}$

氷 54 g の
物質量

(3)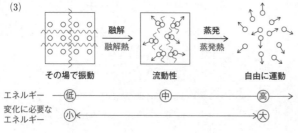

融解 　　蒸発
融解熱 　蒸発熱

その場で振動　　流動性　　自由に運動

エネルギー ── 低 ──── 中 ──── 高 →
変化に必要な　小 ←──────── 大
エネルギー

(4)

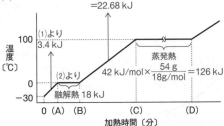

$Q = mcT = 54\,g \times 4.2\,J/(g\cdot℃) \times 100\,℃$
$= 22.68\,kJ$

(1)より 3.4 kJ

(2)より 融解熱 18 kJ

$42\,kJ/mol \times \dfrac{54\,g}{18\,g/mol} = 126\,kJ$

蒸発熱

$$加熱時間〔分〕 = \dfrac{必要な熱量〔J〕}{単位時間あたり与えた熱量〔J/分〕} \leftarrow 500\,J/分$$

$0 \sim (A) \cdots \dfrac{3.4 \times 10^3\,J}{500\,J/分} = 6.8\,分$ (A) 7 分

$(A) \sim (B) \cdots \dfrac{18 \times 10^3\,J}{500\,J/分} = 36\,分 \xrightarrow{+(A)}$ (B) 42.8 分 ≒ 43 分

$(B) \sim (C) \cdots \dfrac{22.68 \times 10^3\,J}{500\,J/分} = 45.36\,分 \xrightarrow{+(B)}$ (C) 88.16 分 ≒ 88 分

$(C) \sim (D) \cdots \dfrac{126 \times 10^3\,J}{500\,J/分} = 252\,分 \xrightarrow{+(C)}$ (D) 340.16 分 ≒ 340 分

---

10 解答

(1) ○   (2) 異なる   (3) ○
(4) 混ざり合う   (5) 存在する

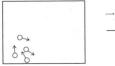

> **ベストフィット**
>
> 拡散の速度は物質の種類や温度によって異なる。

解説 (1) ○

低温

一定時間後 →

高温

一定時間後 →

高温ほど分子速度が速いので拡散速度も速くなる。

(2) × 異なる

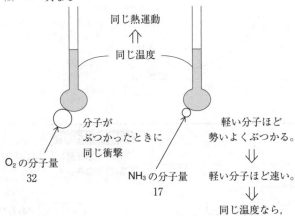

同じ熱運動
⇑
同じ温度

O_2 の分子量 32

分子がぶつかったときに同じ衝撃

NH_3 の分子量 17

軽い分子ほど勢いよくぶつかる。
⇓
軽い分子ほど速い。
⇓
同じ温度なら，
軽い分子は分子速度が速いので
拡散速度も速い。

(3) ○ 液体の水分子でも速いものも遅いものもある。

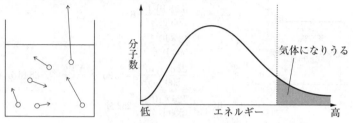
一定以上の速さのものは空気中に出ていく

気体になりうる

分子数

低　　　　エネルギー　　　　高

エネルギーの高い分子が空気中に出ていくと水の温度は低下する。

(4) × 混ざり合う

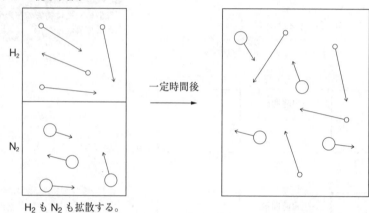

H₂

N₂

一定時間後

H₂ も N₂ も拡散する。

(5) × 存在する

5℃ の水でも速い分子は存在する。ただし，その割合は温度が高い場合と比べて少ない。

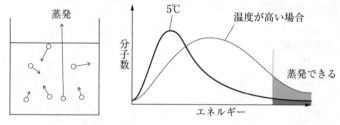
蒸発

5℃

温度が高い場合

分子数

蒸発できる

エネルギー

---

11 解答

(2)

解説

低温　　　高温

高温になると
エネルギーの大きな粒子の
割合が増す。

12 解答

2.5×10⁴ Pa

解説

ベストフィット

同じ高さでは，同じ圧力がはたらく。

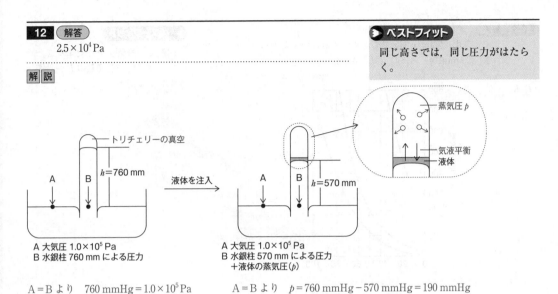

A＝B より　760 mmHg＝1.0×10⁵ Pa

A＝B より　p＝760 mmHg－570 mmHg＝190 mmHg
　　　　　　　大気圧

$$p＝190\,\text{mmHg}\times\frac{1.0\times10^5\,\text{Pa}}{760\,\text{mmHg}}＝2.5\times10^4\,\text{Pa}$$

---

13 解答

(1)　(ア)　　(2)　(ウ)　　(3)　(イ)　　(4)　(ア)

ベストフィット

気液平衡に達している場合，温度一定なら，蒸気圧も一定である。

解説　(1)　蒸気圧曲線　　　　(2)

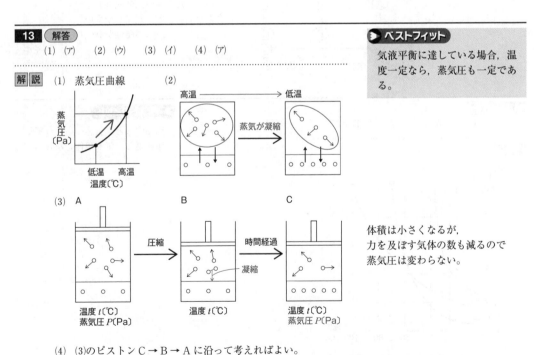

体積は小さくなるが，
力を及ぼす気体の数も減るので
蒸気圧は変わらない。

(4)　(3)のピストンC→B→Aに沿って考えればよい。

14 解答

(1) C 理由 760 mmHg での沸点が 100℃ であるため。

(2) 約 220 mmHg　(3) A　(4) C

ベストフィット
同温での蒸気圧を比較することで，揮発性や蒸発熱の大小関係がわかる。

解説 (2)

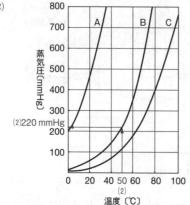

(3)(4)

沸点	A	<	B	<	C
(1.0×10⁵ Pa)	34℃		78℃		100℃
結合力	A	<	B	<	C

$(1.0 \times 10^5\,\text{Pa})$

結合力が強いほど，液体から気体の変化に大きなエネルギーが必要→蒸発熱は大きい。

結合力が弱いほど，蒸発しやすい。

　　　　　　（揮発性が高い）

蒸発熱　小 ←――――――→ 大

揮発性　高 ←――――――→ 低

---

15 解答

(1) C, B, A　(2) A, C, B

ベストフィット
冷却すると，気体の圧力は蒸気圧に達し，気液平衡となる。

解説

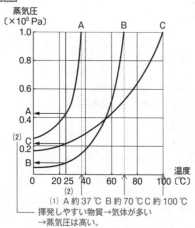

(1) A 約 37℃　B 約 70℃　C 約 100℃

└─ 揮発しやすい物質→気体が多い
　　→蒸気圧は高い。

16 解答

(1) 蒸気圧曲線　(2) A (ア)　B (ウ)　C (イ)

(3) 昇華

> **ベストフィット**
> 状態変化は，温度・圧力の変化にともなって起こる。

解説

(2) (イ)　氷 ⇄ 水（加圧 / 減圧）

密度小　密度大

加圧すると，密度が大きな方向へ状態変化(融解)する。

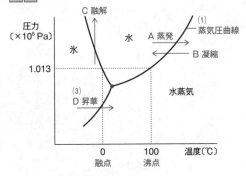

P.16 ▶**1** 固体の構造

17 解答

(1) 銅 12　ナトリウム 8

(2) 銅 $\dfrac{\sqrt{2}}{4}a$〔cm〕　ナトリウム $\dfrac{\sqrt{3}}{4}a$〔cm〕

ベストフィット

面心立方格子は面，体心立方格子は対角線の断面に注目する。

解説 (1)

銅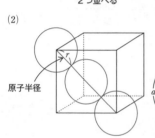

配位数

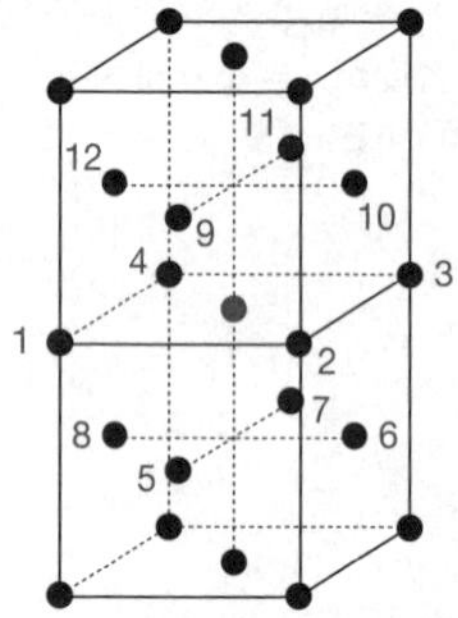

単位格子を
2つ並べる

ナトリウム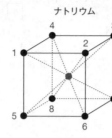

(2)

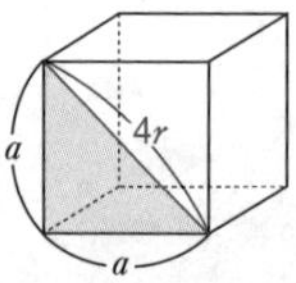

原子半径

$(4r)^2 = a^2 + a^2$

$r = \dfrac{\sqrt{2}}{4}a$

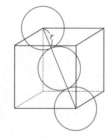

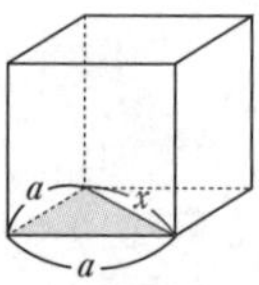

$x^2 = a^2 + a^2$

$x = \sqrt{2}\,a$

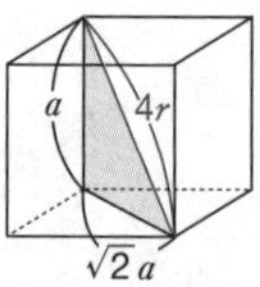

$(4r)^2 = a^2 + (\sqrt{2}\,a)^2$

$r = \dfrac{\sqrt{3}}{4}a$

18 解答

(1) セシウムイオン　1個　　塩化物イオン　1個
(2) 8個

ベストフィット

イオン結晶では，陽イオンと陰イオンが規則正しく配列している。

解説

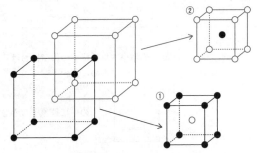

○：Cs⁺イオン
●：Cl⁻イオン

陽イオン，陰イオンのみに注目すると，ともに体心立方格子を形成している。

(1) ①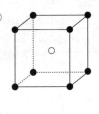

立方体の中心にあるもの

 1個…セシウムイオン

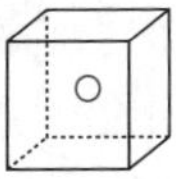

頂点にあるもの

 立方体の中に $\frac{1}{8}$ 個含まれる

 $\frac{1}{8}$ 個×頂点の数＝$\frac{1}{8}$ 個×8＝1個…塩化物イオン

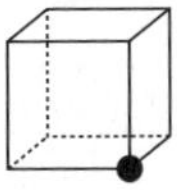

②

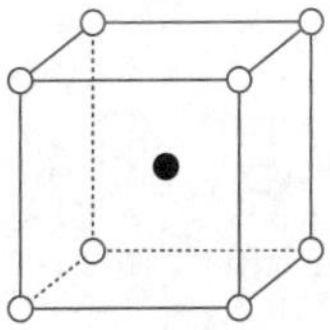

立方体の中心にあるもの
　1個…塩化物イオン
頂点にあるもの
　$\frac{1}{8}$ 個×8＝1個…セシウムイオン

どちらに着目しても同じ結果が得られる。

(2) ②の図で考えるとわかりやすい。

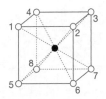

19 解答

(1) (ア) 0.13 nm　(イ) 7.7 g/cm^3　(ウ) 67.9 %

(2) (ア) 0.14 nm　(イ) 73.8 %　(ウ) 27

(3) (ア) 名称　六方最密構造　原子の数　2個

　　(イ) 12

解説　(1) 絵を書く。　体心立方格子
　　　　　　　　　　└立方体の中心

(ア)

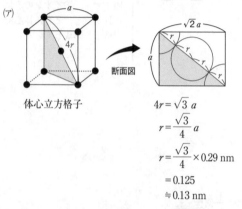

体心立方格子　　　　断面図

$4r = \sqrt{3}\,a$

$r = \dfrac{\sqrt{3}}{4}a$

$r = \dfrac{\sqrt{3}}{4} \times 0.29\ \text{nm}$

$= 0.125$

$\fallingdotseq 0.13\ \text{nm}$

(イ)　密度 $d\ [\text{g/cm}^3] = \dfrac{\text{単位格子の質量}\ [\text{g}]}{\text{単位格子の体積}\ [\text{cm}^3]}$

単位格子の質量：鉄原子 $\dfrac{1}{8} \times 8 = 2$ 個分
　　　　　　立方体　│──頂点の数
　　　　　の中心───頂点

単位格子の体積：1辺の長さ $0.29\ \text{nm} \times \dfrac{10^{-7}\,\text{cm}}{1\ \text{nm}} \times 10^{-9}$... 10^{-2}

$= 2.9 \times 10^{-8}\ \text{cm}$

Fe原子1個の質量

$d\ [\text{g/cm}^3] = \dfrac{\dfrac{56\ \text{g/mol}}{6.0 \times 10^{23}/\text{mol}} \times \boxed{2}}{(2.9 \times 10^{-8}\ \text{cm})^3} = 7.65 \fallingdotseq 7.7\ \text{g/cm}^3$

Fe 2個

(ウ)　充填率…単位格子の体積における原子が
　　　　　　　占める割合。

　　　　の中に鉄原子○が2個

充填率〔%〕$= \dfrac{○ \times 2}{□} \times 100$

○ 1個の体積

$= \dfrac{\dfrac{4}{3}\pi r^3\,[\text{nm}^3] \times 2}{a^3\,[\text{nm}^3]} \times 100$

$r = \dfrac{\sqrt{3}}{4}a$ より

充填率〔%〕$= \dfrac{\dfrac{4}{3}\pi\left(\dfrac{\sqrt{3}}{4}a\right)^3 \times 2}{a^3} \times 100$

$= 67.90 \fallingdotseq 67.9\ \%$

(2)(ア) 絵を書く。

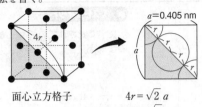

面心立方格子

$a = 0.405$ nm

$4r = \sqrt{2}\,a$

$r = \dfrac{\sqrt{2}}{4}\,a$

$r = \dfrac{\sqrt{2}}{4} \times 0.405$ nm

$= 0.142$

$≒ 0.14$ nm

(イ)

の中に原子○が4個

$\longrightarrow \underset{\text{面の中心}}{\dfrac{1}{2}\text{個}} \times \underset{\text{面の数}}{6} + \underset{\text{頂点}}{\dfrac{1}{8}\text{個}} \times \underset{\text{頂点の数}}{8} = 4\text{個分}$

充填率〔%〕$= \dfrac{○ \times 4}{\square} \times 100$

$= \dfrac{\dfrac{4}{3}\pi r^3\,[\text{nm}^3] \times 4}{a^3\,[\text{nm}^3]} \times 100$

$r = \dfrac{\sqrt{2}}{4}a$ より

充填率〔%〕$= \dfrac{\dfrac{4}{3}\pi\left(\dfrac{\sqrt{2}}{4}a\right)^3 \times 4}{a^3} \times 100$

$= 73.79 ≒ 73.8\,\%$

(ウ) 密度 $d\,[\text{g/cm}^3] = \dfrac{\text{原子○ 4個分の質量}\,[\text{g}]}{\square\,\text{の体積}\,[\text{cm}^3]}$

$\left[\begin{array}{c}\text{質量}[\text{g}]:\text{原子量}\,M \to \text{モル質量}\,M[\text{g/mol}] \\[4pt] \dfrac{M[\text{g/mol}]}{6.0\times10^{23}/\text{mol}} \times 4 \\[4pt] \underset{\text{原子1個の質量}}{\underline{\qquad\qquad}}\end{array}\right.$

$d\,[\text{g/cm}^3] = \dfrac{\dfrac{M}{6.0\times10^{23}} \times 4\,[\text{g}]}{(4.05\times10^{-8}\,\text{cm})^3} = 2.7\ \text{g/cm}^3$

$M\,[\text{g/mol}] = 26.9$

$≒ 27\ \text{g/mol}$

(3)(ア)

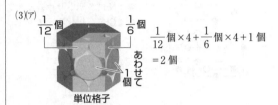

単位格子

$\dfrac{1}{12}$個$\times 4 + \dfrac{1}{6}$個$\times 4 + 1$個

$= 2$個

(イ)

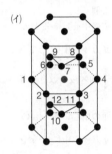

20 解答

$\dfrac{da^3N_A}{4}$

> ベストフィット
> 文字で表されていても，考え方は一緒。

解説

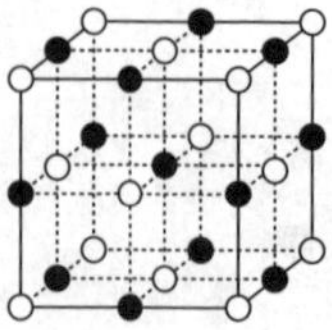

●：Na^+　ナトリウムイオン
○：Cl^-　塩化物イオン

①Na^+の数

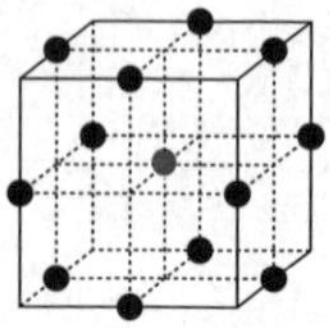

●立方体の中心にあるもの
1個
●辺の中心にあるもの
立方体の中に$\dfrac{1}{4}$個含まれる。
$\dfrac{1}{4}$個×辺の数＝$\dfrac{1}{4}$個×12＝3個

②Cl^-の数

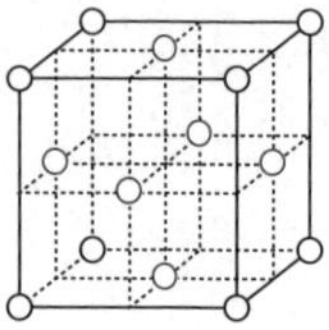

○面の中心にあるもの
立方体の中に$\dfrac{1}{2}$個含まれる。
$\dfrac{1}{2}$個×面の数＝$\dfrac{1}{2}$個×6＝3個
○頂点にあるもの
$\dfrac{1}{8}$個×頂点の数＝$\dfrac{1}{8}$個×8＝1個

単位格子の中にNa^+，Cl^-それぞれ4個ずつ含まれる。

密度 d〔g/cm³〕＝$\dfrac{\text{NaCl ●○ 4 個分の質量〔g〕}}{\text{□の体積　〔cm}^3\text{〕}}$

NaCl ●○ 4個分の質量

式量 M ⟶ モル質量 M〔g/mol〕

$\dfrac{M\text{〔g/mol〕}}{N_A\text{〔/mol〕}}\times 4$

└ NaCl ●○ 1個分の質量

$$d\text{〔g/cm}^3\text{〕}=\frac{\dfrac{M}{N_A}\times 4\text{〔g〕}}{a^3\text{〔cm}^3\text{〕}}$$

$$\Leftrightarrow\quad M=\frac{da^3N_A}{4}$$

21 解答

(1) (エ)　(2) 4個　(3) 8個

(4) $d = \dfrac{96}{a^3 N_A}$

▶ ベストフィット

与えられた図を正確にとらえる。

解説

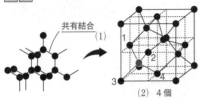

共有結合 (1)

(2) 4個

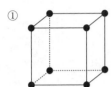

① 頂点にあるもの

$\dfrac{1}{8}$ 個 × 頂点の数 $= \dfrac{1}{8}$ 個 × 8

$= 1$ 個

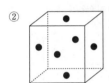

② 面の中心にあるもの

$\dfrac{1}{2}$ 個 × 面の数 $= \dfrac{1}{2}$ 個 × 6

$= 3$ 個

③ 小立方体の中心にあるもの
4個

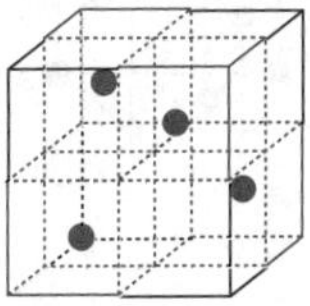

① + ② + ③ = 1個 + 3個 + 4個 = 8個
(3)

密度 $d(\text{g/cm}^3) = \dfrac{\text{炭素原子○ 8 個分の質量〔g〕}}{\text{⬜ の体積〔cm}^3\text{〕}}$

炭素原子 8 個分の質量

原子量 C = 12 $\longrightarrow$ モル質量 12 g/mol

$\boxed{\dfrac{12\,\text{g/mol}}{N_A(\text{/mol})}} \times 8$

└ 炭素原子○ 1 個分の質量

$d(\text{g/cm}^3) = \dfrac{\dfrac{96}{N_A}(\text{g})}{a^3(\text{cm}^3)} = \dfrac{96}{a^3 N_A}(\text{g/cm}^3)$
(4)

---

22 解答

(1) 面心立方格子　(2) CaF_2　(3) $\dfrac{4}{3}\sqrt{3}\,(r^+ + r^-)$

(4) 3.1 g/cm³

▶ ベストフィット

断面図を正確に書く。

解説

(1)

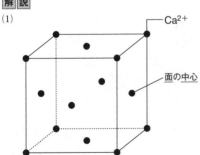

─ Ca²⁺

─ 面の中心

(2) Ca²⁺ ●
　　 F⁻　　●

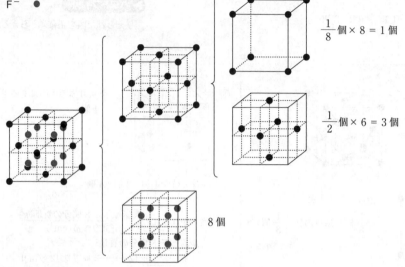

$\dfrac{1}{8}$個 × 8 = 1 個

$\dfrac{1}{2}$個 × 6 = 3 個

8 個

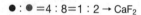

● : ● = 4 : 8 = 1 : 2 → CaF₂

(3)

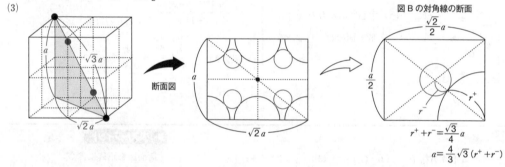

図 B の対角線の断面

断面図

$r^+ + r^- = \dfrac{\sqrt{3}}{4}a$

$a = \dfrac{4}{3}\sqrt{3}\,(r^+ + r^-)$

(4)　密度 $d\,[\mathrm{g/cm^3}] = \dfrac{\text{Ca}^{2+} \text{● 4 個と F}^- \text{● 8 個の質量〔g〕}}{\square \text{の体積〔cm}^3\text{〕}}$

・Ca²⁺ ● 4 個分の質量
　式量 40 → モル質量 40 g/mol

　　$\dfrac{40\ \mathrm{g/mol}}{N_A\,[\mathrm{/mol}]} \times 4$　…①

・F⁻ ● 8 個分の質量
　式量 19 → モル質量 19 g/mol

　　$\dfrac{19\ \mathrm{g/mol}}{N_A\,[\mathrm{/mol}]} \times 8$　…②

　　　　　　　　　　　　　┌ CaF₂ のモル質量

①+②　$\dfrac{40\ \mathrm{g/mol}}{N_A\,[\mathrm{/mol}]} \times 4 + \dfrac{19\ \mathrm{g/mol}}{N_A\,[\mathrm{/mol}]} \times 8 = \dfrac{\boxed{78\ \mathrm{g/mol}}}{N_A\,[\mathrm{/mol}]} \times 4$

　　$d\,[\mathrm{g/cm^3}] = \dfrac{\dfrac{78\ \mathrm{g/mol}}{6.0 \times 10^{23}\,\mathrm{/mol}} \times 4}{(5.5 \times 10^{-8}\,\mathrm{cm})^3} = 3.12 \fallingdotseq 3.1\ \mathrm{g/cm^3}$

23 解答

(1)　1.5×10^5 Pa　　(2)　360 mL　　(3)　7.2 L

解説　①気体の状態方程式　$pV = nRT$ を基本に考える。

②各問いについて定数に〇をつける。

（n〔mol〕については，化学変化しない限り一定と考える）

③式変形を行う。

(1)

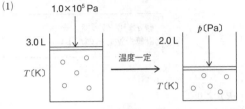

1.0×10⁵ Pa
3.0 L
T〔K〕
温度一定
p〔Pa〕
2.0 L
T〔K〕

$$pV = \textcircled{n}\textcircled{R}\textcircled{T} = (\text{一定}) \cdots \text{ボイルの法則}$$
気体定数

1.0×10^5 Pa $\times 3.0$ L $= p$〔Pa〕$\times 2.0$ L

$p = 1.5 \times 10^5$ Pa

(2)

p〔Pa〕　　　　　p〔Pa〕

27℃　　240 mL　　圧力一定　　177℃　　　V〔mL〕
(300 K)　　　　　　　　　　(450 K)

$$\textcircled{p}V = \textcircled{n}\textcircled{R}T \quad \Leftrightarrow \quad \frac{V}{T} = \frac{\textcircled{n}\textcircled{R}}{\textcircled{p}} = (\text{一定}) \cdots \text{シャルルの法則}$$

$$\frac{240\ \text{mL}}{300\ \text{K}} = \frac{V\text{〔mL〕}}{450\ \text{K}}$$

$$V = 360\ \text{mL}$$

(3)

1.0×10⁵ Pa　　　　　　2.5×10⁵ Pa

27℃　　15 L　　　87℃　　　V〔L〕
(300 K)　　　　　(360 K)

$$pV = \textcircled{n}\textcircled{R}T \quad \Leftrightarrow \quad \frac{pV}{T} = \textcircled{n}\textcircled{R} = (\text{一定}) \cdots \text{ボイル・シャルルの法則}$$

$$\frac{1.0 \times 10^5\ \text{Pa} \times 15\ \text{L}}{300\ \text{K}} = \frac{2.5 \times 10^5\ \text{Pa} \times V\text{〔L〕}}{360\ \text{K}}$$

$$V = 7.2\ \text{L}$$

24 解答

(1) 0.50 mol　(2) 3.0×10⁵ Pa

ベストフィット

気体の状態方程式　$pV = nRT$

....

解説　変化をともなわない場合，$pV = nRT$ が有効。

(1)

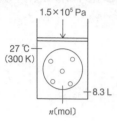

気体の状態方程式 $pV = nRT$ より

$$n = \frac{pV}{RT} = \frac{1.5 \times 10^5\,\mathrm{Pa} \times 8.3\,\mathrm{L}}{8.3 \times 10^3\,\mathrm{Pa \cdot L/(mol \cdot K)} \times 3.0 \times 10^2\,\mathrm{K}} = 0.50\,\mathrm{mol}$$

❶

❶ $a \times 10^n$ の形で
計算を進めるのがよい。

(2)

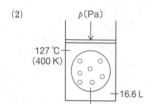

気体の状態方程式 $pV = nRT$ より

$$p = \frac{nRT}{V} = \frac{1.5\,\mathrm{mol} \times 8.3 \times 10^3\,\mathrm{Pa \cdot L/(mol \cdot K)} \times 4.0 \times 10^2\,\mathrm{K}}{16.6\,\mathrm{L}} = 3.0 \times 10^5\,\mathrm{Pa}$$

_____

25 解答

30

ベストフィット

$pV = nRT \Leftrightarrow pV = \dfrac{w}{M}RT$

（M：モル質量，w：質量）

....

解説

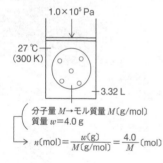

分子量 $M \rightarrow$ モル質量 M〔g/mol〕
質量 $w = 4.0$ g

$\rightarrow n(\mathrm{mol}) = \dfrac{w(\mathrm{g})}{M(\mathrm{g/mol})} = \dfrac{4.0}{M}(\mathrm{mol})$

気体の状態方程式 $pV = \boxed{n}RT$

$\Leftrightarrow pV = \dfrac{\boxed{w}}{M}RT$ より

$$M = \frac{wRT}{pV} = \frac{4.0\,\boxed{\mathrm{g}} \times 8.3 \times 10^3\,\mathrm{Pa \cdot L/(\boxed{mol} \cdot K)} \times 3.0 \times 10^2\,\mathrm{K}}{1.0 \times 10^5\,\mathrm{Pa} \times 3.32\,\mathrm{L}}$$

$$= 30\,\boxed{\mathrm{g/mol}}$$

よって，分子量は 30 である。

26 （解答）

(1) 窒素の分圧　　1.5×10^4 Pa
　　水素の分圧　　1.0×10^4 Pa
(2) 窒素の分圧　　1.2×10^5 Pa
　　酸素の分圧　　7.2×10^4 Pa
　　全圧　　　　　1.9×10^5 Pa

解説 (1)

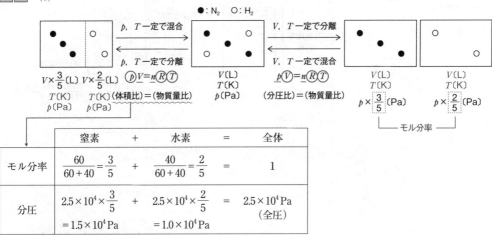

	窒素	＋	水素	＝	全体
モル分率	$\dfrac{60}{60+40} = \dfrac{3}{5}$	＋	$\dfrac{40}{60+40} = \dfrac{2}{5}$	＝	1
分圧	$2.5 \times 10^4 \times \dfrac{3}{5}$ $= 1.5 \times 10^4$ Pa	＋	$2.5 \times 10^4 \times \dfrac{2}{5}$ $= 1.0 \times 10^4$ Pa	＝	2.5×10^4 Pa （全圧）

(2) 窒素

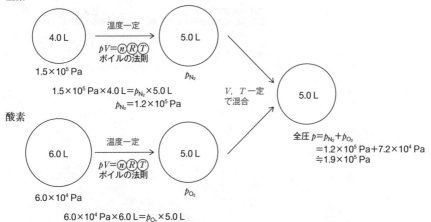

3. 気体の性質 ……… **23**

(1) ×　　(2) ○　　(3) ○　　(4) ×　　(5) ○

解説

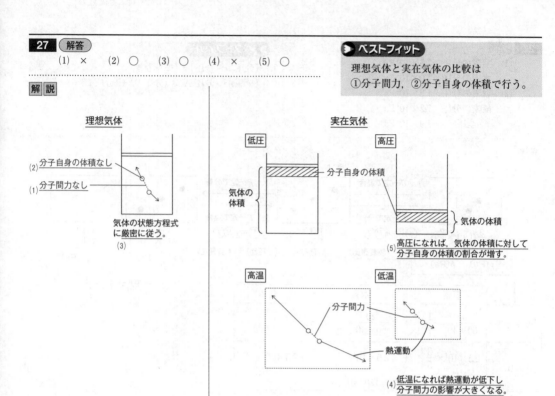

理想気体

(2) 分子自身の体積なし

(1) 分子間力なし

気体の状態方程式
に厳密に従う。
(3)

▶ ベストフィット

理想気体と実在気体の比較は
①分子間力，②分子自身の体積で行う。

実在気体

低圧　　　　　　　　　　高圧

分子自身の体積

気体の
体積

気体の体積

(5) 高圧になれば，気体の体積に対して
分子自身の体積の割合が増す。

高温　　　　　　　　　低温

分子間力

熱運動

(4) 低温になれば熱運動が低下し
分子間力の影響が大きくなる。

低圧・高温では
理想気体に近いふるまいをする。

高圧・低温では
理想気体とのズレが増す。

28 （解答）

(1) 2.4 L   (2) 199℃   (3) 3.0 L   (4) 684 mmHg

▶ **ベストフィット**

単位は常に注意する。

解説 (1)

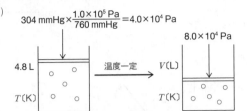

$$304 \text{ mmHg} \times \frac{1.0 \times 10^5 \text{ Pa}}{760 \text{ mmHg}} = 4.0 \times 10^4 \text{ Pa}$$

$$pV = \widehat{n}\widehat{R}\widehat{T} \cdots \text{ボイルの法則}$$

$$4.0 \times 10^4 \text{ Pa} \times 4.8 \text{ L} = 8.0 \times 10^4 \text{ Pa} \times V \text{[L]}$$

$$V = 2.4 \text{ L}$$

(2)

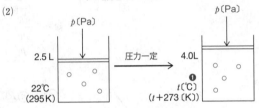

❶温度は必ず絶対温度に換算する。
❷圧力・体積は両辺の単位が同じであれば，そのまま用いて計算できる。

$$\widehat{p}V = \widehat{n}\widehat{R}T \iff \frac{V}{T} = \frac{\widehat{n}\widehat{R}}{\widehat{p}} \cdots \text{シャルルの法則}$$

$$\frac{2.5 \text{ L}}{295 \text{ K}} = \frac{4.0 \text{ L}}{(t+273)\text{K}}$$

$$t = 199℃$$

(3)

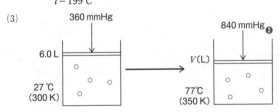

$$pV = \widehat{n}\widehat{R}T \iff \frac{pV}{T} = \widehat{n}\widehat{R} \cdots \text{ボイル・シャルルの法則}$$

$$\frac{360 \text{ mmHg} \times 6.0 \text{ L}}{300 \text{ K}} = \frac{840 \text{ mmHg} \times V\text{[L]}}{350 \text{ K}}$$

$$V = 3.0 \text{ L}$$

(4)

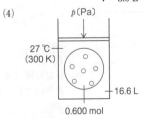

気体の状態方程式　$pV = nRT$ より

$$p = \frac{nRT}{V} = \frac{6.00 \times 10^{-1} \text{ mol} \times 8.3 \times 10^3 \text{ Pa·L/(mol·K)} \times 3.0 \times 10^2 \text{ K}}{16.6 \text{ L}}$$

$$= 9.0 \times 10^4 \text{ Pa}$$

$$9.0 \times 10^4 \text{ Pa} \times \frac{760 \text{ mmHg}}{1.0 \times 10^5 \text{ Pa}} = 684 \text{ mmHg}$$

(1) $T_1 < T_2$, $p_1 > p_2$

(2) (イ), (オ)

解説 ① グラフの x 軸, y 軸に注目。→変数と考える。

その他は定数と考える。

② 気体の状態方程式 $pV = nRT$ を式変形。

(1)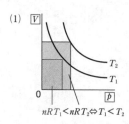

$$\dfrac{pV}{xy} = \underbrace{nRT}_{\text{定数}}$$

$nRT_1 < nRT_2 \Leftrightarrow T_1 < T_2$

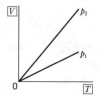

$$\dfrac{pV}{y} = nR\dfrac{T}{x}$$

$$\Leftrightarrow \dfrac{V}{y} = \underbrace{\dfrac{nR}{p}}_{\text{定数}}\dfrac{T}{x}$$

→傾き

傾き $\dfrac{nR}{p_1} < \dfrac{nR}{p_2}$

$\Leftrightarrow p_1 > p_2$

(2) (ア)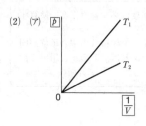

$pV = nRT$

$$\Leftrightarrow \dfrac{p}{y} = \underbrace{nRT}_{\text{定数}}\dfrac{1}{\underset{x}{\dfrac{1}{V}}}$$

→傾き

$T_1 < T_2$ より傾きは

$nRT_1 < nRT_2$ となる。

→正しくない。

(イ)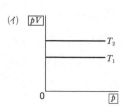

$$\dfrac{pV}{xy} = \underbrace{nRT}_{\text{定数}}$$

pV の値は p がどう

変化しようと nRT で

一定。

$T_1 < T_2$ より

$nRT_1 < nRT_2$

→正しい。

(ウ)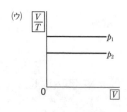

$pV = nRT$

$$\Leftrightarrow \dfrac{\dfrac{Vx}{T}}{y} = \underbrace{\dfrac{nR}{p}}_{\text{定数}}$$

$\dfrac{V}{T}$ の値は V がどう変化

しようと $\dfrac{nR}{p}$ で一定。

$p_1 > p_2$ より $\dfrac{nR}{p_1} < \dfrac{nR}{p_2}$

→正しくない。

(エ)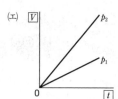

$$\dfrac{pV}{y} = nRT$$

$$\Leftrightarrow \dfrac{V}{y} = \dfrac{nR}{p}\dfrac{(t+273)}{x}$$

$t = 0$ のとき,

$V = \dfrac{273nR}{p}$ より正し

いグラフは

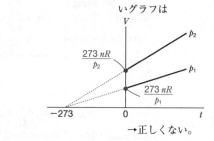

→正しくない。

(オ)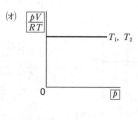

$pV = nRT$

$$\Leftrightarrow n = \dfrac{pV}{RT} = \underbrace{1\ \text{mol}}_{\text{問題文}}$$

$\dfrac{pV}{RT}$ の値は圧力 p,

絶対温度 T が

どう変化しようと,

$\dfrac{pV}{RT} = 1$ で一定である。

→正しい。

30 解答

(1) 28　　(2) 11 g　　(3) 28
(4) (ア)　　(5) (オ)　　(6) 22

解説

(1) 標準状態　→　いかなる気体も 22.4 L/mol
　　(0℃, 1.0×10^5 Pa)　　　モル体積

1 L ── ×22.4 L/mol ── 22.4 L＝1 mol
1.25 g ────→ 1.25 g/L×22.4 L/mol＝28 g/mol

標準状態ならば，$pV = nRT$ を使う必要はなく，モル体積〔L/mol〕で求める。

(2)

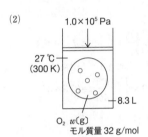

1.0×10^5 Pa
27℃ (300 K)
8.3 L
O_2　w〔g〕
モル質量 32 g/mol

気体の状態方程式 $pV = nRT$

$$\Leftrightarrow \quad pV = \frac{w}{M}RT \quad \text{より}$$

$$w = \frac{MpV}{RT}$$

$$= \frac{32 \text{ g/mol} \times 1.0 \times 10^5 \text{ Pa} \times 8.3 \text{ L}}{8.3 \times 10^3 \text{ Pa·L/(mol·K)} \times 3.0 \times 10^2 \text{ K}}$$

$$= 10.6 \fallingdotseq 11 \text{ g}$$

(3) 比重→密度〔g/L〕の比

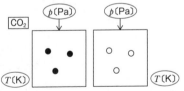

CO_2
p〔Pa〕　　p〔Pa〕
T〔K〕　　T〔K〕

$$d_{CO_2}\text{〔g/L〕} : d\text{〔g/L〕} = 1 : 0.64$$

$$pV = \frac{w}{M}RT \quad \longleftrightarrow \quad \frac{M}{d} = \frac{RT}{p} = \text{一定}$$

$$d\text{〔g/L〕} = \frac{w\text{〔g〕}}{V\text{〔L〕}} \quad \hookrightarrow M \text{ は } d \text{ に比例。}$$

$$44 \times 0.64 \fallingdotseq 28$$

混合気体の平均分子量 $\overline{M}$

$$\overline{M} = M_A \times \frac{n_A}{n_A + n_B} + M_B \times \frac{n_B}{n_A + n_B}$$

(n_A, n_B：A, B の物質量, M_A, M_B：A, B の分子量)

(4)　$pV = nRT \quad \Leftrightarrow \quad pV = \frac{w}{M}RT$

　　　　　(問題文：w, T, V 一定)

$$\Leftrightarrow \quad pM = \frac{wRT}{V} = \text{一定}$$

圧力 p と分子量 M は反比例

(5)　$pV = nRT \quad \Leftrightarrow \quad pV = \frac{w}{M}RT$

　　　　　(問題文：T, p 一定)

$$\Longleftrightarrow \quad \frac{M}{d} = \frac{RT}{p} = \text{一定}$$

$$d\text{〔g/L〕} = \frac{w\text{〔g〕}}{V\text{〔L〕}}$$

密度 d と分子量 M は比例

(6)

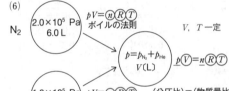

N_2　2.0×10^5 Pa　6.0 L　$pV = nRT$ ボイルの法則
He　1.0×10^5 Pa　4.0 L　$pV = nRT$ ボイルの法則
$p = p_{N_2} + p_{He}$　V〔L〕
V, T 一定
$pV = nRT$
(分圧比)＝(物質量比)

$$N_2 : 2.0 \times 10^5 \text{ Pa} \times 6.0 \text{ L} = p_{N_2} \times V\text{〔L〕}$$

$$p_{N_2} = \frac{2.0 \times 10^5 \times 6.0}{V} \text{〔Pa〕}$$

$$He : 1.0 \times 10^5 \text{ Pa} \times 4.0 \text{ L} = p_{He} \times V\text{〔L〕}$$

$$p_{He} = \frac{1.0 \times 10^5 \times 4.0}{V} \text{〔Pa〕}$$

(分圧比)＝(物質量比)より

$$\underbrace{\frac{2.0 \times 10^5 \times 6.0}{V}}_{p_{N_2}} : \underbrace{\frac{1.0 \times 10^5 \times 4.0}{V}}_{p_{He}} = 3 : 1$$

$n_{N_2} : n_{He} = 3 : 1$ とわかる。

$$\overline{M} = \underset{M_{N_2}}{28} \times \underset{\substack{N_2 \text{ の} \\ \text{モル分率}}}{\boxed{\frac{3}{3+1}}} + \underset{M_{He}}{4.0} \times \underset{\substack{He \text{ の} \\ \text{モル分率}}}{\boxed{\frac{1}{3+1}}} = 22$$

31 解答

(ア) 40　(イ) 37　(ウ) 28

求める値について，$pV = nRT$ を式変形する。

解説　(ア)　気体の状態方程式　$pV = nRT$ ⟺ $pV = \dfrac{w}{M}RT$ ⟺ $M = \dfrac{dRT}{p}$

$$n[\text{mol}] = \dfrac{w[\text{g}]}{M[\text{g/mol}]} \qquad d[\text{g/L}] = \dfrac{w[\text{g}]}{V[\text{L}]}$$

$$M_\text{A} = \dfrac{1.62\,\text{g/L} \times 8.3 \times 10^3\,\text{Pa·L/(mol·K)} \times 3.0 \times 10^2\,\text{K}}{1.0 \times 10^5\,\text{Pa}}$$

$$= 40.3 \fallingdotseq 40$$

(イ)

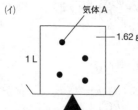

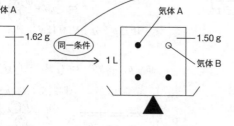

同一条件
$$\begin{pmatrix} p = 1.0 \times 10^5\,\text{Pa} \\ T = 300\,\text{K} \end{pmatrix}$$
⬇
$M = \dfrac{d\,\cancel{R}\,\cancel{T}}{\cancel{p}}$ より M は d に比例。

$1.62\,\text{g/L} : 1.50\,\text{g/L} = 40.3 : \overline{M}$

$\overline{M} = 40.3 \times \dfrac{1.50\,\text{g/L}}{1.62\,\text{g/L}} = 37.3 \fallingdotseq 37$

密度 $d[\text{g/L}]$　1.62 g/L
分子量　　　　40.3

密度 $d[\text{g/L}]$　1.50 g/L
平均分子量　　$\overline{M}$

(ウ)　$\overline{M} = M_\text{A} \times \underbrace{\boxed{\dfrac{n_\text{A}}{n_\text{A}+n_\text{B}}}}_{\substack{\text{気体 A の} \\ \text{モル分率}}} + M_\text{B} \times \underbrace{\boxed{\dfrac{n_\text{B}}{n_\text{A}+n_\text{B}}}}_{\substack{\text{気体 B の} \\ \text{モル分率}}}$

$37.3 = 40.3 \times \dfrac{3}{3+1} + M_\text{B} \times \dfrac{1}{3+1}$

$M_\text{B} = 28.3 \fallingdotseq 28$

32 解答

(1) 窒素の分圧　8.3×10^4 Pa　　全圧　2.5×10^5 Pa　　(2) 0.12 mol

解説　(1)

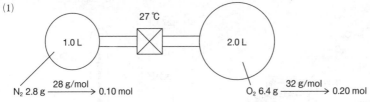

$V = 1.0$ L

混合前　① $p_{N_2} = \dfrac{wRT}{MV}$

$= \dfrac{2.8 \text{ g} \times 8.3 \times 10^3 \text{ Pa·L/(mol·K)} \times 3.0 \times 10^2 \text{ K}}{28 \text{ g/mol} \times 1.0 \text{ L}}$

$= 2.49 \times 10^5$ Pa

$V = 2.0$ L

③ $p_{O_2} = \dfrac{wRT}{MV}$

$= \dfrac{6.4 \text{ g} \times 8.3 \times 10^3 \text{ Pa·L/(mol·K)} \times 3.0 \times 10^2 \text{ K}}{32 \text{ g/mol} \times 2.0 \text{ L}}$

$= 2.49 \times 10^5$ Pa

$\longleftarrow pV = \widehat{nRT} = (一定) \longrightarrow$
ボイルの法則

混合後　② $V = 3.0$ L
$2.49 \times 10^5 \text{ Pa} \times 1.0 \text{ L} = p'_{N_2} \times 3.0 \text{ L}$
$p'_{N_2} = 8.3 \times 10^4$ Pa

④ $V = 3.0$ L
$2.49 \times 10^5 \text{ Pa} \times 2.0 \text{ L} = p'_{O_2} \times 3.0 \text{ L}$
$p'_{O_2} = 1.66 \times 10^5$ Pa

全圧について

解法Ⅰ…① → ② → ③ → ④の順に p'_{N_2}, p'_{O_2} を求め,

全圧 $p = p'_{N_2} + p'_{O_2} = 8.3 \times 10^4 \text{ Pa} + 1.66 \times 10^5 \text{ Pa} = 2.49 \times 10^5 ≒ 2.5 \times 10^5$ Pa

解法Ⅱ…① → ②の順に p'_{N_2} を求める。

混合気体では(分圧比) = (物質量比)より

$p_{N_2} : p_{O_2} = 0.10 \text{ mol} : 0.20 \text{ mol}$　　全圧 $p = \underset{p'_{N_2}}{8.3 \times 10^4 \text{ Pa}} \times \dfrac{0.10 \text{ mol} + 0.20 \text{ mol}}{0.10 \text{ mol}} = 2.49 \times 10^5$

$≒ 2.5 \times 10^5$ Pa

(2)

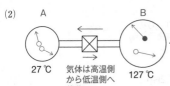　時間経過　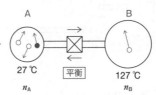

気体は高温側
から低温側へ
移動。

平衡に達すると
①容器内の圧力は p となり, 一定。
②気体粒子の行き来はあるが, n_A と n_B の値は一定。

平衡時の圧力を p, 容器 A, B の気体の物質量
をそれぞれ n_A, n_B とする。

$n_A = \dfrac{pV}{RT} = \dfrac{p \times 1.0 \text{ L}}{R \times 300 \text{ K}}$　…①

$n_B = \dfrac{pV}{RT} = \dfrac{p \times 2.0 \text{ L}}{R \times 400 \text{ K}}$　…②

$n_A + n_B = \underset{n_{N_2} + n_{O_2}}{\underline{0.30 \text{ mol}}}$　…③

①, ②を③に代入

$\dfrac{p}{300R} + \dfrac{2p}{400R} = 0.30 \iff p = 36R$　…④

④を①に代入

$n_A = \dfrac{pV}{RT} = \dfrac{36R \times 1.0 \text{ L}}{R \times 3.0 \times 10^2 \text{ K}} = 0.12$ mol

33 解答

(1) $9.6 \times 10^4\,\text{Pa}$ (2) $1.0\,\text{g}$

ベストフィット

水上置換では水 H_2O の蒸気圧を考慮する。

解説 (1)

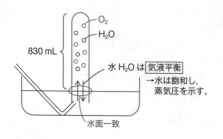

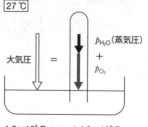

$1.0 \times 10^5\,\text{Pa} = p_{O_2} + 4.0 \times 10^3\,\text{Pa}$
　大気圧　　　　　　　　　p_{H_2O}

$p_{O_2} = 9.6 \times 10^4\,\text{Pa}$

(2) 気体の状態方程式

$$pV = nRT \Longleftrightarrow pV = \frac{w}{M}RT \text{ より}$$

$$n(\text{mol}) = \frac{w(\text{g})}{M(\text{g/mol})}$$

$$w = \frac{MpV}{RT} = \frac{32\,\text{g/mol} \times 9.6 \times 10^4\,\text{Pa} \times 8.30 \times 10^{-1}\,\text{L}}{8.3 \times 10^3\,\text{Pa·L/(mol·K)} \times 3.0 \times 10^2\,\text{K}} \fallingdotseq 1.0\,\text{g}$$

---

34 解答

$9.6 \times 10^4\,\text{Pa}$

ベストフィット

化学反応する場合，反応後の状況を整理する。

解説

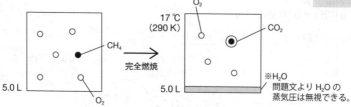

① 化学反応式を書く。
② 係数比＝物質量比
　反応量の整理

	CH_4	$+$	$2O_2$	$\longrightarrow$	CO_2	$+$	$2H_2O$
反応前	0.050		0.25		0		0 （単位：mol）
反応量	-0.050		-0.10		$+0.050$		$+0.10$
反応後	0		0.15		0.050		0.10

　　　　　　　　　　　└すべて気体┘　　　└一部液体

O_2，CO_2 の混合気体について，気体の状態方程式より

$$pV = nRT \Leftrightarrow p = \frac{nRT}{V} = \frac{(0.15 + 0.050)\,\text{mol} \times 8.3 \times 10^3\,\text{Pa·L/(mol·K)} \times 2.9 \times 10^2\,\text{K}}{5.0\,\text{L}}$$

$$\fallingdotseq 9.6 \times 10^4\,\text{Pa}$$

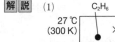

35 解答

(1) 5.0 % (2) $2C_2H_6 + 7O_2 \longrightarrow 4CO_2 + 6H_2O$

(3) $9.8 \times 10^4 \, Pa$

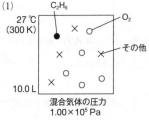

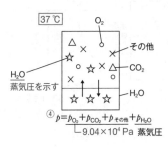

> **ベストフィット**
>
> （気体の圧力）＞（その温度での蒸気圧）
> のとき，気液平衡に達する。

解説 (1)

混合気体の物質量を n_{total}〔mol〕とすると
気体の状態方程式 $pV = nRT$ より

$$n_{total} = \frac{1.00 \times 10^5 \, Pa \times 10.0 \, L}{R \times 3.0 \times 10^2 \, K} = \frac{1.00 \times 10^4}{3R}$$

$\textcircled{p}V = n\textcircled{R}\textcircled{T}$
（物質量比）＝（体積比）

エタンの体積百分率は
$$\frac{2.00 \times 10^{-2}}{\dfrac{1.00 \times 10^4}{3R}} \times 100 = 4.98 \fallingdotseq 5.0 \, \%$$

(3) 反応前のエタンの分圧は $1.00 \times 10^5 \, Pa \times \dfrac{5.0}{100} = 5.0 \times 10^3 \, Pa$

③ 温度一定と仮定

		$2C_2H_6$	＋	$7O_2$	$\longrightarrow$	$4CO_2$	＋	$6H_2O$
27℃	反応前	$5.0 \times 10^3 \, Pa$		不明		0		0
②	反応量	$-5.0 \times 10^3 \, Pa$		$-1.75 \times 10^4 \, Pa$		$+1.0 \times 10^4 \, Pa$		$+1.5 \times 10^4 \, Pa$
27℃	反応後	0		不明		$1.0 \times 10^4 \, Pa$		① $1.5 \times 10^4 \, Pa$

すべて気体ならば
（物質量比）＝（分圧比）
より，表中に圧力を
記入できる。

① 反応後（27℃ とする）生成した H_2O の状態

$\underset{\substack{\text{すべて気体と} \\ \text{仮定したときの圧力}}}{1.5 \times 10^4 \, Pa} > \underset{37℃ \text{での蒸気圧}}{7.3 \times 10^3 \, Pa} > （27℃の蒸気圧）$ より H_2O は一部液体となっている。

↳ 容器内で気液平衡に達し，圧力は蒸気圧を示す。

② 化学反応における圧力の増減（水以外）

$\underset{C_2H_6}{-5.0 \times 10^3 \, Pa} \underset{O_2}{-1.75 \times 10^4 \, Pa} \underset{CO_2}{+1.0 \times 10^4 \, Pa} = -1.25 \times 10^4 \, Pa$

③ 37℃ における圧力（水以外）

$(1.00 \times 10^5 - \underset{\text{反応後の圧力（27℃）}}{1.25 \times 10^4}) \, Pa \times \dfrac{310 \, K}{300 \, K} \fallingdotseq 9.04 \times 10^4 \, Pa$

$p\textcircled{V} = n\textcircled{R}T$
p は T に比例

④ 容器内の圧力

$p = 9.04 \times 10^4 \, Pa + 7.3 \times 10^3 \, Pa$
$\quad = 9.77 \times 10^4 \, Pa \fallingdotseq 9.8 \times 10^4 \, Pa$

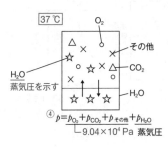

$④ \, p = p_{O_2} + p_{CO_2} + p_{その他} + p_{H_2O}$
↳ $9.04 \times 10^4 \, Pa$ 蒸気圧

解説

(1)～(3)

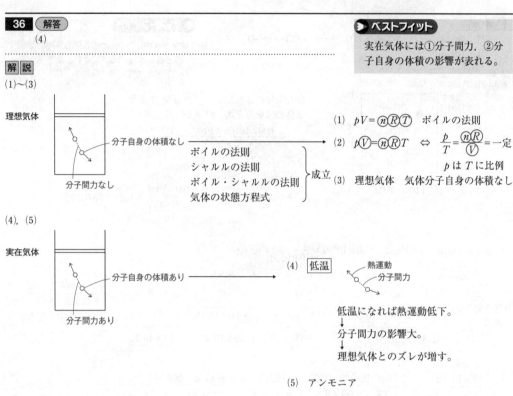

理想気体

分子自身の体積なし

分子間力なし

ボイルの法則
シャルルの法則
ボイル・シャルルの法則
気体の状態方程式 　成立

(1) $pV = nRT$ 　ボイルの法則

(2) $pV = nRT$ ⇔ $\dfrac{p}{T} = \dfrac{nR}{V} = $ 一定

　　　　　　　　　　p は T に比例

(3) 理想気体　気体分子自身の体積なし

(4), (5)

実在気体

分子自身の体積あり

分子間力あり

(4) 低温

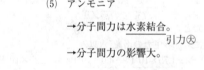

熱運動
分子間力

低温になれば熱運動低下。
↓
分子間力の影響大。
↓
理想気体とのズレが増す。

(5) アンモニア

→分子間力は水素結合。
　　　　　　　　　引力⑦
→分子間力の影響大。

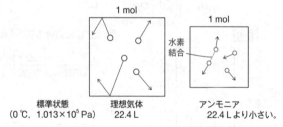

1 mol

1 mol

水素結合

標準状態
(0 ℃，1.013×10⁵ Pa)

理想気体
22.4 L

アンモニア
22.4 L より小さい。

37　解答

(1)　52 g　　(2)　22 g　　(3)　25 g

> ▶ **ベストフィット**
>
> 飽和溶液では
> (溶液)：(溶媒)，(溶液)：(溶質)
> (溶媒)：(溶質)，(溶液)：(析出量)
> の比は常に一定。

解説

(1) 60℃

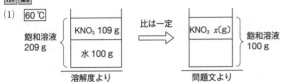

$\boxed{\text{溶液：溶質}}$　$209\ \text{g} : 109\ \text{g} = 100\ \text{g} : x\ (\text{g})$

$$x = 109\ \text{g} \times \frac{100\ \text{g}}{209\ \text{g}} = 52.1 \fallingdotseq 52\ \text{g}$$

(2) 40℃

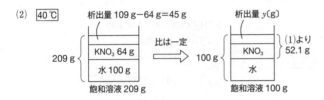

$\boxed{\text{溶液：析出量}}$　$209\ \text{g} : 45\ \text{g} = 100\ \text{g} : y\ (\text{g})$

$$y = 45\ \text{g} \times \frac{100\ \text{g}}{209\ \text{g}} = 21.5 \fallingdotseq 22\ \text{g}$$

(3)

$CuSO_4 : 60\ \text{g} \times \dfrac{160}{250} = 38.4\ \text{g}$

$H_2O\ \ : 60\ \text{g} \times \dfrac{90}{250} = 21.6\ \text{g}$

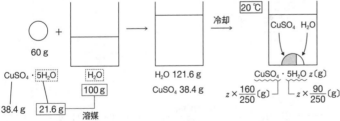

20℃

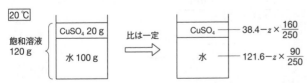

$\boxed{\text{溶媒：溶質}}$　$100\ \text{g} : 20\ \text{g} = \left(121.6 - z \times \dfrac{90}{250}\right) : \left(38.4 - z \times \dfrac{160}{250}\right)$　　$z = 24.7 \fallingdotseq 25\ \text{g}$

(1) (ア), (カ)　　(2) (オ), (キ)　　(3) (ウ), (エ)　　(4) (イ), (ク)

▶ **ベストフィット**

イオン結晶 ─┬─ 強電解質 ＝ 水に溶ける。　　　　分子 ─┬─ 極性分子 ＝ 水に溶けやすい。
　　　　　　└─ 弱電解質 ＝ 水に溶けにくい。　　　　　　　└─ 無極性分子 ＝ 水に溶けにくい。

解説

イオン結晶

			水（極性）	ヘキサン（無極性）
電解質	強電解質	$CaCl_2$, $AlK(SO_4)_2 \cdot 12H_2O$ ミョウバン	○	×
	弱電解質	$CaCO_3$, $Al(OH)_3$	×	×

└─ アルカリ土類金属（Be, Mg, Ca, Sr, Ba）の陽イオンは CO_3^{2-} と沈殿を形成する。

分子

		水（極性）	ヘキサン（無極性）
極性分子	C_2H_5-OH 疎水基　親水基	○	○
	CH_3-COOH 疎水基　親水基	○	○
無極性分子	C_6H_6	×	○
	CCl_4	×	○

※ CH_3COOH はヘキサン中で二量体を形成。

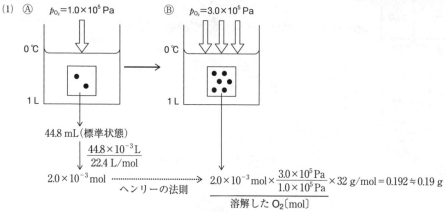

$$CH_3-C\begin{smallmatrix}O^{\delta-}\cdots\delta+HO\\OH^{\delta+}\cdots\delta-O\end{smallmatrix}C-CH_3$$

疎水基　　　　　　　疎水基
　　　　↑
　　　水素結合

---

(1) 0.19 g　　(2) 44.8 mL

▶ **ベストフィット**

溶解度の低い気体は気体の分圧と溶解する物質量・質量が比例。

解説

(1) Ⓐ $p_{O_2}=1.0\times10^5$ Pa　　Ⓑ $p_{O_2}=3.0\times10^5$ Pa

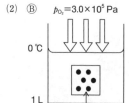

44.8 mL（標準状態）

$$\frac{44.8\times10^{-3}\,\text{L}}{22.4\,\text{L/mol}}$$

2.0×10^{-3} mol ⋯⋯（ヘンリーの法則）⋯⋯→ $2.0\times10^{-3}\,\text{mol}\times\dfrac{3.0\times10^5\,\text{Pa}}{1.0\times10^5\,\text{Pa}}\times32\,\text{g/mol}=0.192\fallingdotseq0.19$ g

溶解した O_2〔mol〕

(2) Ⓑ $p_{O_2}=3.0\times10^5$ Pa

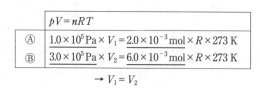

	$pV=nRT$		
Ⓐ	$1.0\times10^5\,\text{Pa}\times V_1=2.0\times10^{-3}\,\text{mol}\times R\times273\,\text{K}$		
Ⓑ	$3.0\times10^5\,\text{Pa}\times V_2=6.0\times10^{-3}\,\text{mol}\times R\times273\,\text{K}$		

→ $V_1=V_2$

圧力は 3 倍だが，体積は変化しない。

40 　解答

　　(1)　26 %　　　(2)　5.4 mol/L　　　(3)　6.2 mol/kg

ベストフィット

質量モル濃度[mol/kg] = $\dfrac{溶質[mol]}{溶媒[kg]}$

解説

(1)　質量パーセント濃度[%] = $\dfrac{溶質の質量[g]}{溶液の質量[g]} \times 100 = \dfrac{36\ g}{(100+36)\ g} \times 100 = 26.4 \fallingdotseq 26$ %

　　　　　　　　　　　　　　　　　　　　　└飽和溶液

(2)

溶液	1 L = 1000 mL = 1000 cm³
	1000 cm³ × 1.2 g/cm³ = 1200 g
溶質	1200 g × $\dfrac{26.4}{100}$ = 316.8 g
	$\dfrac{316.8\ g}{58.5\ g/mol} \fallingdotseq 5.41$ mol

1 L

26.4 % NaCl 水溶液
密度 1.2 g/cm³

モル濃度[mol/L] = $\dfrac{溶質[mol]}{溶液[L]}$

$= \dfrac{5.41\ mol}{1\ L} = 5.41 \fallingdotseq 5.4$ mol/L

(3)　**溶媒**　1 kg = 1000 g

　　　溶質　溶媒 1000 g に対して 36 g × $\dfrac{1000\ g}{100\ g}$ = 360 g まで溶ける。

　　　　　　$\dfrac{360\ g}{58.5\ g/mol} \fallingdotseq 6.15$ mol

　　　質量モル濃度[mol/kg] = $\dfrac{溶質[mol]}{溶媒[kg]} = \dfrac{6.15\ mol}{1\ kg} = 6.15 \fallingdotseq 6.2$ mol/kg

---

41 　解答

　　(1)　○　　(2)　×　　(3)　×　　(4)　×

解説　(1)

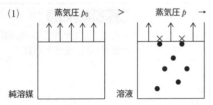

蒸気圧 p_0　　>　　蒸気圧 p　→　蒸気圧降下

純溶媒　　　　　　溶液

ベストフィット

蒸気圧降下度，沸点上昇度，凝固点降下度，浸透圧は溶質の種類に関係なく溶質の粒子数で決まる。

(2)　海水→希薄溶液→沸点上昇→沸点は 100 ℃ より高い。

(3)　凝固点降下度
　　　$\Delta t = \boxed{K_f}\, m$
　　　質量モル濃度に比例

　　　グルコース = 非電解質　　質量モル濃度[mol/kg] = $\dfrac{0.1\ mol}{1\ kg}$ = 0.1 mol/kg

　　　塩化ナトリウム = 電解質　　質量モル濃度[mol/kg] = $\dfrac{0.05\ mol}{0.5\ kg} \times 2$ = 0.2 mol/kg
　　　└NaCl ⟶ Na⁺ + Cl⁻
　　　　（粒子数が 2 倍になる）
　　　→塩化ナトリウムの方が凝固点が低い。

(4)　浸透圧 Π[Pa] = cRT　　⇒ Π[Pa]はモル濃度 c[mol/L]と絶対温度 T[K]に比例。
　　　　　　　モル濃度 絶対温度

42 （解答）

(1)　(カ)　　(2)　(ウ)　　(3)　(エ)

ベストフィット

コロイドの分類，性質は正確に
理解する。

....

（解説）　(1)

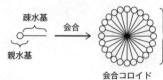

ミセル…表面全体が親水基であるため，水和しやすい。

(2)

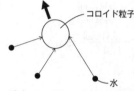

溶媒粒子の熱運動で，コロイド粒子に衝突。

↓

コロイド粒子の不規則な運動

↓

ブラウン運動

(3)　疎水コロイド→少量の電解質で沈殿。→凝析

　　親水コロイド→多量の電解質で沈殿。→塩析

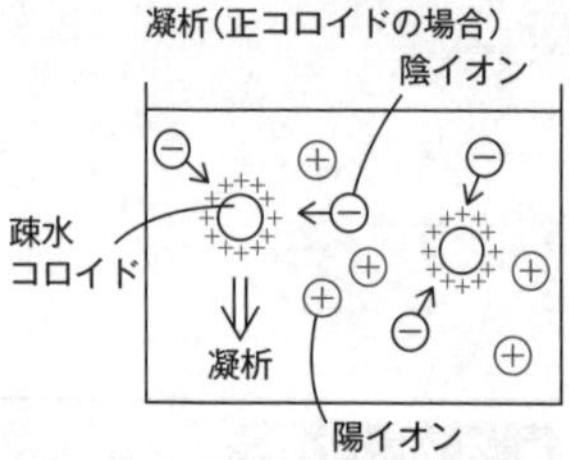

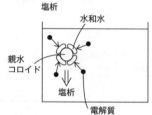

....

43 （解答）

$\dfrac{100d}{M}$

ベストフィット

溶液1Lと仮定して，溶質の物
質量〔mol〕を求めればよい。

....

（解説）

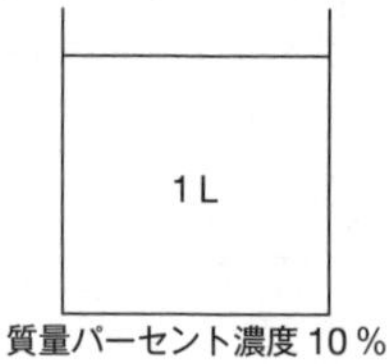

質量パーセント濃度10 %

（溶液）　$1\,\text{L} = 1000\,\text{mL} = 1000\,\text{cm}^3$

　　　　$d\,[\text{g/cm}^3] \times 1000\,\text{cm}^3 = 1000d\,[\text{g}]$

（溶質）　$1000d\,[\text{g}] \times \dfrac{10}{100} = 100d\,[\text{g}]$

　　　　$\dfrac{100d\,[\text{g}]}{M\,[\text{g/mol}]} = \dfrac{100d}{M}\,[\text{mol}]$

（モル濃度）　$\dfrac{溶質\,[\text{mol}]}{溶液\,[\text{L}]} = \dfrac{\dfrac{100d}{M}\,[\text{mol}]}{1\,\text{L}} = \dfrac{100d}{M}\,[\text{mol/L}]$

44 解答

A 70 g　　B 5 g

....

解説

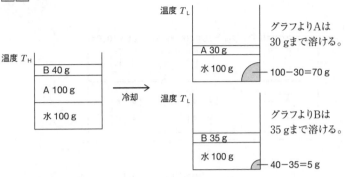

温度 T_H

| B 40 g |
| A 100 g |
| 水 100 g |

冷却 →

温度 T_L

| A 30 g |
| 水 100 g |

グラフよりAは
30 gまで溶ける。

100－30＝70 g

温度 T_L

| B 35 g |
| 水 100 g |

グラフよりBは
35 gまで溶ける。

40－35＝5 g

ベストフィット

固体の溶解度は混合溶液であっても別々に考える。

---

45 解答

(1)　19.7 mL　　(2)　54.1 mL　　(3)　4.8×10^{-3} g

....

ベストフィット

気体の溶解度は取り出して考える。
→気体の状態方程式が成立。

解説

(1)～(3)

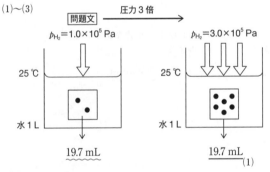

問題文

圧力3倍 →

p_{H_2}＝1.0×10^5 Pa　　　　　p_{H_2}＝3.0×10^5 Pa

25℃　　　　　　　　　　25℃

水 1 L　　　　　　　　　水 1 L

19.7 mL　　　　　　　　19.7 mL
　　　　　　　　　　　　　(1)

❶絶対温度に比例し，圧力に反比例する。

$$\frac{p_1 V_1}{T_1} = \frac{p_2 V_2}{T_2}$$

$$V_2 = V_1 \times \frac{T_2}{T_1} \times \frac{p_1}{p_2}$$

気体として取り出し，25℃，1.0×10^5 Pa　　その圧力下で測定すれば体積は変化しない。
で測定した体積。
　　　　　　　　　　　　　　　　　　　↓
　　　　　　　　　　　　　　25℃，3.0×10^5 Pa から 0℃，1.0×10^5 Pa へ
　　　　　　　　　　　　　　　　　　標準状態

$pV = \textcircled{n}\textcircled{R}T$　ボイル・シャルルの法則より

$$19.7 \text{ mL} \times \frac{273 \text{ K}}{298 \text{ K}} \times \frac{3.0 \times 10^5 \text{ Pa}}{1.0 \times 10^5 \text{ Pa}}^\text{❶} \fallingdotseq \underline{54.1 \text{ mL}}_{(2)}$$

質量　↓ 分子量 2.0

　　　m
$$\frac{54.1 \times \boxed{10^{-3}} \text{ L}}{22.4 \text{ L/mol}} \times 2.0 \text{ g/mol} = 4.83 \times 10^{-3} \fallingdotseq \underline{4.8 \times 10^{-3} \text{ g}}_{(3)}$$

(1) 0.24 g　(2) 56 mL　(3) 2.8×10^2 mL　(4) 6.0×10^{-2} g

解説

(1)〜(3)

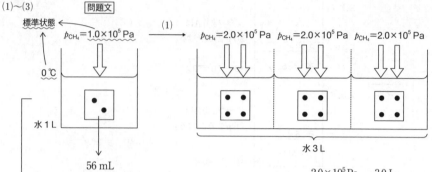

(2)

$$\frac{56 \times 10^{-3}\,L}{22.4\,L/mol} \times 16\,g/mol = 4.0 \times 10^{-2}\,g$$

$$4.0 \times 10^{-2}\,g \times \frac{2.0 \times 10^5\,Pa}{1.0 \times 10^5\,Pa} \times \frac{3.0\,L}{1.0\,L} = \underline{0.24\,g}_{(1)}$$

ヘンリーの法則

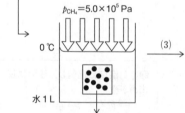

(3) 0℃，5.0×10^5 Pa から 0℃，1.0×10^5 Pa（標準状態）へ換算

$pV = \textcircled{n}\textcircled{R}\textcircled{T}$　ボイルの法則より

$$56\,mL \times \frac{5.0 \times 10^5\,Pa}{1.0 \times 10^5\,Pa} = 280 = \underline{2.8 \times 10^2\,mL}_{(3)}$$

その圧力下での体積
＝
変化なし
＝
$\underline{56\,mL}_{(2)}$

(4)

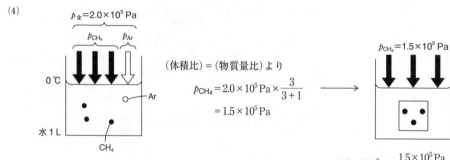

（体積比）＝（物質量比）より

$$p_{CH_4} = 2.0 \times 10^5\,Pa \times \frac{3}{3+1}$$

$$= 1.5 \times 10^5\,Pa$$

$$4.0 \times 10^{-2}\,g \times \frac{1.5 \times 10^5\,Pa}{1.0 \times 10^5\,Pa} = \underline{6.0 \times 10^{-2}\,g}_{(4)}$$

ヘンリーの法則

47 解答

25 mL

> **ベストフィット**
> 気体の溶解度
> └$pV=nRT$ が成り立つ。

解説

$$p_{O_2}=4.0\times10^5\,\text{Pa}\times\frac{1}{4+1}$$
$$=8.0\times10^4\,\text{Pa}$$

4.0 mg

↓ 分子量 32

$$\frac{4.0\times10^{-3}\,\text{g}}{32\,\text{g/mol}}=1.25\times10^{-4}\,\text{mol}$$

溶解している O_2 の物質量は

$$1.25\times10^{-4}\,\text{mol}\times\underbrace{\frac{8.0\times10^4\,\text{Pa}}{1.0\times10^5\,\text{Pa}}}_{\text{ヘンリーの法則}}\times\frac{1000\,\text{mL}}{100\,\text{mL}}=1.0\times10^{-3}\,\text{mol}$$

27℃，1.0×10^5 Pa のときの体積

$$pV=nRT \quad \Leftrightarrow \quad V=\frac{nRT}{p}$$
$$=\frac{1.0\times10^{-3}\,\text{mol}\times8.3\times10^3\,\text{Pa·L/(mol·K)}\times3.0\times10^2\,\text{K}}{1.0\times10^5\,\text{Pa}}$$
$$=2.49\times10^{-2}\,\text{L}$$
$$=24.9\,\text{mL}$$
$$\fallingdotseq 25\,\text{mL}$$

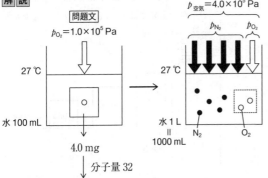

48 （解答）

(1) (イ)の沸点　100.078℃　　　(ウ)の凝固点　−0.093℃
(2) (ア)＞(イ)＞(ウ)　　(3) (ウ)＞(イ)＞(ア)

▶ ベストフィット
電解質は電離後の全粒子数で考える。

（解説）

(ア) NaCl（電解質）　　NaCl $\longrightarrow$ Na$^+$ + Cl$^-$
　　　　　　　　　　　　　　電離後の粒子数は2倍

溶質〔mol〕 $= \dfrac{3.0 \text{ g}}{58.5 \text{ g/mol}} \fallingdotseq 0.0513 \text{ mol}$

m〔mol/kg〕 $= \dfrac{0.0513 \text{ mol}}{0.500 \text{ kg}} = 0.1026 \fallingdotseq 0.103 \text{ mol/kg}$

(イ) 尿素（非電解質）

溶質〔mol〕 $= \dfrac{4.5 \text{ g}}{60 \text{ g/mol}} = 0.075 \text{ mol}$

m〔mol/kg〕 $= \dfrac{0.075 \text{ mol}}{0.500 \text{ kg}} = 0.15 \text{ mol/kg}$

(ウ) グルコース（非電解質）

溶質〔mol〕 $= \dfrac{4.5 \text{ g}}{180 \text{ g/mol}} = 0.025 \text{ mol}$

m〔mol/kg〕 $= \dfrac{0.025 \text{ mol}}{0.500 \text{ kg}} = 0.050 \text{ mol/kg}$

(1) (イ)の沸点 ：沸点上昇度 $\Delta t = K_b m$ より
　　　　　　　　$\Delta t = 0.52 \text{ K·kg/mol} \times 0.15 \text{ mol/kg} = 0.078 \text{ K}$
　　　　　　　　沸点は $100 + 0.078 = 100.078$℃
　　(ウ)の凝固点：凝固点降下度 $\Delta t = K_f m$ より
　　　　　　　　$\Delta t = 1.86 \text{ K·kg/mol} \times 0.050 \text{ mol/kg}$
　　　　　　　　　$= 0.093 \text{ K}$
　　　　　　　　凝固点は $0 - 0.093 = -0.093$℃

(2) 沸点上昇は $\Delta t = K_b m$ より，質量モル濃度 m〔mol/kg〕 に比例。

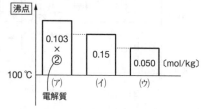

(3) 凝固点降下度は $\Delta t = K_f m$ より，質量モル濃度 m〔mol/kg〕に比例。

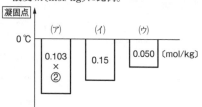

---

49 （解答）

(1) 1.86 K·kg/mol　　(2) 60

▶ ベストフィット
モル凝固点降下は溶媒の種類で決まる値。

（解説）

(1)

グルコース 3.60 g
水 100 g

溶質：グルコース（非電解質）分子量180より　$\dfrac{3.60 \text{ g}}{180 \text{ g/mol}} = 2.00 \times 10^{-2} \text{ mol}$

質量モル濃度〔mol/kg〕 $= \dfrac{\text{溶質〔mol〕}}{\text{溶媒〔kg〕}} = \dfrac{2.00 \times 10^{-2} \text{ mol}}{1.00 \times 10^{-1} \text{ kg}} = 2.00 \times 10^{-1} \text{ mol/kg}$

凝固点降下度 $\Delta t = K_f m$

$\Leftrightarrow K_f = \dfrac{\Delta t}{m} = \dfrac{0.372 \text{ K}}{2.00 \times 10^{-1} \text{ mol/kg}} = 1.86 \text{ K·kg/mol}$

　　　　　　　　　　　　　　　　　　　単位も計算できる　$\dfrac{K}{\frac{mol}{kg}} = \text{K·kg/mol}$

(2)

溶質：分子量を M とすると 1.0 g は

$$\frac{1.0 \text{ g}}{M\text{〔g/mol〕}} = \frac{1.0}{M}\text{〔mol〕に相当。}$$

$$質量モル濃度〔mol/kg〕 = \frac{溶質〔mol〕}{溶媒〔kg〕} = \frac{\dfrac{1.0}{M}\text{〔mol〕}}{1.00 \times 10^{-1}\text{ kg}} = \frac{10}{M}\text{〔mol/kg〕}$$

(1)より水のモル凝固点降下は 1.86 K·kg/mol

$$\Delta t = K_t m \Leftrightarrow 0.310 \text{ K} = 1.86 \text{ K·kg/mol} \times \frac{10}{M}\text{〔mol/kg〕}$$

$$M = 60$$

別解 (1)と(2)で溶媒の質量・種類は同じ。

↓

凝固点降下度 Δt と溶質の物質量〔mol〕が比例関係。

$$\underset{(1)}{0.372 \text{ K}} : \underset{(2)}{0.310 \text{ K}} = \underset{(1)}{2.00 \times 10^{-2} \text{ mol}} : \underset{(2)}{\frac{1.0}{M}\text{〔mol〕}}$$

$$M = 60$$

---

50 解答

(ア) 2.5×10^{-4} 　(イ) 1.8×10^2 　(ウ) -0.095

> ▶ ベストフィット
>
> 沸点上昇，凝固点降下を用いて分子量を求めることができる。

解説

溶質 物質の分子量を M とすると

$$\frac{45 \times 10^{-3} \text{ g}}{M\text{〔g/mol〕}} = \frac{45 \times 10^{-3}}{M}\text{〔mol〕}$$

溶媒 $5.0 \text{ g} = 5.0 \times 10^{-3} \text{ kg}$

$$質量モル濃度〔mol/kg〕 = \frac{溶質〔mol〕}{溶媒〔kg〕}$$

$$= \frac{\dfrac{45 \times 10^{-3}}{M}\text{〔mol〕}}{5.0 \times 10^{-3}\text{ kg}}$$

$$= \frac{9.0}{M}\text{〔mol/kg〕}$$

(ア)(イ) 沸点上昇度 $\Delta t = 0.026$ K より

$$\Delta t = K_b m \Leftrightarrow 0.026 \text{ K} = 0.52 \text{ K·kg/mol} \times \frac{9.0}{M}\text{〔mol/kg〕}$$

$$\Leftrightarrow M = 180 = \underset{(イ)}{\underline{1.8 \times 10^2}}$$

$$\underset{(ア)}{\frac{45 \times 10^{-3} \text{ g}}{180 \text{ g/mol}} = \underline{2.5 \times 10^{-4} \text{ mol}}}$$

(ウ) 凝固点降下度 $\Delta t = K_f m$ より

$$\Delta t = 1.9 \text{ K·kg/mol} \times \frac{9.0}{180} \text{ mol/kg}$$

$$= 0.095 \text{ K}$$

51 解答

(1) 5.63 %　(2) 1.02 mol/kg　(3) 0.96

> **ベストフィット**
>
> 「電離度を求めよ」とある場合
> 電離度 $\alpha = 1.0$ ではない。

解説

操作①，②

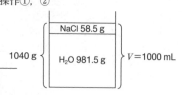

1040 g { NaCl 58.5 g / H₂O 981.5 g } $V = 1000$ mL

H₂O…1040 − 58.5 = 981.5 g

(1) 質量パーセント濃度〔%〕 $= \dfrac{溶質〔g〕}{溶液〔g〕} \times 100$

$= \dfrac{58.5\ g}{1040\ g} \times 100 = 5.625 \fallingdotseq 5.63\ \%$

(2) NaCl の式量 58.5 より

$\dfrac{58.5\ g}{58.5\ g/mol} = 1.00\ mol$

質量モル濃度〔mol/kg〕 $= \dfrac{溶質〔mol〕}{溶媒〔kg〕}$

$= \dfrac{1.00\ mol}{0.9815\ kg} = 1.018 \fallingdotseq 1.02\ mol/kg$

操作③

981.5×9〔g〕の水を加えたので操作後の水は $981.5 + 981.5 \times 9 = 9815$ g

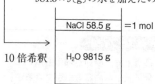

10 倍希釈 { NaCl 58.5 g =1 mol / H₂O 9815 g }

質量モル濃度〔mol/kg〕 $= 1.02\ mol/kg \times \underset{\text{10 倍希釈}}{\dfrac{1}{10}} = 1.02 \times 10^{-1}\ mol/kg$

電離度　NaCl ⟶ Na⁺ + Cl⁻ の電離度を α とする。

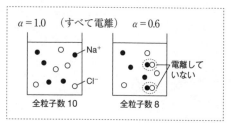

$\alpha = 1.0$ （すべて電離）　　$\alpha = 0.6$

●—Na⁺　　○—電離していない
○—Cl⁻

全粒子数 10　　全粒子数 8

質量モル濃度 1.02×10^{-1} mol/kg $= m$，電離度 α とおく。

	NaCl	⇌	Na⁺	+	Cl⁻	〔mol/kg〕
電離前	m		0		0	
変化量	$-m\alpha$		$+m\alpha$		$+m\alpha$	
電離後	$m(1-\alpha)$	+	$m\alpha$	+	$m\alpha$	$= \underline{m(1+\alpha)}$ （計）

> この値が
> 電離後の
> 全粒子数

$\Delta t = K_f m$ より

$0.370\ K = 1.85\ K \cdot kg/mol \times 1.02 \times 10^{-1}(1+\alpha)$

$\alpha = 0.960 \fallingdotseq 0.96$

---

52 解答

(1) (ア) 水　(イ) 水溶液　(ウ) 浸透
(エ)／(オ) モル濃度／絶対温度（順不同）

(2) 2.5×10^5 Pa

> **ベストフィット**
>
> 溶液の浸透圧は気体の状態方程
> 式と同じ関係式。

解説

(1)

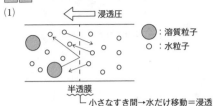

$$\text{浸透圧 }\Pi\text{〔Pa〕は }\Pi V = nRT \iff \Pi = \frac{n}{V}RT \iff \Pi = cRT$$

$$\underbrace{\hspace{3em}}_{\text{モル濃度}} \quad \underbrace{\hspace{3em}}_{\text{絶対温度}}$$

$$c\text{〔mol/L〕} = \frac{n}{V}$$

(2)

溶質：グルコース分子量 180 より $\dfrac{18.0\text{ g}}{180\text{ g/mol}} = 0.100$ mol

モル濃度〔mol/L〕 $= \dfrac{\text{溶質〔mol〕}}{\text{溶液〔L〕}} = \dfrac{0.100\text{ mol}}{1.0\text{ L}} = 0.100$ mol/L

$\Pi = cRT \iff \Pi = 0.100\text{ mol/L} \times 8.3 \times 10^3\,\text{Pa·L/(mol·K)} \times 3.0 \times 10^2\text{ K} = 2.49 \times 10^5 ≒ 2.5 \times 10^5\,\text{Pa}$

---

53 解答

1.1×10^4

▶ ベストフィット

浸透圧は高分子化合物の平均分子量を求めるときに有効である。

解説

溶質：平均分子量 $\overline{M}$ とすると $\dfrac{1.0\text{ g}}{\overline{M}\text{〔g/mol〕}} = \dfrac{1.0}{\overline{M}}$〔mol〕

モル濃度〔mol/L〕 $= \dfrac{\text{溶質〔mol〕}}{\text{溶液〔L〕}} = \dfrac{\dfrac{1.0}{\overline{M}}\text{〔mol〕}}{1.0\text{ L}} = \dfrac{1.0}{\overline{M}}$〔mol/L〕

浸透圧 Π〔Pa〕 $= cRT \iff 2.2 \times 10^2\,\text{Pa} = \dfrac{1.0}{\overline{M}}\text{〔mol/L〕} \times 8.3 \times 10^3\,\text{Pa·L/(mol·K)} \times 3.0 \times 10^2\text{ K}$

$\iff \overline{M} = 1.13 \times 10^4 ≒ 1.1 \times 10^4$

---

54 解答

(2), (3)

▶ ベストフィット

コロイドの性質・分類は正確に理解する。

解説

(1)

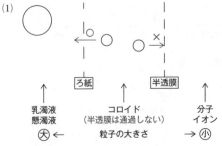

(2)

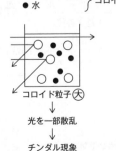

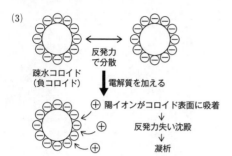

(3) 疎水コロイド（負コロイド）

反発力で分散

電解質を加える

⊕ 陽イオンがコロイド表面に吸着
↓
反発力失い沈殿
↓
凝析

(4) コロイド粒子 ＝ 可視光と波長が似ている。
　　　　　　　＝ 光学顕微鏡で観察不可。

(5)

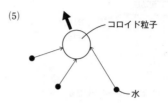

コロイド粒子

水

溶媒粒子の熱運動で，コロイド粒子に衝突。
↓
コロイド粒子の不規則な運動
↓
ブラウン運動

---

55 解答

(1) (ア) 疎水コロイド　(イ) 親水コロイド　(ウ) 黄褐　(エ) 赤褐　(オ) チンダル現象
　　(カ) ブラウン運動　(キ) 陰　(ク) ゾル　(ケ) ゲル　(コ) キセロゲル
(2) 水和　(3) 凝析　(4) 保護コロイド　(5) (B)
(6) 水酸化鉄(Ⅲ)　(7) 透析
(8) 水分子が熱運動によってコロイド粒子に衝突するため，コロイド粒子の不規則な運動が観察される。
(9) 親水コロイドは親水性が高く，水分子と水和するため，コロイド粒子表面を水分子が覆うから。

- -

解説

保護コロイド
‖(4)

 コロイドの分類

親水コロイドを加える。→凝析を防ぐ。

水との親和小　→　疎水コロイド　→　少量の電解質で沈殿　→　凝析
　　　　　　　　　　(ア)　　　　　　　　　　　　　　　　(3)

水との親和大　→　親水コロイド　→　多量の電解質で沈殿　→　塩析
　　　　　　　　　　(イ)　　　　└理由(9)

ベストフィット

コロイドの分類・性質は系統的に理解する。

疎水コロイドの分類

電気泳動（コロイド溶液に直流電圧）
├陽極へ → コロイド表面が負＝負コロイド（泥水など）　凝析力は陽イオンの価数に比例。
└陰極へ → コロイド表面が正＝正コロイド（水酸化鉄(Ⅲ)など）凝析力は陰イオンの価数に比例。
　　　　　　　　　　　　　　　　　　　　　　　　(キ)　　　　　　　　　　　　　　　　　　(5)

コロイドの性質

	現　象	理　由
チンダル現象 (オ)	問題文参照。	コロイド粒子が大きく，光の一部を散乱。
ブラウン運動 (カ)	コロイド粒子の不規則な運動。	解答(8)参照。

コロイドの製法と精製

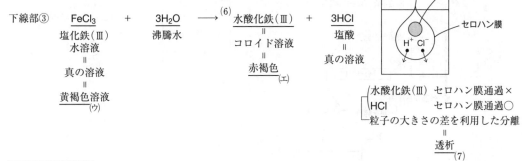

下線部③ $\underset{\substack{\text{塩化鉄(Ⅲ)}\\\text{水溶液}\\=\\\text{真の溶液}\\=\\\underset{(ウ)}{\text{黄褐色溶液}}}}{\underline{\text{FeCl}_3}}$ + $\underset{\substack{\text{沸騰水}}}{\underline{\text{3H}_2\text{O}}}$ $\xrightarrow{(6)}$ $\underset{\substack{\text{水酸化鉄(Ⅲ)}\\=\\\text{コロイド溶液}\\=\\\underset{(エ)}{\text{赤褐色}}}}{\underline{\text{水酸化鉄(Ⅲ)}}}$ + $\underset{\substack{\text{塩酸}\\=\\\text{真の溶液}}}{\underline{\text{3HCl}}}$

水酸化鉄(Ⅲ)

セロハン膜

H⁺ Cl⁻

水酸化鉄(Ⅲ) セロハン膜通過×

HCl セロハン膜通過○

粒子の大きさの差を利用した分離
=
$\underset{(7)}{\underline{\text{透析}}}$

コロイドの流動性

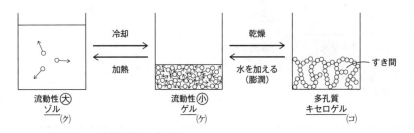

流動性⼤
$\underset{(ク)}{\underline{\text{ゾル}}}$
冷却 / 加熱
流動性⼩
$\underset{(ケ)}{\underline{\text{ゲル}}}$
乾燥 / 水を加える（膨潤）
多孔質
キセロゲル
$\underset{(コ)}{}$
すき間

---

56 解答

(1) 過冷却　　(2) $\Delta t = \text{C} - \text{E}$　　(3) 120

(4) 冷却と凝固熱の発生量がつり合っているため。

(5) 溶液では溶媒の水のみが凝固し，しだいに溶液の質量モル濃度が増加し，凝固点降下度も増加するため。

(6) 凝固点を求める際，常に温度変化をともなう。温度変化により溶液の体積も変化し，誤差の原因となるが，溶媒の質量は変化しないため。

....

解 説

(2) 溶液の凝固点は外挿した点E

> ▶ ベストフィット
>
> 凝固点以下でも液体の状態であることを過冷却とよぶ。

(3)

物質 1.0 g
水 100 g

溶質：分子量を M とすると　$\dfrac{1.0\ \text{g}}{M\text{(g/mol)}} = \dfrac{1.0}{M}\ \text{(mol)}$

質量モル濃度 $m\text{(mol/kg)} = \dfrac{\text{溶質(mol)}}{\text{溶媒(kg)}} = \dfrac{\dfrac{1.0}{M}\ \text{(mol)}}{0.100\ \text{kg}} = \dfrac{10}{M}\ \text{(mol/kg)}$

凝固点降下度　$\Delta t = K_{\text{f}} m$

$\Leftrightarrow$　$0.154\ \text{K} = 1.85\ \text{K·kg/mol} \times \dfrac{10}{M}\ \text{(mol/kg)}$

$\Leftrightarrow$　$M = 120.1 \fallingdotseq 120$

(4) 純水

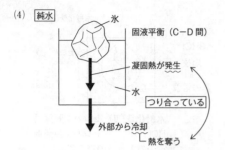

氷

固液平衡（C−D間）

凝固熱が発生

水

つり合っている

外部から冷却

熱を奪う

(5)

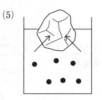

水だけ凝固（keyword）

↓

溶液の質量モル濃度上昇

↓

$\uparrow \Delta t = \boxed{K_f} m \uparrow$

定数

(6) 低温　　　　　　高温

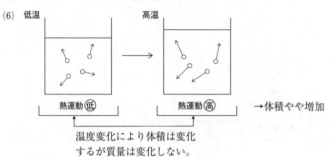

熱運動(低)　　　　　熱運動(高)　　→体積やや増加

温度変化により体積は変化
するが質量は変化しない。

---

57 解答

(1) (ア)　(2) (イ)　(3) (ウ)　(4) (エ)

▶ ベストフィット

希薄溶液の性質は日常生活と関
連付けて理解する。

解説

(1) 河口付近　＝　海水との接続部分
　　‖　　　　　　　‖
粘土のコロイド粒子(多)　　NaCl, MgCl$_2$ などの電解質
　　↓
疎水コロイド ←　凝析 …土砂が堆積して三角州形成。

(2)

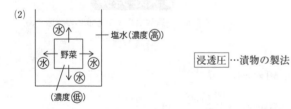

水↑

塩水(濃度(高))

野菜

水

(濃度(低))

浸透圧 …漬物の製法

(3) 塩化カルシウム→電解質
　　　　　　　→水に溶解して，凝固点降下
　　　　　　　→凍結しにくい。

(4) 純水　蒸発　　　海水　蒸発

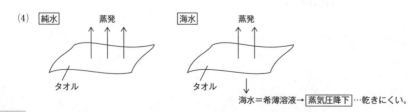

タオル　　　　　タオル

海水＝希薄溶液→ 蒸気圧降下 …乾きにくい。

58 解答

(1) $2C(黒鉛) + 3H_2 \longrightarrow C_2H_6 \quad \Delta H = -84\,kJ$

(2) $C_2H_6 + \dfrac{7}{2}O_2 \longrightarrow 2CO_2 + 3H_2O(液)$

$$\Delta H = -1562\,kJ$$

(3) $H_2O(固) \longrightarrow H_2O(液) \quad \Delta H = +6.0\,kJ$

(4) $HClaq + NaOHaq \longrightarrow NaClaq + H_2O(液)$

$$\Delta H = -56.5\,kJ$$

▶ ベストフィット

生成エンタルピー…生成する物質の係数を1とする。
燃焼エンタルピー…燃焼する物質の係数を1とする。
融解エンタルピー…1 mol の物質が融解するときに吸収する熱量。
中和エンタルピー…水 1 mol が中和によって生じるときに発生する熱量。

解説

	係数を1にする物質	Step1) 反応物, 生成物	Step2) 係数	Step3) 状態, 同素体	Step4) 反応エンタルピー
(1)	C_2H_6	$C + H_2 \to C_2H_6$	$2C + 3H_2 \to C_2H_6$	$2C(黒鉛) + 3H_2$ $\to C_2H_6$	$2C(黒鉛) + 3H_2 \to C_2H_6$ $\Delta H = -84\,kJ$
(2)	C_2H_6	$C_2H_6 + O_2$ $\to CO_2 + H_2O$	$C_2H_6 + \dfrac{7}{2}O_2$ $\to 2CO_2 + 3H_2O$	$C_2H_6 + \dfrac{7}{2}O_2$ $\to 2CO_2 + 3H_2O(液)$	$C_2H_6 + \dfrac{7}{2}O_2 \to 2CO_2 + 3H_2O(液)$ $\Delta H = -1562\,kJ$
(3)	$H_2O(固)$	$H_2O \to H_2O$		$H_2O(固)$ $\to H_2O(液)$	$H_2O(固) \to H_2O(液)$ $\Delta H = +6.0\,kJ$
(4)	$H_2O(液)$	$HClaq + NaOHaq$ $\to NaClaq + H_2O$		$HClaq + NaOHaq$ $\to NaClaq + H_2O(液)$	$HClaq + NaOHaq$ $\to NaClaq + H_2O(液)$ $\Delta H = -56.5\,kJ$

59 解答

(1) 1110 kJ　　(2) 3.36 L　　(3) 12 g　　(4) 2.6℃

▶ ベストフィット

反応エンタルピーは1 mol あたりの値である。

解説

(1) $\boxed{C_3H_8(気)} + 5O_2(気) \to 3CO_2(気) + 4H_2O(液) \quad \Delta H = -2220\,kJ/mol$ ❶ ←プロパン1 mol の燃焼エンタルピー

$$2220\,kJ/mol \times 0.50\,mol$$
$$= 1110\,kJ$$

(2) $\boxed{C_3H_8(気)} + 5O_2(気) \to 3CO_2(気) + 4H_2O(液) \quad \Delta H = -2220\,kJ/mol$

$$\dfrac{111}{2220} \times 3\,mol \quad \longleftarrow \quad \dfrac{111}{2220}\,mol$$
$$\downarrow$$
$$\dfrac{111}{2220} \times 3\,mol \times 22.4\,L/mol$$
$$= 3.36\,L$$

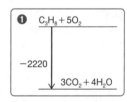

❶
$C_3H_8 + 5O_2$

-2220

$3CO_2 + 4H_2O$

(3) $\boxed{C_3H_8(気)} + 5O_2(気) \to 3CO_2(気) + 4H_2O(液) \quad \Delta H = -2220\,kJ/mol$

$$\dfrac{370}{2220} \times 4\,mol \leftarrow \dfrac{370}{2220}\,mol$$
$$\downarrow 分子量\,18$$
$$\dfrac{370}{2220} \times 4\,mol \times 18\,g/mol$$
$$= 12\,g$$

(4)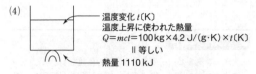
温度変化 t〔K〕
温度上昇に使われた熱量
$Q = mct = 100\,kg \times 4.2\,J/(g\cdot K) \times t〔K〕$
‖ 等しい
熱量 1110 kJ

$$100\,kg \times 4.2\,J/(g\cdot K) \times t〔K〕 = 1110\,kJ \quad ←(1)より$$
$$t \fallingdotseq 2.6\,K$$
$$= 2.6\,℃$$

---

60 〔解答〕

$-69\,kJ$

〔解説〕 ①×2＋②×2－③より，エンタルピー変化を求める。

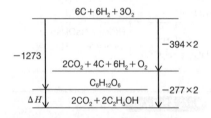

$2C + 2O_2 \longrightarrow 2CO_2$ $\Delta H = -394 \times 2$ …①×2

$4C + 6H_2 + O_2 \longrightarrow 2C_2H_5OH$ $\Delta H = -277 \times 2$ …②×2

$-6C - 6H_2 - 3O_2 \longrightarrow -C_6H_{12}O_6$ $\Delta H = +1273$ …③×(-1)

$C_6H_{12}O_6 \longrightarrow 2C_2H_5OH + 2CO_2$ $\Delta H = -394 \times 2 - 277 \times 2 + 1273$
         $= -69\,kJ$

〔別解1〕 エネルギー図

$6C + 6H_2 + 3O_2$

-1273 -394×2

$2CO_2 + 4C + 6H_2 + O_2$

$C_6H_{12}O_6$ -277×2

ΔH $2CO_2 + 2C_2H_5OH$

$\Delta H = -394 \times 2 - 277 \times 2 + 1273 = -69\,kJ$

〔別解2〕 反応エンタルピーだけ抜き出して計算する。求める化学反応式に注目して，移項する物質に関与する反応エンタルピーの符号を変える。

$$\underset{-(-1273)}{C_6H_{12}O_6} \longrightarrow \underset{-277 \times 2}{2C_2H_5OH} + \underset{-394 \times 2}{2CO_2}$$

$\Leftrightarrow \Delta H = +1273 - 277 \times 2 - 394 \times 2 = -69\,kJ$

---

61 〔解答〕

$391\,kJ/mol$

〔解説〕

アンモニア NH_3 1 mol
をつくるには N と H，H，H

$\dfrac{1}{2}N_2$ $\dfrac{3}{2}H_2$

$\dfrac{1}{2}N_2 + \dfrac{3}{2}H_2 \longrightarrow NH_3$ $\Delta H = -46\,kJ$

$\dfrac{1}{2}N\equiv N$ $\dfrac{3}{2}H-H$ $\underset{H}{\overset{H}{\underset{\;}{N}}}$

$\dfrac{1}{2} \times 958$ $+$ $\dfrac{3}{2} \times 432$ $=$ $3x$ -46

N   H, H, H   N, H, H, H

$x = 391\,kJ/mol$

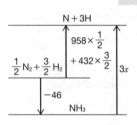

$N + 3H$

$958 \times \dfrac{1}{2}$
$+ 432 \times \dfrac{3}{2}$ $3x$

$\dfrac{1}{2}N_2 + \dfrac{3}{2}H_2$

-46

NH_3

62 解答

(1) C(黒鉛) + O_2 ⟶ CO_2 $\Delta H = -394$ kJ

(2) $H_2 + \dfrac{1}{2}O_2$ ⟶ H_2O(液) $\Delta H = -286$ kJ

(3) $C_2H_6 + \dfrac{7}{2}O_2$ ⟶ $2CO_2 + 3H_2O$(液) $\Delta H = -1560$ kJ

(4) HClaq + NaOHaq ⟶ NaClaq + H_2O(液) $\Delta H = -56$ kJ

(5) NaOH $\xrightarrow{H_2O}$ NaOHaq $\Delta H = -44$ kJ

(6) H_2O(固) ⟶ H_2O(気) $\Delta H = +50$ kJ

解説

(1) CO_2 が 1 mol

C(黒鉛) + O_2 ⟶ CO_2 $\Delta H = -394$ kJ/mol

(2) H_2 が 1 mol   できるのは H_2O 1 mol

$\dfrac{28.6 \text{ kJ}}{0.10 \text{ mol}} = 286$ kJ/mol $\dfrac{1}{2}O_2$

$H_2 + \dfrac{1}{2}O_2$ ⟶ H_2O(液) $\Delta H = -286$ kJ/mol

(3) C_2H_6 が 1 mol

$2CO_2$ $3H_2O$ O は 7 つ

$\dfrac{7}{2}O_2$

C_2H_6 1 mol は $12 \times 2 + 1.0 \times 6 = 30$

よって，120 g は $\dfrac{120 \text{ g}}{30 \text{ g/mol}} = 4.0$ mol

1 mol あたりの熱は $\dfrac{6240 \text{ kJ}}{4.0 \text{ mol}} = 1560$ kJ/mol

$C_2H_6 + \dfrac{7}{2}O_2$ ⟶ $2CO_2 + 3H_2O$(液) $\Delta H = -1560$ kJ/mol

(4) HCl は $1.0 \text{ mol/L} \times \dfrac{500}{1000} \text{ L} = 0.50$ mol

NaOH は $0.20 \text{ mol/L} \times 1.0 \text{ L} = 0.20$ mol
反応するのは互いに 0.20 mol

1 mol なら $\dfrac{11.2 \text{ kJ}}{0.20 \text{ mol}} = 56$ kJ/mol

HClaq + NaOHaq ⟶ NaClaq + H_2O(液) $\Delta H = -56$ kJ/mol

(5) NaOH 1 mol は $23 + 16 + 1.0 = 40$

4.0 g は $\dfrac{4.0 \text{ g}}{40 \text{ g/mol}} = 0.10$ mol

1 mol あたりの熱は $\dfrac{4.4 \text{ kJ}}{0.10 \text{ mol}} = 44$ kJ/mol

NaOH(固) $\xrightarrow{H_2O}$ NaOHaq $\Delta H = -44$ kJ/mol

(6) H_2O が 1 mol

$$H_2O(固) \longrightarrow H_2O(気) \quad \Delta H = +50 \text{ kJ/mol}$$

---

63 解答

(1) $C_2H_6 + \dfrac{7}{2}O_2 \longrightarrow 2CO_2 + 3H_2O$

$C_3H_8 + 5O_2 \longrightarrow 3CO_2 + 4H_2O$

(2) エタン：プロパン = 2 : 1

(3) -1560 kJ/mol

▶ ベストフィット

エタンを x〔mol〕，プロパンを y〔mol〕として連立方程式をたてる。

解説

(2) エタン，プロパンの燃焼エンタルピーを ΔH_1〔kJ/mol〕，ΔH_2〔kJ/mol〕とする。

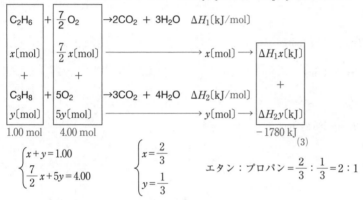

$$\begin{cases} x + y = 1.00 \\ \dfrac{7}{2}x + 5y = 4.00 \end{cases} \qquad \begin{cases} x = \dfrac{2}{3} \\ y = \dfrac{1}{3} \end{cases} \qquad エタン：プロパン = \dfrac{2}{3} : \dfrac{1}{3} = 2 : 1$$

(3) $\Delta H_1 x + \Delta H_2 y = -1780$

(2)より $x = \dfrac{2}{3}$ mol，$y = \dfrac{1}{3}$ mol，問題文より $\Delta H_2 = -2220$ kJ/mol なので

$$\Delta H_1 〔kJ/mol〕 \times \dfrac{2}{3} \text{ mol} + (-2220 \text{ kJ/mol}) \times \dfrac{1}{3} \text{ mol} = -1780 \text{ kJ}$$

$$\Delta H_1 = -1560 \text{ kJ/mol}$$

---

64 解答

(1) $t_2 - t_0$　　(2) 2.2 kJ　　(3) -44 kJ/mol

(4) -57 kJ/mol　　(5) $\Delta H_3 = \Delta H_2 - \Delta H_1$

▶ ベストフィット

反応エンタルピーは水溶液と容器の温度上昇に使われる。

解説 (1)

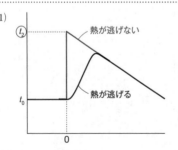

熱が逃げないと仮定したとき，
外挿によって 0 秒と交わる温度まで
温度上昇する。
温度上昇　$t_2 - t_0$

(2)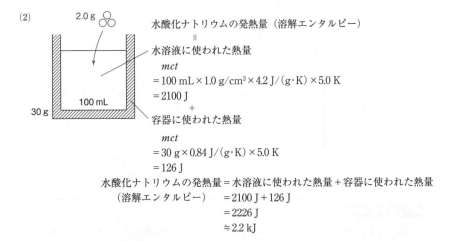

水酸化ナトリウムの発熱量（溶解エンタルピー）
＝
水溶液に使われた熱量

mct

$= 100 \text{ mL} \times 1.0 \text{ g/cm}^3 \times 4.2 \text{ J/(g·K)} \times 5.0 \text{ K}$

$= 2100 \text{ J}$
＋
容器に使われた熱量

mct

$= 30 \text{ g} \times 0.84 \text{ J/(g·K)} \times 5.0 \text{ K}$

$= 126 \text{ J}$

水酸化ナトリウムの発熱量＝水溶液に使われた熱量＋容器に使われた熱量

（溶解エンタルピー）　$= 2100 \text{ J} + 126 \text{ J}$

$= 2226 \text{ J}$

$\fallingdotseq 2.2 \text{ kJ}$

(3) ΔH_1 は NaOH（固）の溶解エンタルピーなので，NaOH（固）1 mol あたりの値を求める。

$$\Delta H_1 = \frac{-2.22 \text{ kJ}}{\dfrac{2.0}{40} \text{ mol}} \fallingdotseq -44 \text{ kJ/mol}$$

(4)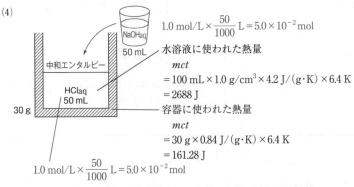

$1.0 \text{ mol/L} \times \dfrac{50}{1000} \text{ L} = 5.0 \times 10^{-2} \text{ mol}$

水溶液に使われた熱量

mct

$= 100 \text{ mL} \times 1.0 \text{ g/cm}^3 \times 4.2 \text{ J/(g·K)} \times 6.4 \text{ K}$

$= 2688 \text{ J}$

容器に使われた熱量

mct

$= 30 \text{ g} \times 0.84 \text{ J/(g·K)} \times 6.4 \text{ K}$

$= 161.28 \text{ J}$

$1.0 \text{ mol/L} \times \dfrac{50}{1000} \text{ L} = 5.0 \times 10^{-2} \text{ mol}$

中和による発熱量＝水溶液に使われた熱量＋容器に使われた熱量

（中和エンタルピー）$= 2688 + 161.28$

$= 2849.28 \text{ J}$

ΔH_3 は中和エンタルピーなので，水 1 mol あたりの値を求める。❶

$$\Delta H_3 = \frac{-2849.28 \text{ J}}{5.0 \times 10^{-2} \text{ mol}} \fallingdotseq -57000 \text{ J/mol} = -57 \text{ kJ/mol}$$

❶生成した水の物質量		
HClaq	＋	NaOHaq
5.0×10^{-2} mol		5.0×10^{-2} mol
→ NaClaq	＋	H_2O
		5.0×10^{-2} mol

(5) ΔH_3 は②－①より

$\underline{\text{NaOH（固）}} + \text{aq} + \text{HClaq} \rightarrow \text{NaClaq} + H_2O\text{（液）}\quad \Delta H_2 \text{[kJ]}\quad \cdots②$

$-\underline{\text{NaOH（固）}} - \text{aq} \rightarrow -\text{NaOHaq}\quad -\Delta H_1 \text{[kJ]}\qquad\qquad\cdots①\times(-1)$

$\text{HClaq} + \text{NaOHaq} \rightarrow \text{NaClaq} + H_2O\text{（液）}\quad \underset{\text{③の}\Delta H_3}{(\underline{\Delta H_2 - \Delta H_1})} \text{[kJ]}$

$\Delta H_3 = \Delta H_2 - \Delta H_1$

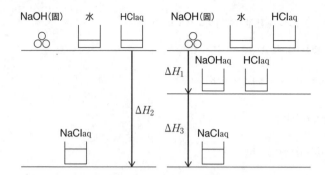

65 解答
378 kJ/mol

▶ ベストフィット

反応エンタルピー＝(反応物の結合エネルギーの総和)−(生成物の結合エネルギーの総和)

解説　C−C の結合エネルギーを x〔kJ/mol〕とすると
(反応物の結合エネルギーの総和)
−(生成物の結合エネルギーの総和)＝反応エンタルピー

$$
\begin{array}{ccc}
H & H & \\
| & | & \\
H-C-C-H & H\underset{H}{\overset{H}{C}}\#\underset{H}{\overset{H}{C}}H & H\#H \\
| & | & \\
H & H &
\end{array}
$$

$$(636 + 413 \times 4 + 432) - (x + 413 \times 6) = -136$$
$$\underset{C=C}{\underbrace{}}\ \underset{C-H}{\underbrace{413\times4}}\ \underset{H-H}{\underbrace{432}}\ \underset{C-C}{\underbrace{x}}\ \underset{C-H}{\underbrace{413\times6}}$$

$$x = 378 \text{ kJ/mol}$$

別解　エネルギー図

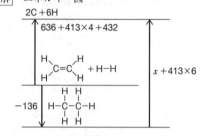

$$-136 = (636 + 413 \times 4 + 432) - (x + 413 \times 6)$$
$$x = 378 \text{ kJ/mol}$$

66 解答
(1)　C_{60}　＋2470 kJ/mol　　C_{70}　＋2600 kJ/mol　　ダイヤモンド　＋2 kJ/mol

(2)　$\dfrac{3}{2}$ mol　　(3)　2 mol　　(4)　＋716 kJ/mol

(5)　黒鉛　479 kJ　　ダイヤモンド　358 kJ

▶ ベストフィット

黒鉛は1原子あたり $\dfrac{3}{2}$ 本，ダイヤモンドは2本の共有結合をもつと考えられる。

解説　(1)　求める化学反応式は

$$60C(黒鉛) \rightarrow C_{60}(固)　\Delta H_1$$
$$70C(黒鉛) \rightarrow C_{70}(固)　\Delta H_2$$
$$C(黒鉛) \rightarrow C(ダイヤモンド)　\Delta H_3$$

黒鉛の燃焼エンタルピーは −394 kJ/mol なので

$$C(黒鉛) + O_2(気)　\rightarrow CO_2(気)　\Delta H = -394　\cdots①$$
$$C_{60}(固) + 60O_2(気) \rightarrow 60CO_2(気)　\Delta H = -26110　\cdots②$$
$$C_{70}(固) + 70O_2(気) \rightarrow 70CO_2(気)　\Delta H = -30180　\cdots③$$

ΔH_1 は①×60−②より

$$60C(黒鉛) + \overline{60O_2(気)} \longrightarrow \overline{60CO_2(気)} \quad \Delta H = -394 \times 60 \quad \cdots ① \times 60$$
$$-C_{60}(固) - \overline{60O_2(気)} \longrightarrow \overline{-60CO_2(気)} \quad \Delta H = +26110 \quad \cdots ② \times (-1)$$

$$60C(黒鉛) \longrightarrow C_{60}(固)$$
$$\Delta H_1 = -394 \times 60 + 26110 = +2470 \text{ kJ}$$

ΔH_2 は①×70−③より
$$70C(黒鉛) + \overline{70O_2(気)} \longrightarrow \overline{70CO_2(気)} \quad \Delta H = -394 \times 70 \quad \cdots ① \times 70$$
$$-C_{70}(固) - \overline{70O_2(気)} \longrightarrow \overline{-70CO_2(気)} \quad \Delta H = +30180 \quad \cdots ③ \times (-1)$$

$$70C(黒鉛) \longrightarrow C_{70}(固)$$
$$\Delta H_2 = -394 \times 70 + 30180 = +2600 \text{ kJ}$$

また，ダイヤモンドの燃焼エンタルピーは-396 kJ/mol なので
$$C(ダイヤモンド) + O_2(気) \longrightarrow CO_2(気) \quad \Delta H = -396 \quad \cdots ④$$
ΔH_3 は①−④より
$$C(黒鉛) + \overline{O_2(気)} \longrightarrow \overline{CO_2(気)} \quad \Delta H = -394 \quad \cdots ①$$
$$-C(ダイヤモンド) - \overline{O_2(気)} \longrightarrow \overline{CO_2(気)} \quad \Delta H = +396 \quad \cdots ④ \times (-1)$$

$$C(黒鉛) \longrightarrow C(ダイヤモンド)$$
$$\Delta H_3 = -394 + 396 = +2 \text{ kJ}$$

別解　エネルギー図

(2) 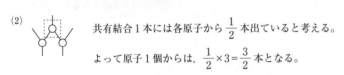 共有結合1本には各原子から$\frac{1}{2}$本出ていると考える。

よって原子1個からは，$\frac{1}{2} \times 3 = \frac{3}{2}$本となる。

(3) (2)と同様に考えて原子1個からは$\frac{1}{2} \times 4 = 2$本となる。

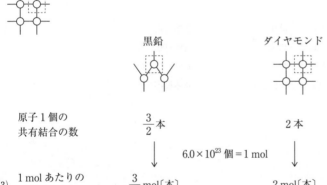

	黒鉛	ダイヤモンド
原子1個の 共有結合の数	$\frac{3}{2}$本	2本
	↓　　6.0×10^{23} 個 = 1 mol	↓
(2)(3) 1 mol あたりの 共有結合の数	$\frac{3}{2}$ mol〔本〕	2 mol〔本〕

(4) 求める化学反応式は
     C(ダイヤモンド)→C(気) ΔH_4

問題文と(1)より
     C(黒鉛)→C(気) $\Delta H=+718$ …⑤
     C(黒鉛)→C(ダイヤモンド) $\Delta H=+2$ …⑥

ΔH_4 は⑤−⑥より
     $\overline{C(黒鉛)}$→C(気) $\Delta H=+718$ …⑤
  $-\overline{C(黒鉛)}$→$-$C(ダイヤモンド) $\Delta H=-2$ …⑥×(-1)

     C(ダイヤモンド)→C(気)
          $\Delta H_4=+718-2=+716$ kJ

(5) 共有結合 1 mol を切断するのに必要なエネルギー

    黒鉛
    $\dfrac{718\ \text{kJ}}{\frac{3}{2}}\fallingdotseq 479$ kJ

    ダイヤモンド
    $\dfrac{716\ \text{kJ}}{2}=358$ kJ

---

67 解答

(1) (イ)   (2) (ア)
(3) (イ)   (4) (ウ)

▶ ベストフィット

ΔH と ΔS の正負により反応の進みやすさがわかる。

解説

自発的に進みやすいのは
① 乱雑さが増大　固→液→気
  （エントロピー増大）
② 発熱反応
  （エンタルピーがマイナス）

2つともそろえば反応は進む。
どちらか片方なら条件による。
2つともダメなら進まない。

	①	②		
(1)	×	○	気→液(エントロピー減少)	発熱反応 (イ)
(2)	○	○	固→気(エントロピー増大)	発熱反応 (ア)
(3)	○	×	固→気(エントロピー増大)	吸熱反応 (イ)
(4)	×	×	気体減少(エントロピー減少)	吸熱反応 (ウ)

P.54 ▶1 電池と電気分解

68 解答

(1) 変化なし　(2) $2Al + 6H^+ \longrightarrow 2Al^{3+} + 3H_2$

(3) $Cu + 2Ag^+ \longrightarrow Cu^{2+} + 2Ag$

(4) 変化なし

ベストフィット
イオン化傾向の大小を考える。

解説　イオン化傾向が大きいものがイオンになる。

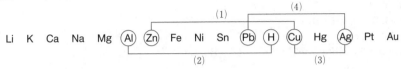

(1)
(4)
Li K Ca Na Mg Al Zn Fe Ni Sn Pb H Cu Hg Ag Pt Au
(2)
(3)

(1)

Cu
Zn2+
SO42−

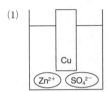

Zn＞Cu

Zn はイオンなので変化なし。

(2)

H+
Al
H+
SO42−

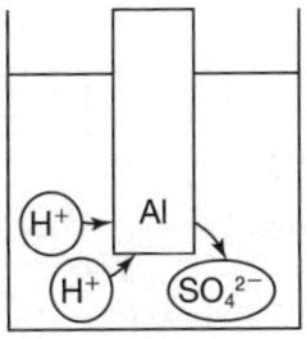

Al＞H

Al がイオンになる。

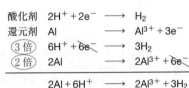

酸化剤　$2H^+ + 2e^- \longrightarrow H_2$

還元剤　$Al \longrightarrow Al^{3+} + 3e^-$

(3倍)　$6H^+ + \cancel{6e^-} \longrightarrow 3H_2$

(2倍)　$2Al \longrightarrow 2Al^{3+} + \cancel{6e^-}$

$2Al + 6H^+ \longrightarrow 2Al^{3+} + 3H_2$

(3)

Cu
Ag+
NO3−

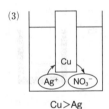

Cu＞Ag

Cu がイオンになる。

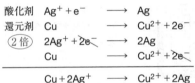

酸化剤　$Ag^+ + e^- \longrightarrow Ag$

還元剤　$Cu \longrightarrow Cu^{2+} + 2e^-$

(2倍)　$2Ag^+ + \cancel{2e^-} \longrightarrow 2Ag$

$Cu \longrightarrow Cu^{2+} + \cancel{2e^-}$

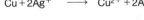

$Cu + 2Ag^+ \longrightarrow Cu^{2+} + 2Ag$

(4)

Ag
Pb2+
CH3COO−

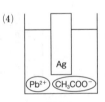

Pb＞Ag

Pb はイオンなので変化なし。

69 　解答

(1) 亜鉛板　　(2) 負極　Zn ⟶ Zn²⁺ + 2e⁻　　(3) SO₄²⁻
　　　　　　　　　　正極　Cu²⁺ + 2e⁻ ⟶ Cu

(4) 0になる　　(5) B　　(6) 大きくなる

- -

解 説

(1) イオン化傾向　Zn ＞ Cu
　　　　　　　　　　負極　正極

(2) 負極　金属がイオンになって電子を出す。
　　　　$Zn \longrightarrow Zn^{2+} + 2e^-$
　　正極　イオン化傾向の小さい陽イオンが電子を受け取る。H ＞ Cu
　　　　$Cu^{2+} + 2e^- \longrightarrow Cu$

(3)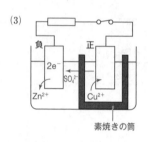
　　負極では Zn²⁺ が増加し，正極では Cu²⁺ が減少する。電荷のバランスを取るため SO₄²⁻ が素焼きの筒を通して移動する。

(4) 素焼きの筒
　　（イオンが通過できる）
　　→電気が流れる。

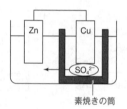

素焼きの筒

ガラスの筒
（イオンが通過できない）
→電気が流れない。

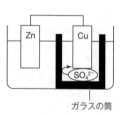

ガラスの筒

(5)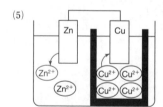

　　　　　　　　┌─少ないと反応が進む → 濃度を薄くしておく
　負極　Zn ⟶ Ⓩn²⁺ + 2e⁻

　正極　Ⓒu²⁺ + 2e⁻ ⟶ Cu
　　　　└─多いと反応が進む → 濃度を濃くしておく

(6)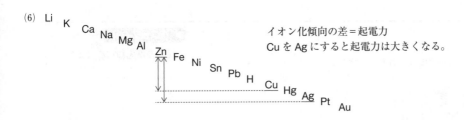

イオン化傾向の差＝起電力
Cu を Ag にすると起電力は大きくなる。

70 解答

(1) $Pb + SO_4^{2-} \longrightarrow PbSO_4 + 2e^-$　　(2) 0.50 mol

(3) 1.0 mol　　(4) 32 g の増加

ベストフィット

e^- 1 mol に対してそれぞれの物質が何 mol 反応するかを考える。

解説　電子の流れを書く。

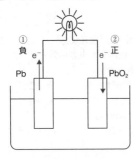

①負　e^-　　e^-　②正
Pb　　　　　PbO₂

①電池の負極から e^- が出る。
②電池の正極に e^- が入る。
　（溶液中の陽イオンと e^- が結合）

(1)～(3)　負極の反応

$$Pb \longrightarrow Pb^{2+} + 2e^- \quad Pb がイオンになる。$$
$$Pb^{2+} + SO_4^{2-} \longrightarrow PbSO_4 \quad 負極に PbSO_4 が付着（質量増）。$$

$$Pb + SO_4^{2-} \longrightarrow PbSO_4 + 2e^-$$

$$\frac{48\ g}{96\ g/mol} \longrightarrow 0.50\ mol \times 2$$
$$= 0.50\ mol \qquad = \boxed{1.0\ mol}\ \text{❶}$$

❶正極・負極で流れた e^- の物質量は等しい。

(4)　正極の反応

$$PbO_2 + 4H^+ + 2e^- \longrightarrow Pb^{2+} + 2H_2O \quad 酸化剤$$
$$Pb^{2+} + SO_4^{2-} \longrightarrow PbSO_4 \qquad 正極に PbSO_4 が付着（質量増）。$$

$$PbO_2 + 4H^+ + SO_4^{2-} + 2e^- \longrightarrow PbSO_4 + 2H_2O$$
$$0.50\ mol \longleftarrow \boxed{1.0\ mol} \longrightarrow 0.50\ mol\ \text{❶}$$

正極では PbO_2 が $PbSO_4$ になる。質量は SO_2 0.50 mol 分増える。
　　$(32 + 16 \times 2)$〔g/mol〕$\times 0.50\ mol = 32\ g$

71 解答

(1) 酸素 B2　(2) 大きくなる

(3) 電極　銅が析出　濃度　変化なし

解説

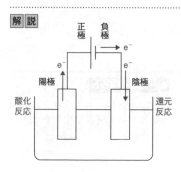

陽極…e⁻が出る(酸化反応)。

極板がPt, Au, C ＜ No → 極板の金属がイオンになってe⁻を出す。
　　　　　　　　　　　　　例：$Cu \longrightarrow Cu^{2+}+2e^-$
　　　　　　　Yes
　　　　　　　　① F⁻以外のハロゲン化物イオンが
　　　　　　　　　e⁻を出す。
　　　　　　　　　例：$2Cl^- \longrightarrow Cl_2+2e^-$
　　　　　　　　② H_2O のHからe⁻を出す。
　　　　　　　　　例：$2H_2O \longrightarrow O_2+4H^++4e^-$
　　　　　　　　　(塩基性なら
　　　　　　　　　　$4OH^- \longrightarrow 2H_2O+O_2+4e^-$)

陰極…e⁻をもらう(還元反応)。
　　　イオン化傾向の小さい陽イオンが
　　　e⁻をもらう。
　　　例：$Cu^{2+}+2e^- \longrightarrow Cu$
　　　　　$2H^++2e^- \longrightarrow H_2$
　　(酸性以外なら
　　　　$2H_2O+2e^- \longrightarrow H_2+2OH^-$)

A1

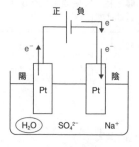

陽　H_2O が酸化されてe⁻を出す。
　　$2H_2O \longrightarrow \boxed{O_2}+4H^++4e^-$
　　　　　　　　　　　　(1)
陰　H_2O がe⁻を受け取る。
　　$2H_2O+2e^- \longrightarrow H_2+2OH^-$
　　　　　　　　　　　　　↓(2)
　　　　　　　　　　OH⁻増加
　　　　　　　　　　　↓
　　　　　　　　　　pH 大きくなる

B1

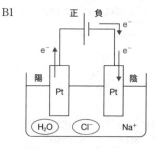

陽　Cl^- が酸化されてe⁻を出す。
　　$2Cl^- \longrightarrow Cl_2+2e^-$
陰　H_2O がe⁻を受け取る。
　　$2H_2O+2e^- \longrightarrow H_2+2OH^-$
　　　　　　　　　　　　　↓(2)
　　　　　　　　　　OH⁻増加
　　　　　　　　　　　↓
　　　　　　　　　　pH 大きくなる

A2

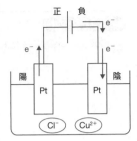

陽 Cl^- が酸化されて e^- を出す。
$$2Cl^- \longrightarrow Cl_2 + 2e^-$$

陰 Cu^{2+} が e^- を受け取る。
$$Cu^{2+} + 2e^- \longrightarrow Cu$$

B2

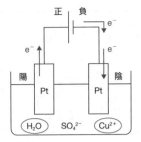

陽 H_2O が酸化されて e^- を出す。
$$2H_2O \longrightarrow \boxed{O_2} + 4H^+ + 4e^-$$
$$ {(1)}$$

陰 Cu^{2+} が e^- を受け取る。
$$Cu^{2+} + 2e^- \longrightarrow \underline{Cu}$$
$$\phantom{Cu^{2+} + 2e^- \longrightarrow } {(3)}$$

(3)

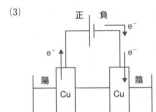

陽 Cu が酸化されて e^- を出す。

$$Cu \longrightarrow \boxed{Cu^{2+}} + 2e^-$$
生成

陰 Cu^{2+} が e^- を受け取る。

$$\boxed{Cu^{2+}} + 2e^- \longrightarrow Cu$$
消費

生成した Cu^{2+} と同じ量の Cu^{2+} が消費されるので硫酸銅(Ⅱ)水溶液の濃度は変化しない。

---

72 (解答)
  (1) 水素 $H_2 \longrightarrow 2H^+ + 2e^-$ (2) 3.6×10^3 J

解説
(1)

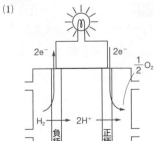

負極では H_2 が e^- を出す。
$$H_2 \longrightarrow 2H^+ + 2e^-$$
正極では O_2 が e^- をもらう。

$$\frac{1}{2}O_2 + 2H^+ + 2e^- \longrightarrow H_2O$$

(2) 1 W = 1 J/s なので
  12 J/s $\times (5 \times 60)$〔s〕$= 3600$ J $= 3.6 \times 10^3$ J

73 解答

(1) $+3 \rightarrow +4$ (2) 1.3×10^{-4} g (3) (ウ)

ベストフィット

$LiCoO_2$ は CoO_2 に変化する。

解説

放電
負
e⁻
正
Li⁺
黒鉛
LiCoO₂
放電
充電
充電
負
正
Li⁺
炭素と
リチウムの
化合物
CoO₂
e⁻

Li^+ は電解液中を移動するだけで，総量は常に一定である。 (3)

(1) $LiCoO_2$ から Li^+ が移動して CoO_2 に変化する。

$$\underset{+1}{Li}\underset{(+3)}{Co}\underset{-2}{O_2}\ (-4) \longrightarrow \underset{(+4)}{Co}\underset{-2}{O_2}\ (-4)$$

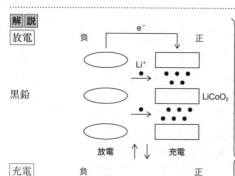

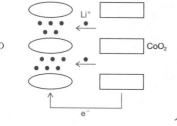

(2) 充電によって Li^+ が黒鉛にとりこまれるので，負極の質量は Li^+ 分増加する。
このとき，化学反応式より e^- の物質量と Li^+ の物質量が等しい。

x〔g〕増加したとすると

$$\frac{1.0\times10^{-3}\,\boxed{A}\,(C/s)\times(30\times60)\,[s]}{9.65\times10^{4}\ C/mol}=\frac{x\,[g]}{7.0\ g/mol}$$

$$x \fallingdotseq 1.3\times10^{-4}\ g$$

74 解答

(a) ニッケル-カドミウム電池 (b) マンガン乾電池
(c) 酸化銀電池 (d) 空気電池
(e) ニッケル-水素電池 二次電池 (a), (e)

ベストフィット

実用電池は電極が名称の由来となることが多い。

解説

	負極	正極	
(a)	(Cd)	(Ni)O(OH)	→ ニッケル-カドミウム電池
(b)	Zn	(Mn)O_2，C	→ マンガン乾電池
(c)	Zn	(Ag_2O)	→ 酸化銀電池
(d)	Zn	O_2(空気)	→ 空気電池
(e)	(H_2)(水素吸蔵合金)	(Ni)O(OH)	→ ニッケル-水素電池

ニッケル-カドミウム電池

→工具

マンガン乾電池

→懐中電灯

酸化銀電池

→時計

ニッケル-水素電池

→カメラ

---

75 解答

(1) I $Cu^{2+} + 2e^- \longrightarrow Cu$ II $Cu \longrightarrow Cu^{2+} + 2e^-$

(2) 6.0×10^3 C (3) 2.0 g 増加

(4) O_2 (5) 0.70 L

> ▶ ベストフィット
>
> 電極が Pt や C 以外のとき、電極自身が反応する。

....

解説

(1)

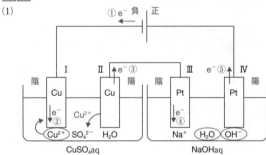

I $Cu^{2+} + 2e^- \longrightarrow Cu$

II $Cu \longrightarrow Cu^{2+} + 2e^-$

III $2H_2O + 2e^- \longrightarrow H_2 + 2OH^-$

IV $4OH^- \longrightarrow 2H_2O + \boxed{O_2} + 4e^-$

　　　　　　　　　　　　　(4)

(2) 電気量〔C〕=電流〔A〕×時間〔s〕

$= 5.0$ A $\times (20 \times 60)$〔s〕

$= 6000$ C

$= 6.0 \times 10^3$ C

(3) 電子の物質量 $= \dfrac{電気量}{電子\,1\,mol\,の電気量}$

$= \dfrac{6.0 \times 10^3\,C}{9.65 \times 10^4\,C/mol}$

I $Cu^{2+} + 2e^- \longrightarrow Cu$

$\dfrac{6.0 \times 10^3}{9.65 \times 10^4}\,mol \rightarrow \dfrac{6.0 \times 10^3}{9.65 \times 10^4} \times \dfrac{1}{2}\,mol$

↓ 原子量 63.5

$\dfrac{6.0 \times 10^3}{9.65 \times 10^4} \times \dfrac{1}{2}\,mol \times 63.5\,g/mol = 1.97 \fallingdotseq 2.0$ g

(5) $2H_2O + 2e^- \longrightarrow H_2 + 2OH^-$

$\dfrac{6.0 \times 10^3}{9.65 \times 10^4}\,mol \rightarrow \dfrac{6.0 \times 10^3}{9.65 \times 10^4} \times \dfrac{1}{2}\,mol$

↓

$\dfrac{6.0 \times 10^3}{9.65 \times 10^4} \times \dfrac{1}{2}\,mol \times 22.4\,L/mol = 0.696 \fallingdotseq 0.70$ L

76 解答

(1) I 陽極 $Cu \longrightarrow Cu^{2+} + 2e^-$ II 陽極 $2H_2O \longrightarrow O_2 + 4H^+ + 4e^-$
陰極 $Cu^{2+} + 2e^- \longrightarrow Cu$ 陰極 $2H^+ + 2e^- \longrightarrow H_2$

(2) 1.93×10^3 C (3) I 3.86×10^2 C II 1.54×10^3 C (4) 1.20×10^{-2} mol

ベストフィット

全体の電気量＝電解槽 I の電気量＋電解槽 II の電気量

....

解説

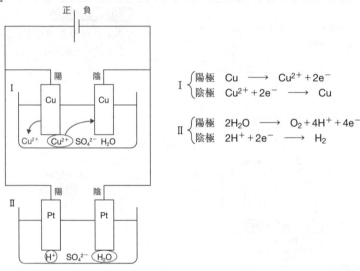

$$I \begin{cases} 陽極 & Cu \longrightarrow Cu^{2+} + 2e^- \\ 陰極 & Cu^{2+} + 2e^- \longrightarrow Cu \end{cases}$$

$$II \begin{cases} 陽極 & 2H_2O \longrightarrow O_2 + 4H^+ + 4e^- \\ 陰極 & 2H^+ + 2e^- \longrightarrow H_2 \end{cases}$$

(2) 電気量〔C〕＝電流〔A〕×時間〔s〕
    $= 0.500 \text{ A} \times 3.86 \times 10^3 \text{ s} = 1.93 \times 10^3$ C

(3) I 陰極 $Cu^{2+} + 2e^- \longrightarrow Cu$

$$0.004 \text{ mol} \leftarrow \frac{0.127 \text{ g}}{63.5 \text{ g/mol}} = 0.002 \text{ mol}$$

$$\downarrow$$

$$0.004 \text{ mol} \times 9.65 \times 10^4 \text{ C/mol}$$
$$= 386$$
$$= 3.86 \times 10^2 \text{ C}$$

全体の電気量＝電解槽 I の電気量＋電解槽 II の電気量より
    電解槽 II の電気量 $= \underline{1.93 \times 10^3 \text{ C}} - \underline{3.86 \times 10^2 \text{ C}} = 1544 ≒ 1.54 \times 10^3$ C
    全体   電解槽 I

(4) $$II \begin{cases} 陽極 & 2H_2O \longrightarrow O_2 + 4H^+ + 4e^- \\ & 0.004 \text{ mol} \leftarrow \dfrac{1544 \text{ C}}{9.65 \times 10^4 \text{ C/mol}} = \boxed{0.016 \text{ mol}} \\ 陰極 & 2H^+ + 2e^- \longrightarrow H_2 \\ & \boxed{0.016 \text{ mol}} \rightarrow 0.008 \text{ mol} \end{cases}$$

合計 $0.004 \text{ mol} + 0.008 \text{ mol} = 0.012$
                 $= 1.20 \times 10^{-2}$ mol

77 解答

(1) イオンとして溶け出す　Fe, Ni　　陽極泥として沈殿　Ag, Au　　(2) 2.0×10^{-3} mol

(3) イオン化傾向が銅より大きければ溶け出し，小さければ陽極泥として沈殿する。

> ▶ **ベストフィット**
>
> 銅よりもイオン化傾向が大きいか小さいかを考える。

解説 (1)(3)

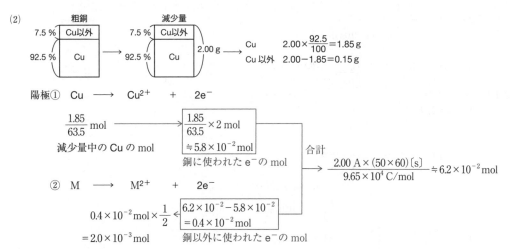

陽極からは電子が出て行くので酸化反応が起こっている。

Li　K　Ca　Na　Mg　Al　Zn　Fe　Ni　Sn　Pb＞Cu

イオン化傾向が Cu より大きいものはイオンになる。

Cu＞Hg, Ag, Pt, Au

イオン化傾向が Cu より小さいものは沈殿して陽極泥になる。

陰極には電子が入ってくるので還元反応が起こっている。

イオン化傾向の小さい順に電子をもらう。

起こる反応は $Cu^{2+} + 2e^- \longrightarrow Cu$

(2)

Cu　$2.00 \times \dfrac{92.5}{100} = 1.85$ g

Cu 以外　$2.00 - 1.85 = 0.15$ g

陽極① $Cu \longrightarrow Cu^{2+} + 2e^-$

$\dfrac{1.85}{63.5}$ mol ⟶ $\dfrac{1.85}{63.5} \times 2$ mol $\fallingdotseq 5.8 \times 10^{-2}$ mol

減少量中の Cu の mol　　銅に使われた e^- の mol

② $M \longrightarrow M^{2+} + 2e^-$

合計 $\dfrac{2.00\ A \times (50 \times 60)\ (s)}{9.65 \times 10^4\ C/mol} \fallingdotseq 6.2 \times 10^{-2}$ mol

0.4×10^{-2} mol $\times \dfrac{1}{2}$　$6.2 \times 10^{-2} - 5.8 \times 10^{-2} = 0.4 \times 10^{-2}$ mol

$= 2.0 \times 10^{-3}$ mol　　銅以外に使われた e^- の mol

---

78 解答

(1) (ア) 塩素　(イ) 水素　(ウ) 水酸化物　(エ) ナトリウム　(オ) 塩化物　(カ) 水酸化ナトリウム

(2) 陽極　$2Cl^- \longrightarrow Cl_2 + 2e^-$　　(3) 4.48×10^{-1} L　(4) 1.0×10^{-2} mol/L　pH = 12
　　陰極　$2H_2O + 2e^- \longrightarrow H_2 + 2OH^-$

> ▶ **ベストフィット**
>
> 陽イオン交換膜は陽イオンのみを通過させる。

(1)(2)

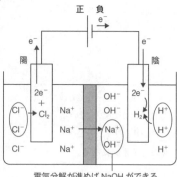

① 陽極で Cl_2 が発生
$$2Cl^- \longrightarrow Cl_2 + 2e^-$$
② Na^+ が陽イオン交換膜を通って移動
③ 陰極で H_2 発生
$$2H^+ + 2e^- \longrightarrow H_2$$
陰極付近の液は塩基性
$$2H_2O + 2e^- \longrightarrow H_2 + 2OH^-$$

(3) $\displaystyle 電子の物質量 = \frac{電気量}{電子1\,mol\,の電気量}$

$\displaystyle = \frac{1.00\,A \times 1.93 \times 10^3\,s}{9.65 \times 10^4\,C/mol}$

$= 0.02\,mol$

陽極 $2Cl^- \longrightarrow Cl_2 + 2e^-$
$\boxed{0.01\,mol} \leftarrow 0.02\,mol$

合計 $0.02\,mol$

陰極 $2H_2O + 2e^- \longrightarrow H_2 + 2OH^-$
$0.02\,mol \rightarrow \boxed{0.01\,mol}$

発生した気体の体積

$0.02\,mol \times 22.4\,L/mol = 0.448\,L$
$= 4.48 \times 10^{-1}\,L$

(4) 陰極 $2H_2O + 2e^- \longrightarrow H_2 + 2OH^-$
$0.02\,mol \longrightarrow 0.02\,mol$

↓ モル濃度(体積 2.0 L)

$\displaystyle \frac{0.02\,mol}{2.0\,L} = 0.01 = 1.0 \times 10^{-2}\,mol/L$

$\displaystyle [H^+] = \frac{1.0 \times 10^{-14}}{[OH^-]} = \frac{1.0 \times 10^{-14}}{1.0 \times 10^{-2}} = 1.0 \times 10^{-12}\,mol/L \qquad pH = 12$

---

79 解答

(1) (ア) イオン化傾向　(イ) 水素
(2) (i) 陽極　$2O^{2-} + C \longrightarrow CO_2 + 4e^-$
　　　陰極　$Al^{3+} + 3e^- \longrightarrow Al$
　 (ii) 5.6 mol　(iii) 101 g

▶ ベストフィット

陽極では炭素が反応し, CO_2 が発生する。

解説

(1) イオン化傾向

Li K Ca Na Mg Al ┊ Zn Fe Ni Sn Pb ┊ H

化合物を溶融塩電解　　化合物を C や
　　　　　　　　　　 CO で還元

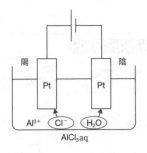

陽極 $2Cl^- \longrightarrow Cl_2 + 2e^-$
陰極 $2H_2O + 2e^- \longrightarrow H_2 + 2OH^-$
Al > H よりイオン化傾向の小さい水素が還元される。
→水がない溶融塩電解を行う。

(2) (i)

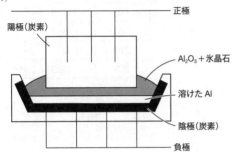

正極	
陽極(炭素)	
Al_2O_3＋氷晶石	
溶けた Al	
陰極(炭素)	
負極	

陽極 $2O^{2-} + C \longrightarrow CO_2 + 4e^-$
陰極 $Al^{3+} + 3e^- \longrightarrow Al$
③倍 $6O^{2-} + 3C \longrightarrow 3CO_2 + 12e^-$
④倍 $4Al^{3+} + 12e^- \longrightarrow 4Al$

全体 $2Al_2O_3 + 3C \longrightarrow 4Al + 3CO_2$

(ii) $Al^{3+} + 3e^- \longrightarrow Al$

$$\frac{50}{27} \times 3 \text{ mol} \leftarrow \frac{50}{27} \text{ mol}$$

$$\fallingdotseq 5.6 \text{ mol}$$

(iii) 電気量〔C〕＝電流〔A〕×時間〔s〕
$$= 100 \text{ A} \times (3.00 \times 60 \times 60) \text{〔s〕}$$
$$= 1.08 \times 10^6 \text{ C}$$

$Al^{3+} + 3e^- \longrightarrow Al$

$$\frac{1.08 \times 10^6}{9.65 \times 10^4} \text{ mol} \rightarrow \frac{1.08 \times 10^6}{9.65 \times 10^4} \times \frac{1}{3} \text{ mol}$$

$$\downarrow \text{原子量 27}$$

$$\frac{1.08 \times 10^6}{9.65 \times 10^4} \times \frac{1}{3} \text{ mol} \times 27 \text{ g/mol}$$

$$= 100.7 \fallingdotseq 101 \text{ g}$$

---

80 解答

(1) A トタン　B ブリキ
(2) 亜鉛の方が鉄に比べてイオン化傾向が大きく，亜鉛の方が先に
溶出するため，金属板 A の方が腐食されにくい。

▶ ベストフィット

イオン化傾向が大きい金属が e^- を出す。

解説

トタン

イオン化傾向は Zn＞Fe なので，
傷がついたときは Zn の方が先
に溶ける。
↓
Fe は腐食されにくい。

ブリキ

イオン化傾向は Fe＞Sn なので，
傷がついたときは Fe の方が先
に溶ける。
↓
Fe は腐食されやすい。

81 解答

   (1)　3.3×10^{-3} mol/(L·s)　　(2)　3.3×10^{-3} mol　　(3)　0.62 mol/L

解説

(1)　平均分解速度 $= -\dfrac{\Delta c}{\Delta t} = -\dfrac{(0.75-0.95)\,\text{[mol/L]}}{(60-0)\,\text{[s]}}$

                           $= -\dfrac{-0.20\,\text{mol/L}}{60\,\text{s}} \fallingdotseq 3.3 \times 10^{-3}\,\text{mol/(L·s)}$

時間(s)	濃度(mol/L)
0	0.95
60	0.75
120	0.59
180	0.47
240	0.37
300	0.29

(2)　300 秒で分解した H_2O_2 の物質量は

    $\underset{0\,秒}{(0.95} - \underset{300\,秒}{0.29)}\,\text{[mol/L]} \times \dfrac{10.0}{1000}\,\text{L} = 6.6 \times 10^{-3}\,\text{mol}$

  発生する酸素の物質量は

    $2H_2O_2 \longrightarrow 2H_2O + O_2$

    $6.6 \times 10^{-3}\,\text{mol} \longrightarrow 6.6 \times 10^{-3} \times \dfrac{1}{2}\,\text{mol}$

                      $= 3.3 \times 10^{-3}\,\text{mol}$

(3)　0 秒から 300 秒までの平均モル濃度は

    $\dfrac{(0.95+0.29)\,\text{[mol/L]}}{2} = 0.62\,\text{mol/L}$

82 解答

   (1)　$A+B$　　(2)　B　　(3)　C　　(4)　C

解説

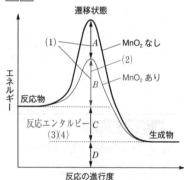

活性化エネルギー
→反応物のエネルギーと遷移状態のエネルギーの差
→触媒があると活性化エネルギーは小さくなる。

反応エンタルピー
→反応物のエネルギーと生成物のエネルギー差
→活性化エネルギーの大小に関係なし。

83 解答

(1) mol/(L·min)　　(2) $v=k[A][B]^3$　　(3) 81 倍

> **ベストフィット**
>
> $v=k[A]^x[B]^y$ とおいて，x, y を求める。

解説

(1) 反応速度 $=\dfrac{濃度〔mol/L〕}{時間〔min〕}=mol/(L·min)$

(2)
$$2\ 倍\ =\ 2\ 倍×1\ 倍\ \xrightarrow{(一定)}\ x=1$$
$$v\ =\ k[A]^x\ [B]^y$$
$$\frac{1}{8}\ 倍=1\ 倍×\left(\frac{1}{2}\right)^3\ 倍\ \xrightarrow{(一定)}\ y=3$$
$$\longrightarrow\ v=k[A][B]^3$$

(3) $v=k[A][B]^3$

　　3 倍 × 3^3 倍 $=3^4=81$ 倍

---

84 解答

(2)

> **ベストフィット**
>
> 反応温度を高めると，高いエネルギーをもった粒子が増える。

解説

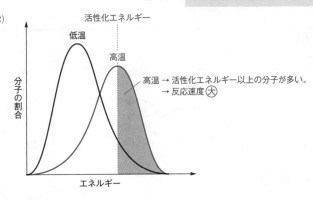

(1) 高エネルギー ＝ 不安定　変化　安定 ＝ 低エネルギー　エネルギー

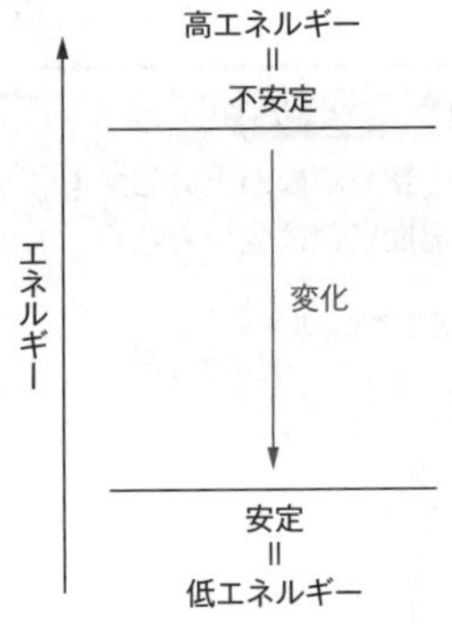

(2) 活性化エネルギー　低温　高温　分子の割合　エネルギー

高温 → 活性化エネルギー以上の分子が多い。
→ 反応速度 大

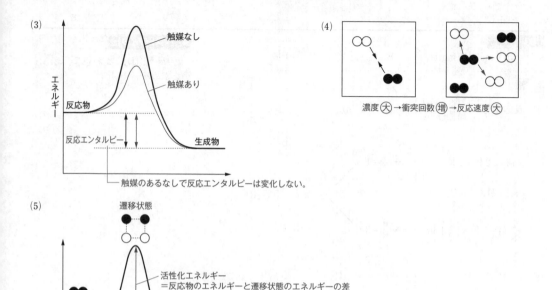

(3) エネルギー 反応物 触媒なし 触媒あり 反応エンタルピー 生成物 ─触媒のあるなしで反応エンタルピーは変化しない。

(4) 濃度⑪→衝突回数⑲→反応速度⑪

(5) 遷移状態 活性化エネルギー ＝反応物のエネルギーと遷移状態のエネルギーの差 エネルギー 反応物 生成物

85 解答
(2)，(3)

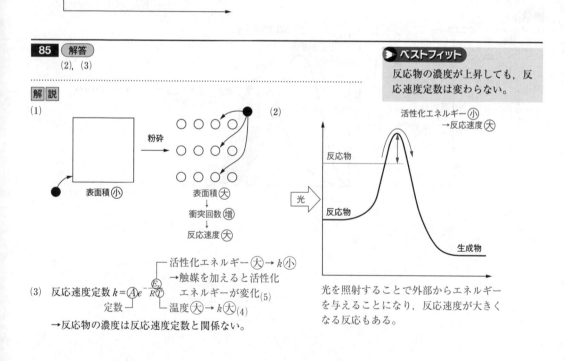

解説

(1)

粉砕 表面積⑳ 表面積⑪ → 衝突回数⑲ → 反応速度⑪

(2)

> ベストフィット
反応物の濃度が上昇しても，反応速度定数は変わらない。

活性化エネルギー⑳ →反応速度⑪

反応物 反応物 生成物

(3) 反応速度定数 $k = A e^{-\frac{E_a}{RT}}$
定数
活性化エネルギー⑪→k⑳
→触媒を加えると活性化エネルギーが変化(5)
温度⑪→k⑪(4)
→反応物の濃度は反応速度定数と関係ない。

光を照射することで外部からエネルギーを与えることになり，反応速度が大きくなる反応もある。

86 解答

(1) (イ)

(2) 活性化エネルギー　$a-b$　　生成エンタルピー　$-\dfrac{b-c}{2}$

解説

(1)　$N_2 + 3H_2 \rightarrow 2NH_3$　$\underbrace{\Delta H = -92.2 \text{ kJ}}_{\text{発熱反応}}$　…①

反応物のエネルギー＞生成物のエネルギー ❶

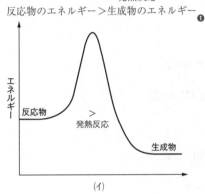

(イ)

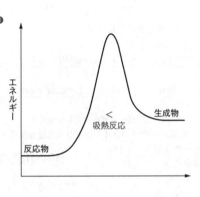

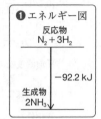

❶エネルギー図

(2)

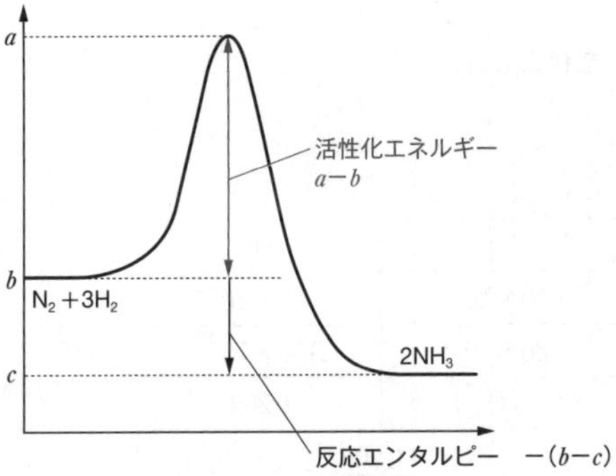

$N_2 + 3H_2 \rightarrow 2NH_3$　$\underbrace{\Delta H = -(b-c)}_{\text{反応エンタルピー}}$　…②

生成エンタルピーなので，NH_3 の係数が 1 になるようにする。

② $\times \dfrac{1}{2}$ より

$$\dfrac{1}{2}N_2 + \dfrac{3}{2}H_2 \rightarrow NH_3 \quad \Delta H = -\dfrac{b-c}{2}$$

87 （解答）

(1) （ア） 0.880　（イ） 0.440　（ウ） 0.660　（エ） 0.324
　　（オ） 0.440　（カ） 0.232　（キ） 1.47×10^{-2}　（ク） 7.73×10^{-3}

(2) 2.22×10^{-2} /s　(3) ⑤，⑥

- -

解説

(1) （ア） 初濃度なので 0.880 mol/L

（イ） $\left(0.880 \times \dfrac{5.00}{1000} \text{ mol} - 2.20 \times 10^{-3} \text{ mol}\right) \div \dfrac{5.00}{1000} \text{ L} = 0.440 \text{ mol/L}$

　　　　$\underbrace{\hspace{3em}}_{\text{0 秒の mol}}$ 　$\underbrace{\hspace{4em}}_{\text{30 秒で反応した mol}}$
　　　　$\underbrace{\hspace{8em}}_{\text{30 秒で残っている mol}}$

（ウ） 平均濃度なので　$\dfrac{（ア）+（イ）}{2} = \dfrac{0.880 \text{ mol/L} + 0.440 \text{ mol/L}}{2} = 0.660 \text{ mol/L}$

（エ） （ウ）と同様にして　$\dfrac{（イ）+0.208}{2} = \dfrac{0.440 \text{ mol/L} + 0.208 \text{ mol/L}}{2} = 0.324 \text{ mol/L}$

（オ） 変化量なので　$|（イ）-（ア）| = |0.440 - 0.880| = 0.440 \text{ mol/L}$

（カ） （オ）と同様にして　$|0.208-（イ）| = |0.208 - 0.440| = 0.232 \text{ mol/L}$

（キ） 反応速度 $= \left|\dfrac{\text{濃度の変化量}}{\text{時間変化}}\right| = \left|\dfrac{0.440}{30-0}\right| = 1.466 \times 10^{-2} \fallingdotseq 1.47 \times 10^{-2} \text{ mol/(L·s)}$

（ク） （キ）と同様にして　$\left|\dfrac{0.232}{60-30}\right| = 7.733 \times 10^{-3} \fallingdotseq 7.73 \times 10^{-3} \text{ mol/(L·s)}$

(2) 反応速度 $= k \times$ （H_2O_2 水溶液の平均濃度）より，(1)の（ウ）と（キ）を代入して

　　　$1.466 \times 10^{-2} \text{ mol/(L·s)} = k \times 0.660 \text{ mol/L}$
　　　　　　　$k \fallingdotseq 2.22 \times 10^{-2} \text{ /s}$

時間〔s〕		0	30	60
発生した O_2〔mol〕		0	1.10×10^{-3}	1.68×10^{-3}
反応した H_2O_2〔mol〕		0	2.20×10^{-3}	3.36×10^{-3}
H_2O_2 水溶液の濃度〔mol/L〕		（ア）=0.880 ——→↓	（イ）	0.208
H_2O_2 水溶液の平均濃度〔mol/L〕		$\dfrac{（ア）+（イ）}{2}$（ウ）	$\dfrac{（イ）+0.208}{2}$（エ）	
H_2O_2 水溶液の濃度の変化量〔mol/L〕	(2)	$\|（イ）-（ア）\|$（オ）	$\|0.208-（イ）\|$（カ）	
反応速度〔mol/(L·s)〕		$\left\|\dfrac{（イ）-（ア）}{30-0}\right\|$（キ）	$\left\|\dfrac{0.208-（イ）}{60-30}\right\|$（ク）	

(3) ①

$$2H_2O_2 \xrightarrow{\ MnO_2\ } 2H_2O + O_2$$

←触媒は直接反応には関与しない。

②

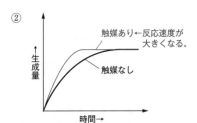

触媒あり←反応速度が大きくなる。

触媒なし

生成量↑　時間→

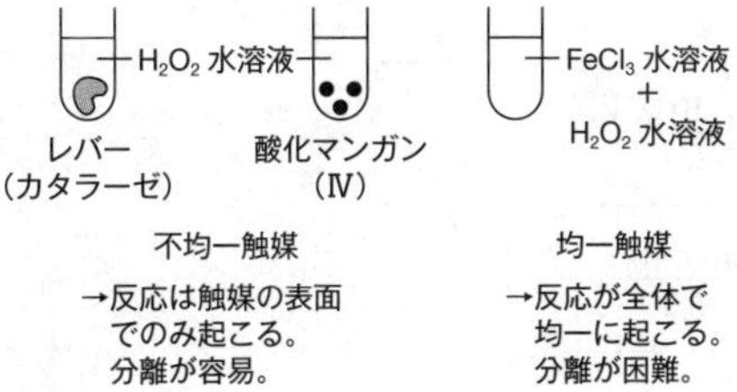

⑤

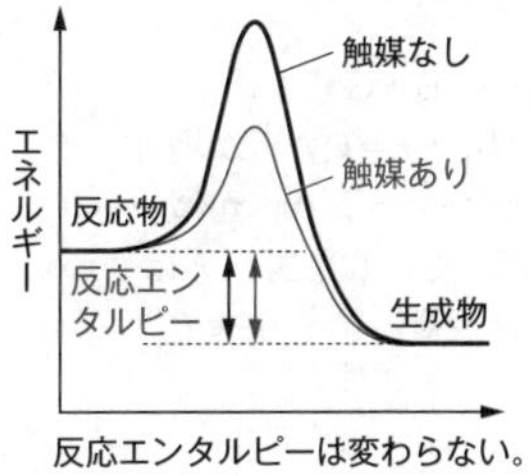

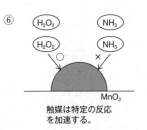

エネルギー　反応物

触媒なし
触媒あり
反応エンタルピー　生成物

反応エンタルピーは変わらない。

③④

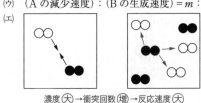

レバー（カタラーゼ）　H₂O₂水溶液　酸化マンガン（Ⅳ）

不均一触媒
→反応は触媒の表面でのみ起こる。分離が容易。

FeCl₃水溶液＋H₂O₂水溶液

均一触媒
→反応が全体で均一に起こる。分離が困難。

⑥

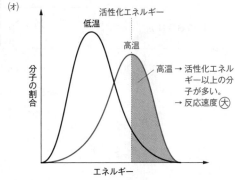

H₂O₂　H₂O₂　NH₃　NH₃
MnO₂

触媒は特定の反応を加速する。

---

88 解答

(1) (ア) 2　(イ) 1　(ウ) 2：1　(エ) 衝突回数　(オ) 遷移

(2) $v = k[A]^2$　(3) (i) ア　(ii) エ　(iii) イ

(4) $\dfrac{1}{4}$ 倍　(5) 1 倍

▶ ベストフィット

触媒を加えても生成量は変化しない。

....

解説

(1) (ア)(イ)　$m\mathrm{A} \longrightarrow n\mathrm{B} + \mathrm{C}$

変化量　2倍　　　　　　　　　1倍 ($m = 2$)

変化量　　　　　　1倍 → 1倍 ($n = 1$)

(ウ) (Aの減少速度)：(Bの生成速度) $= m : n = 2 : 1$

(エ)

濃度⑤→衝突回数⑱→反応速度⑤

(オ)

活性化エネルギー

低温　高温

高温 → 活性化エネルギー以上の分子が多い。
→ 反応速度⑤

分子の割合

エネルギー

(2) $v = k[A]^x \iff v = k[A]^2$

4倍 = 2^2倍 $\longrightarrow x = 2$

(3)

(i) 2A $\longrightarrow$ B+C
   [A]が増加→$v = k$[A]^2 が増加→ア

(ii) [A]が減少→$v = k$[A]^2 が減少→エ

(iii) v が上昇。ただし平衡状態は変わらないが
   早く平衡状態に達する→イ

(4)

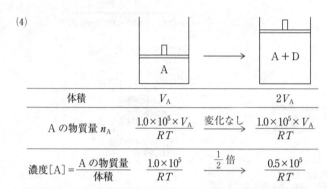

$$v = k[\text{A}]^2$$
$$\uparrow$$
$$\frac{1}{4}\text{倍} = \left(\frac{1}{2}\right)^2\text{倍}$$
$$\underline{\qquad\qquad}$$
$$(4)$$

	A		A + D
体積	V_A		$2V_\text{A}$
A の物質量 n_A	$\dfrac{1.0\times10^5\times V_\text{A}}{RT}$	変化なし	$\dfrac{1.0\times10^5\times V_\text{A}}{RT}$
濃度[A]$=\dfrac{\text{A の物質量}}{\text{体積}}$	$\dfrac{1.0\times10^5}{RT}$	$\dfrac{1}{2}$ 倍	$\dfrac{0.5\times10^5}{RT}$

(5)

	A		A + D
体積	V_A		V_A'
全圧〔Pa〕	1.0×10^5		2.0×10^5
A の物質量 n_A	$\dfrac{1.0\times10^5\times V_\text{A}}{RT}$	変化なし	$\dfrac{1.0\times10^5\times V_\text{A}}{RT}$ + $\dfrac{1.0\times10^5\times V_\text{A}}{RT}$
D の物質量 n_D	−	同じ	

状態方程式より
$$2.0\times10^5\times V_\text{A}' = \frac{2.0\times10^5\times V_\text{A}}{RT}\times R\times T$$
よって，$V_\text{A}' = V_\text{A}$
体積が変わらないので，濃度も変わらない。
→反応速度も変わらない(1 倍)。
$$\overline{\qquad\qquad}$$
$$(5)$$

89 解答

(1) $2n$〔mol〕　　(2) (i) (ウ)　　(ii) 32倍　　(iii) 6℃

(3) (i) $\dfrac{1}{16}$　　(ii) 67分

▶ ベストフィット

初濃度の半分になる時間を半減期とよぶ。

解説

(1)

$$N_2O_5 \longrightarrow 2NO_2 + \frac{1}{2}O_2$$

反応前　　$\boxed{n}$　　$\dfrac{1}{3}$ に減少

変化量　　$-\dfrac{2}{3}n$　　　　$+\dfrac{4}{3}n$　　　　$+\dfrac{n}{3}$

t 分後　　$\boxed{\dfrac{n}{3}}$　　$+$　　$\dfrac{4}{3}n$　　$+$　　$\dfrac{n}{3}$　$=2n$〔mol〕

(2) (i) $k = \underset{定数}{\textcircled{A}}e^{-\frac{E_a}{RT}}$ 　活性化エネルギー 大 → k 小

　　温度 大 → k 大（温度一定 → k 一定）→ (ウ)

(ii) 　50℃　$1.0 \times 10^{-3} = k[N_2O_5]$ …①

　　　80℃　$3.2 \times 10^{-2} = k'[N_2O_5]$ …②

　　$\dfrac{②}{①} = \dfrac{k'[N_2O_5]}{k[N_2O_5]} = \dfrac{3.2 \times 10^{-2}}{1.0 \times 10^{-3}} = 32$ 倍

(iii) (ii)より $32 = 2^5$ なので，$(80-50) \div 5 = 6$℃　← 6℃上昇するごとに k は2倍になる。

別解　x〔℃〕ごとに v が2倍になるとすると

温度	50	$50+x$	$50+2x$	$50+3x$	$50+4x$	$50+5x$
v $(\times 10^{-3})$	1.0	2.0	4.0	8.0	16	32

　　　　　　×2　×2　×2　×2　×2

$50 + 5x = 80$

$x = 6$

(3) (i)

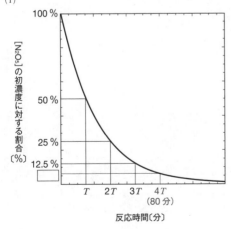

縦軸：[N_2O_5]の初濃度に対する割合〔%〕

横軸：反応時間〔分〕

T, $2T$, $3T$, $4T$（80分）

グラフより，T〔分〕で $\dfrac{1}{2}$，$2T$〔分〕で $\dfrac{1}{4}$ になるので

$4T$〔分〕では $\left(\dfrac{1}{2}\right)^4 = \dfrac{1}{16}$ になる。

(ii) 初濃度を n とすると下表が書ける。

濃度	反応時間
n	$-$
$\dfrac{n}{2}$	T
$n \times \left(\dfrac{1}{2}\right)^{②} = \dfrac{n}{4}$	$②\,T$
$n \times \left(\dfrac{1}{2}\right)^{③} = \dfrac{n}{8}$	$③\,T$
$n \times \left(\dfrac{1}{2}\right)^{ⓧ} = \dfrac{n}{10}$	$ⓧ\,T$

$$n \times \left(\dfrac{1}{2}\right)^{x} = \dfrac{n}{10}$$

$$\left(\dfrac{1}{2}\right)^{x} = \dfrac{1}{10}$$

両辺に $\log_{10}$ をとると

$$\log_{10}\left(\dfrac{1}{2}\right)^{x} = \log_{10}\dfrac{1}{10}$$

$$-x\log_{10}2 = -1$$

$$x = \dfrac{1}{\log_{10}2} = \dfrac{1}{0.30}$$

$T = 20$ 分なので

$\dfrac{1}{10}$ になる時間は

$$xT = \dfrac{1}{0.30} \times 20$$

$$\fallingdotseq 67\,分$$

90 解答
(1)

> ▶ ベストフィット
> 平衡に達すると，(正反応の速さ) = (逆反応の速さ)になる。

解説

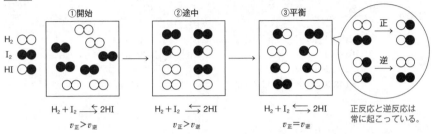

①開始　　②途中　　③平衡

$H_2 + I_2 \underset{}{\overset{}{\rightleftharpoons}} 2HI$　　$H_2 + I_2 \underset{}{\overset{}{\rightleftharpoons}} 2HI$　　$H_2 + I_2 \underset{}{\overset{}{\rightleftharpoons}} 2HI$

$v_{正} > v_{逆}$　　$v_{正} > v_{逆}$　　$v_{正} = v_{逆}$

正反応と逆反応は常に起こっている。

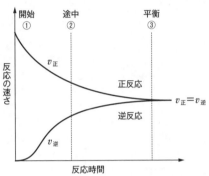

91 解答
(1) 64　　(2) 右へ移動　11.2 mol　　(3) 左へ移動　15.2 mol

解説

> ▶ ベストフィット
> 温度が一定のとき，反応物を加えても平衡定数は変化しない。

(1)　$H_2 + I_2 \underset{v_2}{\overset{v_1}{\rightleftharpoons}} 2HI$

平衡定数　$K = \dfrac{[HI]^2}{[H_2][I_2]}$

	H_2	+	I_2	$\rightleftharpoons$	$2HI$
はじめ[mol]	5.0		5.0		0
変化量[mol]	−4.0		−4.0		+8.0
平衡時[mol]	1.0		1.0		8.0
濃度[mol/L]	$\dfrac{1.0}{V}$		$\dfrac{1.0}{V}$		$\dfrac{8.0}{V}$

$K = \dfrac{[HI]^2}{[H_2][I_2]} = \dfrac{\left(\dfrac{8.0}{V}\right)^2}{\dfrac{1.0}{V} \times \dfrac{1.0}{V}} = 64（単位なし）$

(2)　H_2 と I_2 を入れたのだから

$v_1 = k_1[H_2][I_2]$　が増大，一方，$v_2 = k_2[HI]^2$ は変わらない。

平衡は右に移動

	H_2	$+$	I_2	$\rightleftarrows$	$2HI$
はじめ〔mol〕	$1.0+2.0$		$1.0+2.0$		8.0
変化量〔mol〕	$-x$		$-x$		$+2x$
平衡時〔mol〕	$3.0-x$		$3.0-x$		$8.0+2x$

$$K=\frac{(8.0+2x)^2}{(3.0-x)^2}=64 \ \text{より}, \quad \frac{8.0+2x}{3.0-x}=8$$
$$8.0+2x=24-8x$$
$$10x=16$$
$$x=1.6 \ \text{mol}$$
$$\text{HI は } 8.0+2\times1.6=11.2 \ \text{mol}$$

(3) HI を入れたのだから

$v_2=k_2[HI]^2$ が増大，一方，$v_1=k_1[H_2][I_2]$ は変わらない。

平衡は左に移動。

	H_2	$+$	I_2	$\rightleftarrows$	$2HI$
はじめ〔mol〕	1.4		1.4		$11.2+5.0$
変化量〔mol〕	$+x$		$+x$		$-2x$
平衡時〔mol〕	$1.4+x$		$1.4+x$		$16.2-2x$

$$K=\frac{[HI]^2}{[H_2][I_2]}=\frac{(16.2-2x)^2}{(1.4+x)^2}=64 \ \text{より}, \quad \frac{16.2-2x}{1.4+x}=8$$
$$16.2-2x=11.2+8x$$
$$10x=5$$
$$x=0.5$$
$$\text{HI は } 16.2-2\times0.5=15.2 \ \text{mol}$$

92 解答

(1) $\alpha = \sqrt{\dfrac{K_b}{c}}$ (2) $1.3 \times 10^{-3}\,\text{mol/L}$

▶ ベストフィット

電離前，変化量，平衡時の関係をまとめる。

解説

(1)

$$
\begin{array}{lccccc}
 & \text{NH}_3 & + & \text{H}_2\text{O} & \rightleftharpoons & \text{NH}_4{}^+ & + & \text{OH}^- \\
\text{電離前} & c & & & & & & \\
\text{変化量} & -c\alpha & & & & +c\alpha & & +c\alpha \\
\hline
\text{平衡時} & c(1-\alpha) & & & & c\alpha & & \boxed{c\alpha}
\end{array}
$$

それぞれの濃度を②式に代入して

$$
K_b = \frac{[\text{NH}_4{}^+][\text{OH}^-]}{[\text{NH}_3]} = \frac{c\alpha \times c\alpha}{c(1-\alpha)} = \frac{c\alpha^2}{1-\alpha}
$$

$1 - \alpha \fallingdotseq 1$ より

$$
\frac{c\alpha^2}{1-\alpha} \fallingdotseq c\alpha^2
$$

$K_b = c\alpha^2$ より　$\alpha = \sqrt{\dfrac{K_b}{c}}$

(2) (1)より $[\text{OH}^-] = \boxed{c\alpha}$，$\alpha = \sqrt{\dfrac{K_b}{c}}$ なので

$$
\begin{aligned}
[\text{OH}^-] &= c \times \sqrt{\frac{K_b}{c}} \\
&= \sqrt{c^2 \times \frac{K_b}{c}} \\
&= \sqrt{cK_b} \\
&= \sqrt{0.10 \times 1.7 \times 10^{-5}} \\
&= \sqrt{1.7 \times 10^{-3}} \\
&= 1.3 \times 10^{-3}\,\text{mol/L}
\end{aligned}
$$

---

93 解答

(1) Cu^{2+}　(イ)　Zn^{2+}　(エ)

(2) ① 6.3×10^{-29}　② 2.1×10^{-17}

▶ ベストフィット

溶解度積を超えたら沈殿が始まる。

解説

(1)

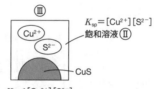

それぞれのイオン濃度の積は

$[\text{Cu}^{2+}][\text{S}^{2-}] = 0.10\,\text{mol/L} \times 1.0 \times 10^{-19}\,\text{mol/L} = 1.0 \times 10^{-20}\,(\text{mol/L})^2$　$> 6.3 \times 10^{-30}$ より大きい。

Ⅲの状態になっている。

つまり，溶液中の $[\text{Cu}^{2+}]$ は

$[\text{Cu}^{2+}][\text{S}^{2-}] = 6.3 \times 10^{-30}\,(\text{mol/L})^2$，$[\text{S}^{2-}] = 1.0 \times 10^{-19}\,\text{mol/L}$ より

$[\text{Cu}^{2+}] = 6.3 \times 10^{-11}\,\text{mol/L} \rightarrow$ (イ)

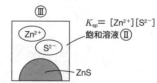

それぞれのイオン濃度の積は

$[\text{Zn}^{2+}][\text{S}^{2-}] = 0.10\,\text{mol/L} \times 1.0 \times 10^{-19}\,\text{mol/L} = 1.0 \times 10^{-20}\,(\text{mol/L})^2$　$< 2.1 \times 10^{-18}$ より小さい。

Ⅰの状態になっている。

Zn^{2+} はすべてイオンとして存在するので，$[\text{Zn}^{2+}] = 0.10\,\text{mol/L} \rightarrow$ (エ)

(2)

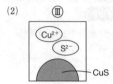

$K_{sp} < [Cu^{2+}][S^{2-}]$

CuS が沈殿する条件は

$[Cu^{2+}][S^{2-}] > 6.3 \times 10^{-30} (mol/L)^2$

$[Cu^{2+}] = 0.10$ mol/L より　$[S^{2-}] > 6.3 \times 10^{-29}$ mol/L ①

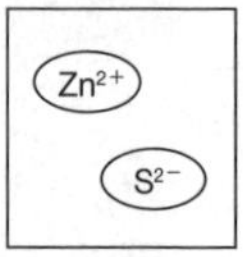

$K_{sp} > [Zn^{2+}][S^{2-}]$

ZnS が沈殿しない条件は

$[Zn^{2+}][S^{2-}] < 2.1 \times 10^{-18} (mol/L)^2$

$[Zn^{2+}] = 0.10$ mol/L より　$[S^{2-}] < 2.1 \times 10^{-17}$ mol/L ②

---

94 〔解答〕

(1) 右　(2) 左　(3) 右　(4) なし

(5) 左　(6) なし　(7) 左

〔解説〕

(1)

$N_2 + 3H_2 \underset{\text{減}}{\overset{\text{増} → 右へ}{\rightleftharpoons}} \boxed{2NH_3}$　$\Delta H = -92$ kJ

(2)

$\overset{\text{左へ}}{\underset{}{\underset{\text{発熱}}{\overset{\text{低下}}{\rightleftharpoons}}}}$

$2NO \rightleftharpoons N_2 + O_2$　$\boxed{\Delta H = -Q}$

発熱
上昇

(3)

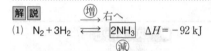

加圧
総分子数 減
→ 右へ

$\boxed{1}C_2H_4 + \boxed{1}H_2 \rightleftharpoons \triangle C_2H_6$　$\Delta H = -Q$

温度一定で加圧 → 総分子数 減

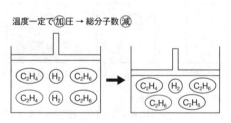

(4)

$\boxed{2}HI \rightleftharpoons \triangle H_2 + \triangle I_2$　$\Delta H = +Q$

同じ場合は移動なし

(5)

体積 増 = 減圧
総分子数 増
左へ

$\boxed{2}NO_2 \rightleftharpoons \triangle N_2O_4$　$\Delta H = -Q$

温度一定で体積 増 → 減圧 → 総分子数 増

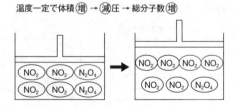

(6)

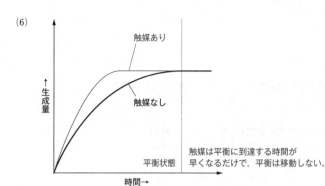

触媒は平衡に到達する時間が早くなるだけで，平衡は移動しない。

(7) 　　　　　　　　左へ　⟵ ㊥
　CH₃COOH + H₂O ⇌ H₃O⁺ + [CH₃COO⁻]
　　　　　　　　　　　　　　㊖
　　　　　　CH₃COONa ⟶ Na⁺ + CH₃COO⁻

---

95 解答

(1) 9.0

(2) 水があると平衡が左に移動し，酢酸エチルの生成量が下がるため。

(3) 1.2 mol　　(4) 0.50 mol

▶ ベストフィット

変化をやわらげる方向に平衡は移動する。

解説

(1)

① まずは分子量を求める	① 分子量

CH_3COOH …………60
C_2H_5OH …………46
$CH_3COOC_2H_5$ ……88
H_2O …………………18

① 分子量
② 物質量
③ 反応式
④ 反応前の物質量
⑤ 反応した物質量
⑥ 平衡時の物質量

② 次に物質量を求める

酢酸 60 g は $\dfrac{60\ \text{g}}{60\ \text{g/mol}} = 1.0\ \text{mol}$

密度 0.80 g/mL のエタノール 57.5 mL は
質量 $0.80\ \text{g/mL} \times 57.5\ \text{mL} = 46\ \text{g}$

$\dfrac{46\ \text{g}}{46\ \text{g/mol}} = 1.0\ \text{mol}$

③		CH_3COOH	+	C_2H_5OH	⇌	$CH_3COOC_2H_5$	+	H_2O
④	はじめ〔mol〕	1.0		1.0		0.0		0.0
⑤	変化量〔mol〕	− 0.75		− 0.75		+ 0.75		+ 0.75
⑥	平衡時〔mol〕	0.25		0.25		0.75		0.75
	濃度〔mol/L〕	$\dfrac{0.25}{V}$		$\dfrac{0.25}{V}$		$\dfrac{0.75}{V}$		$\dfrac{0.75}{V}$

※容器の体積を V〔L〕

$$K = \frac{[CH_3COOC_2H_5][H_2O]}{[CH_3COOH][C_2H_5OH]} = \frac{\dfrac{0.75}{V}\,\text{(mol/L)} \times \dfrac{0.75}{V}\,\text{(mol/L)}}{\dfrac{0.25}{V}\,\text{(mol/L)} \times \dfrac{0.25}{V}\,\text{(mol/L)}} = 9.0\,(\text{単位なし})$$

(2) 容器が水でぬれていると
反応式右辺の $[H_2O]$ が大きくなり

$$CH_3COOH + C_2H_5OH \underset{v_2}{\overset{v_1}{\rightleftharpoons}} CH_3COOC_2H_5 + H_2O$$

$v_2 = k_2[CH_3COOC_2H_5][H_2O]$ が増加し平衡が左に移動するため $[CH_3COOC_2H_5]$ が減る。

(3) ポイント 少量の濃硫酸の体積は0とする。

	CH_3COOH	$+$	C_2H_5OH	$\rightleftharpoons$	$CH_3COOC_2H_5$	$+$	H_2O
はじめ〔mol〕	1.6		1.6		0.0		0.0
変化量〔mol〕	$-x$		$-x$		$+x$		$+x$
濃度〔mol/L〕	$\dfrac{1.6-x}{V}$		$\dfrac{1.6-x}{V}$		$\dfrac{x}{V}$		$\dfrac{x}{V}$

平衡定数 $K = \dfrac{[CH_3COOC_2H_5][H_2O]}{[CH_3COOH][C_2H_5OH]} = \dfrac{\dfrac{x}{V} \times \dfrac{x}{V}}{\dfrac{1.6-x}{V} \times \dfrac{1.6-x}{V}} = \dfrac{\left(\dfrac{x}{V}\right)^2}{\left(\dfrac{1.6-x}{V}\right)^2}$

(1)より温度Tのときの平衡定数は 9.0 だから

$$K = \dfrac{\left(\dfrac{x}{V}\right)^2}{\left(\dfrac{1.6-x}{V}\right)^2} = 9.0 \quad より \quad \dfrac{x}{1.6-x} = 3.0$$

$$4.8 - 3x = x$$
$$4x = 4.8$$
$$x = 1.2 \text{ mol}$$

(4) 反応する物質の物質量を x〔mol〕

$$CH_3COOH + C_2H_5OH \underset{v_2}{\overset{v_1}{\rightleftharpoons}} CH_3COOC_2H_5 + H_2O$$

反応前 　1.0 mol 　1.0 mol 　　　　0.0 mol 　4.0 mol
　　反応速度 　$v_1 = k_1[CH_3COOH][C_2H_5OH]$
　　　　　　　$v_2 = k_2[CH_3COOC_2H_5][H_2O]$
$CH_3COOC_2H_5$ が 0.0 mol なので最初は $v_2 = 0$
$v_1 > v_2$ により平衡は右に移動する。

$$CH_3COOH + C_2H_5OH \underset{v_2}{\overset{v_1}{\rightleftharpoons}} CH_3COOC_2H_5 + H_2O$$

	CH_3COOH	C_2H_5OH	$CH_3COOC_2H_5$	H_2O
反応前〔mol〕	1.0	1.0	0	4.0
変化量〔mol〕	$-x$	$-x$	$+x$	$+x$
濃度〔mol/L〕	$\dfrac{1.0-x}{V}$	$\dfrac{1.0-x}{V}$	$\dfrac{x}{V}$	$\dfrac{4.0+x}{V}$

$K = \dfrac{[CH_3COOC_2H_5][H_2O]}{[CH_3COOH][C_2H_5OH]} = \dfrac{\dfrac{x}{V} \times \dfrac{4.0+x}{V}}{\dfrac{1.0-x}{V} \times \dfrac{1.0-x}{V}} = 9.0$
　　　　　　　　　　　　　　　　　　　　　　　　↑
　　　　　　　　　　　　　　　　　　　　　　(1)より

$$9.0(1.0-x)^2 = x(4.0+x)$$
$$9 - 18x + 9x^2 = 4x + x^2$$
$$8x^2 - 22x + 9 = 0$$
$$(4x-9)(2x-1) = 0$$
$$x = \dfrac{9}{4} \quad または \quad \dfrac{1}{2}$$

CH_3COOH は 1.0 mol しかないので

$\dfrac{9}{4}$ mol はありえない。　$x = \dfrac{1}{2}$ mol

検算

$$K = \frac{x(4.0+x)}{(1.0-x)(1.0-x)} = \frac{\dfrac{1}{2}\left(4+\dfrac{1}{2}\right)}{\left(1-\dfrac{1}{2}\right)\left(1-\dfrac{1}{2}\right)} = \frac{\dfrac{9}{4}}{\dfrac{1}{4}} = 9.0$$

---

96 解答

(1) N_2O_4　$x(1-\alpha)$　　NO_2　$2x\alpha$

(2) $\dfrac{4x\alpha^2}{(1-\alpha)V}$

(3) $p_{N_2O_4} = \dfrac{1-\alpha}{1+\alpha}P$　　$p_{NO_2} = \dfrac{2\alpha}{1+\alpha}P$

(4) $\dfrac{4\alpha^2}{1-\alpha^2}P$　　(5) $K_c RT$

(6) 2.0×10^5 Pa　　(7) 0.50

解説

(1)

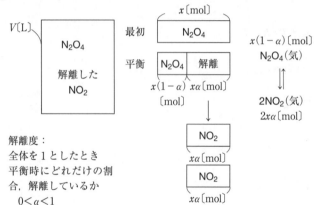

解離度：
全体を1としたとき
平衡時にどれだけの割
合，解離しているか
$0 < \alpha < 1$

(2) $N_2O_4 \underset{v_2}{\overset{v_1}{\rightleftarrows}} 2NO_2$

$\dfrac{x(1-\alpha)\,[mol]}{V\,[L]}$　　　$\dfrac{2x\alpha\,[mol]}{V\,[L]}$

同じ V [L] の
容器に入っている

$$K_c = \frac{[NO_2]^2}{[N_2O_4]} = \frac{\left(\dfrac{2x\alpha}{V}\right)^2 (mol/L)^2}{\dfrac{x(1-\alpha)}{V}(mol/L)} = \frac{\dfrac{4x^2\alpha^2}{V^2}}{\dfrac{x(1-\alpha)}{V}}$$

$$= \frac{4x\alpha^2}{(1-\alpha)V}[mol/L]$$

※単位をつけて計算しよう。

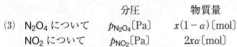

(3) N$_2$O$_4$ について $p_{N_2O_4}$[Pa] $x(1-\alpha)$[mol]

     NO$_2$ について p_{NO_2}[Pa] $2x\alpha$[mol]

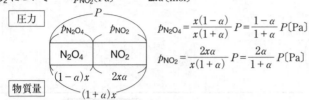

$$p_{N_2O_4} = \frac{x(1-\alpha)}{x(1+\alpha)}P = \frac{1-\alpha}{1+\alpha}P\,[\text{Pa}]$$

$$p_{NO_2} = \frac{2x\alpha}{x(1+\alpha)}P = \frac{2\alpha}{1+\alpha}P\,[\text{Pa}]$$

(4)   N$_2$O$_4$ $\rightleftharpoons$ 2NO$_2$

    圧平衡定数

$$\frac{(p_{NO_2})^2}{p_{N_2O_4}} = \frac{\left(\dfrac{2\alpha}{1+\alpha}P\right)^2}{\dfrac{1-\alpha}{1+\alpha}P} = \frac{\dfrac{4\alpha^2}{(1+\alpha)^2}P^2}{\dfrac{1-\alpha}{1+\alpha}P} = \frac{4\alpha^2}{1-\alpha^2}P\,[\text{Pa}]$$

(5) $pV = nRT$ より $p = \dfrac{n}{V}RT$

    N$_2$O$_4$ について $p_{N_2O_4} = [\text{N}_2\text{O}_4]RT$

    NO$_2$ について $p_{NO_2} = [\text{NO}_2]RT$

$$K_p = \frac{(p_{NO_2})^2}{p_{N_2O_4}} = \frac{([\text{NO}_2]RT)^2}{[\text{N}_2\text{O}_4]RT} = \frac{[\text{NO}_2]^2}{[\text{N}_2\text{O}_4]}RT = K_cRT$$

(6) $K_p = K_cRT = 7.0 \times 10^{-2} \times 8.3 \times 10^3 \times 345 = 2.0 \times 10^5\,\text{Pa}$

(7) $K_p = 2.0 \times 10^5\,\text{Pa}$ 全圧 $P = 1.5 \times 10^5\,\text{Pa}$

$$K_p = \frac{4\alpha^2}{1-\alpha^2}P$$

    これより

$$\frac{4\alpha^2}{1-\alpha^2} \times 1.5 \times 10^5 = 2.0 \times 10^5$$

$$6.0\alpha^2 = 2.0(1-\alpha^2)$$

$$8.0\alpha^2 = 2.0$$

$$\alpha^2 = \frac{1}{4}$$

$$\alpha = \frac{1}{2} = 0.5$$

97 （解答）

(1) $K_a = c\alpha^2$　　(2) 3.22　　(3) $K_h = \dfrac{K_w}{K_a}$　　(4) 8.48

(5) $CH_3COONa + HCl \longrightarrow CH_3COOH + NaCl$

$CH_3COOH + NaOH \longrightarrow CH_3COONa + H_2O$

理由　塩酸を加えると，H^+はCH_3COO^-と反応するため pH はあまり下がらず，水酸化ナトリウム水溶液を加えると，OH^-はCH_3COOHと反応するため pH はあまり上がらないから。

(6) 4.70

▶ **ベストフィット**

$K_h = \dfrac{K_w}{K_a}$ となることを確認する。

解説

(1)

	CH_3COOH	$\rightleftharpoons$	CH_3COO^-	$+$	H^+
電離前	c				
変化量	$-c\alpha$		$+c\alpha$		$+c\alpha$
平衡時	$c(1-\alpha)$		$c\alpha$		$\boxed{c\alpha}$

$$K_a = \frac{[CH_3COO^-][H^+]}{[CH_3COOH]} = \frac{c^2\alpha^2}{c(1-\alpha)} = \frac{c\alpha^2}{1-\alpha} \fallingdotseq c\alpha^2$$

(2) (1)より，$K_a = c\alpha^2 \Leftrightarrow \alpha = \sqrt{\dfrac{K_a}{c}}$

$[H^+] = \boxed{c\alpha} = \sqrt{cK_a}$

ここで，$c = 0.018$，$K_a = 2.0 \times 10^{-5}$ より

$$\begin{aligned}
pH &= -\log_{10}[H^+]\\
&= -\log_{10}\sqrt{0.018 \times 2.0 \times 10^{-5}}\\
&= -\log_{10}\sqrt{36 \times 10^{-8}}\\
&= -\log_{10}(6 \times 10^{-4})\\
&= 4 - (\log_{10}2 + \log_{10}3)\\
&= 3.22
\end{aligned}$$

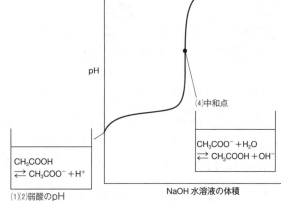

pH

(4)中和点

$CH_3COO^- + H_2O$
$\rightleftharpoons CH_3COOH + OH^-$

CH_3COOH
$\rightleftharpoons CH_3COO^- + H^+$

(1)(2)弱酸のpH

NaOH 水溶液の体積

(3) $K_a = \dfrac{[CH_3COO^-][H^+]}{[CH_3COOH]}$，$K_w = [H^+][OH^-]$ より，$\dfrac{1}{K_a} = \dfrac{[CH_3COOH]}{[CH_3COO^-][H^+]}$

よって，$\dfrac{1}{K_a} \times K_w = \dfrac{[CH_3COOH]}{[CH_3COO^-][H^+]} \times [H^+][OH^-] = \dfrac{[CH_3COOH][OH^-]}{[CH_3COO^-]} = K_h$

別解

$K_h = \dfrac{[CH_3COOH][OH^-]}{[CH_3COO^-]}$

分子，分母に$[H^+]$をかけると

$$K_h = \frac{[CH_3COOH]\overbrace{[OH^-][H^+]}^{=K_w}}{\underbrace{[CH_3COO^-][H^+]}_{=\frac{1}{K_a}}}$$

$$= \frac{K_w}{K_a}$$

(4) 加水分解度を h とすると，

$$CH_3COO^- + H_2O \rightleftharpoons CH_3COOH + OH^-$$

はじめ	c			
変化量	$-ch$		$+ch$	$+ch$
平衡時	$c(1-h)$		ch	$\boxed{ch}$

$[CH_3COO^-] = c$ なので，$\underline{1-h \fallingdotseq 1}$ とできる。

$$K_h = \frac{[CH_3COOH][OH^-]}{[CH_3COO^-]} = \frac{c^2h^2}{c} = ch^2 \qquad h = \sqrt{\frac{K_h}{c}}$$

よって，$[OH^-] = \boxed{ch} = \sqrt{cK_h} = \sqrt{c \times \frac{K_w}{K_a}} = \sqrt{0.018 \times \frac{1.0 \times 10^{-14}}{2.0 \times 10^{-5}}} = 3.0 \times 10^{-6}\,\text{mol/L}$

$[H^+][OH^-] = 1.0 \times 10^{-14}$ より

$$[H^+] = \frac{1.0 \times 10^{-14}}{[OH^-]} = \frac{1.0 \times 10^{-14}}{3.0 \times 10^{-6}} = \frac{1}{3} \times 10^{-8}$$

$$pH = -\log_{10}[H^+] = -\log_{10}\left(\frac{1}{3} \times 10^{-8}\right) = 8 + \log_{10} 3 = 8.48$$

(5)

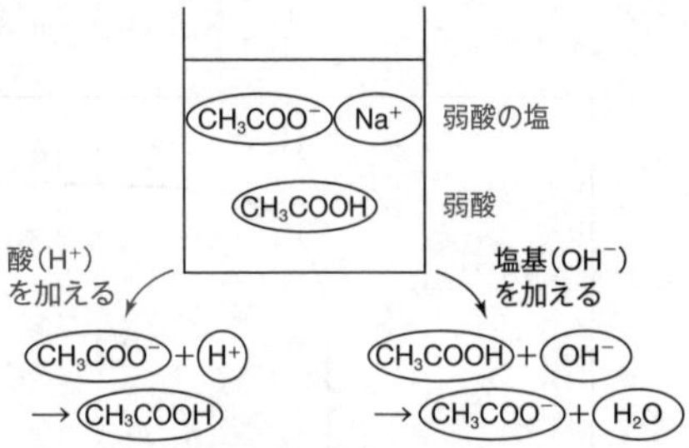

(6) $[CH_3COOH] = [CH_3COO^-]$ なので

$$K_h = \frac{[\cancel{CH_3COOH}][OH^-]}{[\cancel{CH_3COO^-}]} = [OH^-]$$

(3)より，$K_h = \frac{K_w}{K_a} = \frac{1.0 \times 10^{-14}}{2.0 \times 10^{-5}} = \frac{1}{2} \times 10^{-9}$

$[H^+][OH^-] = 1.0 \times 10^{-14}$ より

$$[H^+] = \frac{1.0 \times 10^{-14}}{[OH^-]} = \frac{1.0 \times 10^{-14}}{\frac{1}{2} \times 10^{-9}} = 2 \times 10^{-5}$$

よって，$pH = -\log_{10}[H^+] = -\log_{10}(2 \times 10^{-5})$
$$= 5 - \log_{10} 2$$
$$= 4.70$$

98 解答

(1) (ア) 緩衝　(イ)/(ウ) 弱酸/弱塩基(順不同)　(エ) 塩　(オ) 炭酸水素

(2) 血液中では $CO_2 + H_2O \rightleftharpoons HCO_3^- + H^+$ の平衡が成り立っている。これに酸(H^+)が入ってきたとき，平衡は左に移動し，H^+の増加が抑えられる。

(3) pH = 6.3 から pH = 7.4 への変化は H^+ が減少する変化であり，ルシャトリエの原理より，$CO_2 + H_2O \rightleftharpoons HCO_3^- + H^+$ の平衡が pH = 6.3 のときよりも右に移動している。よって CO_2 より HCO_3^- の方が多い。

▶ **ベストフィット**

緩衝作用とは少量の酸や塩基を入れても pH がほとんど変わらないことである。

解説

(1)

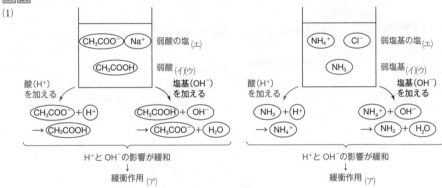

(オ) $CO_2 + H_2O \rightleftharpoons HCO_3^- + H^+$
　　　　　　　　　炭酸水素イオン

(2) $CO_2 + H_2O \underset{増}{\overset{左へ・減}{\rightleftharpoons}} HCO_3^- + \boxed{H^+}$　　左へ平衡が移動し，H^+の増加が抑えられる。

(3) $CO_2 + H_2O \overset{増・右へ}{\rightleftharpoons} HCO_3^- + \boxed{H^+}減$　　pH = 6.3 → pH = 7.4 の変化を加える。H^+が減る。
　　　$CO_2 < HCO_3^-$

----

99 解答

(1) 2.4

(2) CH_3COOH と CH_3COONa の混合溶液で緩衝液になるから。

(3) 4.7　(4) 9.15

▶ **ベストフィット**

塩の加水分解における pH

$$pH = -\log_{10}\sqrt{\frac{K_a \cdot K_w}{x}}$$

解説

(1) 弱酸の電離より，$[\text{H}^+] = c\alpha = \sqrt{cK_a}$

　　ここで，$c = 8.00 \times 10^{-1}\,\text{mol/L}$，$K_a = 2.0 \times 10^{-5}$ より

$$\begin{aligned}
\text{pH} &= -\log_{10}[\text{H}^+] = -\log_{10}\sqrt{8.00 \times 10^{-1} \times 2.0 \times 10^{-5}}\\
&= -\log_{10}\sqrt{16 \times 10^{-6}}\\
&= -\log_{10}(4 \times 10^{-3})\\
&= 3 - \log_{10}4\\
&= 3 - 2\log_{10}2\\
&= 3 - 2 \times 0.30\\
&= 2.4
\end{aligned}$$

(2)

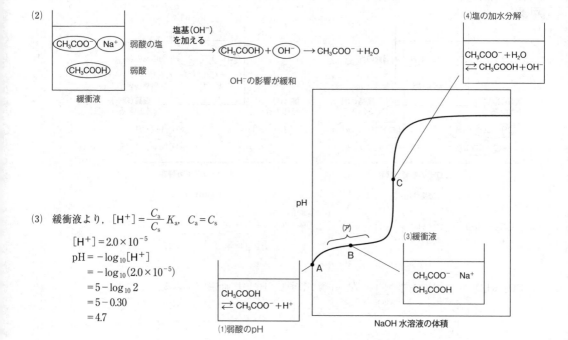

(4)塩の加水分解

$$\text{CH}_3\text{COO}^- + \text{H}_2\text{O}$$
$$\rightleftharpoons \text{CH}_3\text{COOH} + \text{OH}^-$$

塩基(OH$^-$)を加える

$\text{CH}_3\text{COOH} + \text{OH}^- \longrightarrow \text{CH}_3\text{COO}^- + \text{H}_2\text{O}$

OH$^-$の影響が緩和

CH_3COO^-　Na^+　弱酸の塩
CH_3COOH　弱酸
緩衝液

(3) 緩衝液より，$[\text{H}^+] = \dfrac{C_a}{C_s}K_a$，$C_a = C_s$

$$\begin{aligned}
[\text{H}^+] &= 2.0 \times 10^{-5}\\
\text{pH} &= -\log_{10}[\text{H}^+]\\
&= -\log_{10}(2.0 \times 10^{-5})\\
&= 5 - \log_{10}2\\
&= 5 - 0.30\\
&= 4.7
\end{aligned}$$

pH

(ア)

C

B

A

(3)緩衝液

CH_3COO^-　Na^+
CH_3COOH

CH_3COOH
$\rightleftharpoons \text{CH}_3\text{COO}^- + \text{H}^+$

(1)弱酸のpH

NaOH 水溶液の体積

(4) 加水分解より，酢酸ナトリウムの濃度は，

$$x = \frac{8.00 \times 10^{-1}}{2} = 4.00 \times 10^{-1}$$

$$[\text{H}^+] = \sqrt{\frac{K_a \cdot K_w}{x}} = \sqrt{\frac{2.0 \times 10^{-5} \times 1.0 \times 10^{-14}}{4.00 \times 10^{-1}}} = \sqrt{\frac{1}{2} \times 10^{-18}}$$

$$\text{pH} = -\log_{10}[\text{H}^+] = -\log_{10}\sqrt{\frac{1}{2} \times 10^{-18}} = -\frac{1}{2}\log_{10}\left(\frac{1}{2} \times 10^{-18}\right)$$

$$= \frac{1}{2}\log_{10}2 + 9$$

$$= 9 + \frac{1}{2} \times 0.30 = 9.15$$

100 （解答）

(1) $AgCl(固) \rightleftharpoons Ag^+ + Cl^-$ $Ag_2CrO_4(固) \rightleftharpoons 2Ag^+ + CrO_4{}^{2-}$

(2) ① $K_{sp(AgCl)} = [Ag^+][Cl^-]$ $K_{sp(Ag_2CrO_4)} = [Ag^+]^2[CrO_4{}^{2-}]$
② $AgCl$ $1.7 \times 10^{-10} (mol/L)^2$ Ag_2CrO_4 $8.6 \times 10^{-13} (mol/L)^3$

(3) $AgCl$ $1.7 \times 10^{-9} mol/L$ Ag_2CrO_4 $9.3 \times 10^{-6} mol/L$ (4) $1.8 \times 10^{-5} mol/L$

▶ ベストフィット

Ag^+ を加えていき，先にイオン濃度の積が K_{sp} に等しくなる $AgCl$ が先に沈殿する。

··

解説

(1)(2)

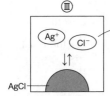

飽和溶液 ②
$K_{sp(AgCl)} = [Ag^+][Cl^-]$
飽和溶液のモル濃度より，$[Ag^+] = [Cl^-] = 1.3 \times 10^{-5}$
$K_{sp(AgCl)} = [Ag^+][Cl^-] = (1.3 \times 10^{-5})^2 \fallingdotseq \underline{1.7 \times 10^{-10} (mol/L)^2}$
$\hspace{13cm}(2)$

$AgCl(固) \rightleftharpoons Ag^+ + Cl^- (1)$

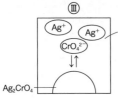

飽和溶液 ②
$K_{sp(Ag_2CrO_4)} = [Ag^+]^2[CrO_4{}^{2-}]$
飽和溶液のモル濃度より，$[Ag^+] = 6.0 \times 10^{-5} \times 2 = 1.2 \times 10^{-4}$
$\hspace{6.5cm}[CrO_4{}^{2-}] = 6.0 \times 10^{-5}$
$K_{sp(Ag_2CrO_4)} = [Ag^+]^2[CrO_4{}^{2-}] = (1.2 \times 10^{-4})^2 \times (6.0 \times 10^{-5}) \fallingdotseq \underline{8.6 \times 10^{-13} (mol/L)^3}$
$\hspace{13cm}(2)$

$Ag_2CrO_4(固) \rightleftharpoons 2Ag^+ + CrO_4{}^{2-} (1)$

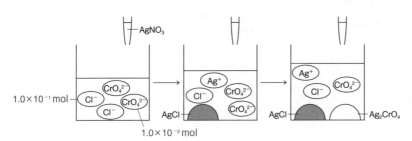

先にイオン濃度の積が
K_{sp} に等しくなる $AgCl$ が
先に沈殿する。Ag_2CrO_4
が後に沈殿する。

(3)

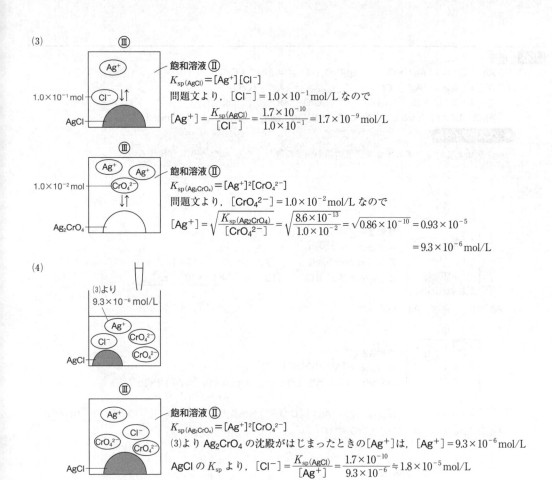

飽和溶液(Ⅱ)

$K_{sp(AgCl)} = [Ag^+][Cl^-]$

問題文より，$[Cl^-] = 1.0 \times 10^{-1}$ mol/L なので

$[Ag^+] = \dfrac{K_{sp(AgCl)}}{[Cl^-]} = \dfrac{1.7 \times 10^{-10}}{1.0 \times 10^{-1}} = 1.7 \times 10^{-9}$ mol/L

飽和溶液(Ⅱ)

$K_{sp(Ag_2CrO_4)} = [Ag^+]^2[CrO_4{}^{2-}]$

問題文より，$[CrO_4{}^{2-}] = 1.0 \times 10^{-2}$ mol/L なので

$[Ag^+] = \sqrt{\dfrac{K_{sp(Ag_2CrO_4)}}{[CrO_4{}^{2-}]}} = \sqrt{\dfrac{8.6 \times 10^{-13}}{1.0 \times 10^{-2}}} = \sqrt{0.86 \times 10^{-10}} = 0.93 \times 10^{-5}$

$= 9.3 \times 10^{-6}$ mol/L

(4)

飽和溶液(Ⅱ)

$K_{sp(Ag_2CrO_4)} = [Ag^+]^2[CrO_4{}^{2-}]$

(3)より Ag₂CrO₄ の沈殿がはじまったときの$[Ag^+]$は，$[Ag^+] = 9.3 \times 10^{-6}$ mol/L

AgCl の K_{sp} より，$[Cl^-] = \dfrac{K_{sp(AgCl)}}{[Ag^+]} = \dfrac{1.7 \times 10^{-10}}{9.3 \times 10^{-6}} \fallingdotseq 1.8 \times 10^{-5}$ mol/L

P.76 ▶**1** 無機で役立つ理論の知識

---

① 解答 解説

(1) Step1) $\boxed{Cl_2}+2e^- \longrightarrow \boxed{2Cl^-}$ （酸化数 Cl：0 → −1）

(2) Step1) $\boxed{HNO_3}+3e^- \longrightarrow \boxed{NO}$ （酸化数 N：+5 → +2）

　　Step2) $HNO_3+3H^++3e^- \longrightarrow NO$ （電荷 +3−3=0）

　　Step3) $HNO_3+3H^++3e^- \longrightarrow NO+2H_2O$

(3) Step1) $\boxed{MnO_4^-}+5e^- \longrightarrow \boxed{Mn^{2+}}$ （酸化数 Mn：+7 → +2）

　　Step2) $MnO_4^-+8H^++5e^- \longrightarrow Mn^{2+}$ （電荷 −1+8−5= +2）

　　Step3) $MnO_4^-+8H^++5e^- \longrightarrow Mn^{2+}+4H_2O$

(4) Step1) $\boxed{Na} \longrightarrow \boxed{Na^+}+e^-$ （酸化数 Na：0 → +1）

(5) Step1) $\boxed{H_2S} \longrightarrow \boxed{S}+2e^-$ （酸化数 S：−2 → 0）

　　Step2) $H_2S \longrightarrow S+2H^++2e^-$ （電荷 0= +2−2）

(6) Step1) $\boxed{2I^-} \longrightarrow \boxed{I_2}+2e^-$ （酸化数 I：−1 → 0）

---

② 解答 解説

(1) Step1) 酸化剤　$MnO_4^-+8H^++5e^- \longrightarrow Mn^{2+}+4H_2O$

　　　　　 還元剤　$H_2O_2 \longrightarrow O_2+2H^++2e^-$

　　Step2) ②倍　$2MnO_4^-+\overset{6H^+}{\cancel{16H^+}}+\cancel{10e^-} \longrightarrow 2Mn^{2+}+8H_2O$

　　　　　 ⑤倍　$5H_2O_2 \longrightarrow 5O_2+\cancel{10H^+}+\cancel{10e^-}$

　　　　　 $\overline{2MnO_4^-+6H^++5H_2O_2 \longrightarrow 2Mn^{2+}+5O_2+8H_2O}$

　　Step3) 両辺に2K$^+$　$2K^+ \qquad\qquad\qquad 2K^+$

　　　　　 $\overline{2KMnO_4+6H^++5H_2O_2 \longrightarrow 2K^++2Mn^{2+}+5O_2+8H_2O}$

　　　　　 両辺に3SO$_4{}^{2-}$　$3SO_4^{2-} \qquad SO_4^{2-}\ 2SO_4^{2-}$

　　　　　 $\overline{2KMnO_4+3H_2SO_4+5H_2O_2 \longrightarrow K_2SO_4+2MnSO_4+5O_2+8H_2O}$

(2) Step1) 酸化剤　$SO_2+4H^++4e^- \longrightarrow S+2H_2O$

　　　　　 還元剤　$H_2S \longrightarrow S+2H^++2e^-$

　　Step2) 　　　 $SO_2+\cancel{4H^+}+\cancel{4e^-} \longrightarrow S+2H_2O$

　　　　　 ②倍　$2H_2S \longrightarrow 2S+\cancel{4H^+}+\cancel{4e^-}$

　　　　　 $\overline{SO_2+2H_2S \longrightarrow 3S+2H_2O}$

(3) Step1) 酸化剤　$Cr_2O_7^{2-}+14H^++6e^- \longrightarrow 2Cr^{3+}+7H_2O$

　　　　　 還元剤　$Fe^{2+} \longrightarrow Fe^{3+}+e^-$

　　Step2) 　　　 $Cr_2O_7^{2-}+14H^++\cancel{6e^-} \longrightarrow 2Cr^{3+}+7H_2O$

　　　　　 ⑥倍　$6Fe^{2+} \longrightarrow 6Fe^{3+}+\cancel{6e^-}$

　　　　　 $\overline{Cr_2O_7^{2-}+14H^++6Fe^{2+} \longrightarrow 2Cr^{3+}+6Fe^{3+}+7H_2O}$

　　Step3) 両辺に2K$^+$　$2K^+ \qquad\qquad\qquad\qquad 2K^+$

　　　　　 $\overline{K_2Cr_2O_7+14H^++6Fe^{2+} \longrightarrow 2K^++2Cr^{3+}+6Fe^{3+}+7H_2O}$

　　　　　 両辺に13SO$_4{}^{2-}$　$7SO_4^{2-}\ 6SO_4^{2-} \qquad SO_4^{2-}\ 3SO_4^{2-}\ 9SO_4^{2-}$

　　　　　 $\overline{K_2Cr_2O_7+7H_2SO_4+6FeSO_4 \longrightarrow K_2SO_4+Cr_2(SO_4)_3+3Fe_2(SO_4)_3+7H_2O}$

③ （解答）（解説）

(1) 金属＋常温の水・熱水 $\longrightarrow$ 水酸化物＋水素
$$Ca + 2H_2O \longrightarrow Ca(OH)_2 + H_2$$

(2) 金属＋常温の水・熱水 $\longrightarrow$ 水酸化物＋水素
$$Mg + 2H_2O \longrightarrow Mg(OH)_2 + H_2$$

(3) 金属＋高温の水蒸気 $\longrightarrow$ 酸化物＋水素
$$3Fe + 4H_2O \longrightarrow Fe_3O_4 + 4H_2$$

④ （解答）（解説）

(1) Step1) 酸化剤 $\quad 2H^+ + 2e^- \longrightarrow H_2$

　　　　　還元剤 $\quad Al \longrightarrow Al^{3+} + 3e^-$

　　Step2) ③倍 $\quad 6H^+ + 6e^- \longrightarrow 3H_2$

　　　　　②倍 $\quad 2Al \longrightarrow 2Al^{3+} + 6e^-$

　　　　　$\overline{\qquad\qquad\qquad\qquad\qquad\qquad}$

　　　　　$2Al + 6H^+ \longrightarrow 2Al^{3+} + 3H_2$

　　Step3) 両辺に $6Cl^-$ $\quad 6Cl^- \qquad 6Cl^-$

　　　　　$\overline{\qquad\qquad\qquad\qquad\qquad\qquad}$

　　　　　$2Al + 6HCl \longrightarrow 2AlCl_3 + 3H_2$

(2) Step1) 酸化剤 $\quad HNO_3 + H^+ + e^- \longrightarrow NO_2 + H_2O$

　　　　　還元剤 $\quad Ag \longrightarrow Ag^+ + e^-$

　　Step2) $\quad HNO_3 + H^+ + e^- \longrightarrow NO_2 + H_2O$

　　　　　$\quad Ag \longrightarrow Ag^+ + e^-$

　　　　　$\overline{\qquad\qquad\qquad\qquad\qquad\qquad}$

　　　　　$Ag + HNO_3 + H^+ \longrightarrow Ag^+ + H_2O + NO_2$

　　Step3) 両辺に NO_3^- $\quad NO_3^- \qquad NO_3^-$

　　　　　$\overline{\qquad\qquad\qquad\qquad\qquad\qquad}$

　　　　　$Ag + 2HNO_3 \longrightarrow AgNO_3 + H_2O + NO_2$

⑤ （解答）（解説）自己酸化還元反応→覚える

(1) $2H_2\underset{-1}{O_2} \longrightarrow 2H_2\underset{-2}{O} + \underset{0}{O_2}$

(2) $\underset{0}{Cl_2} + H_2O \rightleftharpoons H\underset{-1}{Cl} + H\underset{+1}{Cl}O$

⑥ （解答）（解説）

酸性酸化物＋水 $\longrightarrow$ オキソ酸
$$SO_2 + H_2O \longrightarrow H_2SO_3$$
$$SO_3 + H_2O \longrightarrow H_2SO_4$$
$$SiO_2 + H_2O \longrightarrow H_2SiO_3$$
$$P_4O_{10} + 6H_2O \longrightarrow 4H_3PO_4$$
塩基性酸化物＋水 $\longrightarrow$ 水酸化物
$$K_2O + H_2O \longrightarrow 2KOH$$
$$MgO + H_2O \longrightarrow Mg(OH)_2$$
$$CaO + H_2O \longrightarrow Ca(OH)_2$$
$$CuO + H_2O \longrightarrow Cu(OH)_2$$

⑦ (解答) 解説

(1) $\text{HCl} \quad \longrightarrow \quad \underline{H^+} + Cl^-$
   $\text{NaOH} \quad \longrightarrow \quad \underline{Na^+ + OH^-}$

   $\text{HCl} + \text{NaOH} \quad \longrightarrow \quad \text{NaCl} + \text{H}_2\text{O}$

(2) ②倍 $(COOH)_2 \quad \longrightarrow \quad \underline{2H^+} + (COO)_2^{2-}$
   $2KOH \quad \longrightarrow \quad \underline{2K^+ + 2OH^-}$

   $(COOH)_2 + 2KOH \quad \longrightarrow \quad (COOK)_2 + 2H_2O$

(3) ②倍 $2HNO_3 \quad \longrightarrow \quad \underline{2H^+ + 2NO_3^-}$
   $Ba(OH)_2 \quad \longrightarrow \quad \underline{Ba^{2+} + 2OH^-}$

   $2HNO_3 + Ba(OH)_2 \quad \longrightarrow \quad Ba(NO_3)_2 + 2H_2O$

(4) $\text{HCl} \quad \longrightarrow \quad \underline{H^+} + Cl^-$
   $NH_3 + H_2O \quad \longrightarrow \quad \underline{NH_4^+ + OH^-}$

   $\text{HCl} + NH_3 + \cancel{H_2O} \quad \longrightarrow \quad NH_4Cl + \cancel{H_2O}$

(5) $H_2SO_4 \quad \longrightarrow \quad \underline{2H^+ + SO_4^{2-}}$
   ②倍 $2NH_3 + 2H_2O \quad \longrightarrow \quad \underline{2NH_4^+ + 2OH^-}$

   $H_2SO_4 + 2NH_3 + \cancel{2H_2O} \quad \longrightarrow \quad (NH_4)_2SO_4 + \cancel{2H_2O}$

⑧ (解答) 解説

(1) CuO
   Step1) $\qquad\qquad \downarrow + H_2O$
   Step2) $H_2SO_4 + Cu(OH)_2 \quad \longrightarrow \quad CuSO_4 + 2H_2O$
   Step3) $\qquad\quad \downarrow - H_2O \qquad\qquad\qquad \downarrow - H_2O$
   $\quad H_2SO_4 + CuO \quad \longrightarrow \quad CuSO_4 + H_2O$

(2) MgO
   Step1) $\qquad\qquad \downarrow + H_2O$
   Step2) $2HCl + Mg(OH)_2 \quad \longrightarrow \quad MgCl_2 + 2H_2O$
   Step3) $\qquad\quad \downarrow - H_2O \qquad\qquad\qquad \downarrow - H_2O$
   $\quad 2HCl + MgO \quad \longrightarrow \quad MgCl_2 + H_2O$

(3) $\quad Na_2O \qquad CO_2$
   Step1) $\downarrow + H_2O \quad \downarrow + H_2O$
   Step2) $2NaOH + H_2CO_3 \quad \longrightarrow \quad Na_2CO_3 + 2H_2O$
   Step3) $\downarrow - H_2O \quad \downarrow - H_2O \qquad\qquad\qquad \downarrow - 2H_2O$
   $Na_2O \quad + CO_2 \quad \longrightarrow \quad Na_2CO_3$

⑨ 解答 解説

(1) $Na_2SO_3 + 2HCl \longrightarrow SO_2 + H_2O + 2NaCl$

弱酸 $H_2SO_3 \longrightarrow SO_2 + H_2O$

(2) $2NH_4Cl + Ca(OH)_2 \longrightarrow 2NH_3 + 2H_2O + CaCl_2$

弱塩基 $NH_3 + H_2O$

⑩ 解答 解説

(1) $KCl + H_2SO_4 \longrightarrow KHSO_4 + HCl$

揮発性 HCl

(2) $NaNO_3 + H_2SO_4 \longrightarrow NaHSO_4 + HNO_3$

揮発性 HNO_3

⑪ 解答 解説

(1) 水酸化物 ⟶ 酸化物 + 水
$Cu(OH)_2 \longrightarrow CuO + H_2O$

(2) 炭酸塩 ⟶ 酸化物 + 二酸化炭素
$MgCO_3 \longrightarrow MgO + CO_2$

(3) 炭酸水素塩 ⟶ 炭酸塩 + 二酸化炭素 + 水
$Ca(HCO_3)_2 \longrightarrow CaCO_3 + CO_2 + H_2O$

⑫ 解答 解説

(1) 金属イオン + 配位子 ⟶ 錯イオン

○錯イオンの書き方
[金属イオン(配位子)$_{配位子の数}$]^{価数}

配位子の数と形		
金属	数	形
Ag^+	2	直線形
Cu^{2+}	4	正方形
Zn^{2+}		正四面体形
Fe^{2+}	6	正八面体形
Fe^{3+}		

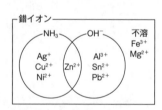

錯イオン
NH_3 OH^- 不溶 Fe^{3+} Mg^{2+}
Ag^+ Cu^{2+} Ni^{2+} Zn^{2+} Al^{3+} Sn^{2+} Pb^{2+}

○錯イオンの命名

陽イオン	配位子の数	+	配位子の種類	+	金属イオンの種類	+	(語尾)イオン
例 $[Cu(NH_3)_4]^{2+}$	テトラ(=4)		アンミン(=NH_3)		銅(Ⅱ)		イオン

陰イオン	配位子の数	+	配位子の種類	+	金属イオンの種類	+	(語尾)酸イオン
例 $[Fe(CN)_6]^{3-}$	ヘキサ(=6)		シアニド(=CN^-)		鉄(Ⅲ)		酸イオン

$Zn(OH)_2 + 4NH_3 \longrightarrow [Zn(NH_3)_4]^{2+} + 2OH^-$

テトラ アンミン 亜鉛(Ⅱ)イオン

◆ ☑ **正誤チェック** 解答 解説

① ×酸化作用 → ○還元作用
$$H_2 \longrightarrow 2H^+ + 2e^-$$
e^- 失う ＝ 自らは酸化される ＝ 相手を還元する
　　　　　　＝ 還元剤としてはたらく ＝ 還元作用

② ×二原子分子 → ○単原子分子
貴ガス ＝ 閉殻構造 ＝ 原子で安定 ＝ 単原子分子

③ ×黄緑色の液体 → ○黄緑色の気体

④ ×赤褐色の固体 → ○黒紫色の固体

⑤ ○フッ素
酸化力 ⑤大 ←――――――→ ⑤小
　　　　　F_2　Cl_2　Br_2　I_2

⑥ ×フッ素 → ○ヨウ素
昇華 ＝ 固体から気体への状態変化 ＝ ヨウ素は常温で固体
　　＝ 無極性分子で分子間力が弱く昇華性を示す

⑦ ×塩酸 → ○フッ化水素酸
フッ化水素酸はガラスを腐食するので，ポリエチレン容器に保存。

⑧ ×臭化水素 → ○フッ化水素
極性 ⑤大 ←――――――→ ⑤小
水素化合物 　[HF] HCl HBr HI
　　　　　　フッ化水素は極性が大きく，水素結合する。

⑨ ×フッ化銀 → ○臭化銀（塩化銀）

⑩ ×溶けない → ○溶ける

⑪ ×白色 → ○黄色

	AgF	AgCl	AgBr	AgI
水への溶解	水に溶ける	白色沈殿	淡黄色沈殿	黄色沈殿
感光性	×	○	○	○

→ ハロゲン化銀の沈殿は光によって分解しやすい。
→ 沈殿を形成しない AgF に感光性はない。

①H^+は酸化剤
$2H^+ + 2e^- \longrightarrow H_2$ の場合，自らは還元される＝酸化剤として作用する。

②二原子分子：H_2, N_2, Cl_2 など
　単原子分子：He, Ne, Ar などの貴ガス

③chloro（クロロ）は英語で「塩素の」という意味。クロロの語源はギリシア語の chloros（黄緑という意味）。

⑥昇華はヨウ素，ドライアイス，ナフタレンを覚える。

⑧通常は分子量が大きいほど分子間力が増し，融点・沸点は高くなる。ただし，水素結合はそれ以上に分子間力が強くなる。

⑨AgBr は写真の感光剤として使用されていた。ブロマイド Bromide は臭化物の意味だが，転じて写真を意味する和製英語となった。

⑩⑪フッ化銀以外はすべて沈殿を生じる。色もあわせて覚える。

⑫　×過塩素酸＞亜塩素酸＞次亜塩素酸＞塩素酸　→　○過塩素酸＞塩素酸＞亜塩素酸＞次亜塩素酸

過塩素酸 $HClO_4$　　塩素酸 $HClO_3$　　亜塩素酸 $HClO_2$　　次亜塩素酸 $HClO$

酸の強さ　(大)◀─────────────────────────────────▶(小)

⑬　×78 %　→　○21 %

空気の組成　窒素 約78 %, 酸素 約21 %, アルゴン 約0.9 %, 二酸化炭素 約0.04 %

⑭　×淡緑色　→　○淡青色

⑮　×還元作用　→　○酸化作用

O_3 ＋ $2H^+$ ＋ $2e^-$ ⟶ O_2 ＋ H_2O

e^- 受け取る　＝　自らは還元される　＝　相手を酸化する　＝　酸化剤としてはたらく　＝　酸化作用

⑯　○Al, Zn, Sn, Pb

両性元素　Al, Zn, Sn, Pb
　　　　　あ　あ　すん　なり

⑰　○斜方硫黄, 単斜硫黄, ゴム状硫黄

⑱　×弱塩基性　→　○弱酸性

H_2S ⇌ $2H^+$ ＋ S^{2-}

水中で電離して H^+ を生じる　＝　酸

⑲　×腐卵臭　→　○刺激臭

SO_2, NH_3 など：刺激臭(鼻をつくようなにおい)

H_2S：腐卵臭(卵の腐ったにおい)

O_3：特異臭(生臭い特徴的なにおい)

⑳　○酸化作用

SO_2 は通常は還元剤　→　相手が強い還元剤(H_2S)のときは酸化剤

㉑　×揮発性　→　○不揮発性

㉒　○水に濃硫酸を加える

濃硫酸　→　溶解熱(大)

　　　　→　濃硫酸に少量の水を加えると, 水が沸騰する

　　　　→　飛散して危険

㉓　×希硫酸　→　○濃硫酸

酸化作用を示すのは, 加熱した濃硫酸。

希硫酸は酸化作用を示さない。

㉔　○接触法

---

⑯両性元素は金属元素と非金属元素の境界線周辺に存在する。

⑰同素体は SCOP(スコップ)を覚える。

⑱非金属の水素化合物の液性

14 族	15 族	16 族	17 族
CH_4	NH_3	H_2O	HF
溶けない	弱塩基性	中性	弱酸性
SiH_4	PH_3	H_2S	HCl
溶けない	弱塩基性	弱酸性	強酸性

─────────────────────▶

右に行くほど酸性が強くなる

⑳酸化数のはしご(本冊→p.252)

㉒多量の水に濃硫酸を加えることで溶解熱の影響を小さくする。

㉓希硫酸：酸化作用(小), 強酸性

　濃硫酸：酸化作用(大), 弱酸性

化学反応式　解答 解説

① パ１

Step1）酸化剤　$O_2 + 4H^+ + 4e^- \longrightarrow 2H_2O$
　　　還元剤　$H_2 \longrightarrow 2H^+ + 2e^-$
Step2）　　　　$O_2 + 4\cancel{H^+} + 4\cancel{e^-} \longrightarrow 2H_2O$
　②倍　　　　$2H_2 \longrightarrow 4\cancel{H^+} + 4\cancel{e^-}$

　　　　　　　$2H_2 + O_2 \longrightarrow 2H_2O$

② パ１

Step1）酸化剤　$2H^+ + 2e^- \longrightarrow H_2$
　　　還元剤　$Fe \longrightarrow Fe^{2+} + 2e^-$
Step2）　　　　$2H^+ + 2\cancel{e^-} \longrightarrow H_2$
　　　　　　　$Fe \longrightarrow Fe^{2+} + 2\cancel{e^-}$

　　　　　　　$Fe + 2H^+ \longrightarrow Fe^{2+} + H_2$
Step3）両辺に $SO_4{}^{2-}$　　$SO_4{}^{2-}$　　　　$SO_4{}^{2-}$

　　　　　　　$Fe + H_2SO_4 \longrightarrow FeSO_4 + H_2$

③ パ１

Step1）酸化剤　$F_2 + 2e^- \longrightarrow 2F^-$
　　　還元剤　$2H_2O \longrightarrow O_2 + 4H^+ + 4e^-$
Step2）②倍　　$2F_2 + 4\cancel{e^-} \longrightarrow 4F^-$
　　　　　　　$2H_2O \longrightarrow O_2 + 4H^+ + 4\cancel{e^-}$

　　　　　　　$2F_2 + 2H_2O \longrightarrow 4HF + O_2$

④ パ１　自己酸化還元反応

$\underset{0}{\underline{Cl}_2} + H_2O \rightleftharpoons H\underset{-1}{\underline{Cl}} + H\underset{+1}{\underline{Cl}}O$

⑤ パ１　自己酸化還元反応

$\underset{0}{\underline{Br}_2} + H_2O \rightleftharpoons H\underset{-1}{\underline{Br}} + H\underset{+1}{\underline{Br}}O$

⑥ パ１

Step1）酸化剤　$F_2 + 2e^- \longrightarrow 2F^-$
　　　還元剤　$H_2 \longrightarrow 2H^+ + 2e^-$
Step2）　　　　$F_2 + 2\cancel{e^-} \longrightarrow 2F^-$
　　　　　　　$H_2 \longrightarrow 2H^+ + 2\cancel{e^-}$

　　　　　　　$H_2 + F_2 \longrightarrow 2HF$

⑦ **バ1**
Step1）　酸化剤　$Cl_2 + 2e^- \longrightarrow 2Cl^-$
　　　　還元剤　$H_2 \longrightarrow 2H^+ + 2e^-$
Step2）　　　　　$Cl_2 + \cancel{2e^-} \longrightarrow 2Cl^-$
　　　　　　　　　$H_2 \longrightarrow 2H^+ + \cancel{2e^-}$
　　　　　　　　　―――――――――――――――
　　　　　　　　　$H_2 + Cl_2 \longrightarrow 2HCl$

⑧ **バ1**
Step1）　酸化剤　$Br_2 + 2e^- \longrightarrow 2Br^-$
　　　　還元剤　$H_2 \longrightarrow 2H^+ + 2e^-$
Step2）　　　　　$Br_2 + \cancel{2e^-} \longrightarrow 2Br^-$
　　　　　　　　　$H_2 \longrightarrow 2H^+ + \cancel{2e^-}$
　　　　　　　　　―――――――――――――――
　　　　　　　　　$H_2 + Br_2 \longrightarrow 2HBr$

⑨ **バ1**
Step1）　酸化剤　$I_2 + 2e^- \longrightarrow 2I^-$
　　　　還元剤　$H_2 \longrightarrow 2H^+ + 2e^-$
Step2）　　　　　$I_2 + \cancel{2e^-} \longrightarrow 2I^-$
　　　　　　　　　$H_2 \longrightarrow 2H^+ + \cancel{2e^-}$
　　　　　　　　　―――――――――――――――
　　　　　　　　　$H_2 + I_2 \rightleftharpoons 2HI$

⑩ **バ1**
Step1）　酸化剤　$MnO_2 + 4H^+ + 2e^- \longrightarrow Mn^{2+} + 2H_2O$
　　　　還元剤　$2Cl^- \longrightarrow Cl_2 + 2e^-$
Step2）　　　　　$MnO_2 + 4H^+ + \cancel{2e^-} \longrightarrow Mn^{2+} + 2H_2O$
　　　　　　　　　$2Cl^- \longrightarrow Cl_2 + \cancel{2e^-}$
　　　　　　　　　―――――――――――――――
　　　　　　　　　$MnO_2 + 2HCl + 2H^+ \longrightarrow Mn^{2+} + 2H_2O + Cl_2$
Step3）　（両辺に $2Cl^-$）　　$2Cl^-$　　　　　$2Cl^-$
　　　　　　　　　―――――――――――――――
　　　　　　　　　$MnO_2 + 4HCl \longrightarrow MnCl_2 + 2H_2O + Cl_2$

⑪ **バ1**
Step1）　酸化剤　$2ClO^- + 4H^+ + 4e^- \longrightarrow 2Cl^- + 2H_2O$
　　　　還元剤　$2Cl^- \longrightarrow Cl_2 + 2e^-$
Step2）　　　　　$2ClO^- + 4H^+ + \cancel{4e^-} \longrightarrow 2Cl^- + 2H_2O$
　　　　（2倍）　$4Cl^- \longrightarrow 2Cl_2 + \cancel{4e^-}$
　　　　　　　　　―――――――――――――――
　　　　　　　　　$2ClO^- + 4HCl \longrightarrow 2Cl^- + 2H_2O + 2Cl_2$
Step3）　（両辺に Ca^{2+}）　Ca^{2+}　　　　　Ca^{2+}
　　　　　　　　　―――――――――――――――
　　　　　　　　　$Ca(ClO)_2 + 4HCl \longrightarrow CaCl_2 + 2H_2O + 2Cl_2$
　　　（両辺に $2H_2O$）　$Ca(ClO)_2 \cdot 2H_2O + 4HCl \longrightarrow CaCl_2 + 4H_2O + 2Cl_2$

⑫
$SiO_2 + 4HF \longrightarrow SiF_4 + 2H_2O$　←酸素とフッ素が置換
$SiF_4 + 2HF \longrightarrow H_2SiF_6$　←ヘキサフルオロケイ酸 H_2SiF_6 生成
―――――――――――――――
$SiO_2 + 6HF \longrightarrow H_2SiF_6 + 2H_2O$

⑬ **ハ5** $CaF_2 + H_2SO_4 \longrightarrow CaSO_4 + 2HF$
揮発性 HF

⑭ **ハ3** $HCl \longrightarrow \underline{H^+} + Cl^-$
$NH_3 + H_2O \longrightarrow NH_4^+ + \underline{OH^-}$

$NH_3 + HCl + \cancel{H_2O} \longrightarrow NH_4Cl + \cancel{H_2O}$

⑮ **ハ5** $NaCl + H_2SO_4 \longrightarrow NaHSO_4 + HCl$
揮発性 HCl

⑯ **ハ1** 自己酸化還元反応
$2H_2\underline{O}_2 \longrightarrow 2H_2\underline{O} + \underline{O}_2$
$-1 \qquad\quad -2 \quad 0$

⑰ **ハ1** 自己酸化還元反応
$2K\underline{Cl}O_3 \longrightarrow 2K\underline{Cl} + 3\underline{O}_2$
$+5\,-2 \qquad\quad -1 \quad\ 0$

⑱ 酸素の放電によりオゾンが生成
$3O_2 \longrightarrow 2O_3$

⑲ **ハ1** 燃焼 → 酸化物が生成 → 酸化還元反応
$\underline{S} + \underline{O}_2 \longrightarrow \underline{SO}_2$
$0 \quad\ 0 \qquad\quad +4\,-2$

⑳ **ハ4** $FeS + H_2SO_4 \longrightarrow FeSO_4 + H_2S$
弱酸 H_2S

㉑ **ハ1**
Step1) 酸化剤 $\quad H_2SO_4 + 2H^+ + 2e^- \longrightarrow SO_2 + 2H_2O$
　　　　還元剤 $\quad Cu \qquad\qquad\qquad\qquad \longrightarrow Cu^{2+} + 2e^-$
Step2) $\qquad\qquad H_2SO_4 + 2H^+ + \cancel{2e^-} \longrightarrow SO_2 + 2H_2O$
$\qquad\qquad\qquad Cu \qquad\qquad\qquad\qquad \longrightarrow Cu^{2+} + \cancel{2e^-}$

$\qquad\qquad\quad Cu + H_2SO_4 + 2H^+ \longrightarrow Cu^{2+} + 2H_2O + SO_2$
Step3) 両辺に SO_4^{2-} $\qquad\qquad SO_4^{2-} \qquad\quad SO_4^{2-}$

$\qquad\qquad\quad Cu + 2H_2SO_4 \qquad\quad \longrightarrow CuSO_4 + 2H_2O + SO_2$

㉒ **ハ4** $NaHSO_3 + H_2SO_4 \longrightarrow NaHSO_4 + SO_2 + H_2O$
弱酸 $H_2SO_3 \xrightarrow{分解} SO_2 + H_2O$

㉓ バ1 二酸化物＋酸素 → 三酸化物 → 酸化還元反応

$$2SO_2 + O_2 \longrightarrow 2SO_3$$

$\underline{+4}$ $\underline{\ 0\ }$ $\underline{+6\ -2}$

㉔ バ2 酸性酸化物＋水 ⟶ オキソ酸

$$SO_3 + H_2O \longrightarrow H_2SO_4$$

---

101 解答

(2), (4)

▶ **ベストフィット**

貴ガスは閉殻構造をとり，安定な単原子分子として存在。

....

解説

貴ガス＝18族元素

↓

	常温・常圧の状態	電子配置
He（ヘリウム）	↑	$_2$He K2
Ne（ネオン）	すべて気体(2)	$_{10}$Ne K2 L8
Ar（アルゴン）		$_{18}$Ar K2 L8 M8 (1)
Kr（クリプトン）		
Xe（キセノン）		
Rn（ラドン）	↓	

M殻：最大電子収容数18

{ 放射性元素の貴ガス
特に Rn は天然に存在 (4)

貴ガスの存在…大気（空気）の組成（体積百分率） N_2 約78％，O_2 約21％，<u>Ar 約0.9％</u>，CO_2 約0.04％
(3)

(5) 気体の密度

原子番号2 He →分子量4.0 →モル質量 4.0 g/mol
→モル体積 22.4 L/mol] 密度〔g/L〕＝$\dfrac{4.0}{22.4}$ g/L

原子番号1 H → H_2 →分子量2.0 →モル質量 2.0 g/mol
気体 →モル体積 22.4 L/mol] 密度〔g/L〕＝$\dfrac{2.0}{22.4}$ g/L

<u>モル体積</u>（標準状態）は気体の種類に関係なく一定
→気体の密度は分子量に比例
→最も密度が小さい気体＝最も分子量が小さい気体＝水素 H_2

102 解答

(1) (ア) フッ素　(イ) 次亜塩素酸　(ウ) 酸化　(エ) 漂白　(オ) 強　(カ) 臭素　(キ) 赤褐

(2) (a) $2F_2 + 2H_2O \longrightarrow 4HF + O_2$

(b) $Cl_2 + H_2O \rightleftharpoons HCl + HClO$

(c) $2KBr + Cl_2 \longrightarrow Br_2 + 2KCl$

> ▶ **ベストフィット**
> ハロゲン単体の性質は表に整理して理解する。

解説

			相関関係		
ハロゲン単体	常温の状態	色	電気陰性度	酸化力	水との反応性
フッ素 F_2	気体	淡黄色	↑ 大	↑ 強(オ)	↑ 高 爆発的(ア)
塩素 Cl_2	気体	黄緑色			一部反応
臭素 Br_2	液体	赤褐色(キ)			一部反応
ヨウ素 I_2	固体	黒紫色	小	弱	低 反応しにくい

(a) パ1
酸化剤　$F_2 + 2e^- \longrightarrow 2F^-$　②倍
還元剤　$2H_2O \longrightarrow O_2 + 4H^+ + 4e^-$　…水が例外的に酸化される。

$2F_2 + 2H_2O \longrightarrow O_2 + 4HF$　　それほど F_2 の酸化力は強い。

(b) パ1
$\underset{0}{Cl_2} + H_2O \underset{一部反応}{\rightleftharpoons} \underset{-1}{HCl} + \underset{+1❶}{\boxed{HClO}} \longrightarrow$ 次亜塩素酸(イ)

性質 $\begin{cases} \text{酸化力}(ウ) \longrightarrow 漂白剤，殺菌剤(エ) \\ \text{酸} \end{cases}$

(c) パ1
酸化剤　$Cl_2 + 2e^- \longrightarrow 2Cl^-$
還元剤　$2Br^- \longrightarrow Br_2 + 2e^-$

$2Br^- + Cl_2 \longrightarrow Br_2 + 2Cl^-$
両辺に $2K^+$　$2K^+ \qquad\qquad\qquad 2K^+$

$2KBr + Cl_2 \longrightarrow \underset{(カ)}{Br_2} + 2KCl$

> ❶塩素のオキソ酸には
> $HClO$，$HClO_2$，$HClO_3$，$HClO_4$ があり，すべて，酸や酸化剤としての性質をもつ。

$\longrightarrow 2KBr + Cl_2 \longrightarrow Br_2 + 2KCl$ は進行し
$2KBr + Cl_2 \longleftarrow Br_2 + 2KCl$ は進行しないことから
Cl_2 と Br_2 の酸化力は $Cl_2 > Br_2$ とわかる。

103 （解答）

(1) (ア) 塩化ナトリウム　　(イ) 高度さらし粉　　(ウ) 塩化水素　　(エ) 濃硫酸　　(オ) 下方

(2) 加熱により生成物 Cl_2 が丸底フラスコから逃げるため，ルシャトリエの原理より平衡が右へ移動し，反応が進行するため。

(3) 後ろに水を設置すると，捕集した塩素に水蒸気が混合してしまうため。

(4) ④

ベストフィット

塩素 Cl_2 は $2Cl^- \longrightarrow Cl_2 + 2e^-$ を用いてつくられる。

（解説）

塩素 Cl_2 の製法

（1）(ア)
工業的製法　塩化ナトリウム水溶液の電気分解　（＝イオン交換膜法）（本冊→ p.57）
　　　　　　陽極　$2Cl^- \longrightarrow Cl_2 + 2e^-$

実験室的製法　（1）(イ)

■ 高度さらし粉と希塩酸　┌次亜塩素酸イオン

バ1	酸化剤	$2\underset{+1}{Cl}O^- + 4H^+ + 4e^-$	$\longrightarrow$	$2\underset{-1}{Cl}^- + 2H_2O$	
	還元剤	$2Cl^-$	$\longrightarrow$	$Cl_2 + 2e^-$	②倍

$$2ClO^- + 4HCl \longrightarrow 2Cl^- + 2Cl_2 + 2H_2O$$

両辺に Ca^{2+}　　Ca^{2+}　　　　　　　　　　Ca^{2+}

$$Ca(ClO)_2 + 4HCl \longrightarrow CaCl_2 + 2Cl_2 + 2H_2O$$

両辺に $2H_2O$　　$\underset{\text{高度さらし粉}}{Ca(ClO)_2 \cdot 2H_2O} + 4HCl \longrightarrow CaCl_2 + \underset{\text{黄緑色の気体}}{2Cl_2} + 4H_2O$

■酸化マンガン(Ⅳ)と濃塩酸

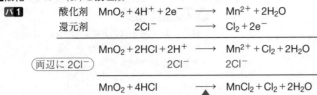

バ1
酸化剤　$MnO_2 + 4H^+ + 2e^- \longrightarrow Mn^{2+} + 2H_2O$
還元剤　$\qquad\quad 2Cl^- \longrightarrow Cl_2 + 2e^-$

(両辺に $2Cl^-$)　$\quad MnO_2 + 2HCl + 2H^+ \longrightarrow Mn^{2+} + Cl_2 + 2H_2O$
$\qquad\qquad\qquad\qquad\quad 2Cl^- \qquad\qquad\quad 2Cl^-$

$MnO_2 + 4HCl \xrightarrow{\;\triangle\;} MnCl_2 + Cl_2 + 2H_2O$

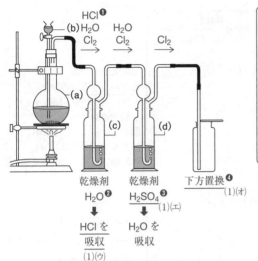

HCl❶
(b)H₂O　H₂O
Cl₂　Cl₂　　Cl₂
→　→　　→

(a)

(c)　　(d)

乾燥剤　　　乾燥剤　　下方置換❹
H₂O❷　　　H₂SO₄❸　　(1)(オ)
　　　　　　(1)(エ)

↓　　　　　↓
HClを　　　H₂Oを
吸収　　　　吸収
(1)(ウ)

――― 加熱が必要な理由 ――― (2)

酸化力　$MnO_2 < Cl_2$
↓
本来右向きの反応は進行しない
↓
加熱をすれば Cl_2 が気体として逃げる
↓
平衡が右へ移動する
(加熱を止めれば, 反応が止まり Cl_2 の発生量を調節可)
　　　　　　　　　　　　　　　　＝
　　　　　　　　　　　　　　　有毒

---

❶　　　　　　　　　　反応物の塩化水素 HCl
　(a)で加熱 → 揮発性　生成物の水 H₂O
　　　　　　　　　　　生成物の塩素 Cl₂
❷　水への溶解度　$HCl \gg Cl_2$
　　　　　↓
　⎛ $Cl_2 + H_2O \rightleftarrows HCl + HClO$
　⎜ 先に HCl がたくさん溶解しているので,
　⎜ 平衡は左へ移動＝Cl₂ は溶けない
　⎝ 　　　　　　　　　(乾燥されない)

❸　乾燥剤　H_2SO_4 ＝酸性
　酸性の Cl₂ は反応しない
❹　$Cl_2 + H_2O \rightleftarrows HCl + HClO$
　水と一部反応する ➡ 水上置換不可
　Cl₂ は空気より重い ➡ 下方置換

塩素 Cl₂ の検出
└→ 酸化力　$Cl_2 + 2e^- \longrightarrow 2Cl^-$ を示す。

ヨウ化カリウムデンプン紙
　　＝
気体の酸化剤を検出 (4)

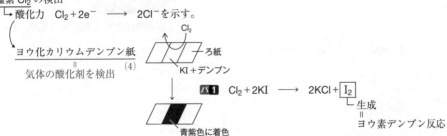

Cl₂
ろ紙
KI＋デンプン

バ1　$Cl_2 + 2KI \longrightarrow 2KCl + \boxed{I_2}$
　　　　　　　　　　　　　└ 生成
　　　　　　　　　　　　　　 ＝
　　　　　　　　　　　　ヨウ素デンプン反応

青紫色に着色

104 解答

(1) (ア) ファンデルワールス力　(イ) 水素結合

(2) (a) $CaF_2 + H_2SO_4 \longrightarrow CaSO_4 + 2HF$

(b) $SiO_2 + 6HF \longrightarrow H_2SiF_6 + 2H_2O$

ベストフィット

沸点は粒子間の引力が強いほど高くなる。ファンデルワールス力は分子量が大きいほど強くなる。

解説　沸点は粒子間の結合力が強いほど高い ➡ 分子にはたらく結合力は分子間力

分子間力

分子	分子間力	具体例
無極性分子	ファンデルワールス力 (1)(ア)	H_2, N_2, O_2, CH_4, CO_2 など
極性分子（極性小）	ファンデルワールス力 ＋静電気力	HCl, HBr, HI, H_2S など
極性分子（極性大）	ファンデルワールス力 ＋水素結合 (1)(イ) 分子量大 → 力強　結合力強	NH_3, H_2O, HF

水素化合物のみ

水素結合する他の分子

$-OH$, $-COOH$, $-NH_2$ をもつ。

有機化合物

例 エタノール　C_2H_5OH

グルコース　$C_6H_{12}O_6$

酢酸　CH_3COOH

ハロゲン化水素

	フッ化水素 HF	塩化水素 HCl
水溶液	フッ化水素酸	塩酸
液性	弱酸性	強酸性
沸点	20℃（水素結合）	−85℃
反応	ガラスを腐食 (2)(b) $SiO_2 + 6HF \longrightarrow H_2SiF_6 + 2H_2O$ →ポリエチレン容器に保存	アンモニアと反応（検出反応） パ3 $NH_3 + HCl \longrightarrow NH_4Cl$　白煙
製法（実験室）	ホタル石に濃硫酸を加えて加熱 パ5 (2)(a) $CaF_2 + H_2SO_4 \xrightarrow{\blacktriangle} CaSO_4 + 2HF$	塩化ナトリウムに濃硫酸を加えて加熱 パ5 $NaCl + H_2SO_4 \xrightarrow{\blacktriangle} NaHSO_4 + HCl$

HF　HCl　HBr　HI

←　⇒ 酸の強さ

弱酸　強酸　強酸　強酸

HF の捕集法＝下方置換

（HF は水素結合により二量体を形成するため）

加熱を必要とする反応のパターン

①固体どうしの反応

②濃硫酸を用いる反応

③熱分解

105 解答

(1) (ア) 紫外線

(2) 1.6×10^{-1} L

(3) 青紫色　$O_3 + 2KI + H_2O \longrightarrow O_2 + I_2 + 2KOH$

ベストフィット

酸素の同素体は酸素 O_2 とオゾン O_3

解説

酸素(O)の同素体

	酸素 O_2	オゾン O_3
色	無色	淡青色
臭い	無臭	特異臭
性質	空気中に 21 % 存在	酸化作用 $O_3+2H^++2e^- \longrightarrow O_2+H_2O$ e^-を受け取る＝自らは還元される ＝相手を酸化する ＝酸化剤
製法(実験室)	① **パ1** $2H_2O_2 \longrightarrow 2H_2O+O_2$ ② **パ1** $2KClO_3 \xrightarrow[\blacktriangle]{} 2KCl+3O_2$ ①②ともに MnO_2 触媒	①空気中の酸素を無声放電 ②空気中の酸素に紫外線を照射 (1) $3O_2 \xrightarrow[\text{②紫外線}]{\text{①無声放電}} 2O_3$

O_2 の製法

加熱を必要とする反応のパターン

①固体どうしの反応

②濃硫酸を用いる反応

③熱分解

(2)

$$3O_2 \xrightarrow{\text{放電}} 2O_3$$

反応前　1.0 L　　0

変化量　$-x$　　$+\frac{2}{3}x$

反応後　$1.0-x$〔L〕$+\frac{2}{3}x$〔L〕$=1.0-\frac{1}{3}x$〔L〕（$\frac{1}{3}x$〔L〕＝8.0 %）

$$\frac{1}{3}x〔L〕=1.0\times\frac{8.0}{100}\,L$$

生成した O_3 は $\frac{2}{3}x$〔L〕より　$1.0\times\frac{8.0}{100}\,L\times2=1.6\times10^{-1}\,L$

(3)

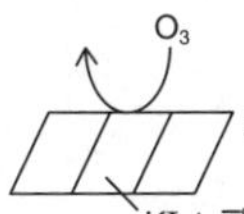

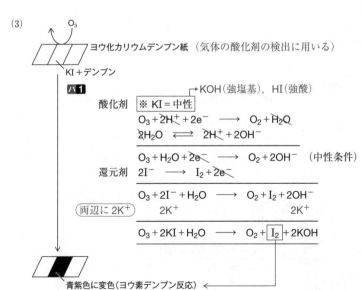

ヨウ化カリウムデンプン紙（気体の酸化剤の検出に用いる）

KI＋デンプン

パ1

酸化剤　※ KI＝中性 → KOH(強塩基)，HI(強酸)

$O_3+\cancel{2H^+}+2e^- \longrightarrow O_2+\cancel{H_2O}$

$\cancel{2}H_2O \rightleftarrows \cancel{2H^+}+2OH^-$

$O_3+H_2O+\cancel{2e^-} \longrightarrow O_2+2OH^-$（中性条件）

還元剤　$2I^- \longrightarrow I_2+\cancel{2e^-}$

$O_3+2I^-+H_2O \longrightarrow O_2+I_2+2OH^-$

(両辺に $2K^+$)　$2K^+$　　$2K^+$

$O_3+2KI+H_2O \longrightarrow O_2+\boxed{I_2}+2KOH$

青紫色に変色(ヨウ素デンプン反応)

106 解答
(1) ①　　(2) ④　　(3) ①　$HClO_4$, $HClO_3$, $HClO$　　② $HClO_3$, $HBrO_3$, HIO_3

ベストフィット

オキソ酸は $XO_a(OH)_b$ で表せる。

解説　オキソ酸

周期 ＼ 族	14	15	16	17
2	C 炭酸 H_2CO_3 $CO(OH)_2$	N 硝酸 HNO_3 $NO_2(OH)$ 亜硝酸 HNO_2 $NO(OH)$	O 陰性	F 常温で不安定
3	Si ケイ酸 H_2SiO_3 $SiO(OH)_2$	P リン酸 H_3PO_4 $PO(OH)_3$	S 硫酸 H_2SO_4 $SO_2(OH)_2$ 亜硫酸 H_2SO_3 $SO(OH)_2$	Cl 過塩素酸 $HClO_4$ $ClO_3(OH)$ 塩素酸 $HClO_3$ $ClO_2(OH)$ 亜塩素酸 $HClO_2$ $ClO(OH)$ 次亜塩素酸 $HClO$ $Cl(OH)$

(1) オキソ酸　H_2CO_3　$HO-\overset{\overset{O}{\|}}{C}-OH$　　塩酸　$H-Cl$　　$XO_a(OH)_b$ の形で表せない

H_2SO_3　$HO-\overset{\overset{O}{\uparrow}}{S}-OH$
※↑は配位結合

(2) ① 塩素のオキソ酸はすべて酸化作用あり

② $\underset{+4}{H_2\underline{C}O_3}$＝弱酸

③ $\underset{+5}{H\underline{N}O_3}(希)+3H^++3e^- \longrightarrow \underset{+2}{\underline{N}O}+2H_2O$　　酸化数⑧＝還元される＝酸化剤(酸化作用)

$\underset{+5}{H\underline{N}O_3}(濃)+H^++e^- \longrightarrow \underset{+4}{\underline{N}O_2}+H_2O$

④ $\underset{+5}{H_3\underline{P}O_4}=\boxed{3\,価}$の酸

⑤ $\underset{+6}{H_2\underline{S}O_4}$＝強酸　$\underset{+4}{H_2\underline{S}O_3}$＝弱酸

(3) ① $HClO \rightarrow Cl\boxed{\ }(OH)$
$HClO_3 \rightarrow Cl\boxed{O_2}(OH)$
$HClO_4 \rightarrow Cl\boxed{O_3}(OH)$
　　$HClO_4 > HClO_3 > HClO$

② $H\,\boxed{I}\,O_3$
$H\,\boxed{Br}\,O_3$
$H\,\boxed{Cl}\,O_3$
　　中心原子の陰性を比較
　　$Cl > Br > I$
　　↓
　　$HClO_3 > HBrO_3 > HIO_3$

107 （解答）

(3)

> ▶ ベストフィット
> 斜方硫黄と単斜硫黄は，形状と温度での安定が異なる。

解説　硫黄 S の同素体

同素体	斜方硫黄 S_8 (1)	単斜硫黄 S_8 (1)	ゴム状硫黄 S_x
色・形状	黄色，塊状結晶 (3)	黄色，針状結晶 (3)	暗褐色，無定形固体
分子の形	環状分子		鎖状分子
性質	常温で安定 (2)	95℃以上で安定（高温）	不安定，弾性あり
	二硫化炭素（CS_2）に溶ける (4)		二硫化炭素に溶けない

硫黄の単体の温度変化

融点 = $\boxed{120℃}$

斜方硫黄 S_8（常温で安定）　$\underset{冷却}{\overset{95℃}{\rightleftharpoons}}$　単斜硫黄 S_8（高温で安定）　$\overset{}{\rightleftharpoons}$　液体硫黄 S_8　$\overset{250℃以上}{\rightleftharpoons}$　液体硫黄 S_x ┐ ゴム状硫黄の製法

↓ 急冷 (5)

ゴム状硫黄

---

108 （解答）

(2)，(5)

> ▶ ベストフィット
> 硫化水素と二酸化硫黄の性質は比較しながら理解する。

解説

	硫化水素	二酸化硫黄
化学式	H_2S	SO_2
常温・常圧の状態	気体	気体
色	無色	無色
臭い	腐卵臭	刺激臭
水溶液	弱酸性 (3)　$H_2S \rightleftharpoons 2H^+ + S^{2-}$	弱酸性 (4)　$SO_2 + H_2O \longrightarrow H_2SO_3$ バ2　亜硫酸　$H_2SO_3 \rightleftharpoons 2H^+ + SO_3^{2-}$
酸化力還元力	還元剤	通常は還元剤（相手が H_2S のときは酸化剤）(2)　→強い還元剤（本冊→ p.252）
製法	$FeS + H_2SO_4 \longrightarrow FeSO_4 + H_2S$ バ4（実験室）	$NaHSO_3 + H_2SO_4 \longrightarrow NaHSO_4 + H_2O + SO_2$ バ4（実験室）　$S + O_2 \longrightarrow SO_2$ (1)（工業的）

(5) ×二酸化硫黄　→　○硫化水素

  └ 硫化水素から生じる　$H_2S \rightleftharpoons 2H^+ + \boxed{S^{2-}}$ と金属イオンは沈殿を形成しやすい。

Li K Ca Na Mg Al	Zn Fe Ni	Sn Pb (H₂) Cu Hg Ag
沈殿しない	中・塩基性ならば沈殿	酸性でも沈殿（液性は関係ない）
	↓ ↓ ↓	↓ ↓ ↓ ↓ ↓
	ZnS FeS NiS SnS PbS	CuS HgS Ag₂S
	〔白〕（黒）（黒）〔褐〕（黒）	（黒）（黒）（黒）

109 〔解答〕
 (2), (4)

ベストフィット

濃硫酸と希硫酸の性質は比較しながら理解する。

〔解説〕 濃硫酸と希硫酸

■濃硫酸（質量パーセント濃度約 98 ％）の性質

①酸化剤

  $H_2SO_4 + 2H^+ + 2e^- \longrightarrow SO_2 + 2H_2O$

    ▲　濃硫酸の酸化力は加熱が必須

(2) 酸化剤　$H_2SO_4 + 2H^+ + 2e^- \longrightarrow SO_2 + 2H_2O$

ハ**1** 還元剤　$Cu \longrightarrow Cu^{2+} + 2e^-$

$$Cu + H_2SO_4 + 2H^+ \longrightarrow Cu^{2+} + SO_2 + 2H_2O$$

〔両辺に $SO_4{}^{2-}$〕 $SO_4{}^{2-}$ $SO_4{}^{2-}$

$$Cu + 2H_2SO_4 \longrightarrow CuSO_4 + \underline{SO_2 + 2H_2O}$$
               (2)

②不揮発性

(3) $NaCl + H_2SO_4 \rightleftharpoons NaHSO_4 + HCl$

ハ**5** 不揮発性   揮発性

    平衡は右へ移動　← HCl は揮発し，反応から除かれるため

違いを押さえる ［③吸湿性＝大気中の水蒸気を吸収＝乾燥剤

     ④脱水作用＝分子中の H と O を H_2O として奪う

(1) $C_{12}H_{22}O_{11} \longrightarrow \boxed{12C} + 11H_2O$

  ショ糖 濃硫酸 =
         炭化

⑤溶解熱は極めて大きい＝水へ溶解すると発熱
                 (4)

濃硫酸は酸としての性質は弱い。

■希硫酸の性質

強い酸性
 =
  (5)

ハ**1**

  酸化剤　$2H^+ + 2e^- \longrightarrow H_2$

  還元剤　$Zn \longrightarrow Zn^{2+} + 2e^-$

$$Zn + 2H^+ \longrightarrow Zn^{2+} + H_2$$

〔両辺に $SO_4{}^{2-}$〕 $SO_4{}^{2-}$ $SO_4{}^{2-}$

$$Zn + H_2SO_4 \longrightarrow ZnSO_4 + H_2$$
             (6)

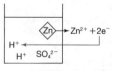

イオン化傾向　Zn＞H₂

希硫酸は，酸化力，脱水作用，吸湿性を示さない。

110 解答

(1) (イ) 理由　固体と液体の反応であり，加熱を必要としないため。
(2) Bで発生した気体の圧力により液面がC→Aと移動するため。

解説

気体の実験室的製法

キップの装置を用いるパターン

‖

　固体（粉末不可）＋液体の組み合わせ

　　　　　　and

　　　　加熱なし

- 加熱が必要な気体の製法 ─────────────

パターン①　熱分解
パターン②　濃硫酸を用いる反応
パターン③　固体どうしの反応
パターン④　例外 濃塩酸と酸化マンガン(Ⅳ)── **103** (2)参照

(1) (ア)　銅 ＋ <u>濃硫酸</u> パターン②
　　　（固体）（液体）‖
　　　　　　　　　加熱必要

　　 (イ)　亜鉛 ＋ 希硫酸　加熱不要
　　　（固体）　（液体）

　　 (ウ)　酸化マンガン(Ⅳ) ＋ 濃塩酸 パターン④
　　　　（固体）　　　　　（液体）‖
　　　　　　　　　　　　加熱必要

　　 (エ)　塩化アンモニウム ＋ 水酸化カルシウム
　　　　　　<u>（固体）</u>　　　　　<u>（固体）</u> パターン③
　　┄→ 塩化アンモニウム水溶液　　　　　　‖
　　　　　　　　　　　　　　　　　　　　加熱必要
　　　　水酸化カルシウム水溶液となっていないことに注意。

(2)　コックを閉じる
　　　　↓
　　気体の圧力により，B，Cの液体が押し下げられる
　　　　↓　　　　　　　keyword
　　B内の液体がなくなり，固体と液体が接触できなくなる。

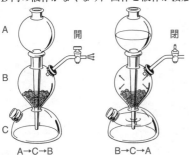

A 開　　　　　　　閉

B

C

A→C→B　　　B→C→A

ベストフィット

キップの装置は固体＋液体（加熱不要）に用いる。
気体の製法において加熱が必要な反応はパターン化されているので，まずはそのパターンを覚える。

111 解答

20 kg

解説

硫酸の工業的製法＝接触法

① $S + O_2 \longrightarrow \boxed{SO_2}$

$4FeS_2 + 11O_2 \longrightarrow 2Fe_2O_3 + 8\boxed{SO_2}$

② $2\boxed{SO_2} + O_2 \longrightarrow 2\boxed{SO_3}$

バ1 　　　　　触媒 V_2O_5

③ $\boxed{SO_3} + H_2O \longrightarrow \boxed{H_2SO_4}$

バ2

S に着目した物質量比

スタート

① $\boxed{FeS_2} : SO_2 = 1 : 2$

　　↓ 完全に燃焼

② $SO_2 : SO_3 = 1 : 1$

　　↓ すべて変換

③ $SO_3 : \boxed{H_2SO_4} = 1 : 1$

　　　　ゴール

$\begin{array}{ccc} FeS_2 & : & SO_2 \\ \boxed{1} & : & 2 \\ & SO_2 & : & SO_3 \\ & 2 & : & 2(1:1) \\ & & SO_3 & : & H_2SO_4 \\ & & 2 & : & \boxed{2}(1:1) \end{array}$

$SO_2 +$ 空気 → SO_3
　　(O_2)
V_2O_5(固)

固体触媒に，原料となる気体を
接触させることで反応が進行するため，
接触法という。

$FeS_2 : H_2SO_4 = 1 : 2$

鉱石

	x〔kg〕
	H_2SO_4 98 %
	200 mol

不純物　16 kg
FeS_2
75 %

↓

$16 \text{ kg} \times \dfrac{75}{100} = 12 \text{ kg}$

↓（FeS_2　式量 120）

$\dfrac{12 \times \boxed{10^3} \text{ g}}{120 \text{ g/mol}} = 100 \text{ mol}$

生成した H_2SO_4 の物質量は

$100 \text{ mol} \times 2 = 200 \text{ mol}$

↓（H_2SO_4 分子量 98）

$x = 200 \text{ mol} \times 98 \text{ g/mol} \times \dfrac{1 \text{ kg}}{10^3 \text{ g}} \times \dfrac{100}{98}$

$= 20 \text{ kg}$

ベストフィット

接触法の計算問題はSに注目すればよい。

◀ ☑正誤チェック ▶　解答 解説

① ×21 % → ○78 %

　空気の組成　窒素　約 78 %，酸素　約 21 %，アルゴン　約 0.9 %，二酸化炭素　約 0.04 %

② ○液体空気の分留
　空気を冷却し液体空気とした後，分留を行い N_2 と O_2 を分離する。
　N_2　沸点 −196 ℃　　　O_2　沸点 −183 ℃

③ ×オストワルト法 → ○ハーバー・ボッシュ法

　工業的製法　NH_3　　ハーバー・ボッシュ法
　　　　　　　HNO_3　オストワルト法

④ ×赤褐色 → ○無色

	水への溶解	液性	色	臭い
NO	×	×	無色	無臭
NO_2	○	酸性	赤褐色	刺激臭

⑤ ○褐色びん

⑥ ×反応する → ○反応しない
　金 Au はイオン化傾向が小さく，酸には溶解しない。
　→ 　唯一，王水（濃塩酸：濃硝酸＝3：1（体積比））とは反応して溶ける

⑦ ○濃硝酸
　濃硝酸中で不動態となる金属　…　不動態は Fe, Ni, Al と反応しない

⑧ ×接触法 → ○オストワルト法

　工業的製法　HNO_3　オストワルト法
　　　　　　　H_2SO_4　接触法

⑨ ×赤リン → ○黄リン

同素体	黄リン（P_4）	赤リン（P）
色	淡黄色	赤褐色
毒性	有毒	毒性が低い
性質	自然発火 （水中で保存）	常温で安定して存在

⑩ ○中程度の酸

---

②蒸留：沸点の差を利用した「液体とその液体に溶ける固体」の分離　例食塩水
分留：沸点の差を利用した「液体と液体」の分離　例酒
液体空気：空気を冷やし，液体にしたもの。

④次の窒素酸化物も覚えておくこと。
N_2O_4：無色の気体，NO_2 と平衡
N_2O：無色，麻酔効果

③⑧工業的製法は触媒も同時に覚えておくこと。
H_2SO_4　接触法（V_2O_5）
HNO_3　オストワルト法（Pt）
NH_3　　ハーバー・ボッシュ法
　　　　　（Fe_3O_4）

⑨赤リン：マッチの側薬

　　　　　　　　　　　火薬

　　　　　　　　　　　側薬

⑪　○同素体

⑫　×溶ける　→　○溶けにくい

水に溶けにくい気体	一酸化物　CO，NO

単体　H_2，Ar，N_2，O_2 など（例外 F_2，Cl_2）

⑬　○弱酸性
　　CO_2 は非金属元素（C）の酸化物　→　酸性酸化物
　　ハ2　$CO_2 + H_2O \longrightarrow H_2CO_3$
　　　　　　　　　　　　　　　　弱酸

⑭　○正四面体構造
　　C と Si はともに 14 族元素　→　原子価 4　→　正四面体構造　→　共有結合の結晶

⑮　○ケイ酸

⑯　×酸性　→　○塩基性
　　ソーダ石灰 ＝ NaOH と CaO の混合物
　　　　　　　　＝ NaOH　強塩基，CaO　塩基性酸化物
　　生石灰 ＝ CaO　塩基性酸化物

⑰　○中性
　　$CaCl_2$ ＝ 強酸（HCl）の陰イオンと強塩基（$Ca(OH)_2$）の陽イオンからなる正塩 ＝ 中性

⑱　○下方置換

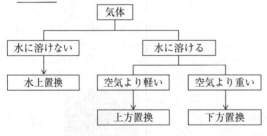

⑪炭素の同素体：黒鉛，ダイヤモンド，フラーレン，カーボンナノチューブを覚える。
⑫二酸化物は水に溶けやすい。
例 CO_2，NO_2 など

⑮シリカゲル ＝ silica gel
silica とは二酸化ケイ素（SiO_2），あるいは二酸化ケイ素によって構成される物質の総称。
Silicon（ケイ素）に由来。
⑯ソーダ石灰：ソーダ ≠ 炭酸
化学用語でのソーダとは，ナトリウム化合物のことを指す。語源はナトリウムの英名 sodium に由来。

⑰ $CaCl_2$ は唯一，アンモニアの乾燥には不適である。

① ﾊ3
$HCl \longrightarrow H^+ + Cl^-$
$NH_3 + H_2O \longrightarrow NH_4^+ + OH^-$

$NH_3 + HCl + H_2O \longrightarrow NH_4Cl + H_2O$

② ﾊ4
$2NH_4Cl + Ca(OH)_2 \longrightarrow CaCl_2 + 2NH_3 + 2H_2O$
弱塩基 $NH_3 + H_2O$

③ ﾊ1   単体 → 化合物 → 酸化還元反応

$N_2 + 3H_2 \rightleftharpoons 2NH_3$
$\underset{0}{} \quad \underset{0}{} \qquad \underset{-3\ +1}{}$

④ ﾊ1
Step1)	酸化剤	$HNO_3 + 3H^+ + 3e^-$	$\longrightarrow NO + 2H_2O$
	還元剤	Cu	$\longrightarrow Cu^{2+} + 2e^-$
Step2)	②倍	$2HNO_3 + 6H^+ + 6e^-$	$\longrightarrow 2NO + 4H_2O$
	③倍	$3Cu$	$\longrightarrow 3Cu^{2+} + 6e^-$

$3Cu + 2HNO_3 + 6H^+ \longrightarrow 3Cu^{2+} + 4H_2O + 2NO$
Step3) （両辺に $6NO_3^-$）　$6NO_3^- \qquad 6NO_3^-$

$3Cu + 8HNO_3 \longrightarrow 3Cu(NO_3)_2 + 4H_2O + 2NO$

⑤ ﾊ1
Step1)	酸化剤	$HNO_3 + H^+ + e^-$	$\longrightarrow NO_2 + H_2O$
	還元剤	Cu	$\longrightarrow Cu^{2+} + 2e^-$
Step2)	②倍	$2HNO_3 + 2H^+ + 2e^-$	$\longrightarrow 2NO_2 + 2H_2O$
		Cu	$\longrightarrow Cu^{2+} + 2e^-$

$Cu + 2HNO_3 + 2H^+ \longrightarrow Cu^{2+} + 2H_2O + 2NO_2$
Step3) （両辺に $2NO_3^-$）　$2NO_3^- \qquad 2NO_3^-$

$Cu + 4HNO_3 \longrightarrow Cu(NO_3)_2 + 2H_2O + 2NO_2$

⑥ ﾊ1
Step1)	酸化剤	$O_2 + 4H^+ + 4e^-$	$\longrightarrow 2H_2O$
	還元剤	$NH_3 + H_2O$	$\longrightarrow NO + 5H^+ + 5e^-$
Step2)	⑤倍	$5O_2 + 20H^+ + 20e^-$	$\longrightarrow 10H_2O$
	④倍	$4NH_3 + 4H_2O$	$\longrightarrow 4NO + 20H^+ + 20e^-$

$4NH_3 + 5O_2 \longrightarrow 4NO + 6H_2O$

⑦ **バ1** 一酸化物＋酸素　→　二酸化物　→　酸化還元反応

$$2\underline{N}O + \underline{O}_2 \longrightarrow 2\underline{N}\underline{O}_2$$
$$\underset{+2}{}\quad\underset{0}{}\qquad\underset{+4\ -2}{}$$

⑧ **バ1** 自己酸化還元反応

$$3\underline{N}O_2 + H_2O \longrightarrow 2H\underline{N}O_3 + \underline{N}O$$
$$\underset{+4}{}\qquad\qquad\underset{+5}{}\quad\underset{+2}{}$$

⑨ **バ1** 燃焼　→　酸化物が生成　→　酸化還元反応

$$4\underline{P} + 5\underline{O}_2 \longrightarrow \underline{P}_4\underline{O}_{10}$$
$$\underset{0}{}\quad\underset{0}{}\qquad\underset{+5\ -2}{}$$

⑩ **バ2** 酸性酸化物＋水　⟶　オキソ酸

$$P_4O_{10} + 6H_2O \longrightarrow 4H_3PO_4$$

⑪ **バ1** 燃焼　→　酸化物が生成　→　酸化還元反応

$$\underline{C} + \underline{O}_2 \longrightarrow \underline{C}\underline{O}_2$$
$$\underset{0}{}\quad\underset{0}{}\qquad\underset{+4\ -2}{}$$

⑫ **バ1** 一酸化物＋酸素　→　二酸化物　→　酸化還元反応

$$2\underline{C}O + \underline{O}_2 \longrightarrow 2\underline{C}\underline{O}_2$$
$$\underset{+2}{}\quad\underset{0}{}\qquad\underset{+4\ -2}{}$$

⑬ 濃硫酸　→　H_2O を除く（脱水）

$$\boxed{H}C\boxed{OOH} \longrightarrow CO + H_2O$$

⑭ **バ3**

$$CO_2$$
Step1) $\qquad\qquad\downarrow + H_2O$
Step2) $Ca(OH)_2 + H_2CO_3 \longrightarrow CaCO_3 + 2H_2O$
Step3) $\qquad\quad\downarrow - H_2O \qquad\qquad\qquad\downarrow - H_2O$
$\qquad Ca(OH)_2 + CO_2 \longrightarrow CaCO_3 + H_2O$

⑮ **バ4** $CaCO_3 + 2HCl \longrightarrow CaCl_2 + CO_2 + H_2O$

$$弱酸 H_2CO_3 \xrightarrow{\text{分解}} CO_2 + H_2O$$

⑯ **バ3** SiO_2

Step1) $\downarrow + H_2O$
Step2) $H_2SiO_3 + 2NaOH \longrightarrow Na_2SiO_3 + 2H_2O$
Step3) $\downarrow - H_2O \qquad\qquad\qquad\downarrow - H_2O$
$\quad SiO_2 \quad + 2NaOH \longrightarrow Na_2SiO_3 + H_2O$

112 解答

(1) 試験管の口を下向きにする。上方置換で捕集する。
(2) ③

> **▶ ベストフィット**
>
> 上方置換を用いて捕集する気体は NH_3 のみと考えてよい。

解説

アンモニアの実験室的製法　塩化アンモニウム(固体)と水酸化カルシウム(固体)を加熱
　　　　　　　　　　　　　　└─── 固体どうし ───┘

化学反応式

$$2NH_4Cl + Ca(OH)_2 \xrightarrow{\triangle} CaCl_2 + \boxed{2NH_3} + 2H_2O$$

　　　　　　　　捕集法 水によく溶ける → 空気より軽い気体 → 上方置換
　　　　　　　　　　　　　　　　　　　　　　　　　　　　　　　　(1)

実験操作の注意点
　　固体どうしの反応＝加熱必要
　　　└→発生した水蒸気が管口近辺で冷やされ，加熱部分に流れ込むと，
　　　　試験管が割れる　➡　試験管を下向きに設置
　　　　　　　　　　　　　　　　　　　　(1)

アンモニアの検出
　　赤色リトマス紙を近づけて，青変で検出
　　　　　　　　　　└─ アンモニア NH_3 は塩基性
　　濃塩酸を近づけて，白煙が生じることで検出
　　└ $NH_3 + HCl \longrightarrow \underset{白煙}{NH_4Cl}$ 　　　(2)

(2) ①

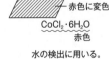

　　　　　　　　　　H₂O
　　　　　　　　　　塩化コバルト紙
　　　　　　　　　　$CoCl_2$

　　　　　　　　　赤色に変色
　　　　　$CoCl_2 \cdot 6H_2O$
　　　　　　　赤色
　　水の検出に用いる。

④　NH_3 は無色，刺激臭の気体

2. 非金属元素 ・・・・・・・・ **113**

113 解答

(1)

> **ベストフィット**
> NO と NO_2 は窒素の酸化物であるが，性質は大きく異なる。

解説

	一酸化窒素	二酸化窒素
化学式	NO	NO_2
色	無色	赤褐色(4)
臭い	無臭	刺激臭
水への溶解	溶けにくい	溶ける
反応性	$2NO + O_2 \xrightarrow[\text{常温 触媒なし}]{} 2NO_2$ (3) パ1	$\underset{\text{赤褐色}}{2NO_2} \underset{\text{常温}}{\rightleftarrows} \underset{\text{無色}}{N_2O_4}$ (6) 水との反応 $\underset{+4}{2NO_2} + \underset{\text{冷水}}{H_2O} \longrightarrow \underset{+5}{HNO_3} + \underset{+3}{HNO_2}$ (5) パ2 $\underset{+4}{3NO_2} + \underset{\text{温水}}{H_2O} \longrightarrow \underset{+5}{2HNO_3} + \underset{+2}{NO}$ (5) パ2
製法	(実験室) パ1 $3Cu + 8HNO_3$ ─希硝酸 (1) $\longrightarrow 3Cu(NO_3)_2 + 4H_2O + 2NO$ ↓ 水に溶けにくい ↓ 水上置換(2)	(実験室) パ1 $Cu + 4HNO_3$ ─濃硝酸 $\longrightarrow Cu(NO_3)_2 + 2H_2O + 2NO_2$ ↓ 水に溶ける ↓ 空気より重い ↓ 下方置換

製法については銅の代わりに銀を用いることがあるが考え方は同じ

(実験室)

還元剤 $Ag \longrightarrow Ag^+ + e^-$

114 解答

(1) (A) 3　(B) 2　(2) (ア) Fe_3O_4　(イ) Pt　(ウ) NO　(エ) NO_2

(3) $NH_3 + 2O_2 \longrightarrow HNO_3 + H_2O$　(4) 2.4 kg

解説

アンモニアの工業的製法＝ハーバー・ボッシュ法

化学反応式　$N_2 + 3H_2 \underset{(A)}{\overset{(B)}{\rightleftharpoons}} 2NH_3$
　　　　　　Fe_3O_4 触媒…(ア)
　　　　　　高圧・高温(約 400℃)

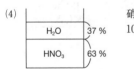

硝酸の工業的製法＝オストワルト法

第1段階　アンモニアの酸化 ハ1

　酸化剤　$O_2 + 4H^+ + 4e^- \longrightarrow 2H_2O$　（5倍）

　還元剤　$NH_3 + H_2O \longrightarrow NO + 5H^+ + 5e^-$　（4倍）
　　　　　─────────────────────────
　　　　$4NH_3 + 5O_2 \longrightarrow 4NO + 6H_2O$　…②
　　　　　　　　　　Pt 触媒
　　　　　　　　(イ) 800℃　(ウ)

第2段階　NO の酸化 ハ1

　$2NO + O_2 \underset{常温}{\longrightarrow} 2NO_2$　…③
　　　　　　　　(エ)

第3段階　NO_2 と水の反応 ハ1

　$3NO_2 + H_2O \longrightarrow 2HNO_3 + NO$　…④
　　+4　　　　　　　　+5　　+2

オストワルト法の全体の反応式

（②＋③×3＋④×2）×$\dfrac{1}{4}$　NO を消去

$NH_3 + 2O_2 \longrightarrow HNO_3 + H_2O$
　　　　　　　　　　　　　　(3)

(4)

H_2O	37 %
HNO_3	63 %

硝酸 10 L $= 10 \times 10^3 \, cm^3 = 10^4 \, cm^3$

$10^4 \, cm^3 \times 1.4 \, g/cm^3 = 1.4 \times 10^4 \, g$
　　　　　　　　　　　$= 14 \, kg$

(3)の反応式より HNO_3 1 mol 生成に NH_3 1 mol が必要
　　　　　　(分子量 63)　　　　　(分子量 17)

$14 \, kg \times \dfrac{63}{100}$　…HNO_3〔kg〕

$\dfrac{14 \, kg \times \dfrac{63}{100}}{63 \, g/mol} \times 17 \, g/mol = 2.38$

　　　　　　　　　　　≒ 2.4 kg

115 解答

(1) (ア) リン酸二水素カルシウム　　(イ) 過リン酸石灰　　(ウ) 黄リン
　　(エ) 赤リン　　(オ) 同素体　　(カ) 十酸化四リン

(2) A $Ca_3(PO_4)_2$　　B $CaSiO_3$

(3) 黄リンが空気中で自然発火するため。

ベストフィット

リン $\left\{\begin{array}{l}①同素体が存在\\②肥料\end{array}\right.$

解説

リンの自然界の産出 → $Ca_3(PO_4)_2$　リン鉱石
　　　　　　　　　　└ 水に不溶

バ4　$Ca_3(PO_4)_2 + 2H_2SO_4 \longrightarrow \boxed{Ca(H_2PO_4)_2 + 2CaSO_4}$ ─過リン酸石灰
（弱酸の遊離）水に不溶　　　　　　　水に溶ける　　　　　　　　　　　(イ)
　　　　　　　　　　　　　　　　→ リン酸二水素カルシウム❶
　　　　　　　　　　　　　　　　　　　(ア)

❶ リン酸は生物にとって核酸（本冊→ p.224）の成分として必要不可欠。$Ca(H_2PO_4)_2$ は水に溶けるため，肥料に適している。

リン酸カルシウムの反応

$2Ca_3(PO_4)_2 \rightleftharpoons 6CaO + P_4O_{10}$ …①　（高温では酸性酸化物と塩基性酸化物に分解）
　　　　　　高温

バ3

$CaO + SiO_2 \longrightarrow CaSiO_3$ …②

バ1

$\underset{+5}{P_4}O_{10} + 10C \longrightarrow \underset{0}{P_4} + 10CO$ …③

①＋②×6＋③

$2\underline{Ca_3(PO_4)_2} + 6SiO_2 + 10C \longrightarrow 6\underline{CaSiO_3} + 10CO + P_4 \leftarrow$ 黄リンとして得る
　　　A　　　　　　　　　　　　　　　B　　　　　　　　　　　　(ウ)

リンの同素体
　　　(オ)

	色	毒性	性質	溶解性	
黄リン　P_4	淡黄色	有毒	自然発火　→　水中で保存 (3)	CS_2 に溶解	**バ1** $P_4 + 5O_2 \longrightarrow P_4O_{10}$ 十酸化四リン (カ)
赤リン　P (エ)	赤褐色	毒性が低い	常温で安定		

116 〔解答〕

(1) (ア) 黒鉛　(イ) ファンデルワールス
　　(ウ) カーボンナノチューブ　(エ) フラーレン　(オ) 4
　　(カ) 正四面体
(2) 結合に用いられなかった価電子が，自由電子として結晶表面を
　　移動できるため。

▶ ベストフィット

炭素の同素体は多岐にわたる。
それぞれの性質は結晶構造で理
解する。

〔解説〕

炭素(C)の同素体

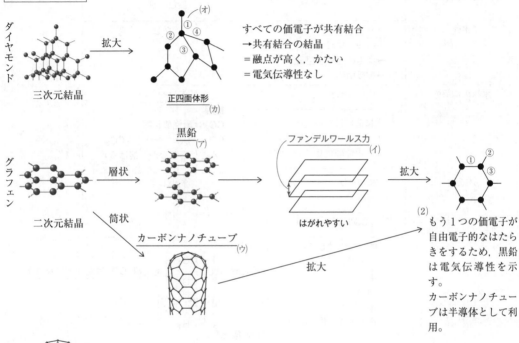

ダイヤモンド

三次元結晶　　　　正四面体形
　　　　　　　　　　(カ)

すべての価電子が共有結合
→共有結合の結晶
＝融点が高く，かたい
＝電気伝導性なし

グラフェン

二次元結晶

黒鉛
(ア)

層状

筒状

ファンデルワールス力
(イ)

はがれやすい

拡大

カーボンナノチューブ
(ウ)

拡大

(2) もう1つの価電子が
自由電子的なはたら
きをするため，黒鉛
は電気伝導性を示
す。
カーボンナノチュー
ブは半導体として利
用。

フラーレン
(エ)

117 （解答）

(2)

....

▶ ベストフィット

CO と CO_2 は，毒性，水への溶解性，燃焼性が異なる。異なる理由も含めて理解する。

解説

	一酸化炭素	二酸化炭素
化学式	CO	CO_2
常温・常圧の状態	気体	気体
色・臭い ～～(1)	無色・無臭	無色・無臭
毒性 ～～(3)	あり ┗ヘモグロビンと結合性(大) →酸素の運搬を阻害 →呼吸困難	なし
水への溶解性 ～～(4)	溶けにくい 〔水に溶けにくい気体 (1) 単体(Cl_2, F_2 除く) (2) 中性酸化物(CO, NO)〕	溶けやすい **バ2** CO_2 は酸性酸化物 $CO_2 + H_2O \longrightarrow H_2CO_3$ （水と反応しながら溶ける）
燃焼性 ～～(2)(5)	$2CO + O_2 \longrightarrow 2CO_2$ +2 +4 CO は還元剤として働く	燃焼しない

酸化数のはしご（本冊→ p.252）

C の酸化数
↓
14 族
↓
価電子 4　電子式　$\cdot\overset{\cdots}{C}\cdot$

```
                      +4 ─ CO2 ←
          (最高酸化数)              還元剤  CO2 は還元剤になりえない
                      +2 ─ CO
                       0 ─ C
                      -4 ─ CH4
          (最低酸化数)
```

---

118 （解答）

(1) (ア) 半導体　(イ) n　(ウ) p　(エ) 石英　(オ) 水ガラス　(カ) シリカゲル

(2) ④　(3) A $2NaOH$　B Na_2SiO_3

(4) シリカゲルは細孔をもつため表面積が大きく，表面のヒドロキシ基が水素結合により水などを吸着するため。

▶ ベストフィット

（▲：加熱）

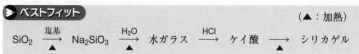

$SiO_2 \xrightarrow[\text{▲}]{\text{塩基}} Na_2SiO_3 \xrightarrow[\text{▲}]{H_2O}$ 水ガラス $\xrightarrow{HCl}$ ケイ酸 $\xrightarrow{\text{▲}}$ シリカゲル

解説
(1)(3)(4)

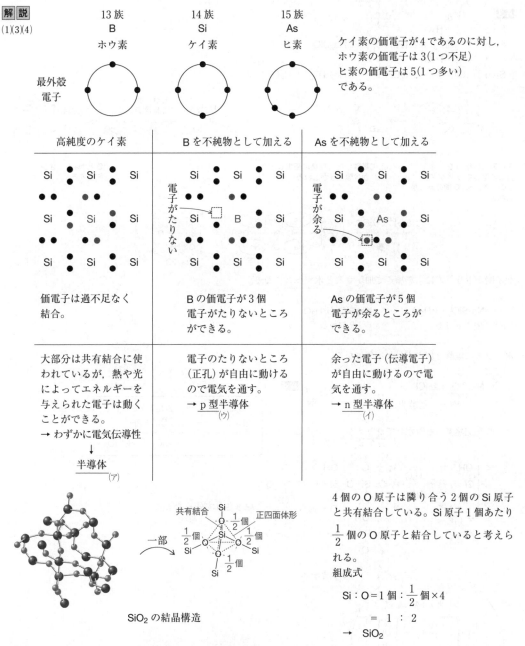

| 13族 B ホウ素 | 14族 Si ケイ素 | 15族 As ヒ素 |

最外殻電子

ケイ素の価電子が4であるのに対し，ホウ素の価電子は3（1つ不足）ヒ素の価電子は5（1つ多い）である。

高純度のケイ素	Bを不純物として加える	Asを不純物として加える
Si Si Si Si Si Si Si Si Si 価電子は過不足なく結合。	電子がたりない → Si B Si Si Si Si Si Si Si Bの価電子が3個 電子がたりないところができる。	電子が余る → Si As Si Si Si Si Si Si Si Asの価電子が5個 電子が余るところができる。
大部分は共有結合に使われているが，熱や光によってエネルギーを与えられた電子は動くことができる。 → わずかに電気伝導性 ↓ 半導体 (ア)	電子のたりないところ（正孔）が自由に動けるので電気を通す。 → p型半導体 (ウ)	余った電子（伝導電子）が自由に動けるので電気を通す。 → n型半導体 (イ)

SiO₂ の結晶構造

共有結合　正四面体形

4個のO原子は隣り合う2個のSi原子と共有結合している。Si原子1個あたり $\frac{1}{2}$ 個のO原子と結合していると考えられる。

組成式

$$Si : O = 1個 : \frac{1}{2}個 \times 4$$
$$= 1 : 2$$
$$→ SiO_2$$

鉱物の名称は石英で，このうち，透明で大きな結晶を水晶という。試験管，ビーカー，フラスコ等は石英でできている。
(エ)

石英の固化などで生じた SiO₂ 成分の多い砂をケイ砂という。

八3 SiO₂

Step 1) ↓ + H₂O

Step 2) H₂SiO₃ + 2NaOH ⟶ Na₂SiO₃ + 2H₂O

         ↓ − H₂O   ↓ − H₂O

Step 3) SiO₂ + 2NaOH ⟶ Na₂SiO₃ + H₂O   (3)

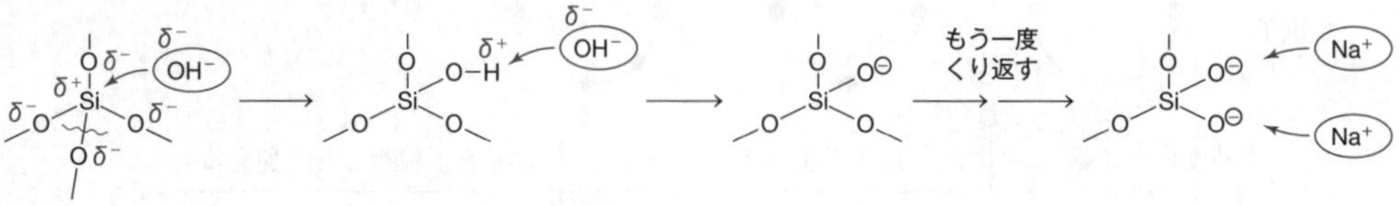

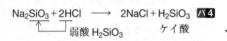

正に帯電した Si を
負に帯電した OH⁻ が攻撃。
このとき, Si−O 間の結合が
切れる。

正に帯電した H を負に帯電した
OH⁻ が攻撃。H がとれる。

O と Na がイオン
結合する。

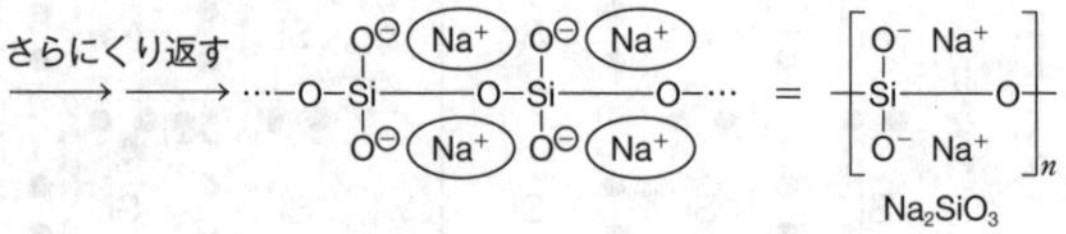

さらにくり返す ⟶ ····−O−Si−O−Si−O···· = [Si−O]ₙ

Na₂SiO₃

ケイ酸ナトリウムに水を加えて加熱すると<u>水ガラス</u>になる。
                                            (オ)

$$Na_2SiO_3 + nH_2O \xrightarrow{\blacktriangle} Na_2SiO_3 \cdot nH_2O$$
ケイ酸ナトリウム   水ガラス

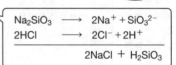

粘性

水ガラスに塩酸を加えるとケイ酸になる。

$$Na_2SiO_3 + 2HCl \longrightarrow 2NaCl + H_2SiO_3$$ **八4**
                └─ 弱酸 H₂SiO₃   ケイ酸

Na₂SiO₃ ⟶ 2Na⁺ + SiO₃²⁻
2HCl ⟶ 2Cl⁻ + 2H⁺
―――――――――――――
2NaCl + H₂SiO₃

ケイ酸を加熱すると脱水して<u>シリカゲル</u>ができる。
                                  (カ)

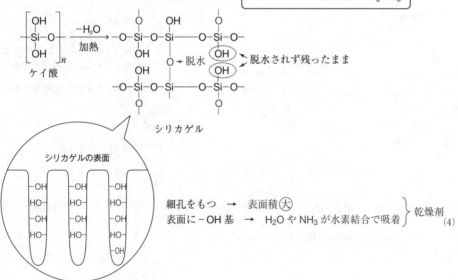

脱水 →

脱水されず残ったまま

シリカゲル

シリカゲルの表面

細孔をもつ → 表面積大
表面に −OH 基 → H₂O や NH₃ が水素結合で吸着 } 乾燥剤
                                                    (4)

(2) フッ化水素酸 HF は SiO₂ と反応する。

$$SiO_2 + 6HF \longrightarrow H_2SiF_6 + 2H_2O$$
                          ヘキサフルオロケイ酸

119 解答

(4)

> **ベストフィット**
>
> セラミックスは無機物を高温で
> 焼き固めたもの。

解説

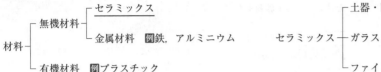

```
材料 ─┬─ 無機材料 ─┬─ セラミックス                        ┌─ 土器・陶磁器
      │            └─ 金属材料  例鉄，アルミニウム    セラミックス ─┬─ ガラス
      └─ 有機材料  例プラスチック                        └─ ファインセラミックス
```

○土器・陶磁器(5)

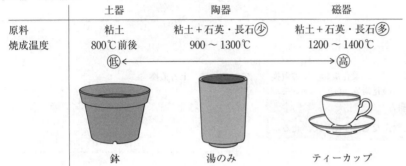

	土器	陶器	磁器
原料	粘土	粘土＋石英・長石(少)	粘土＋石英・長石(多)
焼成温度	800℃前後	900〜1300℃	1200〜1400℃

(低)←───────────────────→(高)

鉢	湯のみ	ティーカップ

○ガラス

	石英ガラス(1)(2)	ソーダ石灰ガラス	ホウケイ酸ガラス(4)	鉛ガラス
原料	SiO_2	$SiO_2 + Na_2CO_3 + CaCO_3$	$SiO_2 + Na_2B_4O_7$	$SiO_2 + Na_2CO_3 + PbO$
特徴	耐熱性，熱膨張(小)	安い	耐食性，熱膨張(小)	屈折率(大)，放射線をさえぎる

　　　　　　　　　　　　　　　　　　　└ ゆがみが小さい
　　　　　　　　　　　　　　　　　　　　 ＝割れにくい

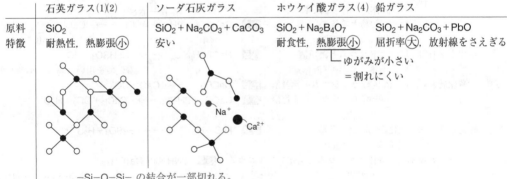

$-Si-O-Si-$ の結合が一部切れる。
空間に金属イオンが入ることでさまざまな性質を示す。

Na⁺ → Na^+ , Ca²⁺ → Ca^{2+}

光ファイバー	コップ	ビーカー・メスフラスコ	クリスタルガラス

○セメント(3)
石灰石＋粘土＋ケイ砂＋酸化鉄(Ⅲ)など。水を加えると硬化する。
接着剤の役割。

○モルタル　　　　　　　　　○コンクリート
　セメント＋砂＋水　　　　　　セメント＋砂＋砂利＋水

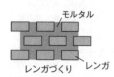

道路

---

120 解答
(1) ① (イ), (コ)　② (カ), (ケ)　③ (ウ), (キ)　④ (ア), (ク)　⑤ (エ), (オ)
(2) ① (ア)　② (ア)　③ (ウ)　④ (ウ)　⑤ (イ)
(3) 塩素　下方置換　　二酸化炭素　下方置換　　アンモニア　上方置換
(4) 塩素 (イ)　二酸化炭素 (イ)　アンモニア (ウ)

▶ベストフィット
各気体に関して学んだ知識を用いて考える。

....

解説
(1) 実験室的製法
① 塩素 Cl_2　(A)酸化マンガン(Ⅳ)と濃塩酸
　　　　　　　　（固体）　　　　（液体）
　パ1　$MnO_2 + 4HCl \longrightarrow MnCl_2 + Cl_2 + 2H_2O$
　　　　　　　　　　（本冊→ p.82）
　　　　　　　　(B)高度さらし粉と希塩酸
　　　　　　　　（固体）　　（液体）
　パ1　$Ca(\underset{+1}{Cl}O)_2 \cdot 2H_2O + 4HCl \longrightarrow CaCl_2 + 2\underset{0}{Cl_2} + 4H_2O$

② 塩化水素 HCl　塩化ナトリウムと濃硫酸
　　　　　　　　（固体）　　　　（液体）
　パ5　$NaCl + H_2SO_4 \longrightarrow NaHSO_4 + HCl$
　　　　　　　　　　濃硫酸を用いる場合，加熱必要

③ 二酸化炭素 CO_2　(A)炭酸カルシウムの熱分解
　パ6　$CaCO_3 \longrightarrow CaO + CO_2$
　　　　　　　　(B)炭酸カルシウムと希塩酸
　　　　　　　　（固体）　　　　（液体）
　パ4　$CaCO_3 + 2HCl \longrightarrow CaCl_2 + CO_2 + H_2O$

④ 硫化水素 H_2S　硫化鉄(Ⅱ)と希硫酸
　　　　　　　　（固体）　　（液体）
　パ4　$FeS + H_2SO_4 \longrightarrow FeSO_4 + H_2S$

⑤ アンモニア NH_3　水酸化カルシウムと塩化アンモニウム
　　　　　　　　（固体）　　　　　　（固体）
　パ4　$2NH_4Cl + Ca(OH)_2 \longrightarrow CaCl_2 + 2NH_3 + 2H_2O$
　　　　　　　　　　（本冊→ p.90）

(2) 実験装置 (ア) 固体＋液体 加熱必要
　　　　　　(イ) 固体＋固体 加熱必要
　　　　　　(ウ) 固体＋液体 加熱不要

(3)(4) 乾燥剤と捕集法

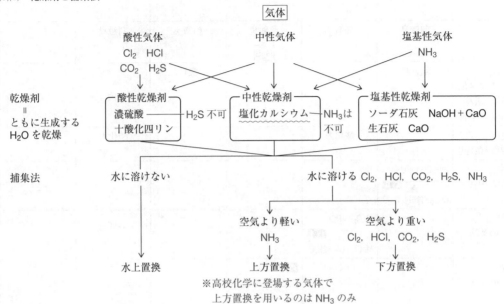

(ア) 濃硫酸，ソーダ石灰のいずれも用いることができる。＝中性気体
(イ) 濃硫酸を用いることができるが，ソーダ石灰は適さない。＝酸性気体
(ウ) ソーダ石灰を用いることができるが，濃硫酸は適さない。＝塩基性気体
(エ) 濃硫酸，ソーダ石灰のいずれも適さない。

---

121 解答

(1) A NH₃　B Cl₂　C H₂S　D HCl　E SO₂　F NO
(2) A　(3) C

▶ ベストフィット

　各気体について，色・臭い・性質をまとめて理解する。

	A	B	C	D	E	F
①	無色	黄緑色 ‖ $\boxed{Cl_2}$	無色	無色	無色	無色
②	刺激臭	刺激臭	腐卵臭 ‖ $\boxed{H_2S}$	刺激臭	刺激臭	無臭
③ リトマス紙 青変＝塩基性 赤変＝酸性	塩基性			酸性		
④ 脱色＝酸化力		酸化力			酸化力	
⑤ A の製法	$2NH_4Cl + Ca(OH)_2$ ▲ 【パ4】 $CaCl_2 + 2\boxed{NH_3} + 2H_2O$					
⑥ B の製法		$MnO_2 + 4HCl$ ▲ 【パ1】 $MnCl_2 + Cl_2 + 2H_2O$				
⑦ C の製法			【パ4】 $FeS + H_2SO_4$ $\longrightarrow$ $FeSO_4 + H_2S$			
⑧ D の製法				【パ5】 $NaCl + H_2SO_4$ ▲ $NaHSO_4 + \boxed{HCl}$		
⑨ E の製法					【パ1】 $Cu + 2H_2SO_4$ ▲ $CuSO_4 + \boxed{SO_2} + 2H_2O$	
⑩ F の製法						【パ1】 $3Ag + 4HNO_3$ $\longrightarrow$ $3AgNO_3 + \boxed{NO} + 2H_2O$

(2) 上方置換　水に溶ける　→　空気より軽い　→　NH_3
　　　　　　　NH_3　　　　　　　NH_3
　　　　　　　Cl_2
　　　　　　　H_2S
　　　　　　　HCl
　　　　　　　SO_2

(3) $KMnO_4$＝酸化剤　→　還元剤は MnO_4^- から Mn^{2+} へ変色させる。　＝H_2S
　　　　　　　　　　　　　　　　　　赤紫色　　ほぼ無色　　　　　　　　　還元力あり
　　濃硫酸では乾燥できない＝酸化還元反応する気体　→ H_2S
　　　　　　　　　　or 塩基性気体　　　　　還元剤

◀ ☑正誤チェック　解答　解説

① ×水中 → ○石油中
アルカリ金属単体 → 空気中の酸素により酸化される＋水と反応して溶ける
　　　　　　　　 → 石油中に保存

② ×K< Na< Li → ○Li< Na< K
アルカリ金属はイオン化傾向が大きく，常温の水と反応して溶ける。リチウムは常温の水と穏やかに反応して溶ける。(イオン化傾向に比例しているわけではないことに注意)

③ ○溶融塩電解
イオン化傾向の大きな金属(Li, K, Ca, Na, Mg, Al)はそれぞれの塩を溶融塩電解して単体を得る

③溶融塩電解：融解した塩($NaCl$)を電気分解して金属の単体(Na)を得る方法。$NaCl$ 水溶液を電気分解すると，陰極では Na^+ より先に水が電気分解される。

④ ×酸性酸化物 → ○塩基性酸化物
Na_2O は金属元素(Na)の酸化物 → 塩基性酸化物
ハ**2** $Na_2O + H_2O \longrightarrow 2NaOH$

⑤ ○水や二酸化炭素

$NaOH$ の性質	潮解性 … 空気中の水を吸収
	塩基性 … 空気中の二酸化炭素と中和反応

⑥ ○電気分解

| 工業的製法 | 陽イオン交換膜を用いたイオン交換膜法 |

⑥電気分解(本冊→ p.57)

⑦ ×潮解性 → ○風解性
風解 … 空気中に放置すると，水和水を失い結晶から粉末になる現象
　　　　　　　　　　　　→潮解性とは反対の性質

⑤⑦潮解性：例水酸化ナトリウム，塩化カルシウム
風解性：例硫酸銅(Ⅱ)五水和物，炭酸ナトリウム十水和物

⑧ ×ハーバー・ボッシュ法 → ○アンモニアソーダ法

工業的製法	Na_2CO_3 アンモニアソーダ法
	NH_3 ハーバー・ボッシュ法

⑨ ×弱酸性 → ○弱塩基性
炭酸水素ナトリウムは酸性塩
　→ 水溶液中で $HCO_3^- + H_2O \rightleftharpoons H_2O + CO_2 + OH^-$ の加水分解
　→ 弱塩基性

⑨酸性塩：塩に酸の H が残っているもの。
酸性塩＝酸性とは限らないことに注意。

⑩ ×冷水 → ○熱水

イオン化傾向

Li K Ca Na	Mg	Al Zn Fe
常温の水と反応	熱水と反応	高温の水蒸気と反応

⑪ ×示す → ○示さない
アルカリ土類金属のうち炎色反応を示すのは Ca, Sr, Ba

⑫　×消石灰　→　○生石灰

⑬　×溶けやすい　→　○溶けにくい
　　$Mg(OH)_2$　→　弱塩基　→　弱電解質　→　水に溶けにくい
　　強塩基（＝強電解質）はアルカリ金属と Ca, Sr, Ba の水酸化物

⑭　○白濁する
　　石灰水＝$Ca(OH)_2$
　　バ3　　$Ca(OH)_2 + CO_2 \longrightarrow CaCO_3 + H_2O$
　　　　　　　　　　　　　　　水に溶けにくい
　　　　　　　　　　　　　　　→白濁

⑫消石灰，生石灰の覚え方
CaO（生石灰）$+ H_2O$
　　　$\longrightarrow$　$Ca(OH)_2$（消石灰）
この反応は非常に激しく進行
し，このとき CaO があたかも
生きているかのように動くこと
から "生石灰" と名付けられた。
反応後の $Ca(OH)_2$ は "生きて
いる" 性質が消えることから "消
石灰" と呼ばれる。

⑮　×変化が見られない　→　○濁りが消失する
　　二酸化炭素をさらに吹き込むと　$CaCO_3 + CO_2 + H_2O \longrightarrow Ca(HCO_3)_2$
　　　　　　　　　　　　　　　　　　　　　　　　　　　　　　　　水に溶ける
　　　　　　　　　　　　　　　　　　　　　　　　　　　　　　　　→濁りが消失

⑯　×風解性　→　○潮解性
　　水を吸収するため，乾燥剤として用いられる

⑰　○濃硝酸
　　濃硝酸中で不動態となる金属　…　不動態は Fe, Ni, Al

⑱　×塩基性酸化物　→　○両性酸化物
　　両性元素　Al, Zn, Sn, Pb　→　これらの酸化物はすべて両性酸化物

⑲　○沈殿を形成する
　　塩化物イオン　　$AgCl$（白色沈殿），$PbCl_2$（白色沈殿），（Hg_2Cl_2）
　　硫酸イオン　　　$CaSO_4$（白色沈殿），$SrSO_4$（白色沈殿），$BaSO_4$（白色沈殿），$PbSO_4$（白色沈殿）
　　クロム酸イオン　Ag_2CrO_4（赤褐色沈殿），$PbCrO_4$（黄色沈殿），$BaCrO_4$（黄色沈殿）

⑳　×白色　→　○黒色
　　硫化物イオンとの沈殿　ZnS（白色沈殿），MnS（桃色沈殿），CdS（黄色沈殿），SnS（褐色沈殿）
　　　　　　　　　　　　　その他は黒色沈殿

化学反応式　解答 解説

① バ1
　　Step1)　酸化剤　$2H_2O + 2e^- \longrightarrow H_2 + 2OH^-$
　　　　　　還元剤　$Na \longrightarrow Na^+ + e^-$
　　Step2)　　　　　$2H_2O + 2e^- \longrightarrow H_2 + 2OH^-$
　　　（2倍）　　　 $2Na \longrightarrow 2Na^+ + 2e^-$

　　　　　　　　　　$2Na + 2H_2O \longrightarrow 2NaOH + H_2$

② バ2　塩基性酸化物＋水　$\longrightarrow$　水酸化物
　　　　$Na_2O + H_2O \longrightarrow 2NaOH$

③ **バ3** Na_2O

Step1) $\downarrow + H_2O$

Step2) $2NaOH + 2HCl \longrightarrow 2NaCl + 2H_2O$

Step3) $\downarrow - H_2O$ $\qquad\qquad\qquad \downarrow - H_2O$

$\qquad Na_2O + 2HCl \longrightarrow 2NaCl + H_2O$

④

両辺に $2Na^+$

$CO_3{}^{2-} + H_2O \rightleftharpoons HCO_3{}^- + OH^-$ ←加水分解

$\qquad 2Na^+ \qquad\qquad\qquad Na^+ \qquad Na^+$

$\overline{\qquad\qquad\qquad\qquad\qquad\qquad\qquad\qquad\qquad}$

$Na_2CO_3 + H_2O \longrightarrow NaHCO_3 + NaOH$

⑤ **バ4** $Na_2CO_3 + 2HCl \longrightarrow 2NaCl + CO_2 + H_2O$

弱酸 $H_2CO_3 \xrightarrow{\text{分解}} CO_2 + H_2O$

⑥ $NaCl \longrightarrow Na^+ + Cl^-$

$CO_2 + H_2O (H_2CO_3) \rightleftharpoons HCO_3{}^- + H^+$

$NH_3 + H_2O \rightleftharpoons NH_4{}^+ + OH^-$

$\overline{\qquad\qquad\qquad\qquad\qquad\qquad\qquad\qquad\qquad}$

$NaCl + NH_3 + CO_2 + H_2O \longrightarrow NaHCO_3 + NH_4Cl$

⑦ **バ6** 炭酸水素塩 $\longrightarrow$ 炭酸塩 + 二酸化炭素 + 水

$\qquad 2NaHCO_3 \longrightarrow Na_2CO_3 + CO_2 + H_2O$

⑧ **バ4** $NaHCO_3 + HCl \longrightarrow NaCl + CO_2 + H_2O$

弱酸 $H_2CO_3 \xrightarrow{\text{分解}} CO_2 + H_2O$

⑨ **バ1**

Step1) 酸化剤 $2H_2O + 2e^- \longrightarrow H_2 + 2OH^-$

還元剤 $Ca \longrightarrow Ca^{2+} + 2e^-$

Step2) $2H_2O + 2e^- \longrightarrow H_2 + 2OH^-$

$\qquad Ca \longrightarrow Ca^{2+} + 2e^-$

$\overline{\qquad\qquad\qquad\qquad\qquad\qquad\qquad\qquad\qquad}$

$Ca + 2H_2O \longrightarrow Ca(OH)_2 + H_2$

⑩ **バ2** 塩基性酸化物 + 水 $\longrightarrow$ 水酸化物

$\qquad CaO + H_2O \longrightarrow Ca(OH)_2$

⑪ **バ3** CaO

Step1) $\downarrow + H_2O$

Step2) $Ca(OH)_2 + 2HCl \longrightarrow CaCl_2 + 2H_2O$

Step3) $\downarrow - H_2O$ $\qquad\qquad\qquad \downarrow - H_2O$

$\qquad CaO + 2HCl \longrightarrow CaCl_2 + H_2O$

⑫ **バ3** CO_2

Step1) $\downarrow + H_2O$

Step2) $Ca(OH)_2 + H_2CO_3 \longrightarrow CaCO_3 + 2H_2O$

Step3) $\downarrow - H_2O$ $\qquad\qquad\qquad \downarrow - H_2O$

$\qquad Ca(OH)_2 + CO_2 \longrightarrow CaCO_3 + H_2O$

⑬ **バ4** $Ca(OH)_2 + 2NH_4Cl \longrightarrow CaCl_2 + 2NH_3 + 2H_2O$

弱塩基 $NH_3 + H_2O$

⑭ **ハ4** $CaCO_3 + 2HCl \longrightarrow CaCl_2 + CO_2 + H_2O$

弱酸 H_2CO_3 $\xrightarrow{\text{分解}}$ $CO_2 + H_2O$

⑮

$$CO_3^{2-} + H_2O \rightleftharpoons HCO_3^- + OH^-$$
$$CO_2 + H_2O (H_2CO_3) \rightleftharpoons HCO_3^- + H^+$$

$$CO_3^{2-} + CO_2 + H_2O \rightleftharpoons 2HCO_3^-$$

両辺に Ca^{2+} Ca^{2+} $\qquad\qquad\qquad$ Ca^{2+}

$$CaCO_3 + CO_2 + H_2O \rightleftharpoons Ca(HCO_3)_2$$

⑯ **ハ6** 炭酸塩 $\longrightarrow$ 酸化物 + 二酸化炭素

$$CaCO_3 \longrightarrow CaO + CO_2$$

⑰ **ハ1**

Step1) 酸化剤 $\quad 2H^+ + 2e^- \longrightarrow H_2$

還元剤 $\quad Al \longrightarrow Al^{3+} + 3e^-$

Step2) ③倍 $\quad 6H^+ + 6e^- \longrightarrow 3H_2$

②倍 $\quad 2Al \longrightarrow 2Al^{3+} + 6e^-$

$$2Al + 6H^+ \longrightarrow 2Al^{3+} + 3H_2$$

Step3) 両辺に $6Cl^-$ $\quad 6Cl^- \qquad\qquad 6Cl^-$

$$2Al + 6HCl \longrightarrow 2AlCl_3 + 3H_2$$

⑱ **ハ7**

Step1) 酸化剤 $\quad 2H_2O + 2e^- \longrightarrow H_2 + 2OH^-$

還元剤 $\quad Al \longrightarrow Al^{3+} + 3e^-$

Step2) ③倍 $\quad 6H_2O + 6e^- \longrightarrow 3H_2 + 6OH^-$

②倍 $\quad 2Al \longrightarrow 2Al^{3+} + 6e^-$

$$2Al + 6H_2O \longrightarrow 2Al^{3+} + 6OH^- + 3H_2$$

Step3) 両辺に $2OH^-$ $\quad 2OH^- \qquad\qquad 2OH^-$

$$2Al + 2OH^- + 6H_2O \longrightarrow 2[Al(OH)_4]^- + 3H_2$$

両辺に $2Na^+$ $\qquad 2Na^+ \qquad\qquad\qquad 2Na^+$

$$2Al + 2NaOH + 6H_2O \longrightarrow 2Na[Al(OH)_4] + 3H_2$$

⑲ **ハ3** $\quad Al(OH)_3 \longrightarrow Al^{3+} + 3OH^-$

③倍 $\quad 3HCl \longrightarrow 3H^+ + 3Cl^-$

$$Al(OH)_3 + 3HCl \longrightarrow AlCl_3 + 3H_2O$$

⑳ **ハ7** $\quad Al(OH)_3 + OH^- \longrightarrow [Al(OH)_4]^-$

両辺に Na^+ $\qquad\qquad Na^+ \qquad\qquad Na^+$

$$Al(OH)_3 + NaOH \longrightarrow Na[Al(OH)_4]$$

122 [解答]

(1) (ア) 高く　　(イ) 低く　　(ウ) 大きく

(2) アルカリ金属は水素よりイオン化傾向が大きいため，水溶液を電気分解するとアルカリ金属の陽イオンではなく，水が還元されるから。

(3) 原子番号が大きいほど，イオン化エネルギーが小さくなるため，反応性が高くなるから。

▶ **ベストフィット**

アルカリ金属は周期律で理解する。

[解説] アルカリ金属…H を除く 1 族元素。

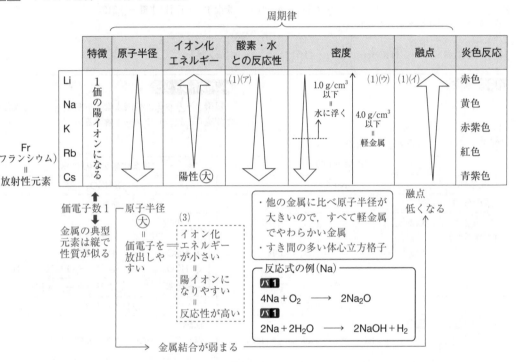

	空気中での反応	水との反応	金属の製錬（単体の製法）

（Li）（K）Ca（Na）Mg　Al　Zn　Fe　Ni　Sn　Pb　（H₂）Cu　Hg　Ag　Pt　Au

空気中での反応	速やかに内部まで酸化 ＝ 石油中に保存	常温で穏やかに酸化	酸化されにくい
水との反応	冷水と反応して H_2 を発生	熱水と反応して H_2 を発生 ／ 高温の水蒸気と反応して H_2 を発生	反応しない
金属の製錬（単体の製法）	溶融塩電解	炭素（C），一酸化炭素（CO）で還元	加熱で還元される ／ 単体で産出

└イオン化傾向（大）＝e⁻を受け取りにくい＝還元されにくい＝C，CO での還元不可

(2) [水溶液の電気分解] ×$Na^+ + e^- \longrightarrow Na$　　　　[溶融塩電解] ○$Na^+ + e^- \longrightarrow Na$
　　　　　　　　　　　○$2H_2O + 2e^- \longrightarrow H_2 + 2OH^-$　　　　　　　　水溶液ではないので H_2O が存在しない。

123 解答

(2), (3)

> **ベストフィット**
>
> 水酸化ナトリウムの性質は強塩基性(中和反応)のほかにタンパク質の変性，潮解性を覚える。

解説

(1) 水酸化ナトリウムの製造(本冊→ p.57)

(2) ハ3 中和反応
$$2NaOH + CO_2 \longrightarrow Na_2CO_3 + H_2O$$
　　 塩基　 酸性酸化物

(3) 皮膚(表皮)の主成分は水分と<u>タンパク質</u>
　　　　　　　熱・強酸・強塩基・重金属イオン・紫外線
　　　　により立体構造がくずれ，凝固する = 変性(本冊→ p.212)

(4) 潮解 = 大気中の水蒸気を吸収

(5) $NaOH(固) \xrightarrow{H_2O} NaOHaq \quad \Delta H = -44.5\ kJ$

124 解答

(1)

> **ベストフィット**
>
> 炭酸ナトリウムと炭酸水素ナトリウムの共通点と相違点を比較しながら理解する。

解説　炭酸ナトリウムと炭酸水素ナトリウム

	炭酸ナトリウム	炭酸水素ナトリウム
化学式	Na_2CO_3	$NaHCO_3$
塩の分類	正塩	酸性塩
液性 (加水分解)	塩基性 $CO_3{}^{2-} + H_2O \rightleftharpoons HCO_3{}^- + \underline{OH^-}$	弱塩基性 (4) × $HCO_3{}^- \longrightarrow H^+ + CO_3{}^{2-}$ ○ $HCO_3{}^- + H_2O \rightleftharpoons H_2O + \boxed{CO_2} + \underline{OH^-}$
利用	ガラス	胃薬，ベーキングパウダー，入浴剤
溶解度	水に溶ける	水に溶けにくい
酸との反応	ハ4 $Na_2CO_3 + HCl \longrightarrow NaHCO_3 + NaCl$ $NaHCO_3 + HCl \longrightarrow NaCl + H_2O + CO_2$ $Na_2CO_3 + 2HCl \longrightarrow 2NaCl + H_2O + CO_2$	ハ4 $NaHCO_3 + HCl \longrightarrow NaCl + H_2O + CO_2$ (3)
熱分解	<u>しない</u> (5)	$2NaHCO_3 \xrightarrow{\blacktriangle} Na_2CO_3 + H_2O + CO_2$ (アンモニアソーダ法に利用) (1)
特徴	$Na_2CO_3 \cdot 10H_2O$ は風解性 (2)	

水和水を失い結晶から粉末になる現象

熱分解のパターン

1) 過酸化物　$2KClO_3 \xrightarrow{\blacktriangle} 2KCl + \underline{3O_2}\uparrow$

2) 炭酸塩　① $CaCO_3 \xrightarrow{\blacktriangle} CaO + \underline{CO_2}\uparrow$　※ただし，アルカリ金属の炭酸塩は熱分解しない。

　　　　　② $CuCO_3 \xrightarrow{\blacktriangle} CuO + \underline{CO_2}\uparrow$

例外 3) 炭酸水素ナトリウム　$2NaHCO_3 \xrightarrow{\blacktriangle} Na_2CO_3 + H_2O + \underline{CO_2}\uparrow$

125 解答
(1), (2)

> **▶ベストフィット**
>
> アルカリ土類金属では, Be, Mg と Ca, Sr, Ba では性質が異なる。

解説

アルカリ土類金属	イオン化エネルギー	水との反応性	炭酸塩	硫酸塩	炎色反応

相関関係 → (3) → (4) → (5)

すべて金属元素(1)		大 ↑ ↓ 小	ほとんど反応しない 熱水と反応	$BeCO_3$	すべて白色沈殿（水に溶けにくい）	水に溶ける	×
	Be ベリリウム			$MgCO_3$			×
	Mg マグネシウム			$CaCO_3$		$CaSO_4$ 白色沈殿（水に溶けにくい）	橙赤色
	Ca カルシウム		常温の水と反応	$SrCO_3$		$SrSO_4$	深赤色
	Sr ストロンチウム			$BaCO_3$		$BaSO_4$	黄緑色
	Ba バリウム						
	Ra ラジウム			放射性元素（天然で微量）			

(3) **パ1**

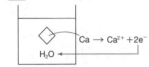

H_2O $Ca → Ca^{2+} + 2e^-$

酸化剤　$2H_2O + 2e^- \longrightarrow H_2 + 2OH^-$
還元剤　$Ca \longrightarrow Ca^{2+} + 2e^-$
─────────────────────
　　　　$Ca + 2H_2O \longrightarrow Ca(OH)_2 + H_2\uparrow$

イオン化傾向　$Ca > H_2$

(2)　アルカリ金属　→　体心立方格子　→　密度が小さく $1.0\ g/cm^3$ 以下(Li, Na, K)
　　　　　　　　　　　　　　　　　　→　水に浮く金属
　　アルカリ金属以外は, 密度は $1.0\ g/cm^3$ 以上
　　※カルシウム…面心立方格子(立方最密構造), マグネシウム…六方最密構造

---

126 解答
(1) ① 酸化カルシウム　CaO　　② 水酸化カルシウム　$Ca(OH)_2$　　③ 炭酸カルシウム　$CaCO_3$
(2) C　$CaCO_3 + CO_2 + H_2O \longrightarrow Ca(HCO_3)_2$
(3) 希硫酸と石灰石の反応により水に不溶な硫酸カルシウムが生成
　　し, 石灰石の表面を覆うため, 反応が進まなくなるから。

> **▶ベストフィット**
>
> カルシウムの化合物は多岐にわたる。パターンにあてはめて理解するとよい。

解説
(1)　水を加えると反応 ➡ **パ2**　酸化物＋水＝水酸化物 ➡ ① CaO 酸化カルシウム(生石灰)
　　　　　　　　　　　　　　　(金属)
　Ⓐ $CaO + H_2O \longrightarrow Ca(OH)_2$ ② $Ca(OH)_2$ 水酸化カルシウム(消石灰)
　Ⓑ 消石灰の水溶液＝石灰水
　　　パ3　中和反応　$Ca(OH)_2 + CO_2 \longrightarrow CaCO_3 + H_2O$ ③ $CaCO_3$ 炭酸カルシウム(石灰石)
　　　　　　　　　　　　　　　　　　　　　　水に溶けない
　　　　　　　　　　　　　　　　　　　　　　※2族元素はすべて CO_3^{2-} と沈殿(白色沈殿)

(2)

(i) 石灰岩地帯 → CO_2 を含む地下水により下の反応が起こる

$$\boxed{C} \quad \underset{\text{石灰岩}}{CaCO_3} + H_2O + \underset{CO_2\text{を含む地下水}}{CO_2} \longrightarrow \underset{\text{水に溶ける}}{Ca(HCO_3)_2} \quad (2)$$

(ii) 地熱による水分の蒸発や，CO_2 が大気中に放出されて，再度 $CaCO_3$ が析出

$$\boxed{D} \quad Ca(HCO_3)_2 \xrightarrow{\text{▲}} \underset{\text{石筍}}{CaCO_3} + H_2O + \underset{\text{蒸発や大気中へ放出}}{CO_2}$$

(3) 希硫酸と石灰石の反応　$CaCO_3 + H_2SO_4 \longrightarrow CaSO_4 + H_2O + CO_2$

$\boxed{バ4}$

　　　　└ 水に不溶 ➡ $CaCO_3$ の表面を覆う ➡ 反応進行不可

　　　　※ Ca^{2+}，Sr^{2+}，Ba^{2+}，Pb^{2+} は SO_4^{2-} と沈殿を形成

※ $\boxed{E}$ $\boxed{バ6}$ 熱分解　$CaCO_3 \xrightarrow{\text{▲}} CaO + CO_2$

---

127 解答

(1) $CaCO_3$ 　　(2) CaO 　　(3) $Ca(OH)_2$

(4) $CaSO_4$ 　　(5) $CaCl_2$

▶ ベストフィット

カルシウムの化合物はそれぞれ多様な性質を示す。身近な例と関連付けて理解する。

解説

カルシウムの化合物

化学式	CaO	$Ca(OH)_2$	$CaCO_3$	$CaSO_4$	$CaCl_2$
別称	生石灰 (2)	消石灰 (3) 水溶液 石灰水	石灰石		
水への溶解	水と反応して 水酸化物 $\boxed{バ2}$	溶けやすい (＝強塩基)(3)	溶けにくい (白色沈殿)	溶けにくい (白色沈殿)	溶けやすい (5)
性質・利用・所在	乾燥剤 発熱剤(2)	強塩基性 (3)	鍾乳洞 (1) 貝殻・大理石 チョークなど	ギプス (4)	潮解性 乾燥剤(5)
反応	$\boxed{バ2}$ $CaO + H_2O$ $\longrightarrow Ca(OH)_2$ $\boxed{バ3}$ $CaO + 2HCl$ $\longrightarrow CaCl_2 + H_2O$	$\boxed{バ3}$ $Ca(OH)_2 + 2HCl$ $\longrightarrow CaCl_2 + 2H_2O$ $Ca(OH)_2 + CO_2$ $\longrightarrow CaCO_3 + H_2O$	$\boxed{バ4}$ $CaCO_3 + 2HCl$ $\longrightarrow CaCl_2 + H_2O$ $+ CO_2$ $\boxed{鍾乳洞}$ $CaCO_3 + H_2O + CO_2$ $\longrightarrow Ca(HCO_3)_2$	$\boxed{ギプス}$ $CaSO_4 \cdot 2H_2O$ 水を加える ⇄ 加熱 $CaSO_4 \cdot \frac{1}{2}H_2O$ 焼きセッコウ (4)	$\boxed{乾燥剤}$ $CaCl_2 + 6H_2O$ $\longrightarrow CaCl_2 \cdot 6H_2O$ 吸湿性

---

128 解答

(1) アンモニア　　(2) 溶解度

(3) (ア) $NaCl + NH_3 + CO_2 + H_2O \longrightarrow NaHCO_3 + NH_4Cl$

　　(イ) $2NaHCO_3 \longrightarrow Na_2CO_3 + H_2O + CO_2$

　　(ウ) $2NH_4Cl + Ca(OH)_2 \longrightarrow CaCl_2 + 2NH_3 + 2H_2O$

　　(エ) $CaCO_3 \longrightarrow CaO + CO_2$

　　(オ) $CaO + H_2O \longrightarrow Ca(OH)_2$

(4) $2NaCl + CaCO_3 \longrightarrow Na_2CO_3 + CaCl_2$ 　　(5) 50 % 　　(6) 37 L

▶ ベストフィット

アンモニアソーダ法の各反応はすべてパターンにあてはめて理解する。

Na_2CO_3（炭酸ナトリウム）の工業的製法＝アンモニアソーダ法
└ ガラスに利用

反応(ア)　$NaCl + H_2O + NH_3 + CO_2 \longrightarrow NaHCO_3 \downarrow + NH_4Cl$ ❶
　　　　　食塩水・海水　　水によく　水にあまり
　　　　　　　　　　　　　溶ける　　溶けない
　　　　　　　　　　　　　（➡塩基性）

❶ バ2　$CO_2 + H_2O \longrightarrow H_2CO_3$
　　　　$H_2CO_3 \rightleftharpoons H^+ + HCO_3^-$
　　　　　　　　└ $NaHCO_3$ は水に溶けないので沈殿。

バ6
反応(イ)　$2NaHCO_3 \xrightarrow{\ \blacktriangle\ } Na_2CO_3 + H_2O + \underset{(A)}{CO_2}$

バ6
反応(エ)　$CaCO_3 \xrightarrow{\ \blacktriangle\ } CaO + \underset{(A)}{CO_2}$

再利用

バ2
反応(オ)　$CaO + H_2O \longrightarrow Ca(OH)_2$

バ4
反応(ウ)　$2NH_4Cl + Ca(OH)_2 \longrightarrow 2\underline{NH_3} + 2H_2O + CaCl_2$

(1)　CO_2 は水にあまり溶けない
　　　NH_3 は水によく溶ける　→　先に溶かし溶液を塩基性にする　→　CO_2 は酸性のため溶解しやすくなる

(2)　$NaHCO_3$　水に溶けにくい
　　　NH_4Cl　　水によく溶ける　}→ろ過で分離

(4)　(ア)×2＋(イ)＋(ウ)＋(エ)＋(オ)
　　　　$2NaCl + CaCO_3 \longrightarrow Na_2CO_3 + CaCl_2$ ❷

❷ 全体の反応式からわかること
・CO_2 や NH_3 は再利用している。
・$NaCl$ や $CaCO_3$ は安価な材料であり，アンモニアソーダ法は経済的に優れた方法である。

(5)　(A)＝CO_2
　　　(ア)で用いた CO_2 を x〔mol〕とすると，生成した $NaHCO_3$ は x〔mol〕
　　　　　$NaCl + H_2O + NH_3 + CO_2 \longrightarrow NaHCO_3 + NH_4Cl$
　　　　　　　　　　　　　　　　　x〔mol〕　　　　x〔mol〕

　　　(イ)で生成した CO_2 は反応式より $\dfrac{1}{2}x$〔mol〕

　　　　　$\boxed{2}NaHCO_3 \longrightarrow Na_2CO_3 + H_2O + \boxed{\ }CO_2$
　　　　　　x〔mol〕　　　　　　　　　　　　　　$\dfrac{1}{2}x$〔mol〕

　　　(エ)で発生する CO_2 は残りの $\dfrac{1}{2}x$〔mol〕より 50 ％

(6)　(4)全体の反応式より Na_2CO_3（式量 106）1 mol 生成に必要な $NaCl$ は 2 mol

　　　$NaCl$ の物質量は　$\dfrac{10.6 \times 10^3\,\text{g}}{106\,\text{g/mol}} \times 2 = 2.0 \times 10^2\,\text{mol}$

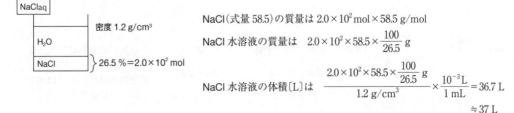

$NaCl$（式量 58.5）の質量は $2.0 \times 10^2\,\text{mol} \times 58.5\,\text{g/mol}$

$NaCl$ 水溶液の質量は　$2.0 \times 10^2 \times 58.5 \times \dfrac{100}{26.5}\,\text{g}$

$NaCl$ 水溶液の体積〔L〕は　$\dfrac{2.0 \times 10^2 \times 58.5 \times \dfrac{100}{26.5}\,\text{g}}{1.2\,\text{g/cm}^3} \times \dfrac{10^{-3}\,\text{L}}{1\,\text{mL}} = 36.7\,\text{L}$

$\approx 37\,\text{L}$

129 解答

(1) (ア) 展性　(イ) 大き　(ウ) アルマイト
(エ) ジュラルミン　(オ) 小さ

(2) $Fe_2O_3 + 2Al \longrightarrow Al_2O_3 + 2Fe$

解説

(1) 展性…加圧によって破壊することなく，箔のように平面に広げられる性質。
延性…一次元的に細長く線状に引き延ばされる性質。

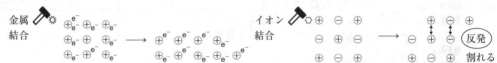

金属は自由電子で結合しているため，展性・延性に加え，電気が流れ，熱も伝わりやすい。

特定の方向に対して割れやすい（劈開性）

(2) イオン化傾向　Al＞Fe より Fe が析出する。
テルミット反応ではこの差が熱となって出る。レールの溶接には他に電気溶接，ガス溶接などがあるが，テルミット反応は最も設備が少なくてすむ。山間部など機材をもち込むことが難しい場所でよく用いられている。

---

130 解答

(1) ボーキサイト

(2) $Al_2O_3 + 2NaOH + 3H_2O \longrightarrow 2Na[Al(OH)_4]$

(3) $Al(OH)_3$

(4) (i) ④　(ii) 陽極　$C + O^{2-} \longrightarrow CO + 2e^-$ または $C + 2O^{2-} \longrightarrow CO_2 + 4e^-$
陰極　$Al^{3+} + 3e^- \longrightarrow Al$

解説　アルミニウムの製錬

(1)(4)　鉱石から金属単体を得ること
精錬（金属の純度を上げること）と混同しないこと

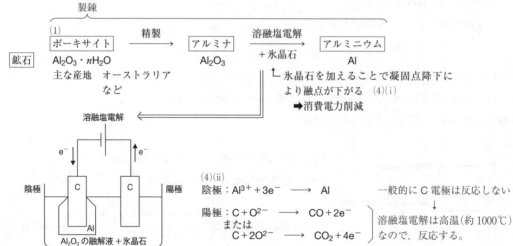

(1)
製錬

鉱石　ボーキサイト　→ 精製 → アルミナ　→ 溶融塩電解 ＋氷晶石 → アルミニウム
$Al_2O_3 \cdot nH_2O$　　　　Al_2O_3　　　　　　　　　Al
主な産地　オーストラリア
　　　　　など

氷晶石を加えることで凝固点降下により融点が下がる　(4)(i)
➡消費電力削減

溶融塩電解

陰極　　　　陽極
Al_2O_3 の融解液 ＋氷晶石

(4)(ii)
陰極：$Al^{3+} + 3e^- \longrightarrow Al$

陽極：$C + O^{2-} \longrightarrow CO + 2e^-$
または
$C + 2O^{2-} \longrightarrow CO_2 + 4e^-$

一般的に C 電極は反応しない
↓
溶融塩電解は高温（約 1000℃）なので，反応する。

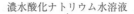

(2)

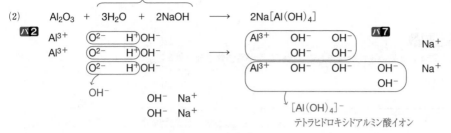

$$Al_2O_3 + 3H_2O + 2NaOH \longrightarrow 2Na[Al(OH)_4]$$

濃水酸化ナトリウム水溶液

テトラヒドロキシドアルミン酸イオン

(3) 水で希釈すると，OH⁻の濃度が低下し，次の平衡が右に移動する。

$$[Al(OH)_4]^- \rightleftharpoons Al(OH)_3\downarrow + OH^-$$

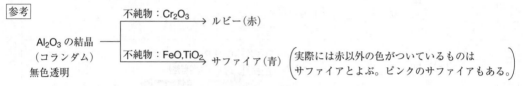

参考

Al₂O₃ の結晶 ──┬── 不純物：Cr₂O₃ ──→ ルビー（赤）
（コランダム）　　└── 不純物：FeO,TiO₂ ──→ サファイア（青）
無色透明

（実際には赤以外の色がついているものは
サファイアとよぶ。ピンクのサファイアもある。）

(4) (i) 氷晶石　$Na_3AlF_6 \longrightarrow 3Na^+ + Al^{3+} + 6F^-$
　　Al₂O₃ を単体で溶かすには 2000℃ 以上必要であるが，
　　溶かした氷晶石に Al₂O₃ を溶かすと 960℃ で溶ける。（F⁻ が溶解を助けている）

(ii)

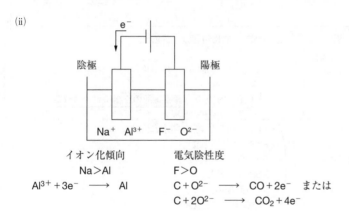

イオン化傾向　　　　　電気陰性度
　　Na＞Al　　　　　　　F＞O
$Al^{3+} + 3e^- \longrightarrow Al$　　　$C + O^{2-} \longrightarrow CO + 2e^-$　または
　　　　　　　　　　　　　$C + 2O^{2-} \longrightarrow CO_2 + 4e^-$

(5)

▶ ベストフィット

スズ・鉛は 14 族元素の両性金属である。比較しながら性質を理解する。

解説

	Sn（スズ）	Pb（鉛）
	・14 族元素 $\longrightarrow$ 両性元素 $\underset{(1)}{\longrightarrow}$ 酸・強塩基とも反応 C Si 非金属 Ge Ⓢⓝ 金属 ・ともにやわらかい金属 Ⓟⓑ ・ともに融点が低い	
単体	めっき 鉄にスズをめっき→ブリキ (Fe) (Sn) 合金 ・青銅(Cu＋Sn) (3) → 10 円硬貨，梵鐘など ・ハンダ(Sn＋Pb) (3)	合金 ハンダ(Sn＋Pb) ・X 線の遮蔽材 (4) ・鉛蓄電池の負極 (4) 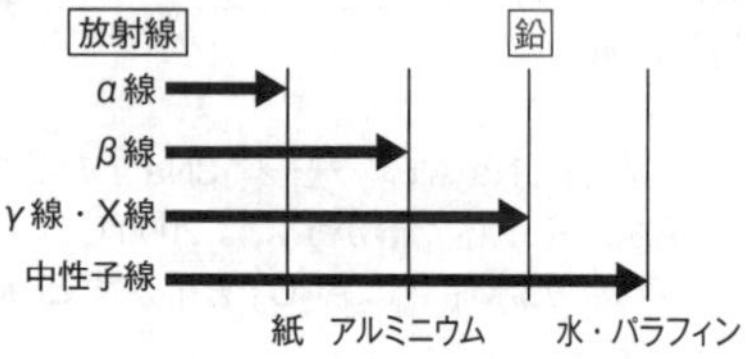 放射線 鉛 α線 ━━▶ β線 ━━━━▶ γ線・X線 ━━━━━━▶ 中性子線 ━━━━━━━━▶ 紙 アルミニウム 水・パラフィン
酸化物	SnO 酸化スズ(Ⅱ) 黒色 +2 安定 SnO₂ 酸化スズ(Ⅳ) 白色 +4 └スズ石の主成分	安定 PbO 酸化鉛(Ⅱ) 黄色 +2 PbO₂ 酸化鉛(Ⅳ) 黒褐色 +4 └酸化力があり，鉛蓄電池の正極に用いられる (4) (2)
化合物	・SnCl₂ $\longrightarrow$ Sn²⁺＋2Cl⁻ Sn²⁺ $\longrightarrow$ Sn⁴⁺＋2e⁻ e⁻を放出する＝自らは酸化される ＝相手を還元する ＝還元剤として働く ＝還元作用 (5) ・SnS 褐色沈殿 ・Sn(OH)₂ 白色沈殿	(6) ・PbCl₂(白色沈殿) 熱水に溶ける ・PbSO₄(白色沈殿) ・PbCrO₄(黄色沈殿) ・PbS(黒色沈殿) └方鉛鉱の主成分 ・Pb(OH)₂(白色沈殿) 両性水酸化物 ＝過剰の強塩基に溶ける

Sn 酸化数
+4 ┬ Sn⁴⁺ 安定 ┐
+2 ┼ Sn²⁺ ┘還元剤
0 ┴ Sn

スズは常温で酸化数＋4 の化合物
が安定

Pb 酸化数
+4 ┬ PbO₂ ┐
+2 ┼ Pb²⁺ 安定 ┘酸化剤
0 ┴ Pb

鉛は常温で酸化数＋2 の化合物
が安定

◤✅**正誤チェック**▷　解答　解説

① ×3 〜 13 族　→　○3 〜 12 族

② ○濃硝酸
濃硝酸中で不動態となる金属　…　不動態は Fe, Ni, Al と反応しない

③ ×赤鉄鉱　→　○磁鉄鉱
鉄の酸化物を主成分とする鉱石

| 赤鉄鉱 | Fe_2O_3 が主成分 | 磁鉄鉱 | Fe_3O_4 が主成分 |
| 黄鉄鉱 | FeS_2 が主成分 | | |

> ③ Fe_2O_3：赤鉄鉱(いわゆる鉄の赤い錆＝磁石にくっつかない)
> Fe_3O_4：磁鉄鉱(いわゆる鉄の黒錆，鉄のフライパンや鉄棒＝磁石にくっつく)

④ ×溶ける　→　○溶けない
両性元素の水酸化物は過剰の水酸化ナトリウム水溶液によって，OH^- と錯イオンを形成　→　溶解

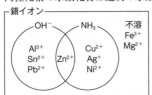

⑤ ×$K_4[Fe(CN)_6]$　→　○$K_3[Fe(CN)_6]$

⑥ ○Fe^{3+}

	$K_4[Fe(CN)_6]$	$K_3[Fe(CN)_6]$	KSCN
Fe^{2+}	−	濃青色沈殿	−
Fe^{3+}	濃青色沈殿	−	血赤色溶液

> ⑤ $Fe^{2+} + K_3[Fe(CN)_6]$
> 　　$\longrightarrow KFe[Fe(CN)_6] + 2K^+$
> $Fe^{3+} + K_4[Fe(CN)_6]$
> 　　$\longrightarrow KFe[Fe(CN)_6] + 3K^+$
> 両方とも $KFe[Fe(CN)_6]$ を生成することに着目し，Fe^{2+} は K^+ 2つ分と，Fe^{3+} は K^+ 3つ分と反応すると理解する。

⑦ ○緑青
銅を湿った大気中に長時間放置する
　→　酸素により酸化される($Cu \rightarrow Cu^{2+}$)
　→　水滴や雨滴中の陰イオン(OH^- や CO_3^{2-})と塩を形成
　→　緑青

⑧ ×亜鉛　→　○スズ

| 黄銅 | 銅 Cu と亜鉛 Zn の合金(5 円硬貨) | 青銅 | 銅 Cu とスズ Sn の合金(10 円硬貨) |

⑨ ×赤色　→　○黒色

| 銅の酸化物 | 酸化銅(Ⅱ)CuO　…　黒色 |
| | 酸化銅(Ⅰ)Cu_2O　…　赤色 |

⑩ ○深青色溶液
$\dfrac{水酸化銅(Ⅱ)Cu(OH)_2}{水に不溶}$ $\xrightarrow{\text{過剰の } NH_3 \text{ 水}}$ $\dfrac{テトラアンミン銅(Ⅱ)イオン[Cu(NH_3)_4]^{2+}}{水に溶ける(深青色溶液)}$

⑪ ×白色 → ○青色

硫酸銅(Ⅱ)五水和物　$CuSO_4 \cdot 5H_2O$　青色結晶
硫酸銅(Ⅱ)無水物　　$CuSO_4$　　　　白色粉末

⑫ ×テトラアンミン銅(Ⅱ)酸イオン → ○テトラアンミン銅(Ⅱ)イオン

錯イオンの命名

陽イオン	配位子の数	＋	配位子の種類	＋	金属イオンの種類	＋	(語尾)イオン
例 $[Cu(NH_3)_4]^{2+}$	テトラ(＝4)		アンミン(＝NH_3)		銅(Ⅱ)		イオン

陰イオン	配位子の数	＋	配位子の種類	＋	金属イオンの種類	＋	(語尾)酸イオン
例 $[Fe(CN)_6]^{3-}$	ヘキサ(＝6)		シアニド(＝CN^-)		鉄(Ⅲ)		酸イオン

⑬ ×金 → ○銀

単体金属の電気伝導性　Ag ＞ Cu ＞ Au ＞ Al の順
単体金属の熱伝導性　　Ag ＞ Cu ＞ Au ＞ Al の順

⑭ ×水酸化銀 → ○酸化銀

$$2Ag^+ + 2OH^- \longrightarrow 2AgOH \longrightarrow Ag_2O + H_2O$$
　　　　　　　　　　　不安定　　　安定

⑮ ×褐色 → ○淡黄色

ハロゲン化銀

	AgF	AgCl	AgBr	AgI
水への溶解	水に溶ける	白色沈殿	淡黄色沈殿	黄色沈殿
感光性	×	○	○	○

⑯ ×橙赤色 → ○黄色

$$2CrO_4{}^{2-} + H^+ \rightleftharpoons Cr_2O_7{}^{2-} + OH^-$$
クロム酸イオン　　　　　　　　二クロム酸イオン
　黄色　　　　　　　　　　　　　橙赤色

⑰ ○ $CrO_4{}^{2-}$

クロム酸イオン　Ag_2CrO_4(赤褐色沈殿)，$PbCrO_4$(黄色沈殿)，$BaCrO_4$(黄色沈殿)

⑱ ×還元作用 → ○酸化作用

$$MnO_4{}^- + 8H^+ + 5e^- \longrightarrow Mn^{2+} + 4H_2O$$
(酸性条件下)

e^-受け取る ＝ 自らは還元される ＝ 相手を酸化する
　　　　　　 ＝ 酸化剤としてはたらく ＝ 酸化作用

⑱中・塩基性条件下
$$MnO_4{}^- + 2H_2O + 3e^- \longrightarrow MnO_2 + 4OH^-$$

⑲ ×スズ → ○亜鉛

黄銅　銅 Cu と亜鉛 Zn の合金(5円硬貨)　　青銅　銅 Cu とスズ Sn の合金(10円硬貨)

白銅　銅 Cu とニッケル Ni の合金(50円，100円硬貨)

ニッケル黄銅　銅 Cu，亜鉛 Zn，ニッケル Ni の合金(500円硬貨)

⑳　×酸性　→　○中・塩基性
　　S^{2-}との沈殿

イオン化傾向　Li　K　Ca　Na　Mg　Al　　　　Zn　Fe　Ni　　　　Sn　Pb　H　Cu　Hg　Ag

<u>沈殿しない</u>　　　　　中・塩基性条件下　　　酸性条件下でも沈殿
　　　　　　　　　　　　なら沈殿　　　　　　（液性によらず沈殿）

> ⑳系統分析（本冊 → p.117）でも
> 非常に重要となるため，区分も
> 含め覚えておくこと。

㉑　×亜鉛　→　○スズ

めっき　　ブリキ　…　鉄 Fe をスズ Sn でめっき　→　おもちゃ，缶詰
　　　　　トタン　…　鉄 Fe を亜鉛 Zn でめっき　→　バケツ，屋根

◤ 化学反応式 ▸　解答　解説

① バ1
Step1)　酸化剤　$2H^+ + 2e^- \longrightarrow H_2$
　　　　還元剤　$Fe \longrightarrow Fe^{2+} + 2e^-$
Step2)　　　　　$2H^+ + 2e^- \longrightarrow H_2$
　　　　　　　　$Fe \longrightarrow Fe^{2+} + 2e^-$

Step3)　両辺に SO_4^{2-}

$\dfrac{Fe + 2H^+ \longrightarrow Fe^{2+} + H_2}{\quad SO_4^{2-} \qquad\qquad SO_4^{2-}}$

$Fe + H_2SO_4 \longrightarrow FeSO_4 + H_2$

② バ1
Step1)　酸化剤　$HNO_3 + 3H^+ + 3e^- \longrightarrow NO + 2H_2O$
　　　　還元剤　$Cu \longrightarrow Cu^{2+} + 2e^-$
Step2)　2倍　$2HNO_3 + 6H^+ + 6e^- \longrightarrow 2NO + 4H_2O$
　　　　3倍　$3Cu \longrightarrow 3Cu^{2+} + 6e^-$

$\dfrac{3Cu + 2HNO_3 + 6H^+ \longrightarrow 3Cu^{2+} + 4H_2O + 2NO}{\quad 6NO_3^- \qquad\qquad 6NO_3^-}$

Step3)　両辺に $6NO_3^-$

$3Cu + 8HNO_3 \longrightarrow 3Cu(NO_3)_2 + 4H_2O + 2NO$

③ バ1
Step1)　酸化剤　$HNO_3 + H^+ + e^- \longrightarrow NO_2 + H_2O$
　　　　還元剤　$Cu \longrightarrow Cu^{2+} + 2e^-$
Step2)　2倍　$2HNO_3 + 2H^+ + 2e^- \longrightarrow 2NO_2 + 2H_2O$
　　　　　　　$Cu \longrightarrow Cu^{2+} + 2e^-$

$\dfrac{Cu + 2HNO_3 + 2H^+ \longrightarrow Cu^{2+} + 2H_2O + 2NO_2}{\quad 2NO_3^- \qquad\qquad 2NO_3^-}$

Step3)　両辺に $2NO_3^-$

$Cu + 4HNO_3 \longrightarrow Cu(NO_3)_2 + 2H_2O + 2NO_2$

④ **バ1**

Step1) 酸化剤 $SO_4^{2-} + 4H^+ + 2e^- \longrightarrow SO_2 + 2H_2O$
　　　　還元剤 $Cu \longrightarrow Cu^{2+} + 2e^-$

Step2) 　　　 $SO_4^{2-} + 4H^+ + \cancel{2e^-} \longrightarrow SO_2 + 2H_2O$
　　　　　　　 $Cu \longrightarrow Cu^{2+} + \cancel{2e^-}$

　　　　　　　 $Cu + H_2SO_4 + 2H^+ \longrightarrow Cu^{2+} + 2H_2O + SO_2$
Step3) 両辺に SO_4^{2-} 　　　 SO_4^{2-} 　　　　 SO_4^{2-}

　　　　　　　 $Cu \quad + \quad 2H_2SO_4 \longrightarrow CuSO_4 + 2H_2O + SO_2$

⑤ **バ7**　$Cu(OH)_2 + 4NH_3 \longrightarrow [Cu(NH_3)_4]^{2+} + 2OH^-$

⑥ **バ1**

Step1) 酸化剤 $HNO_3 + 3H^+ + 3e^- \longrightarrow NO + 2H_2O$
　　　　還元剤 $Ag \longrightarrow Ag^+ + e^-$

Step2) 　　　 $HNO_3 + 3H^+ + \cancel{3e^-} \longrightarrow NO + 2H_2O$
　　　　3倍　　 $3Ag \longrightarrow 3Ag^+ + \cancel{3e^-}$

　　　　　　　 $3Ag + HNO_3 + 3H^+ \longrightarrow 3Ag^+ + 2H_2O + NO$
Step3) 両辺に $3NO_3^-$ 　　　 $3NO_3^-$ 　　　　 $3NO_3^-$

　　　　　　　 $3Ag \quad + \quad 4HNO_3 \longrightarrow 3AgNO_3 + 2H_2O + NO$

⑦ **バ1**

Step1) 酸化剤 $HNO_3 + H^+ + e^- \longrightarrow NO_2 + H_2O$
　　　　還元剤 $Ag \longrightarrow Ag^+ + e^-$

Step2) 　　　 $HNO_3 + H^+ + \cancel{e^-} \longrightarrow NO_2 + H_2O$
　　　　　　　 $Ag \longrightarrow Ag^+ + \cancel{e^-}$

　　　　　　　 $Ag + HNO_3 + H^+ \longrightarrow Ag^+ + H_2O + NO_2$
Step3) 両辺に NO_3^- 　　　 NO_3^- 　　　　 NO_3^-

　　　　　　　 $Ag \quad + \quad 2HNO_3 \longrightarrow AgNO_3 + H_2O + NO_2$

⑧ **バ1**

Step1) 酸化剤 $SO_4^{2-} + 4H^+ + 2e^- \longrightarrow SO_2 + 2H_2O$
　　　　還元剤 $Ag \longrightarrow Ag^+ + e^-$

Step2) 　　　 $SO_4^{2-} + 4H^+ + \cancel{2e^-} \longrightarrow SO_2 + 2H_2O$
　　　　2倍　　 $2Ag \longrightarrow 2Ag^+ + \cancel{2e^-}$

　　　　　　　 $2Ag + H_2SO_4 + 2H^+ \longrightarrow 2Ag^+ + 2H_2O + SO_2$
Step3) 両辺に SO_4^{2-} 　　　 SO_4^{2-} 　　　　 SO_4^{2-}

　　　　　　　 $2Ag \quad + \quad 2H_2SO_4 \longrightarrow Ag_2SO_4 + 2H_2O + SO_2$

⑨　　　　　　 $2Ag^+ + 2OH^- \longrightarrow 2AgOH \longrightarrow Ag_2O + H_2O$
　　　　　　　　　　　　　　　　　不安定

両辺に $2NO_3^-$ 　$2NO_3^-$ 　　　　　　　　　　 $2NO_3^-$

　　　　　　　 $2AgNO_3 + 2OH^- \longrightarrow Ag_2O + H_2O + 2NO_3^-$
両辺に $2Na^+$ 　　 $2Na^+$ 　　　　　　　　　 $2Na^+$

　　　　　　　 $2AgNO_3 + 2NaOH \longrightarrow Ag_2O + H_2O + 2NaNO_3$

⑩ **バ7**

$$Ag_2O + H_2O \longrightarrow 2Ag^+ + 2OH^-$$

両辺に $4NH_3$ $\quad 4NH_3 \qquad\qquad\qquad\qquad 4NH_3$

$$Ag_2O + 4NH_3 + H_2O \longrightarrow 2[Ag(NH_3)_2]^+ + 2OH^-$$

⑪ **バ1**

Step1) 酸化剤 $\quad Cr_2O_7{}^{2-} + 14H^+ + 6e^- \longrightarrow 2Cr^{3+} + 7H_2O$

還元剤 $\quad H_2O_2 \qquad\qquad\qquad\qquad\qquad \longrightarrow O_2 + 2H^+ + 2e^-$

Step2) $\quad\quad\quad Cr_2O_7{}^{2-} + \overset{8H^+}{\cancel{14H^+}} + \cancel{6e^-} \longrightarrow 2Cr^{3+} + 7H_2O$

（3倍）$\quad 3H_2O_2 \qquad\qquad\qquad \longrightarrow 3O_2 + 6H^+ + \cancel{6e^-}$

$$Cr_2O_7{}^{2-} + 8H^+ + 3H_2O_2 \longrightarrow 2Cr^{3+} + 7H_2O + 3O_2$$

Step3) 両辺に $2K^+$ $\quad 2K^+ \qquad\qquad\qquad\qquad 2K^+$

$$K_2Cr_2O_7 + 8H^+ + 3H_2O_2 \longrightarrow 2K^+ + 2Cr^{3+} + 7H_2O + 3O_2$$

両辺に $4SO_4{}^{2-}$ $\quad 4SO_4{}^{2-} \qquad\qquad\qquad SO_4{}^{2-} \; 3SO_4{}^{2-}$

$$K_2Cr_2O_7 + 4H_2SO_4 + 3H_2O_2 \longrightarrow K_2SO_4 + Cr_2(SO_4)_3 + 7H_2O + 3O_2$$

⑫ **バ1**

Step1) 酸化剤 $\quad MnO_4{}^- + 8H^+ + 5e^- \longrightarrow Mn^{2+} + 4H_2O$

還元剤 $\quad H_2O_2 \qquad\qquad\qquad\qquad \longrightarrow O_2 + 2H^+ + 2e^-$

Step2) （2倍）$\quad 2MnO_4{}^- + \overset{6H^+}{\cancel{16H^+}} + \cancel{10e^-} \longrightarrow 2Mn^{2+} + 8H_2O$

（5倍）$\quad 5H_2O_2 \qquad\qquad\qquad \longrightarrow 5O_2 + 10H^+ + \cancel{10e^-}$

$$2MnO_4{}^- + 6H^+ + 5H_2O_2 \longrightarrow 2Mn^{2+} + 8H_2O + 5O_2$$

Step3) 両辺に $2K^+$ $\quad 2K^+ \qquad\qquad\qquad\qquad 2K^+$

$$2KMnO_4 + 6H^+ + 5H_2O_2 \longrightarrow 2K^+ + 2Mn^{2+} + 8H_2O + 5O_2$$

両辺に $3SO_4{}^{2-}$ $\quad 3SO_4{}^{2-} \qquad\qquad\qquad SO_4{}^{2-} \; 2SO_4{}^{2-}$

$$2KMnO_4 + 3H_2SO_4 + 5H_2O_2 \longrightarrow K_2SO_4 + 2MnSO_4 + 8H_2O + 5O_2$$

⑬ **バ1**

Step1) 酸化剤 $\quad 2H^+ + 2e^- \longrightarrow H_2$

還元剤 $\quad Zn \longrightarrow Zn^{2+} + 2e^-$

Step2) $\quad\quad\quad 2H^+ + \cancel{2e^-} \longrightarrow H_2$

$\qquad\qquad Zn \longrightarrow Zn^{2+} + \cancel{2e^-}$

$$Zn + 2H^+ \longrightarrow Zn^{2+} + H_2$$

Step3) 両辺に $2Cl^-$ $\quad 2Cl^- \qquad\qquad 2Cl^-$

$$Zn + 2HCl \longrightarrow ZnCl_2 + H_2$$

⑭ **バ7**

Step1) 酸化剤 $\quad 2H_2O + 2e^- \longrightarrow H_2 + 2OH^-$

還元剤 $\quad Zn \longrightarrow Zn^{2+} + 2e^-$

Step2) $\quad\quad\quad 2H_2O + \cancel{2e^-} \longrightarrow H_2 + 2OH^-$

$\qquad\qquad Zn \longrightarrow Zn^{2+} + \cancel{2e^-}$

$$Zn + 2H_2O \longrightarrow \boxed{Zn^{2+} + 2OH^-} + H_2$$

Step3) 両辺に $2OH^-$ $\quad 2OH^- \qquad\qquad\qquad \boxed{2OH^-}$

$$Zn + 2OH^- + 2H_2O \longrightarrow [Zn(OH)_4]^{2-} + H_2$$

両辺に $2Na^+$ $\quad 2Na^+ \qquad\qquad\qquad 2Na^+$

$$Zn + 2NaOH + 2H_2O \longrightarrow Na_2[Zn(OH)_4] + H_2$$

⑮ バ3
(2倍)

$Zn(OH)_2 \longrightarrow Zn^{2+} + 2OH^-$

$2HCl \longrightarrow 2H^+ + 2Cl^-$

$Zn(OH)_2 + 2HCl \longrightarrow ZnCl_2 + 2H_2O$

⑯ バ7
両辺に 2Na⁺

$Zn(OH)_2 + 2OH^- \longrightarrow [Zn(OH)_4]^{2-}$
$\qquad\qquad 2Na^+ \qquad\qquad\qquad 2Na^+$

$Zn(OH)_2 + 2NaOH \longrightarrow Na_2[Zn(OH)_4]$

⑰ バ7 $Zn(OH)_2 + 4NH_3 \longrightarrow [Zn(NH_3)_4]^{2+} + 2OH^-$

---

132 解答

(1) Cu　(2) Cr　(3) Mn　(4) V　(5) Ti

▶ ベストフィット

無機物質は特徴的な性質を覚える。

解説

	典型元素		遷移元素									典型元素					
第4周期	K Ca	Sc	Ti	V	Cr	Mn	Fe	Co	Ni	Cu	Zn	Ga	Ge	As	Se	Br	Kr

(1) イオン化列

単体として産出するため古くから利用されている。

Li　K　Ca　Na　Mg　Al　Zn　Fe　Ni　Sn　Pb　(H₂) | Cu　Hg　Ag | Pt　Au

単体あるいは化合物として産出　　単体として産出

赤色光沢をもつ金属　→　Cu　　　　Cu の電子配置：K2 L8 M18 N① ← 最外殻1個

(2) 3価の単原子陽イオン+暗緑色　→　Cr^{3+}

最高酸化数 +6 ― ⑥ Cr^{6+}　酸化力が強く毒性あり。

　　　　　　+3 ― Cr^{3+}

　　　　　　 0 ― Cr

(3) 赤紫色　　　　　　　ほぼ無色

$\underset{+7}{MnO_4^-} + 8H^+ + 5e^- \longrightarrow \underset{+2}{Mn^{2+}} + 4H_2O$

還元
→酸化還元滴定で酸化剤になる。

最高酸化数 +7 ― MnO_4^-　還元されやすい
　　　　　　　　　　　　　　　＝酸化剤

　　　　　　+4 ― MnO_2

　　　　　　+2 ― Mn^{2+}

(4) $\underset{+5}{V_2O_5}$ ⟶ 硫酸を製造する(接触法)過程の触媒

$S + O_2 \longrightarrow SO_2$

$2SO_2 + O_2 \xrightarrow{V_2O_5} 2SO_3$

$SO_3 + H_2O \longrightarrow H_2SO_4$

(5) 形状記憶合金　→　Ti + Ni

133 （解答）

(1) （ア）錯イオン　（イ）配位子　（ウ）配位結合　(2) 非共有電子対をもつ。　(3) 4

(4) 化学式　$[Fe(CN)_6]^{4-}$　名称　ヘキサシアニド鉄（Ⅱ）酸イオン　構造　正八面体形

解説

> ▶ ベストフィット
>
> 錯イオンは名称・化学式・配位子・配位数・立体構造を覚える。

配位結合$_{(ウ)}$

遷移元素は非共有電子対を受け取る空の軌道がある

$H_3\overset{..}{N} \curvearrowright Ag^+ \curvearrowleft \overset{..}{N}H_3 \implies H_3N \to Ag^+ \leftarrow NH_3 = [Ag(NH_3)_2]^{+}$

配位子$_{(イ)}$　配位数2　非共有電子対$_{(2)}$　錯イオン$_{(ア)}$

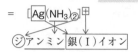

（ジ）アンミン｜銀（Ⅰ）イオン

○配位子の種類

NH_3	CN^-	OH^-	H_2O	F^-	Cl^-	Br^-	$S_2O_3^{2-}$
アンミン	シアニド	ヒドロキシド	アクア	フルオリド	クロリド	ブロミド	チオスルファト

○配位数

Ag^+	Cu^{2+}	Zn^{2+}	Fe^{2+}	Fe^{3+}	Cr^{3+}	Al^{3+}	Co^{3+}	Ni^{2+}
2	4$_{(3)}$	6						

配位数と立体構造は中心の金属イオンにより決まる。イオンの価数の2倍になることが多い。（例外　Fe^{2+}, Ni^{2+}）

○立体構造　　　　　　　　　　　　　　　　　　　　　　　　　　(4)

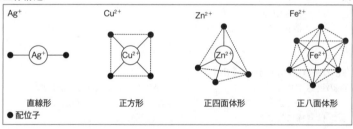

Ag⁺　　　　Cu²⁺　　　　Zn²⁺　　　　Fe²⁺

直線形　　　正方形　　　正四面体形　　　正八面体形

● 配位子

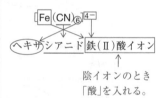

$[Fe(CN)_6]^{4-}$

ヘキサ｜シアニド｜鉄（Ⅱ）酸イオン

陰イオンのとき「酸」を入れる。

配位子どうしが金属イオンを中心に最も離れた位置に配置（例外　Cu^{2+}は正方形）

134 **解答**

(1) ア Fe $\longrightarrow$ Fe^{2+}+2e$^-$　　イ　鉄(Ⅱ)イオン

　　ウ　O$_2$+2H$_2$O+4e$^-$ $\longrightarrow$ 4OH$^-$　　エ　水酸化物イオン

(2) 鉄よりもイオン化傾向の大きい亜鉛がイオンとなり，鉄(Ⅱ)イオンが生成しないため。

● ベストフィット

> 青色の部分＝ヘキサシアニド鉄(Ⅲ)酸イオン＋Fe^{2+}
> 赤色の部分＝フェノールフタレイン＋OH$^-$

解 説

(1)

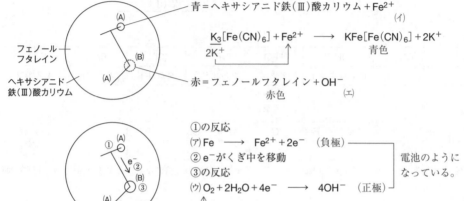

青＝ヘキサシアニド鉄(Ⅲ)酸カリウム＋Fe^{2+}
(イ)

$$\underset{2K^+}{K_3[Fe(CN)_6]} + Fe^{2+} \longrightarrow \underset{青色}{KFe[Fe(CN)_6]} + 2K^+$$

赤＝フェノールフタレイン＋OH$^-$
赤色　　(エ)

①の反応
(ア) Fe $\longrightarrow$ Fe^{2+}+2e$^-$　（負極）
②e$^-$がくぎ中を移動
③の反応
(ウ) O$_2$+2H$_2$O+4e$^-$ $\longrightarrow$ 4OH$^-$　（正極）

電池のように
なっている。

↑
寒天中の
溶存酸素

(2) イオン化傾向
Zn＞Fe

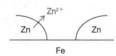

Fe のかわりに Zn が e$^-$ を出す。
①の反応
　Zn $\longrightarrow$ Zn^{2+}+2e$^-$
②③は同様に起こる。

Fe^{2+}が生じないので青色部分が
できないが，③の反応が起こる
ので赤色部分はできる。

135 解答

(1) (ア) アルミニウム　(イ) 還元　(ウ) 酸化カルシウム　(エ) 銑鉄

(2) $CO_2 + C \longrightarrow 2CO$　(3) $Fe_2O_3 + 3CO \longrightarrow 2Fe + 3CO_2$

(4) 3.4 t

▶ ベストフィット

鉄の製錬

$Fe_2O_3 \nearrow\searrow Fe$

$CO \quad CO_2$

↑

$(CO_2 + C)$

解説

(1) 地殻の成分元素の存在量(多い順)

(ア) $\underset{SiO_2}{\underline{O, \; Si,}} \; \underset{酸化物}{\underline{Al, \; Fe,}} \; \underset{CaCO_3}{\underline{Ca}}$

(岩石の主成分)

$\qquad$ 原料 $\qquad$ 鉄

(イ) $\underset{+3}{\underline{Fe_2O_3}} \longrightarrow \underset{0}{\underline{Fe}}$

$\qquad \underset{還元}{\underline{\qquad\qquad}}\uparrow$

(ウ) $CaCO_3 \longrightarrow CaO + CO_2$ 　バ6

$\qquad\qquad\qquad\qquad \downarrow$

ケイ砂 $\longrightarrow \underset{スラグ}{\underline{ケイ酸カルシウム}}$

(2) $\underset{+4}{\underline{CO_2}} + \underset{0}{\underline{C}} \longrightarrow \underset{+2}{\underline{2CO}}$ 　バ1

バ1

(3) 酸化剤　$Fe_2O_3 + 6e^- \longrightarrow 2Fe + 3O^{2-}$

　　還元剤　$CO + O^{2-} \longrightarrow CO_2 + 2e^-$ 　(3倍)

　　　$\overline{Fe_2O_3 + 3CO \longrightarrow 2Fe + 3CO_2}$

　　　　　　　　　　　　　 銑鉄

　　　　　　　　　　　　　 転炉

　　　　　　　　　　　　　 O_2 → Fe(不純物⼩)　鋼

$\left(\begin{array}{c} 実際 \\[4pt] \underset{+3}{\underline{Fe_2O_3}} \to \underset{+\frac{8}{3}}{\underline{Fe_3O_4}} \to \underset{+2}{\underline{FeO}} \to \underset{0}{\underline{Fe}} \\[4pt] 徐々に還元 \longrightarrow \end{array}\right)$

(4) 赤鉄鉱を x (t) とする。

$\qquad Fe_2O_3 \;+\; 3CO \;\longrightarrow\; 2Fe \;+\; 3CO_2$

$\dfrac{x \times 10^6 \times \dfrac{80}{100}}{160}$ mol $\times 2$ $=$ $\dfrac{2.0 \times 10^6 \times \dfrac{96}{100}}{56}$ mol

$\dfrac{x \times 10^6 \times \dfrac{80}{100}}{160} \times 2 = \dfrac{2.0 \times 10^6 \times \dfrac{96}{100}}{56}$

$\qquad\qquad x = 2.0 \times \dfrac{96}{56}$

$\qquad\qquad\quad = 3.42$

$\qquad\qquad\quad ≒ 3.4$ t

❶ 1 t = 1000 kg

　　$= 10^6$ g (本冊→ p.250)

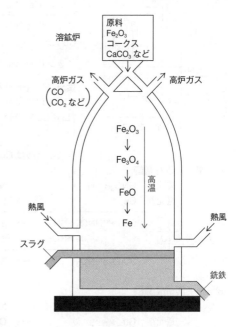

原料

Fe_2O_3

コークス

$CaCO_3$ など

溶鉱炉

高炉ガス $\left(\begin{array}{c} CO \\ CO_2 \, など \end{array}\right)$ 　高炉ガス

Fe_2O_3

↓

Fe_3O_4

↓

FeO

↓

Fe

高温

熱風　　　　熱風

スラグ

銑鉄

136 解答

(ア) 大きい　(イ) 小さい　(ウ) 小さい　(エ) 正方

(A) NO　(B) NO_2　(C) $Cu(OH)_2$　(D) $[Cu(NH_3)_4]^{2+}$

▶ ベストフィット

電気分解を用いて金属の純度を上げる方法を電解精錬という。

解説

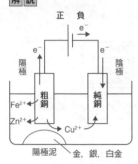

陽極からは電子が出ていくので酸化反応が起こっている。

$\underline{\text{Li K Ca Na Mg Al Zn Fe Ni Sn Pb}} > \text{Cu}$

イオン化傾向が Cu より大きいものはイオンになる。(ア)

$\text{Cu} > \underline{\text{Hg, Ag, Pt, Au}}$

イオン化傾向が Cu よりも小さいものは沈殿して陽極泥になる。(イ)

陰極には電子が入ってくるので還元反応が起こっている。
イオン化傾向の小さい順に電子をもらう。(ウ)

$\left(\begin{array}{l}\text{Li K Ca Na Mg Al Zn Fe Ni Sn Pb Cu} \\ \qquad\qquad\qquad\qquad\qquad\qquad\quad\uparrow \\ \qquad\qquad\qquad\qquad\quad \text{最も } e^- \text{ をもらいやすい}\end{array}\right)$

起こる反応は $Cu^{2+} + 2e^- \longrightarrow Cu$

(A) 銅＋希硝酸 [A1]

酸化剤　$HNO_3 + 3H^+ + 3e^- \longrightarrow NO + 2H_2O$　②倍
還元剤　$Cu \longrightarrow Cu^{2+} + 2e^-$　③倍

$3Cu + 2HNO_3 + 6H^+ \longrightarrow 3Cu^{2+} + 4H_2O + 2NO$

両辺に $6NO_3^-$　　　$6NO_3^-$　　$6NO_3^-$

$3Cu + 8HNO_3 \longrightarrow 3Cu(NO_3)_2 + 4H_2O + 2NO$

(B) 銅＋濃硝酸 [A1]

酸化剤　$HNO_3 + H^+ + e^- \longrightarrow NO_2 + H_2O$　②倍
還元剤　$Cu \longrightarrow Cu^{2+} + 2e^-$

$Cu + 2HNO_3 + 2H^+ \longrightarrow Cu^{2+} + 2H_2O + 2NO_2$

両辺に $2NO_3^-$　　　$2NO_3^-$　　$2NO_3^-$

$Cu + 4HNO_3 \longrightarrow Cu(NO_3)_2 + 2H_2O + 2NO_2$

(C)

$Cu^{2+} \xrightarrow{\ \text{NH}_3\text{水}\ } Cu(OH)_2 \xrightarrow{\ \substack{\text{過剰の}\\ \text{NH}_3\text{水}}\ } [Cu(NH_3)_4]^{2+}$
　　　　　　　　（青白色沈殿）　　　　　（深青色溶液）

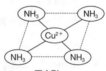

正方形 (エ)
$[Cu(NH_3)_4]^{2+}$
(D)

137 解答

(ア) $CuSO_4 \cdot H_2O$　(イ) CuO　(ウ) 赤　(エ) Cu_2O

ベストフィット

$CuSO_4 \cdot 5H_2O$
↓段階的に水和水を放出
$CuSO_4$
↓熱分解
CuO
↓熱分解
Cu_2O

解説

(ア) $100-71.2=28.8$ mg 減

160	90
$CuSO_4$	$5H_2O$

100 mg

$CuSO_4$　$100\ \text{mg}\times\dfrac{160}{250}=64.0\ \text{mg}$

$5H_2O$　$100\ \text{mg}\times\dfrac{90}{250}=36.0\ \text{mg}$

↓÷5　　↓÷5

H_2O（1 水和水あたり）→ 7.2 mg

28.8 mg は

$\dfrac{28.8}{7.2}=4$ → 4 水和水減 → $CuSO_4 \cdot H_2O$

(イ)

	$CuSO_4$ ⟶	□
	64.0 mg	32.0 mg
式量	160	M

物質量　$\dfrac{64.0}{160}$ mmol ＝ $\dfrac{32.0}{M}$ mmol

熱分解しても物質量は変わらないと仮定すると

$\dfrac{64.0}{160}=\dfrac{32.0}{M}$

$M=80$

（CuO の式量＝80）

(エ)

	$4CuO$ ⟶	$2Cu_2O + O_2$
	32.0 mg	28.8 mg
式量	80	144

CuO を熱分解すると赤色の Cu_2O が生成

物質量　$\dfrac{32.0}{80}\ \text{mmol}=\dfrac{28.8}{144}\times 2\ \text{mmol}$

$0.40\ \text{mmol}=0.40\ \text{mmol}$

物質量の関係が等しくなり問題文と一致

138 解答

(1) (ア) 2　(イ) 2　(ウ) 白

(2) ① $Zn + 2HCl \longrightarrow ZnCl_2 + H_2$

② $Zn + 2H_2O + 2NaOH \longrightarrow Na_2[Zn(OH)_4] + H_2$

(3) $ZnO + 2HCl \longrightarrow ZnCl_2 + H_2O$

(4) $Zn(OH)_2$

(5) $Zn(OH)_2 + 4NH_3 \longrightarrow [Zn(NH_3)_4]^{2+} + 2OH^-$

ベストフィット

・Zn は酸とも塩基とも反応する両性金属である。

・$Zn^{2+} \xrightarrow{\text{少量の塩基}} Zn(OH)_2$ ↓ $\xrightarrow{OH^-\text{過剰}} [Zn(OH)_4]^{2-}$ ／ $\xrightarrow{NH_3\text{過剰}} [Zn(NH_3)_4]^{2+}$

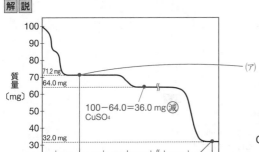

解説 の表

両性金属	Al	Zn	Sn	Pb
イオン	Al^{3+}	Zn^{2+}	Sn^{2+}	Pb^{2+}
水酸化物	$Al(OH)_3$	$Zn(OH)_2$	$Sn(OH)_2$	$Pb(OH)_2$
	白	白	白	白

(1) (ア) 2　(イ) 2　(ウ) 白

(2) ① バ1

Step1)　酸化剤　$2H^+ + 2e^- \longrightarrow H_2$
　　　　還元剤　$Zn \longrightarrow Zn^{2+} + 2e^-$

　　　　$Zn + 2H^+ \longrightarrow Zn^{2+} + H_2$
Step3) 両辺に $2Cl^-$　　$2Cl^-$　　$2Cl^-$

　　　　$Zn + 2HCl \longrightarrow ZnCl_2 + H_2\uparrow$

② バ7

$Zn + 2H_2O + 2NaOH \longrightarrow Na_2[Zn(OH)_4] + H_2$

$[Zn(OH)_4]^{2-}$
テトラヒドロキシド亜鉛(II)酸イオン

(3) バ3

　　　　　ZnO
Step1)　↓ $+ H_2O$
Step2)　$Zn(OH)_2 + 2HCl \longrightarrow ZnCl_2 + 2H_2O$
Step3)　↓ $- H_2O$　　　　　　　　↓ $- H_2O$
　　　　$ZnO + 2HCl \longrightarrow ZnCl_2 + H_2O$

(4) $Zn^{2+} + 2OH^- \longrightarrow Zn(OH)_2\downarrow$
　　少量のアンモニア水を加える＝溶液を塩基性にする　　$NH_3 + H_2O \rightleftarrows NH_4^+ + OH^-$

(5) $Zn(OH)_2 + 4NH_3 \longrightarrow [Zn(NH_3)_4]^{2+} + 2OH^-$　　バ7
　　アンモニア水過剰で NH_3 を配位子とした錯イオンを形成

---

139 解答

(1) (ア) Ag_2S　(イ) Ag_2O　(ウ) AgF　(エ) $AgCl$　(オ) $AgBr$
　　(カ) AgI

(2) (a) $Ag_2O + 4NH_3 + H_2O \longrightarrow 2[Ag(NH_3)_2]^+ + 2OH^-$
　　(b) $2AgBr \longrightarrow 2Ag + Br_2$

▶ ベストフィット
AgOH は不安定で
Ag_2O に分解しやすい。

解説

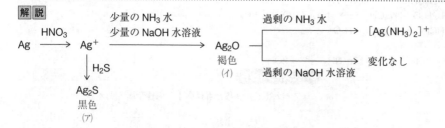

バ7
両辺に 4NH₃

$$Ag_2O + H_2O \longrightarrow 2Ag^+ + 2OH^-$$
$$ 4NH_3 4NH_3$$

$$Ag_2O + 4NH_3 + H_2O \longrightarrow 2[Ag(NH_3)_2]^+ + 2OH^- \text{(a)}$$

ハロゲン化銀

(ウ)	(エ)	(オ)	(カ)
AgF	AgCl	AgBr	AgI
可溶	白色沈殿	淡黄色沈殿	黄色沈殿

← 色が濃くなる →

$$2AgBr \xrightarrow{\text{光}} 2Ag + Br_2 \text{(b)}$$
写真フィルム
の原料

---

140 解答

(1) (ア) 不動態 (イ) 黄 (ウ) 橙赤 (エ) CrO_4^{2-}

(2) (A) $+6$ (B) $+6$ (3) 酸性 $Cr_2O_7^{2-}$ 塩基性 CrO_4^{2-}

(4) $Cr_2O_7^{2-}$ の Cr は酸化数 $+6$ で酸化された状態にあり，相手を酸化することで酸化数 $+3$ の安定な Cr^{3+} になろうとするため。

解説 (1)〜(3) 不動態は濃硝酸中だけでなく，空気中でも起こる。

空気
Cr ─ 酸化物のち密な膜
不動態
(ア)

ベストフィット

Cr のイオンおよび化合物の色は特徴的なので必ず覚える。

○クロム酸イオンと二クロム酸イオン

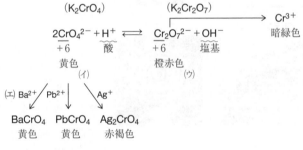

(K_2CrO_4) $(K_2Cr_2O_7)$ $\longrightarrow Cr^{3+}$ 暗緑色

$$2CrO_4^{2-} + H^+ \underset{+6 \quad \text{酸}}{\overset{}{\rightleftharpoons}} Cr_2O_7^{2-} + OH^-$$

$+6$ 黄色 (イ) $+6$ 橙赤色 (ウ) 塩基

(エ) Ba^{2+} / Pb^{2+} / Ag^+

BaCrO₄ PbCrO₄ Ag₂CrO₄
黄色   黄色   赤褐色

(4) Cr の酸化数のはしご

自身が還元 $\boxed{Cr_2O_7^{2-}}$ $+6$
される   ↓
=酸化剤 Cr^{3+} $+3$
              Cr 0

より安定
$$Cr_2O_7^{2-} + 14H^+ + 6e^- \longrightarrow 2Cr^{3+} + 7H_2O$$
$+6$ ──────── 還元 ──────── $+3$

141 解答

(4), (6)

ベストフィット

合金は構成元素と用途を覚える。

解説

おもな合金

分類	名称	構成元素	用途
Sn	(4)はんだ	Sn + Pb	はんだ
Al	ジュラルミン	Al + Cu + Mg	ジュラルミンケース
Cu	(1)黄銅(ブラス)	Cu + Zn	楽器
	(6)青銅(ブロンズ)	Cu + Sn	銅像
	(2)白銅	Cu + Ni	硬貨
	洋銀(ニッケル黄銅)	Cu + Ni + Zn	食器
Fe	(5)ステンレス鋼	Fe + Cr + Ni + (Mn)	台所シンク
Ni	(3)ニクロム	Ni + Cr	電熱線

はんだ

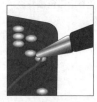

ジュラルミン

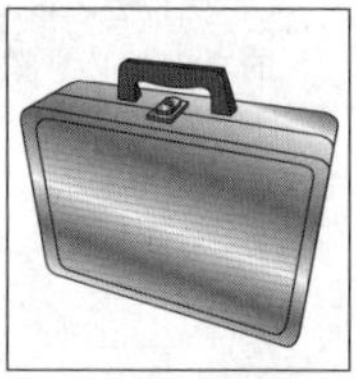

黄銅

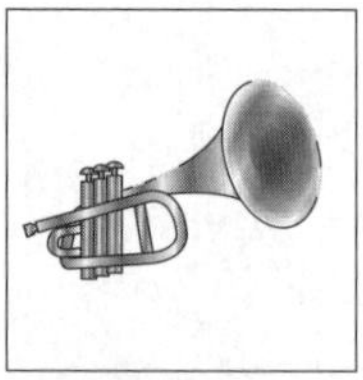

青銅

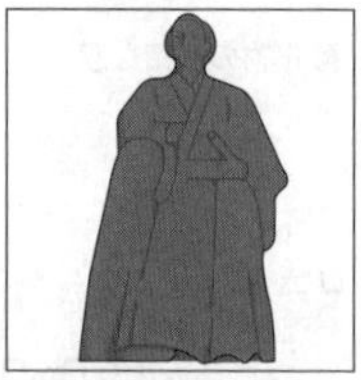

白銅

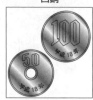

洋銀

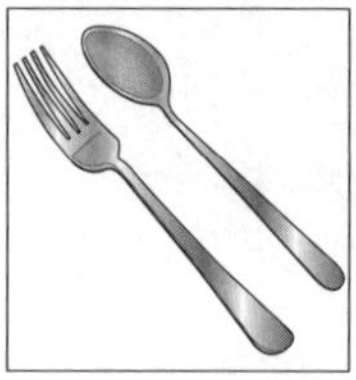

ステンレス鋼

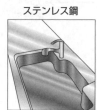

ニクロム

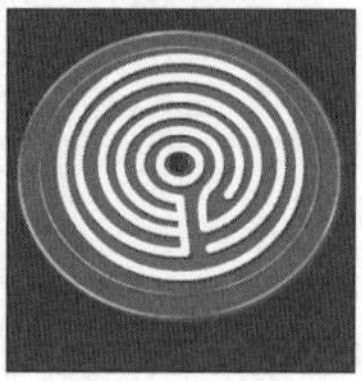

142 〔解答〕

(1) $CoCl_3 \cdot 6NH_3 \longrightarrow [Co(NH_3)_6]^{3+} + 3Cl^-$

(2) $[CoCl(NH_3)_5]^{2+}$　　(3) $[CoCl_2(NH_3)_4]^+$

(4)

▶ベストフィット

錯イオンにもシス-トランス異性体(本冊→ p.126)が存在する。

〔解説〕

1:1で反応

組成式	配位子としての NH_3	配位子としての Cl^-	配位子以外の NH_3	配位子以外の Cl^-	反応した $AgNO_3$
(1) $CoCl_3 \cdot 6NH_3$	6 mol	0 mol	0 mol	3 mol	3 mol
(2) $CoCl_3 \cdot 5NH_3$	5 mol	1 mol	0 mol	2 mol	2 mol
(3) $CoCl_3 \cdot 4NH_3$	4 mol	2 mol	0 mol	1 mol	1 mol

合計 6 mol
(6 配位)

(1)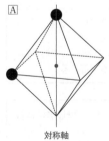

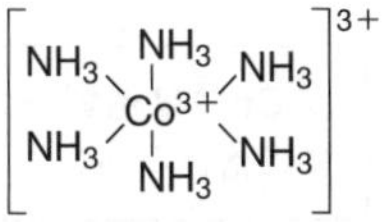

$CoCl_3 \cdot 6NH_3 \longrightarrow [Co(NH_3)_6]^{3+} + 3Cl^-$

(2)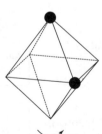

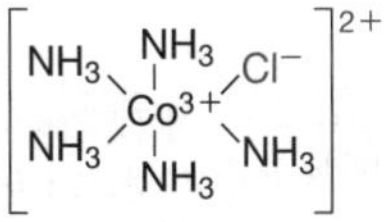

$[CoCl(NH_3)_5]^{2+}$

(3)

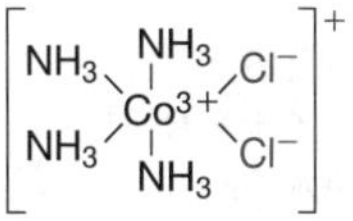

$[CoCl_2(NH_3)_4]^+$

(4)

Ⓐ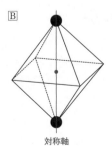

対称軸　　=　　90° 回転　　=　　180° 回転

Ⓑ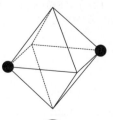

2 種類

対称軸　　=　　90° 回転

◆ **正誤チェック**　解答 解説

① ○黒変
塩化銀 AgCl（白色）　→　感光性　→　Ag が遊離　→　黒変

② ×AgOH　→　○Ag$_2$O
$$2Ag^+ + 2OH^- \xrightarrow{} \underset{不安定}{2AgOH} \xrightarrow{脱水} \underset{安定}{Ag_2O + H_2O}$$

③ ×水酸化ナトリウム水溶液　→　○アンモニア水

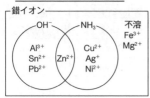

④ ○青色

⑤ ○Cu(OH)$_2$ の沈殿が生成する

⑥ ○深青色溶液
銅（Ⅱ）イオン Cu^{2+}　$\xrightarrow{少量の NH_3 水}$　水酸化銅（Ⅱ）Cu(OH)$_2$
青色水溶液　　　　　　　　　　　　水に不溶（青白色沈殿）

> ⑥ Cu^{2+} は過剰の NaOH 水溶液
> には溶けない。

水酸化銅（Ⅱ）Cu(OH)$_2$　$\xrightarrow{過剰の NH_3 水}$　テトラアンミン銅（Ⅱ）イオン[Cu(NH$_3$)$_4$]$^{2+}$
水に不溶（青白色沈殿）　　　　　　　　　水に溶ける（深青色溶液）

⑦ ×冷水　→　○熱水
PbCl$_2$ は冷水では白色沈殿
　　　　熱水では　PbCl$_2$ $\longrightarrow$ Pb^{2+} + 2Cl$^-$　となり溶解

> ⑦ AgCl と PbCl$_2$ の分離のとき
> に必要となる知識。
> AgCl は過剰の NH$_3$ 水で溶ける。
> PbCl$_2$ は熱水で溶ける。

⑧ ○Pb(OH)$_2$ の沈殿が生成する

⑨ ○無色溶液
鉛（Ⅱ）イオン Pb^{2+}　$\xrightarrow{少量の NaOH 水溶液}$　水酸化鉛（Ⅱ）Pb(OH)$_2$
無色水溶液　　　　　　　　　　　　　水に不溶（白色沈殿）

> ⑨ Pb^{2+} は過剰の NH$_3$ 水には溶
> けない。

水酸化鉛（Ⅱ）Pb(OH)$_2$　$\xrightarrow{過剰の NaOH 水溶液}$　テトラヒドロキシド鉛（Ⅱ）酸イオン[Pb(OH)$_4$]$^{2-}$
水に不溶（白色沈殿）　　　　　　　　　　水に溶ける（無色溶液）

⑩ ×黄褐色　→　○淡緑色
Fe^{2+}　…　淡緑色
Fe^{3+}　…　黄褐色

⑪ ×酸性　→　○中・塩基性
S^{2-} との沈殿

イオン化傾向	Li　K　Ca　Na　Mg　Al	Zn　Fe　Ni	Sn　Pb　(H_2)　Cu　Hg　Ag
	沈殿しない	中・塩基性条件下なら沈殿	酸性条件下でも沈殿（液性によらず沈殿）

⑫ ○ $K_3[Fe(CN)_6]$

⑫（本冊→ p.106）

	$K_4[Fe(CN)_6]$	$K_3[Fe(CN)_6]$	KSCN
Fe^{2+}	－	濃青色沈殿	－
Fe^{3+}	濃青色沈殿	－	血赤色溶液

⑬ ×青色　→　○黄褐色
Fe^{2+}　…　淡緑色
Fe^{3+}　…　黄褐色

⑭ ○水酸化鉄(Ⅲ)の沈殿が生成する

⑮ ×無色溶液になる　→　○変化しない

鉄(Ⅲ)イオン Fe^{3+} 　$\xrightarrow{\text{少量の } NH_3 \text{ 水}}$　水酸化鉄(Ⅲ)
　黄褐色水溶液　　　　　　　　　　　　水に不溶（赤褐色沈殿）

⑮ Fe^{3+} は過剰の NaOH 水溶液にも溶けない。

水酸化鉄(Ⅲ)　　　　$\xrightarrow{\text{過剰の } NH_3 \text{ 水}}$　変化なし
　水に不溶（赤褐色沈殿）

⑯ ○ Fe^{3+}

	$K_4[Fe(CN)_6]$	$K_3[Fe(CN)_6]$	KSCN
Fe^{2+}	－	濃青色沈殿	－
Fe^{3+}	濃青色沈殿	－	血赤色溶液

⑰ ○無色溶液になる

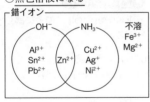

⑰ Zn^{2+} は唯一，過剰の NaOH 水溶液および NH_3 水に溶ける。

⑱ ×黒色　→　○白色
硫化物イオンとの沈殿　ZnS（白色沈殿），MnS（桃色沈殿），CdS（黄色沈殿），SnS（褐色沈殿）
　　　　　　　　　　その他の硫化物は黒色沈殿

⑲ ○ $Al(OH)_3$ が沈殿する

⑳ ○無色溶液になる

アルミニウムイオン Al³⁺ $\xrightarrow{\text{少量の NaOH 水溶液}}$ 水酸化アルミニウム Al(OH)₃
無色水溶液 　　　　　　　　　　　　　　　　　水に不溶(白色沈殿)

水酸化アルミニウム Al(OH)₃ $\xrightarrow{\text{過剰の NaOH 水溶液}}$ テトラヒドロキシドアルミン酸イオン[Al(OH)₄]⁻
水に不溶(白色沈殿) 　　　　　　　　　　　　　　　水に溶ける(無色溶液)

㉑ ×<u>NaOH が沈殿する</u> → ○<u>変化しない</u>
NaOH → アルカリ金属の水酸化物 → 強塩基 ＝ 強電解質 → 水によく溶ける

㉒ ×<u>黒色</u> → ○<u>黄色</u>
硫化物イオンとの沈殿 ZnS(白色沈殿)，MnS(桃色沈殿)，CdS(黄色沈殿)，SnS(褐色沈殿)
　　　　　　　　　　　その他は<u>黒色沈殿</u>

㉓ ○沈殿が生成する

2 族元素	Be	Mg	Ca	Sr	Ba
CO₃²⁻との沈殿	BeCO₃	MgCO₃	CaCO₃	SrCO₃	BaCO₃
SO₄²⁻との沈殿	×	×	CaSO₄	SrSO₄	BaSO₄
OH⁻との沈殿	Be(OH)₂	Mg(OH)₂	×	×	×

※沈殿はすべて白色

> ㉓塩化物・硝酸塩はすべて可溶。また，炭酸塩は過剰の CO₂ もしくは強酸で可溶。
> 例石灰水の白濁→過剰で無色

㉔ ○ Pb²⁺，Ba²⁺，Ag⁺
クロム酸イオンとの沈殿 <u>Ag₂CrO₄</u>(赤褐色沈殿)，<u>PbCrO₄</u>(黄色沈殿)，<u>BaCrO₄</u>(黄色沈殿)

㉕ ×<u>赤紫色</u> → ○<u>橙赤色</u>
炎色反応 Li⁺…赤色　　　　Na⁺…黄色　　　　K⁺…赤紫色
　　　　 Ca²⁺…橙赤色　　Sr²⁺…深赤色　　Ba²⁺…黄緑色
　　　　 Cu²⁺…青緑色

---

143 解答

(1) (ウ)　(2) (オ)　(3) (エ)　(4) (ア)　(5) (イ)

▶ ベストフィット

下の①から⑥まで順番に試してみる。

解説

③′Al(OH)₃ は過剰の NaOH 水溶液で溶ける
↑
③ OH⁻で先に沈殿

⑤ SO₄²⁻**❷**
　 CO₃²⁻で沈殿

①′PbCl₂ は熱水に溶ける
AgCl は過剰の NH₃ 水で溶ける
↑
① Cl⁻で先に沈殿

Li　K　Ba　Ca　Na　Mg　Al**❶**　Zn　Fe　Ni

Sn　Pb　(H)　Cu　Hg　Ag

⑥ S²⁻で沈殿せず(炎色反応など)　④中・塩基性で S²⁻で沈殿

②酸性(中・塩基性でも可)で S²⁻で沈殿

①から⑥の順番に分離できるまで操作を続ける。

錯イオン

OH⁻　　NH₃
Al³⁺
Sn²⁺　Zn²⁺　Ag⁺
Pb²⁺　　　Cu²⁺
　　　　　Ni²⁺

不溶
Fe³⁺
Mg²⁺

(1)

	①
Ag^+	○ → $AgCl$
Cu^{2+}	×
Fe^{3+}	×

(2)

	①	②
Cu^{2+}	×	○ → CuS
Fe^{3+}	×	×
Zn^{2+}	×	×

(3)

	①	②	③	④	⑤
Ba^{2+}	×	×	×	×	○ → $BaSO_4$
Na^+	×	×	×	×	×
Mg^{2+}	×	×	×	×	×

(4)

	①	②	③	③′
Al^{3+}	×	×	○	×	→ $[Al(OH)_4]^-$
Fe^{3+}	×	×	○	○	→ 水酸化鉄(Ⅲ)
Zn^{2+}	×	×	○	×	→ $[Zn(OH)_4]^{2-}$

(5)

	①	②	③	③′
Ag^+	○	○	○	×	→ $[Ag(NH_3)_2]^+$
Zn^{2+}	×	×	○	○	→ $[Zn(NH_3)_4]^{2+}$
Al^{3+}	×	×	○	○	→ $Al(OH)_3$

❶硫化アルミニウムを生成するが，すぐに加水分解して水酸化アルミニウムになる。

$$Al_2S_3 + 6H_2O \longrightarrow 2Al(OH)_3 + 3H_2S$$

❷

	CO_3^{2-}	SO_4^{2-}	OH^-	Cl^-，NO_3^-
Na^+（アルカリ金属）	×	×	×	×
Be^{2+}，Mg^{2+}	○	×	○	×
Ca^{2+}，Ba^{2+}，Sr^{2+}	○	○	×	×

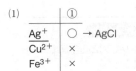

144 解答

(4)

▶ ベストフィット

すべてイオンに分け，沈殿する組合せを考える。

解説

(1) ミョウバン $AlK(SO_4)_2 \cdot 12H_2O$ 水溶液　　Al^{3+}, K^+, $\boxed{SO_4^{2-}}$

塩化バリウム $BaCl_2$ 水溶液　　$\boxed{Ba^{2+}}$, Cl^-
⎱ $BaSO_4$ 沈殿

(2) 水酸化ナトリウム $NaOH$ 水溶液　　Na^+, $\boxed{OH^-}$

塩化マグネシウム $MgCl_2$ 水溶液　　$\boxed{Mg^{2+}}$, Cl^-
⎱ $Mg(OH)_2$ 沈殿

(3) 硫化水素 H_2S　　H^+, $\boxed{S^{2-}}$

硝酸銀 $AgNO_3$ 水溶液　　$\boxed{Ag^+}$, NO_3^-
⎱ Ag_2S 沈殿

(4) 水酸化ナトリウム $NaOH$ 水溶液　　Na^+, $\boxed{OH^-}$

塩化アルミニウム $AlCl_3$ 水溶液　　$\boxed{Al^{3+}}$, Cl^-
⎱ $Al(OH)_3$ 沈殿
　↓$NaOH$ 水溶液
　$[Al(OH)_4]^-$ 溶解

(5) ヘキサシアニド鉄(Ⅱ)酸カリウム
$K_4[Fe(CN)_6]$水溶液　　$\boxed{K_4[Fe(CN)_6]}$❶ →$3K^+$

塩化鉄(Ⅲ)$FeCl_3$ 水溶液　　$\boxed{Fe^{3+}}$, Cl^-
⎱ $KFe[Fe(CN)_6]$沈殿

❶$K_4[Fe(CN)_6]$ は Fe^{3+} の代表的な検出薬。

145 解答

(1) 沈殿 A AgCl 　　沈殿 B 水酸化鉄(Ⅲ)　　沈殿 C ZnS
(2) (ア) 無　(イ) 赤褐　(ウ) 白
(3) AgCl + 2NH$_3$ $\longrightarrow$ [Ag(NH$_3$)$_2$]Cl
(4) KSCN チオシアン酸カリウム
(5) Zn^{2+} + S^{2-} $\longrightarrow$ ZnS

▶ ベストフィット

イオン反応式と化学反応式に注意する。

解説

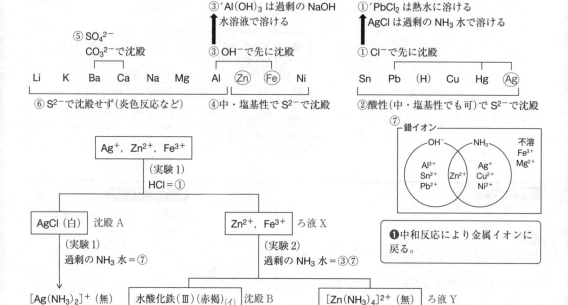

③′Al(OH)$_3$ は過剰の NaOH 水溶液で溶ける
①′PbCl$_2$ は熱水に溶ける　AgCl は過剰の NH$_3$ 水で溶ける

⑤ SO$_4^{2-}$ 　CO$_3^{2-}$ で沈殿
③ OH$^-$ で先に沈殿
① Cl$^-$ で先に沈殿

Li　K　Ba　Ca　Na　Mg　Al　(Zn)　(Fe)　Ni　　　Sn　Pb　(H)　Cu　Hg　(Ag)

⑥ S^{2-} で沈殿せず(炎色反応など)
④中・塩基性で S^{2-} で沈殿
②酸性(中・塩基性でも可)で S^{2-} で沈殿

⑦ 錯イオン
OH$^-$　　NH$_3$
不溶 Fe^{3+} Mg^{2+}
Al^{3+} Sn^{2+} Pb^{2+}　Zn^{2+}　Ag$^+$ Cu^{2+} Ni^{2+}

Ag$^+$, Zn^{2+}, Fe^{3+}
(実験1)
HCl = ①

AgCl (白) 沈殿 A
(実験1)
過剰の NH$_3$ 水 = ⑦

Zn^{2+}, Fe^{3+} ろ液 X
(実験2)
過剰の NH$_3$ 水 = ③⑦

❶中和反応により金属イオンに戻る。

[Ag(NH$_3$)$_2$]$^+$ (無) (ア)

水酸化鉄(Ⅲ)(赤褐)(イ) 沈殿 B
(実験2)
HNO$_3$(中和) ❶

[Zn(NH$_3$)$_4$]$^{2+}$ (無) ろ液 Y
(実験3)
HCl(中和) ❶

Fe^{3+}
KSCN
(4)

Zn^{2+}
(実験3)
H$_2$S = ④

血赤色溶液

ZnS (白)(ウ) 沈殿 C

(3) 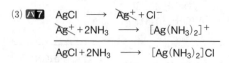 AgCl $\longrightarrow$ Ag$^+$ + Cl$^-$
Ag$^+$ + 2NH$_3$ $\longrightarrow$ [Ag(NH$_3$)$_2$]$^+$
─────────────────
AgCl + 2NH$_3$ $\longrightarrow$ [Ag(NH$_3$)$_2$]Cl

(5) Zn^{2+} + S^{2-} $\longrightarrow$ ZnS
(白)

②

解説

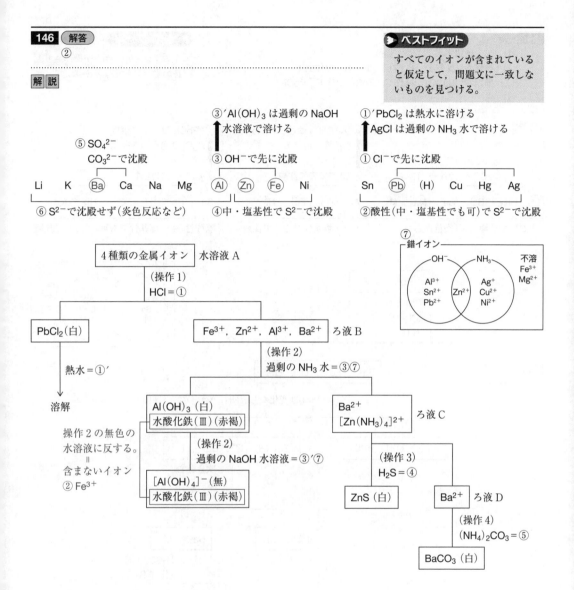

③′Al(OH)$_3$ は過剰の NaOH
水溶液で溶ける

③ OH$^-$で先に沈殿

⑤ SO$_4{}^{2-}$
CO$_3{}^{2-}$で沈殿

Li　K　(Ba)　Ca　Na　Mg　(Al)　(Zn)　(Fe)　Ni

⑥ S^{2-}で沈殿せず（炎色反応など）　④中・塩基性で S^{2-}で沈殿

①′PbCl$_2$ は熱水に溶ける
AgCl は過剰の NH$_3$ 水で溶ける

① Cl$^-$で先に沈殿

Sn　(Pb)　(H)　Cu　Hg　Ag

②酸性（中・塩基性でも可）で S^{2-}で沈殿

⑦
錯イオン

OH$^-$　　NH$_3$　　不溶
Fe^{3+}
Al^{3+}　Ag$^+$　Mg^{2+}
Sn^{2+}　Zn^{2+}　Cu^{2+}
Pb^{2+}　　Ni^{2+}

| 4種類の金属イオン | 水溶液 A |

（操作 1）
HCl ＝①

PbCl$_2$（白）

Fe^{3+}, Zn^{2+}, Al^{3+}, Ba^{2+} ろ液 B

（操作 2）
過剰の NH$_3$ 水＝③⑦

熱水＝①′

溶解

操作 2 の無色の
水溶液に反する。
＝
含まないイオン
② Fe^{3+}

Al(OH)$_3$（白）
水酸化鉄（Ⅲ）（赤褐）

（操作 2）
過剰の NaOH 水溶液＝③′⑦

[Al(OH)$_4$]$^-$（無）
水酸化鉄（Ⅲ）（赤褐）

Ba^{2+}
[Zn(NH$_3$)$_4$]$^{2+}$ ろ液 C

（操作 3）
H$_2$S ＝④

ZnS（白）

Ba^{2+} ろ液 D

（操作 4）
(NH$_4$)$_2$CO$_3$ ＝⑤

BaCO$_3$（白）

（解答）

(1) (ア) 硫化水素　　(イ) 塩酸

(2) 操作 E，操作 D，操作 C，操作 B，操作 A

(3) 操作 B　$BaSO_4$　操作 C　ZnS　操作 E　$PbCl_2$

(4) 赤

> ◆ ベストフィット
>
> 下の①から⑥の操作が操作 A 〜
> E のどれに対応するか考える。

解 説

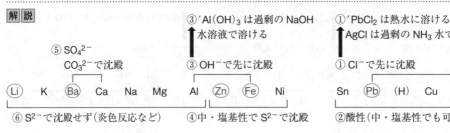

③′ $Al(OH)_3$ は過剰の $NaOH$
水溶液で溶ける
↑
③ OH^- で先に沈殿

⑤ SO_4^{2-}
CO_3^{2-} で沈殿

①′ $PbCl_2$ は熱水に溶ける
$AgCl$ は過剰の NH_3 水で溶ける
↑
① Cl^- で先に沈殿

(Li) K (Ba) Ca Na Mg (Al) (Zn) (Fe) Ni　　Sn (Pb) (H) Cu Hg Ag

⑥ S^{2-} で沈殿せず（炎色反応など）　④中・塩基性で S^{2-} で沈殿　　②酸性（中・塩基性でも可）で S^{2-} で沈殿

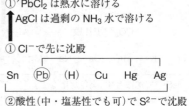

⑦
錯イオン
OH^-　　NH_3　　不溶
Fe^{3+}
Al^{3+}　　　　Ag^+　　Mg^{2+}
Sn^{2+}　Zn^{2+}　Cu^{2+}
Pb^{2+}　　　　Ni^{2+}

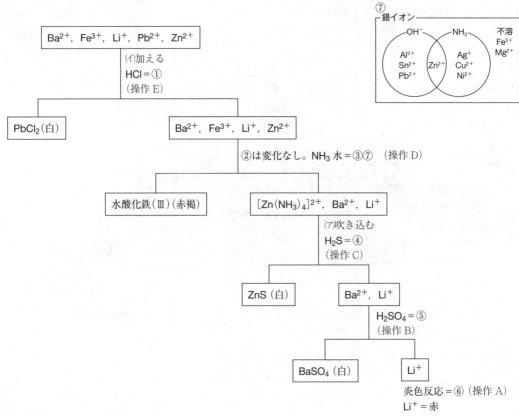

Ba^{2+}, Fe^{3+}, Li^+, Pb^{2+}, Zn^{2+}

(イ)加える
$HCl = ①$
（操作 E）

$PbCl_2$（白）　　　　Ba^{2+}, Fe^{3+}, Li^+, Zn^{2+}

②は変化なし。NH_3 水 = ③⑦　（操作 D）

水酸化鉄（Ⅲ）（赤褐）　　$[Zn(NH_3)_4]^{2+}$, Ba^{2+}, Li^+

(ア)吹き込む
$H_2S = ④$
（操作 C）

ZnS（白）　　　Ba^{2+}, Li^+

$H_2SO_4 = ⑤$
（操作 B）

$BaSO_4$（白）　　　Li^+

炎色反応 = ⑥（操作 A）
Li^+ = 赤

148 解答

(2)

ベストフィット

Be, Mg は炎色反応を示さない。

アルカリ金属				アルカリ土類金属					
Li	Na	K	(Rb, Cs)	Be	Mg	Ca	Sr	Ba	(Ra)
赤	黄	赤紫	紅 青紫	×	×	橙赤	深赤	黄緑	洋紅

解説

(1) 硫酸カリウム　K_2SO_4 　　　　$\widehat{K^+}$, $SO_4{}^{2-}$
　　　　　　　　　　　　　　　　　 赤紫

(2) 塩化マグネシウム　$MgCl_2$ 　　　Mg^{2+}, Cl^-
　　　　　　　　　　　　　　　　　 炎色反応を示さない

(3) 硝酸銅(Ⅱ)　$Cu(NO_3)_2$ 　　　　$\widehat{Cu^{2+}}$, $NO_3{}^-$
　　　　　　　　　　　　　　　　　 青緑

(4) ベーキングパウダー(重曹)　　　$\widehat{Na^+}$, H^+, $CO_3{}^{2-}$
　　　　$NaHCO_3$ 　　　　　　　　 黄

(5) 石灰水　$Ca(OH)_2$ 　　　　　　$\widehat{Ca^{2+}}$, OH^-
　　　　　　　　　　　　　　　　　 橙赤

(6) 食塩水　$NaCl$ 　　　　　　　　$\widehat{Na^+}$, Cl^-
　　　　　　　　　　　　　　　　　 黄

149 解答

(1) A　亜鉛　　B　鉄　　C　銅
(2) H_2
(3) $3Cu + 8HNO_3 \longrightarrow 3Cu(NO_3)_2 + 4H_2O + 2NO$
(4) $[Cu(NH_3)_4]^{2+}$
(5) $Zn(OH)_2 + 2OH^- \longrightarrow [Zn(OH)_4]^{2-}$

ベストフィット

Zn^{2+} は唯一，過剰の NH_3 水および $NaOH$ 水溶液の両方に錯イオンを形成して溶ける。

Li K Ca Na (Mg)(Al)(Zn)(Fe) Ni Sn Pb (H)(Cu) Hg (Ag) Pt Au

常温で水と反応 │ 酸と反応 │ 酸化剤と反応

(1)(2) 表を書いてみる。

	A	B	C
① 希塩酸を加える	○	○	×
② 希硝酸を加える	−	−	○
③ 金属イオンの色	D(無)	E(有)	F(有)

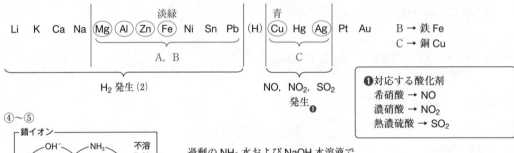

Li K Ca Na (Mg)(Al)(Zn)(Fe) Ni Sn Pb (H)(Cu) Hg (Ag) Pt Au

淡緑　　　　　　　　　　　青

A, B　　　　　　　C

H₂ 発生 (2)　　　　NO, NO₂, SO₂ 発生❶

B → 鉄 Fe
C → 銅 Cu

❶対応する酸化剤
希硝酸 → NO
濃硝酸 → NO₂
熱濃硫酸 → SO₂

④〜⑤

錯イオン — OH⁻ ── NH₃
Al³⁺ Sn²⁺ Pb²⁺ │ Zn²⁺ │ Ag⁺ Cu²⁺ Ni²⁺
不溶 Fe³⁺ Mg²⁺

過剰の NH₃ 水および NaOH 水溶液で
錯イオンを形成するのは Zn^{2+}

A → 亜鉛 Zn　　D → Zn^{2+}, E → Fe^{2+}, F → Cu^{2+}

(3) **ハ1** 酸化剤　$HNO_3 + 3H^+ + 3e^- \longrightarrow NO + 2H_2O$　②倍
　　　還元剤　$Cu \longrightarrow Cu^{2+} + 2e^-$　③倍

$3Cu + 2HNO_3 + 6H^+ \longrightarrow 3Cu^{2+} + 4H_2O + 2NO$
両辺に $6NO_3^-$　　　　$6NO_3^-$　　　　$6NO_3^-$

$3Cu + 8HNO_3 \longrightarrow 3Cu(NO_3)_2 + 4H_2O + 2NO$

(4)　$Cu^{2+} + 4NH_3 \longrightarrow [Cu(NH_3)_4]^{2+}$
　　　F

(5)　$Zn^{2+} \xrightarrow{\text{NaOH 水溶液}} Zn(OH)_2 \xrightarrow{\text{過剰の NaOH 水溶液}} [Zn(OH)_4]^{2-}$
　　　D

$Zn(OH)_2 + 2OH^- \longrightarrow [Zn(OH)_4]^{2-}$

150 解答

(1)　沈殿 A　$BaCrO_4$　　沈殿 B　$BaCO_3$　　沈殿 C　$BaSO_4$　　沈殿 D　$PbCrO_4$　　沈殿 E　AgI
　　　沈殿 F　$AgCl$

(2)　(ア) 無　(イ) 橙赤　(ウ) 黄　(エ) 黄　(オ) 黄　(カ) 白

(3)　(a)　$Cr_2O_7^{2-} + 2OH^- \longrightarrow 2CrO_4^{2-} + H_2O$
　　　(b)　$AgCl + 2NH_3 \longrightarrow [Ag(NH_3)_2]^+ + Cl^-$

NaCl $\longrightarrow$ Na$^+$, Cl$^-$
NaI $\longrightarrow$ Na$^+$, I$^-$
Na$_2$CO$_3$ $\longrightarrow$ Na$^+$, CO$_3{}^{2-}$
Na$_2$CrO$_4$ $\longrightarrow$ Na$^+$, CrO$_4{}^{2-}$

} 共通するイオン
Na$^+$, Cl$^-$, I$^-$, CO$_3{}^{2-}$, CrO$_4{}^{2-}$

▶ ベストフィット
陰イオンを沈殿反応に注目して
分離していく。

Na$^+$, Cl$^-$, I$^-$, CO$_3{}^{2-}$, CrO$_4{}^{2-}$

(操作1) Ba^{2+}, NO$_3{}^-$

Ba^{2+} と CO$_3{}^{2-}$, Ba^{2+} と CrO$_4{}^{2-}$ が沈殿

BaCrO$_4$ (黄) = Ⓐ, BaCO$_3$ (白) = Ⓑ

Na$^+$, Cl$^-$, I$^-$

(操作2) H$^+$, Cl$^-$

(操作6) Ag$^+$, NO$_3{}^-$

Ba^{2+}, Cl$^-$, (H$^+$), Cr$_2$O$_7{}^{2-}$

AgI (黄) = Ⓔ, AgCl (白) = Ⓕ ❶ ろ液
(ア) (カ)

バ4 BaCO$_3$ + 2HCl $\longrightarrow$ BaCl$_2$ + H$_2$O + CO$_2$ (無)
バ4 BaCrO$_4$ + 2HCl $\longrightarrow$ BaCl$_2$ + H$_2$CrO$_4$
　　　　　　　　　　　　　　　　　電離
CrO$_4{}^{2-}$ は (酸性) 条件なので Cr$_2$O$_7{}^{2-}$ (橙赤)
(イ)

(操作7) 過剰の NH$_3$ 水

AgI 　　　 [Ag(NH$_3$)$_2$]$^+$
(b)

(操作3) Na$^+$, SO$_4{}^{2-}$

BaSO$_4$ (白) = Ⓒ 　 Na$^+$, Cl$^-$, H$^+$, Cr$_2$O$_7{}^{2-}$

(操作4) Na$^+$, OH$^-$

❶水への溶解度
AgF > AgCl > AgBr > AgI
可溶 ———————————→
　　徐々に溶けにくくなる
　　　　　＝
　　溶けにくい AgI から沈殿
AgCl は NH$_3$ 水に溶けて錯イオンを形成するが, AgI は錯イオンを形成しにくい。

Na$^+$, Cl$^-$, (OH$^-$), CrO$_4{}^{2-}$

(Cr$_2$O$_7{}^{2-}$ は (塩基性) 条件なので CrO$_4{}^{2-}$ (黄))
(ウ)(a)

(操作5) Pb^{2+}, NO$_3{}^-$

PbCl$_2$(白), PbCrO$_4$(黄) 　　　 ろ液

熱水

溶解 　　　 PbCrO$_4$(黄) = Ⓓ
Pb^{2+}, Cl$^-$ 　　　 (エ)

(3) (a) Cr$_2$O$_7{}^{2-}$ + OH$^-$ $\rightleftharpoons$ 2CrO$_4{}^{2-}$ + H$^+$
　　　 H$^+$ + OH$^-$ $\longrightarrow$ H$_2$O
　　 ————————————————————————
　　 Cr$_2$O$_7{}^{2-}$ + 2OH$^-$ $\longrightarrow$ 2CrO$_4{}^{2-}$ + H$_2$O
　　　 橙赤　塩基性　　　　　　　 黄

(b) AgCl $\longrightarrow$ Ag$^+$ + Cl$^-$
　　 Ag$^+$ + 2NH$_3$ $\longrightarrow$ [Ag(NH$_3$)$_2$]$^+$
　 ————————————————————————
　　 AgCl + 2NH$_3$ $\longrightarrow$ [Ag(NH$_3$)$_2$]$^+$ + Cl$^-$

151 解答

A	BaCl₂	B	Al(NO₃)₃	C	KBr
D	Na₂CO₃	E	Zn(NO₃)₂	F	(NH₄)₂SO₄

▶ ベストフィット

塩の液性はもとになる酸と塩基の強弱で決まる。

解説

①	②	③	④	⑤	⑥
pH 試験紙	硝酸銀水溶液	塩化バリウム水溶液	硫酸	濃アンモニア水	水酸化ナトリウム水溶液

硫酸アンモニウム

$(NH_4)_2SO_4$ 強 弱

① 酸性 $(H_2SO_4 + NH_3)$
② ×
③ $Ba^{2+} + SO_4^{2-} \longrightarrow BaSO_4$
　　　　　　　　　　　　（白）
④ ×
⑤ ×
⑥ $(NH_4)_2SO_4 + 2NaOH$
　　　$\longrightarrow Na_2SO_4 + 2H_2O + 2NH_3 \uparrow$ バ4

→ F

硝酸アルミニウム

$Al(NO_3)_3$ 強 弱

① 酸性 $(HNO_3 + Al(OH)_3)$
② ×
③ ×
④ ×
⑤ $Al^{3+} + 3OH^- \longrightarrow Al(OH)_3$
　　　　　　　　　　　　（白）
⑥ $Al^{3+} + 3OH^- \longrightarrow Al(OH)_3 \longrightarrow [Al(OH)_4]^-$
　　　　　　　　　　　　（白）　　　　　　（無）

→ B

硝酸亜鉛

$Zn(NO_3)_2$ 強 弱

① 酸性 $(HNO_3 + Zn(OH)_2)$
② ×
③ ×
④ ×
⑤ $Zn^{2+} + 2OH^- \longrightarrow Zn(OH)_2 \longrightarrow [Zn(NH_3)_4]^{2+}$
　　　　　　　　　　　　（白）　　　　　　（無）
⑥ $Zn^{2+} + 2OH^- \longrightarrow Zn(OH)_2 \longrightarrow [Zn(OH)_4]^{2-}$
　　　　　　　　　　　　（白）　　　　　　（無）

→ E

炭酸ナトリウム

Na_2CO_3 弱 強

① 塩基性 $(H_2CO_3 + NaOH)$
② $2Ag^+ + 2OH^- \longrightarrow Ag_2O + H_2O$
　　　　　　　　　　　　　　（褐）
$(CO_3^{2-} + H_2O \rightleftharpoons HCO_3^- + OH^-)$
　　　　　　　　　　　　　　塩基性
③ $Ba^{2+} + CO_3^{2-} \longrightarrow BaCO_3$
　　　　　　　　　　　　（白）
④ $Na_2CO_3 + H_2SO_4 \longrightarrow Na_2SO_4 + H_2O + CO_2 \uparrow$
　　　　　　　　　　　　　　　　　　　　　バ4
⑤ ×
⑥ ×

→ D

臭化カリウム

KBr 強 強

① 中性 $(HBr + KOH)$
② $Ag^+ + Br^- \longrightarrow AgBr$
　　　　　　　　　　（淡黄）
③ ×
④ ×
⑤ ×
⑥ ×

→ C

塩化バリウム

$BaCl_2$ 強 強

① 中性 $(HCl + Ba(OH)_2)$
② $Ag^+ + Cl^- \longrightarrow AgCl$
　　　　　　　　　　（白）
③ ×
④ $Ba^{2+} + SO_4^{2-} \longrightarrow BaSO_4$
　　　　　　　　　　　　（白）
⑤ ×
⑥ ×

→ A

152 解答

(1) N≡N　　(2) F−F　　(3) H−Cl　　(4) H H 　　(5) H H
　　　　　　　　　　　　　　　　　　　　　H−C−C−H　　　　C=C
　　　　　　　　　　　　　　　　　　　　　　H H 　　　　H H

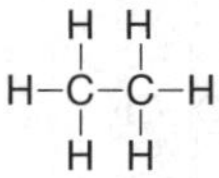

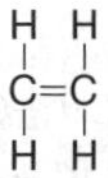

解説

(1) 　∶N∶×2　　N⦙⦙⦙N　　N≡N

(2) 　∶F∶×2　　∶F⦙F∶　　F−F

(3) 　H∶Cl∶　　H⦙Cl∶　　H−Cl
　　　　　❶

(4) 　∶C∶×2　H∶×6　　H∶C∶C∶H　　H−C−C−H
　　　　　　　　　　　H H 　　　　H H

(5) 　∶C∶×2　H∶×4　　C⦙⦙C　　　C=C
　　　　　　　　　　　H H 　　　H H
　　　　　　　　　　　　　❷

別解
価標の数は不対電子の数と一致する。
　　　　　　　　　　　　　　❸

(1)　−N−×2　　N≡N

(2)　F−×2　　F−F

(3)　H−　Cl−　　H−Cl

(4)　−C−×2　H−×6　　H−C−C−H
　　　　　　　　　　　　H H
　　　　　　　　　　　　H H

(5)　−C−×2　H−×4　　C=C
　　　　　　　　　　　　H H

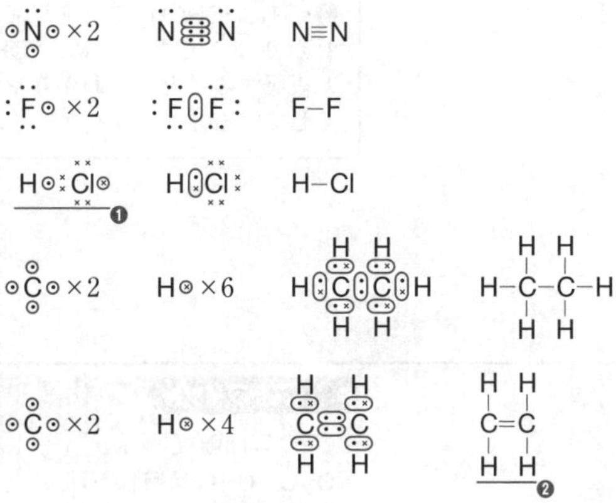

> ベストフィット
> 原子の電子式を書き，不対電子
> をペアにする。
> H∘　　　H∘H　　　H−H
> 不対電子　共有電子対　価標

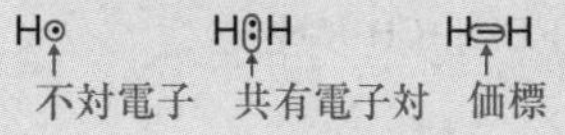

❶原子の各電子をそれぞれ・と・で表す。
❷構造式は本来三次元のものを二次元で表して
いる。形として正確ではないため，次のどの表
記でもかまわない。
　H H 　　　　　　　　　　　　　　　H H
　C=C　＝　H−C=C−H　＝　　　C=C
　H H 　　　　　　　　　　　　　H H

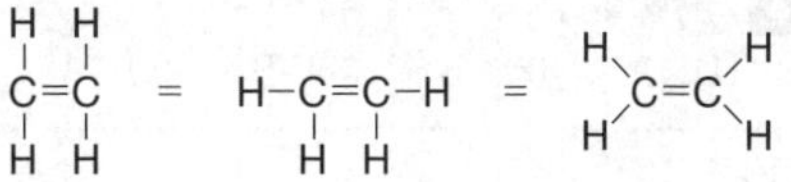

❸価標の数＝不対電子の数より，同族元素の価
標の数は同じである。
17族　　　　　16族　　　　　15族
　F−　Cl−　　−O−　−S−　　−N−　−P−

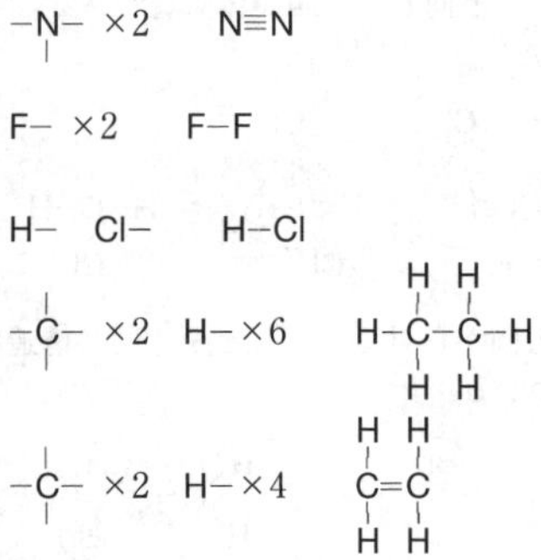

153 解答
(1) ホルミル基，アルデヒド　　(2) エステル結合，エステル
(3) ヒドロキシ基，アルコール　　(4) カルボキシ基，カルボン酸
(5) ケトン基，ケトン

> ベストフィット
> C，H以外の元素に着目する。

(1) HCHO ❷

$$H-\overset{\overset{\displaystyle O}{\|}}{C}-H$$

(2) C₂H₅COOCH₃

$$\underset{(C_2H_5)}{\underset{\sim\!\sim\!\sim}{CH_3-CH_2}}-\overset{\overset{\displaystyle O}{\|}}{C}-O-CH_3$$

(3) CH₃CH(OH)CH₃ ❸

$$CH_3-\overset{\overset{\displaystyle OH}{|}}{C}H-CH_3$$

(4) C₂H₅COOH

$$CH_3-CH_2-\overset{\overset{\displaystyle O}{\|}}{C}-OH$$

(5) CH₃COCH₃

$$CH_3-\overset{\overset{\displaystyle O}{\|}}{C}-CH_3$$

❶ CH₃OH
官能基の名称…ヒドロキシ基
物質の一般名…アルコール
物質名　　　…メタノール
❷ホルミル基の表記は
HCOH とはしない(アルコール
と見わけづらくなるため)。
❸ CH₃CHOHCH₃ では下線部が
わかりづらくなるため，(OH)
と表記することで，わかりやす
くしている。

---

154 解答
　　(1) A　(2) B　(3) B　(4) A　(5) A

▶ ベストフィット

C–C は回転可。
C=C，C≡C は回転不可。
C=C があれば，シス－トラン
ス異性体を考える。

解 説

(1)
$$\underset{\underset{H}{|}}{Cl-\overset{\overset{\displaystyle Cl}{|}}{C}-H} \;=\; H-\overset{\overset{\displaystyle Cl}{|}}{\underset{\underset{Cl}{|}}{C}}-H$$
❶

(2)
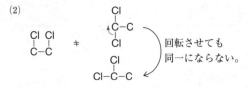
回転させても
同一にならない。

(3) C–O–C ≠ C–C–OH
　　エーテル結合　　ヒドロキシ基
　　（エーテル）　　（アルコール）

(4) Ⓐ　　　　上下反転　　Ⓑ
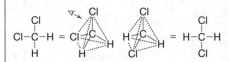

二重結合は回転できないが裏返すことはできる。
二重結合をはさんでいないため，シス－トランス異性
体が生じない。❷

(5)
$$\underset{\underset{\underset{C}{|}}{C}}{\overset{\overset{\displaystyle C}{|}}{C-C-C}} \;=\; \underset{\underset{C}{|}}{C-\overset{\overset{\displaystyle C}{|}}{C}-C-C}$$

❶ CH₄(メタン)と同じく正四面体構造である。
　Ⓐ　　　　　　　Ⓑ

$$Cl-\overset{\overset{\displaystyle Cl}{|}}{\underset{\underset{H}{|}}{C}}-H = Cl\!-\!C \qquad H\!-\!C = H-\overset{\overset{\displaystyle Cl}{|}}{\underset{\underset{Cl}{|}}{C}}-H$$

Ⓐを ◁→ の方向から見ると，Ⓑと全く同じ構造で
あることがわかる。
❷
$$\underset{H}{\overset{CH_3}{\diagdown}}C\!=\!C\underset{H}{\overset{Br}{\diagup}} \;\ne\; \underset{H}{\overset{CH_3}{\diagdown}}C\!=\!C\underset{Br}{\overset{H}{\diagup}}$$
　　シス形　　　　　トランス形

シス－トランス異性体(幾何異性体)
上の2つの化合物は二重結合を回転できないため，
どのようにしても同じになることはない。
原子や原子団が二重結合をはさんで同じ側につい
ているものをシス，反対側のものをトランスとよぶ。

155 解答

置換基を配置するとき，主鎖の数が変化しないように注意する。

(1) $CH_3-CH_2-CH_2-CH_2-CH_3$　　　$CH_3-CH_2-\underset{\underset{\displaystyle }{|}}{\overset{\overset{\displaystyle CH_3}{|}}{CH}}-CH_3$

$CH_3-\underset{\underset{\displaystyle CH_3}{|}}{\overset{\overset{\displaystyle CH_3}{|}}{C}}-CH_3$

(2) $CH_3-CH_2-CH_2-CH_2-CH_2-CH_3$　　$CH_3-CH_2-\overset{\overset{\displaystyle CH_3}{|}}{CH}-CH_2-CH_3$　　$CH_3-CH_2-CH_2-\overset{\overset{\displaystyle CH_3}{|}}{CH}-CH_3$

$CH_3-\underset{\underset{\displaystyle CH_3}{|}}{\overset{\overset{\displaystyle CH_3}{|}}{C}}-CH_2-CH_3$　　$CH_3-\overset{\overset{\displaystyle CH_3}{|}}{CH}-\overset{\overset{\displaystyle CH_3}{|}}{CH}-CH_3$

(3)

解説

(1)　Ⅰ　C×5

C-C-C-C-C

　Ⅱ　C×4

C-C｜C-C　①　②（対称面）　→　C-C-C-C　②＝Ⅰ　末端に枝分かれは生じない。

　Ⅲ　C×3

C-C-C（対称面①）　→①にC×2　→

C-C-C（上にC、上にC）
C-C-C（C-Cを□囲み）
C-C（□囲み）❶（C×4）＝Ⅲの①と同じ

❶主鎖の数が変わっているので不適。

(2)　Ⅰ　C×6

C-C-C-C-C-C

　Ⅱ　C×5　①②（対称面）

C-C-C-C-C　①　C-C-C-C-C（上にC）　②　C-C-C-C-C（上にC）

　Ⅲ　C×4

C-C-C-C（対称面①′①）　→①にC×2→

C-C-C-C（上にC）
C-C-C-C（□囲み）
C-C（□囲み）❶（C×5）＝Ⅲの①と同じ

→①+①′にC×1ずつ　C-C-C-C（上にC、上にC）

　Ⅳ　C×3

C-C-C（対称面①）　→①にC×3→

C-C-C（□囲み、上C-C）（C×5）　　C-C（□囲み）C-C（上）C（下）（C×4）❶

(3)　Ⅰ　C×5

　Ⅱ　C×4

対称点

　Ⅲ　C×3

C×2

156 解答

組成式　C_2H_4O　　分子式　$C_4H_8O_2$

ベストフィット

組成式　　→ 分子式
分子量

解説

	塩化カルシウム	ソーダ石灰
A	H_2O	CO_2
16.5 mg	$\dfrac{13.5\ \text{mg}}{18}$	$\dfrac{33.0\ \text{mg}}{44}$
	‖	‖
	H の物質量は	C の物質量は
	$0.75 \times 2 = 1.5$ mmol	0.75 mmol

H は 1.5 mmol × 1.0 = 1.5 mg　　C は 0.75 mmol × 12 = 9.0 mg

O は 16.5 mg − 9.0 mg − 1.5 mg = 6.0 mg

↓

$$\frac{6}{16} = 0.375\ \text{mmol}$$

$C : H : O = 0.75 : 1.5 : 0.375$

$\qquad = 2 : 4 : 1 \rightarrow$　組成式　C_2H_4O

$\qquad (C_2H_4O)_x = 88$

$\qquad 44 \times x = 88$

$\qquad x = 2 \rightarrow$　分子式　$C_4H_8O_2$

例
$$\begin{array}{c} \quad H\ \ H\ \ H \\ H-C-C-C-COOH \\ \quad H\ \ H\ \ H \end{array}$$

---

157 解答

(1)　CH_4O　　(2)　CH_4O

ベストフィット

C, H, O の物質量〔mol〕の比
がわかればよい。

解説　(1)　質量組成 = 質量で比較した % ❶　である。

有機化合物を 100 g とすると

$\qquad$ C = 37.5 g　H = 12.5 g　O = 50.0 g

組成式を $C_xH_yO_z$ とすると

$\qquad x : y : z = \dfrac{37.5}{12} : \dfrac{12.5}{1.0} : \dfrac{50.0}{16}$

$\qquad\qquad = 3.125 : 12.5 : 3.125$

$\qquad\qquad = 1 : 4 : 1$ ❷

よって，組成式は CH_4O である。

(2)　分子式を $(CH_4O)_n$ とすると，分子量の関係より

$\qquad (CH_4O)_n = 32$

$\qquad\quad 32 \times n = 32$

$\qquad\qquad\quad n = 1$

よって，分子式は CH_4O である。

❶有機化合物を 200 g としても

C = 75 g, H = 25 g, O = 100 g

$x : y : z = \dfrac{75}{12} : \dfrac{25}{1.0} : \dfrac{100}{16}$

$\qquad = 6.25 : 25 : 6.25$

$\qquad = 1 : 4 : 1$

❷最も小さい値で割る。

$\quad 3.125 : 12.5 : 3.125$

$= \dfrac{3.125}{3.125} : \dfrac{12.5}{3.125} : \dfrac{3.125}{3.125}$

$= 1 : 4 : 1$

158 解答

(1) (i) CuO　　(ii) CaCl$_2$　　(iii) CaO + NaOH

(2) (ii) H$_2$O　　(iii) CO$_2$

(3) ソーダ石灰は塩基性乾燥剤のため，H$_2$O と CO$_2$ の両方を吸収する。ソーダ石灰を先につなぐと，H$_2$O，CO$_2$ のそれぞれの質量を定量できなくなるため。

(4) C$_2$H$_4$O　　(5) C$_4$H$_8$O$_2$

ベストフィット

ソーダ石灰は H$_2$O と CO$_2$ の両方を吸収する。

解説　(3) 代表的な乾燥剤

乾燥剤	化学式	性質	乾燥に不適な気体
十酸化四リン	P$_4$O$_{10}$	酸性	NH$_3$（塩基性）
濃硫酸	H$_2$SO$_4$		NH$_3$，H$_2$S
塩化カルシウム	CaCl$_2$	中性	NH$_3$（CaCl$_2$·8NH$_3$ になる）
シリカゲル	SiO$_2$·nH$_2$O		特になし
酸化カルシウム	CaO	塩基性	酸性気体
ソーダ石灰	CaO + NaOH		（Cl$_2$, CO$_2$, HCl など）

CaO の小粒を濃 NaOH 水溶液中で加熱したあと，乾燥させたものをソーダ石灰という。
水分を吸収しても潮解性を示さないため，取り扱いが容易。塩基性の乾燥剤のため，CO$_2$ も吸収する。❶

(4)　CO$_2$ = 2.64 g　　　　　　　　　　H$_2$O = 1.08 g

$$\text{C の質量} = \underbrace{\overbrace{\frac{2.64 \text{ g}}{44 \text{ g/mol}}}^{\text{CO}_2 \text{ の mol} = \text{C の mol}} \times 12 \text{ g/mol}}_{\text{C の g}} = 0.72 \text{ g}$$

$$\text{H の質量} = \underbrace{\overbrace{\frac{1.08 \text{ g}}{18 \text{ g/mol}}}^{\substack{\text{H の mol} \\ \text{H}_2\text{O の mol}}} \times 2 \times 1.0 \text{ g/mol}}_{\text{H の g}} = 0.12 \text{ g}$$

O の質量 $= 1.32 - (0.72 + 0.12) = 0.48$ g

組成式を C$_x$H$_y$O$_z$ とすると

$$\begin{aligned}
x : y : z &= \frac{0.72}{12} : \frac{0.12}{1.0} : \frac{0.48}{16} \\
&= 0.06 : 0.12 : 0.03 \\
&= 2 : 4 : 1
\end{aligned}$$

よって，組成式は C$_2$H$_4$O である。

❶酸化物（本冊→ p.83）
金属酸化物 ＝塩基性　例 Na$_2$O，CaO
非金属酸化物＝酸性　　例 CO$_2$，SO$_2$

(5)　分子式を (C$_2$H$_4$O)$_n$ とすると，分子量の関係より

$$\begin{aligned}
(\text{C}_2\text{H}_4\text{O})_n &= 88 \\
44 \times n &= 88 \\
n &= 2
\end{aligned}$$

よって，分子式は C$_4$H$_8$O$_2$ である。

159 **解答**

(1), (4)

解説 (1) 主となる元素はC, H, Oで，微量元素としてN, S, ハロゲンなどがある。元素の種類は少ないが，化合物の種類は非常に多く2000万種以上ともいわれる。

ベストフィット

成分元素の検出

検出元素	操作	試薬	変化
C	燃焼→ CO_2	石灰水	白濁($CaCO_3$)
H	燃焼→ H_2O	$CuSO_4$	青変($CuSO_4 \cdot 5H_2O$)
N	塩基とともに加熱	リトマス紙	青変(NH_3)
S	塩基とともに加熱	$(CH_3COO)_2Pb$	黒色沈殿(PbS)
Cl	銅線につけて加熱	炎色反応	青緑炎($CuCl_2$)

(2) 燃焼によって生じた液体→ H_2O

$$\underset{\substack{\text{(無水物)} \\ \text{白色}}}{CuSO_4} \underset{\substack{-H_2O \\ \text{(乾燥)}}}{\overset{+H_2O}{\rightleftarrows}} \underset{\substack{\text{(五水和物)} \\ \text{青色}}}{CuSO_4 \cdot 5H_2O}$$

(3)

	有機化合物(無極性) 例 CH_4	無機化合物(極性) 例 NaCl
水(極性)	×	○
有機溶媒(無極性)	○	×

油(有機化合物)は同じ油とはなじむが，水とは混ざりあわない。

(4)

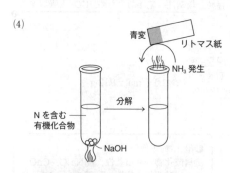

有機化合物中にNが含まれている場合，NaOHを加えて加熱すると分解してNH_3が発生する。赤色リトマス紙の青変以外にも濃塩酸を近づけて白煙の確認。

(5)

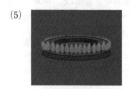

CH_4(メタン)
気体

C_3H_8(プロパン)
気体

C_2H_5OH(エタノール)
液体

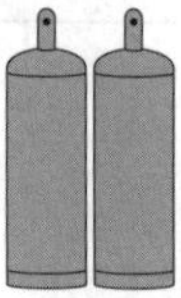

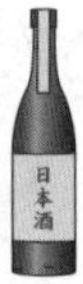

常温・常圧で気体や液体のものも多い。
→ 融点，沸点は比較的低い。

160 解答

(1)

$$\begin{matrix} & H & \\ H-&C-&H \\ & H & \end{matrix}$$

(2) CH_3-CH_2-OH

(3)

$$\begin{matrix} H & H \\ C=&C \\ H & H \end{matrix}$$

(4) $CH_3-\overset{\displaystyle C}{\underset{\displaystyle O}{|}}-CH_3$

(5) $CH_3-CH_2-\overset{\displaystyle C}{\underset{\displaystyle O}{|}}-H$

(6) $CH_3-CH_2-\overset{\displaystyle C}{\underset{\displaystyle O}{|}}-OH$

(7) $CH_3-\overset{\displaystyle C}{\underset{\displaystyle O}{|}}-O-CH_3$

Step1) 官能基を書く。
Step2) 残った C を配置する。
Step3) C の残った価標に H を
つなげ，H 数が分子式と
一致するか確認する。

解説

(1) Step2) $-\overset{|}{\underset{|}{C}}-$

Step3) $H-\times 4 \rightarrow$ $\begin{matrix} & H & \\ H-&C-&H \\ & H & \end{matrix}$

(2) Step1) $-OH$

Step2) $C-C-OH$

Step3) $\begin{matrix} H & H & \\ H-&C-&C-OH \\ H & H & \end{matrix}$

(3) Step2) $C-C$

Step3) $\begin{matrix} H & H \\ H-&C-&C-H \\ H & H \end{matrix}$ $= H\times 6 \rightarrow$ $\begin{matrix} H & H \\ C=&C \\ H & H \end{matrix}$ $= H\times 4$ ❶

C_2H_4 ではない

H が 2 個減ると不飽和結合が
1 つ増える。

(4) Step1) $-\overset{\displaystyle C}{\underset{\displaystyle O}{|}}-$

Step2) $C-\overset{\displaystyle C}{\underset{\displaystyle O}{|}}-C$ ❷

Step3) $\begin{matrix} H & & H \\ H-&C-&C-&C-H \\ H & O & H \end{matrix}$

(5) Step1) $-\overset{\displaystyle C}{\underset{\displaystyle O}{|}}-H$

Step2) $C-C-\overset{\displaystyle C}{\underset{\displaystyle O}{|}}-H$

Step3) $\begin{matrix} H & H & \\ H-&C-&C-&C-H \\ H & H & O \end{matrix}$

(6) Step1) $-\overset{\displaystyle C}{\underset{\displaystyle O}{|}}-OH$

Step2) $C-C-\overset{\displaystyle C}{\underset{\displaystyle O}{|}}-OH$

Step3) $\begin{matrix} H & H & \\ H-&C-&C-&C-OH \\ H & H & O \end{matrix}$

(7) Step1) $-\overset{\displaystyle C}{\underset{\displaystyle O}{|}}-O-$

Step2) $C-\overset{\displaystyle C}{\underset{\displaystyle O}{|}}-O-C$

Step3) $\begin{matrix} H & & H \\ H-&C-&C-&O-&C-H \\ H & O & H \end{matrix}$ ❸

❶ $C_2H_4 = C_nH_{2n}$（本冊 → p.135）
から，二重結合を含むと考えて
もよい。

❷ $C-C-C$ にすると，
$\overset{\displaystyle }{\underset{\displaystyle O}{}}$
$C-C-\overset{\displaystyle C}{\underset{\displaystyle O}{|}}-H$ とアルデヒドになる。

❸ ほかの構造式

$\begin{matrix} & H & H \\ H-&C-&O-&C-&C-H \\ O & H & H \end{matrix}$

(1) C_5H_{12} $CH_3-CH_2-CH_2-CH_2-CH_3$

$$\begin{array}{c} CH_3 \\ | \\ CH_3-CH-CH_2-CH_3 \end{array}$$

$$\begin{array}{c} CH_3 \\ | \\ CH_3-C-CH_3 \\ | \\ CH_3 \end{array}$$

C_6H_{14} $CH_3-CH_2-CH_2-CH_2-CH_2-CH_3$

$$\begin{array}{c} CH_3 \\ | \\ CH_3-CH-CH_2-CH_2-CH_3 \end{array}$$

> **ベストフィット**
>
> 主鎖の炭素数を1つずつ減らして炭素骨格を考える。

$$\begin{array}{c} CH_3 \\ | \\ CH_3-CH_2-CH-CH_2-CH_3 \end{array}$$

$$\begin{array}{c} CH_3 \\ | \\ CH_3-C-CH_2-CH_3 \\ | \\ CH_3 \end{array}$$

$$\begin{array}{c} CH_3 \\ | \\ CH_3-CH-CH-CH_3 \\ | \\ CH_3 \end{array}$$

C_7H_{16} $CH_3-CH_2-CH_2-CH_2-CH_2-CH_2-CH_3$ (A)

$$\begin{array}{c} CH_3-CH-CH_2-CH_2-CH_2-CH_3 \\ | \\ CH_3 \end{array}$$ (B)

$$\begin{array}{c} CH_3-CH_2-C^*H-CH_2-CH_2-CH_3 \\ | \\ CH_3 \end{array}$$ (C)

$$\begin{array}{c} CH_3 \\ | \\ CH_3-C-CH_2-CH_2-CH_3 \\ | \\ CH_3 \end{array}$$ (D)

$$\begin{array}{c} CH_3 \\ | \\ CH_3-CH_2-C-CH_2-CH_3 \\ | \\ CH_3 \end{array}$$ (E)

$$\begin{array}{c} CH_3 \\ | \\ CH_2 \\ | \\ CH_3-CH_2-CH-CH_2-CH_3 \end{array}$$ (F)

$$\begin{array}{c} CH_3 \quad CH_3 \\ | \qquad | \\ CH_3-CH-C^*H-CH_2-CH_3 \end{array}$$ (G)

$$\begin{array}{c} CH_3 \qquad CH_3 \\ | \qquad\quad | \\ CH_3-CH-CH_2-CH-CH_3 \end{array}$$ (H)

$$\begin{array}{c} CH_3 \quad CH_3 \\ | \qquad | \\ CH_3-C-CH-CH_3 \\ | \\ CH_3 \end{array}$$ (I)

（鏡像異性体を含めると 11 種類）

(2) $CH_2=CH-CH_2-CH_3$

$$\begin{array}{c} CH_3 \qquad CH_3 \\ \diagdown \qquad \diagup \\ C=C \\ \diagup \qquad \diagdown \\ H \qquad\quad H \end{array}$$

$$\begin{array}{c} H \qquad\quad CH_3 \\ \diagdown \qquad \diagup \\ C=C \\ \diagup \qquad \diagdown \\ CH_3 \qquad H \end{array}$$

$$\begin{array}{c} CH_3 \\ | \\ CH_2=C-CH_3 \end{array}$$

$$\begin{array}{c} CH_2-CH_2 \\ | \qquad\quad | \\ CH_2-CH_2 \end{array}$$

$$\begin{array}{c} CH_2 \\ \diagup\;\diagdown \\ CH_2-CH-CH_3 \end{array}$$

(3) $CH_3-CH_2-CH_2-CH_2-OH$ $\left.\begin{array}{l} CH_3-CH_2-C^*H-CH_3 \\ \qquad\qquad\quad | \\ \qquad\qquad\quad OH \end{array}\right.$

$$\begin{array}{c} CH_3 \\ | \\ CH_3-CH-CH_2-OH \end{array}$$ $$\begin{array}{c} CH_3 \\ | \\ CH_3-C-CH_3 \\ | \\ OH \end{array}$$ $\Bigg\}$ アルコール

$CH_3-O-CH_2-CH_2-CH_3$ $CH_3-CH_2-O-CH_2-CH_3$ $\Bigg\}$ エーテル

$$\begin{array}{c} CH_3 \\ | \\ CH_3-CH-O-CH_3 \end{array}$$

解説

(1) $C_5H_{12}=C_nH_{2n+2}$ → 不飽和結合なし

主鎖 C×5   主鎖 C×4，側鎖 C×1   主鎖 C×3，側鎖 C×2

C−C−C−C−C

$$\begin{array}{c} C \\ | \\ C-C-C-C \end{array}$$

$$\begin{array}{c} C \\ | \\ C-C-C \\ | \\ C \end{array}$$

$C_6H_{14} = C_nH_{2n+2}$ → 不飽和結合なし

主鎖 C×6

C–C–C–C–C–C

主鎖 C×5, 側鎖 C×1

```
       ①   ②
       ↓   ↓
C–C–C–C–C
      ┊
    対称面
```

```
        C
        |
①   C–C–C–C–C

        C
        |
②   C–C–C–C–C
```

主鎖 C×4　側鎖 C×2

```
  ①②
  ↓↓
C–C┊C–C
   対称面
  ↑ ↑
  ①′②′
```

①②のとき

```
    C
    |
C–C–C–C
    |
    C
```

①′②′のとき

```
    C
    |
C–C–C–C
      |
      C
```

$C_7H_{16} = C_nH_{2n+2}$ → 不飽和結合なし

主鎖 C×7

C–C–C–C–C–C–C　(A)

主鎖 C×6　側鎖 C×1

```
     ①   ②
     ↓   ↓
C–C–C┊C–C–C
     対称面
```

```
        C
        |
①  C–C–C–C–C–C  (B)

          C
          |
②  C–C–C*–C–C–C  (C)
```

主鎖 C×5　側鎖 C×2

```
  ①  ②  ①′
  ↓   ↓   ↓
C–C–C–C–C
      ┊
    対称面
```

①×2

```
    C
    |
C–C–C–C–C  (D)
    |
    C
```

②×2

```
    C
    |
C–C–C–C–C  (E)
      |
      C
```

```
  ┌─────┐
  │C–C  │
  │  |  │
C–C–C–C–C
（主鎖 C×6 で不適）
```

```
    C–C
      |
C–C–C–C–C  (F)
```

①×1＋②×1

```
    C  C
    |  |
C–C–C*–C–C  (G)
```

①×1＋①′×1

```
    C   C
    |   |
C–C–C–C–C  (H)
```

主鎖 C×4　側鎖 C×3

```
  ①   ①′
  ↓   ↓
C–C┊C–C
   対称面
```

①×3

```
  ┌─────┐
  │C–C–C│
  │  |  │
C–C–C–C
（主鎖 C×6 で不適）
```

```
  ┌───┐
  │C–C│
  │ | │
C–C–C–C
    |
    C
（主鎖 C×5 で不適）
```

①×2＋①′×1

```
  C  C
  |  |
C–C–C–C  (I)
  |
  C
```

```
  ┌───┐
  │C  │
  │|  │
  │C  C│
  │|  |│
C–C–C–C
（主鎖 C×5 で不適）
```

(2) $C_4H_8 = C_nH_{2n}$ → 二重結合×1 or 環状×1

主鎖 C×4

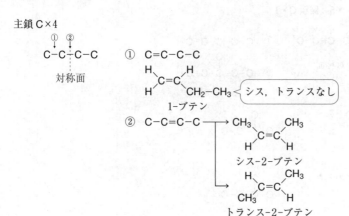

① C=C-C-C

1-ブテン　シス，トランスなし

② C-C=C-C → シス-2-ブテン

トランス-2-ブテン

主鎖 C×3

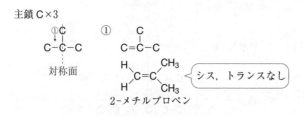

① C=C-C

2-メチルプロペン　シス，トランスなし

環状　C×4

CH₂-CH₂
CH₂-CH₂

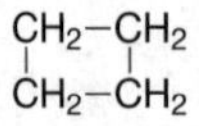

シクロブタン

環状　C×3

CH₂
CH₂-CH-CH₃

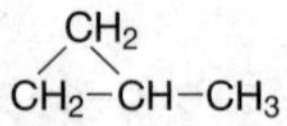

メチルシクロプロパン

(3) 炭化水素基，官能基の順番に位置を決定する。

アルコール

主鎖 C×4　官能基 −OH

① C-C-C-C-OH
② C-C-C*-C
　　　　OH

主鎖 C×3　側鎖 C×1　官能基 −OH

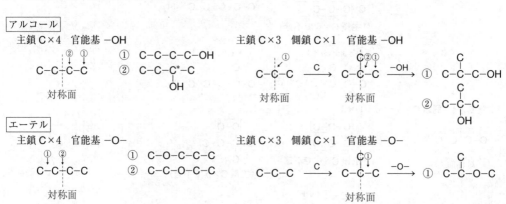

① C-C-C-OH（C）
② C-C-C（OH）

エーテル

主鎖 C×4　官能基 −O−

① C-O-C-C-C
② C-C-O-C-C

主鎖 C×3　側鎖 C×1　官能基 −O−

C-C-C → C-C-C（C） → ① C-C-O-C（C）

対称面

162 解答

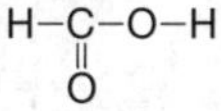

H–C–O–H
   ‖
   O

▶ ベストフィット

気体の密度〔g/L〕は体積1Lの質量〔g〕を表す。

解説　組成式を $C_xH_yO_z$ とすると

$$x : y : z = \frac{26.1}{12} : \frac{4.3}{1.0} : \frac{69.6}{16}$$

$$= 2.175 : 4.3 : 4.35$$

$$\fallingdotseq 1 : 2 : 2$$

よって，組成式は CH_2O_2 である。 ⎫ 組成式の決定

次に蒸気の密度より分子量を計算する。

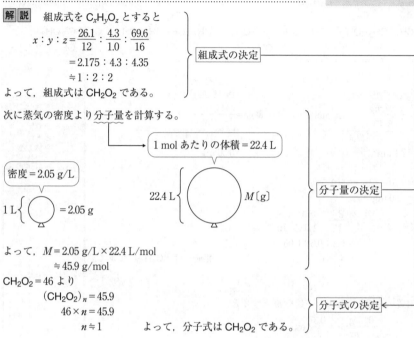

1 mol あたりの体積 = 22.4 L

密度 = 2.05 g/L

1 L { 〇 } = 2.05 g

22.4 L { 〇 } M〔g〕

分子量の決定

よって，$M = 2.05$ g/L × 22.4 L/mol

$\fallingdotseq 45.9$ g/mol

$CH_2O_2 = 46$ より

$$(CH_2O_2)_n = 45.9$$

$$46 \times n = 45.9$$

$$n \fallingdotseq 1$$

よって，分子式は CH_2O_2 である。 分子式の決定

カルボキシ基をもつ　–C–O–　→　残りのH×2を配置して　H–C–O–H
                 ‖   ‖
                 O   O

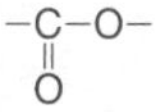

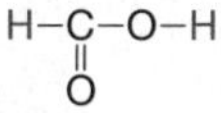

163 解答

(1) ソーダ石灰($CaO + NaOH$)は塩基性乾燥剤であるため，H_2O とともに酸性気体の CO_2 も吸収する。

(2) 組成式　$C_4H_{10}O$　　分子式　$C_4H_{10}O$

ベストフィット

組成式
分子量　→ 分子式 → 構造決定

(3) $CH_3-CH_2-CH_2-CH_2-OH$　　　$CH_3-CH_2-CH-CH_3$　　　$\overset{\displaystyle CH_3}{\underset{}{CH-CH_2-OH}}$　　　$\overset{\displaystyle CH_3}{\underset{}{CH_3-C-CH_3}}$
　　　　　　　　　　　　　　　　　　　　　　　　　　　　　$\overset{|}{OH}$　　　CH_3　　　　　　$\overset{|}{OH}$

解説　(2)

$$C \text{ の質量} = \underbrace{\frac{\overbrace{8.80\ mg}^{CO_2 \text{ の mol}=C \text{ の mol}}}{44\ g/mol} \times 12\ g/mol}_{C \text{ の g}}$$

$$= 2.4\ mg$$

$$H \text{ の質量} = \underbrace{\frac{\overbrace{4.50\ mg}^{\overbrace{H \text{ の mol}}{H_2O \text{ の mol}}}}{18\ g/mol} \times 2 \times 1.0\ g/mol}_{H \text{ の g}}$$

$$= 0.50\ mg$$

$$O \text{ の質量} = 3.70 - (2.4 + 0.50)$$
$$= 0.80\ mg$$

組成式を $C_xH_yO_z$ とすると　$x : y : z = \dfrac{2.4}{12} : \dfrac{0.50}{1.0} : \dfrac{0.80}{16}$

$$= 0.2 : 0.5 : 0.05$$
$$= 4 : 10 : 1 \qquad \text{よって，組成式は，} C_4H_{10}O \text{ である。}$$

組成式の決定

物質 0.37 g
ベンゼン 100 g

凝固点降下度
$\Delta t = 5.50 - 5.245$
$\quad = 0.255\ K$

溶質　有機化合物の分子量を M とすると

$$\frac{0.37\ g}{M[g/mol]} = \frac{0.37}{M}\ mol$$

溶媒　$100\ g = 1.00 \times 10^{-1}\ kg$

$$\text{質量モル濃度}[mol/kg] = \frac{\text{溶質}[mol]}{\text{溶媒}[kg]} = \frac{\dfrac{0.37}{M}\ mol}{1.00 \times 10^{-1}\ kg} = \frac{3.7}{M}[mol/kg]$$

$$\Delta t = K_f \cdot m \iff 0.255\ K = 5.10\ K \cdot kg/mol \times \frac{3.7}{M}[mol/kg]$$

$$\iff M = 74$$

分子量の決定

$C_4H_{10}O = 74$ より
$$(C_4H_{10}O)_n = 74$$
$$74 \times n = 74$$
$$n = 1 \qquad \text{よって，分子式は } C_4H_{10}O \text{ である。}$$

分子式の決定

---

(3) 主鎖 C×4　官能基 $-OH$

$\overset{②}{C}-\overset{①}{C}\underset{\text{対称面}}{\vdots}C-C$

① $C-C-C-C-OH$
② $C-C-\overset{*}{C}-C$
　　　　　$\overset{|}{OH}$

主鎖 C×3　側鎖 C×1　官能基 $-OH$

$C-C-C \xrightarrow{\ C\ } \underset{\text{対称面}}{C-\overset{②①}{C}-C} \xrightarrow{-OH}$

$C-C\underset{\text{対称面}}{\vdots}C$

$\overset{\displaystyle C}{C-\overset{|}{C}-C}$

① $\overset{\displaystyle C}{C-\overset{|}{C}-C-OH}$

② $\overset{\displaystyle C}{C-\overset{|}{C}-C}$
　　　$\overset{|}{OH}$

▶ ベストフィット

C, H, O からなる有機化合物の燃焼
→ CO_2 と H_2O が発生

解説 $C_8H_nO_2 + O_2 \longrightarrow CO_2 + H_2O$

$C_8H_nO_2 + O_2 \longrightarrow 8CO_2 + \dfrac{n}{2}H_2O$

$\}$ 反応式をつくる。

$\boxed{} C_8H_nO_2 + \dfrac{8 \times 2 + \dfrac{n}{2} - 2}{2} O_2 \longrightarrow 8CO_2 + \boxed{\dfrac{n}{2}} H_2O$
❶

$\underbrace{\dfrac{34 \times 10^{-3}}{128 + n}}_{❷}$〔mol〕 $\qquad\qquad \dfrac{18 \times 10^{-3}}{18}$ mol

化学反応式の量的関係より

$\dfrac{34 \times 10^{-3}}{128 + n}$〔mol〕 $: \dfrac{18 \times 10^{-3}}{18}$ mol $= \boxed{1} : \boxed{\dfrac{n}{2}}$ ←係数比＝物質量比

$\dfrac{34 \times 10^{-3}}{128 + n} \times \dfrac{n}{2} = \dfrac{18 \times 10^{-3}}{18}$

$\dfrac{34}{128 + n} \times \dfrac{n}{2} = 1$

$34n = 2(128 + n)$

$34n = 256 + 2n$

$32n = 256$

$n = 8$

❶ 右辺の O 数 $= \underset{CO_2}{8 \times 2} + \underset{H_2O}{\dfrac{n}{2}}$

O_2 の係数を A とすると

$2 + 2A = 8 \times 2 + \dfrac{n}{2}$

$A = \dfrac{8 \times 2 + \dfrac{n}{2} - 2}{2}$

❷ $C_8H_nO_2$ の分子量

$12 \times 8 + 1.0 \times n + 16 \times 2$

$= 128 + n$

別解

$C_8H_nO_2 + \dfrac{8 \times 2 + \dfrac{n}{2} - 2}{2} O_2 \longrightarrow 8CO_2 + \dfrac{n}{2} H_2O$

34 mg

$\downarrow$

$\dfrac{34 \times 10^{-3}}{128 + n}$〔mol〕 $\longrightarrow \dfrac{34 \times 10^{-3}}{128 + n} \times \dfrac{n}{2}$〔mol〕

$\downarrow$

$\dfrac{34 \times 10^{-3}}{128 + n} \times \dfrac{n}{2}$〔mol〕$\times 18$ g/mol

$\}$ $C_8H_nO_2 = (128 + n)$〔g/mol〕として H_2O の g を算出。

$\dfrac{34 \times 10^{-3}}{128 + n} \times \dfrac{n}{2} \times 18 = 18 \times 10^{-3}$

$n = 8$

$\}$ 実際の質量 18 mg $= 18 \times 10^{-3}$ g と関係式をつくり, n を求める。

165 解答

(1) $(C_xH_y)_n + n\left(x+\dfrac{y}{4}\right)O_2 \longrightarrow nxCO_2 + \dfrac{ny}{2}H_2O$

(2) $a = \dfrac{9by}{44x}$　(3) $a = \dfrac{9y}{x}\left(\dfrac{b}{44} + \dfrac{c}{28}\right)$

ベストフィット

CO_2 は完全燃焼，CO は不完全燃焼。

解説 (1)(2) $(C_xH_y)_n + \underline{}O_2 \longrightarrow nxCO_2 + \dfrac{ny}{2}H_2O$

$$O_2 \text{ の係数} = \dfrac{2nx+\dfrac{ny}{2}}{2} \quad ❶$$

$$= nx + \dfrac{ny}{4}$$

$$= n\left(x+\dfrac{y}{4}\right)$$

$(C_xH_y)_n + \underline{n\left(x+\dfrac{y}{4}\right)}O_2 \longrightarrow nxCO_2 + \dfrac{ny}{2}H_2O$

$$b\,(g) \qquad a\,(g)$$
$$\downarrow \qquad\quad \downarrow$$
$$\dfrac{b}{44}\,(mol) \quad \dfrac{a}{18}\,(mol)$$

❶右辺の O 数 $= \underset{CO_2}{2nx} + \underset{H_2O}{\dfrac{ny}{2}}$

O_2 の係数を A とすると

$$2A = 2nx + \dfrac{ny}{2}$$

$$A = \dfrac{2nx+\dfrac{ny}{2}}{2}$$

化学反応式の量的関係より

$$nx : \dfrac{ny}{2} = \dfrac{b}{44} : \dfrac{a}{18} \quad \longleftarrow \text{係数比＝物質量比}$$

$$\dfrac{a}{18} \times nx = \dfrac{b}{44} \times \dfrac{ny}{2} \qquad a = \dfrac{\overset{9}{18}}{nx} \times \dfrac{b}{44} \times \dfrac{\cancel{n}y}{\cancel{2}} = \dfrac{9by}{44x}$$

(3) CO_2 は次の(i)式のみ，CO は次の(ii)式のみから生じる。H_2O は(i)(ii)式の両方から生じる。

(i) $(C_xH_y)_n + n\left(x+\dfrac{y}{4}\right)O_2 \longrightarrow nxCO_2 + \dfrac{ny}{2}H_2O$

$$\dfrac{b}{44}\,(mol) \quad ①$$

(ii) $(C_xH_y)_n + n\left(\dfrac{x}{2}+\dfrac{y}{4}\right)O_2 \longrightarrow nxCO + \dfrac{ny}{2}H_2O$

$$\dfrac{c}{28}\,(mol) \quad ②$$

$$nx : \dfrac{ny}{2} = \dfrac{b}{44} : ① \qquad ① = \dfrac{\dfrac{b}{44}\times\dfrac{ny}{2}}{nx} \longleftarrow$$

$$\left.\begin{array}{l}\text{係数比＝物質量比}\end{array}\right.$$

$$nx : \dfrac{ny}{2} = \dfrac{c}{28} : ② \qquad ② = \dfrac{\dfrac{c}{28}\times\dfrac{ny}{2}}{nx} \longleftarrow$$

$a\,(g)$の水 $= \dfrac{a}{18}\,(mol)$の水 $= ① + ②$

$$\dfrac{a}{18} = \dfrac{\dfrac{b}{44}\times\dfrac{ny}{2}}{nx} + \dfrac{\dfrac{c}{28}\times\dfrac{ny}{2}}{nx} \qquad \left.\begin{array}{l}\dfrac{1}{nx}\text{と}\dfrac{ny}{2}\text{でくくる。}\end{array}\right.$$

$$= \left(\dfrac{b}{44}+\dfrac{c}{28}\right) \times \dfrac{ny}{2nx}$$

$$a = \dfrac{9y}{x}\left(\dfrac{b}{44}+\dfrac{c}{28}\right)$$

166 解答

(1)
```
    H
    |
H—C—H
    |
    H
```

(2)
```
  H H
  | |
H—C—C—H
  | |
  H H
```

(3)
```
  H H H
  | | |
H—C—C—C—H
  | | |
  H H H
```

(4)
```
  H H H H H H
  | | | | | |
H—C—C—C—C—C—C—H
  | | | | | |
  H H H H H H
```
(CH₃—CH₂—CH₂—CH₂—CH₂—CH₃)

(5)
```
H         H
 \       /
  C = C
 /       \
H         H
```

(6)
```
H—C≡C—H
```

(7)
```
      CH₂
    /     \
 CH₂      CH₂
    |      |
 CH₂ — CH₂
```

(8)
```
    Cl
    |
H—C—Cl
    |
    Cl
```

(9)
```
CH₂=CH—CH₂—CH₃
```

(10)
```
CH₃        H
   \      /
    C = C
   /      \
  H        CH₃
```

(11)
```
  Br  Br
  |   |
CH₂—CH—CH₃
```

(12)
```
  CH₃       CH₃
  |         |
CH₃—CH—CH₂—CH—CH₂—CH₂—CH₃
```

(13)
```
  CH₃ C₂H₅
  |   |
CH₃—CH—CH—CH₂—CH₂—CH₃
```

(14)
```
  Cl Cl
  |  |
Cl—C—C—Cl
  |  |
  H  H
```

> **▶ ベストフィット**
> Step1)　主鎖を決める。
> Step2)　指定された数字の所に，置換基を配置。
> Step3)　価標の余った所に水素(H)を配置。

解説

(1) メタン　　　　　Step1) C
　$\underline{\text{methane}}$　　　Step2) ×
　C×1 単結合　　　Step3)
```
   H
   |
H—C—H
   |
   H
```

(2) エタン　　　　　Step1) C—C
　$\underline{\text{ethane}}$　　　Step2) ×
　C×2 単結合　　　Step3)
```
  H H
  | |
H—C—C—H
  | |
  H H
```

(3) プロパン　　　　Step1) C—C—C
　$\underline{\text{propane}}$　　Step2) ×
　C×3 単結合　　　Step3)
```
  H H H
  | | |
H—C—C—C—H
  | | |
  H H H
```

(4) ヘキサン　　　　Step1) C—C—C—C—C—C
　$\underline{\text{hexane}}$　　　Step2) ×
　C×6 単結合　　　Step3)
```
  H H H H H H
  | | | | | |
H—C—C—C—C—C—H
  | | | | | |
  H H H H H H
```

(5), (6)に関しては
慣用名で命名法
では対応できない。
覚えるほかない
ので注意。

(7) シクロペンタン　Step1)
　$\underline{\text{cyclo}}\;\underline{\text{pentane}}$
　環式｜単結合
　　　C×5　　　Step2) ×
　　　　　　　　Step3)

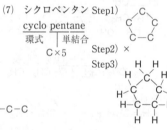

(8) トリクロロメタン　Step1) C
　$\underline{\text{tri}}\;\underline{\text{chloro}}\;\text{methane}$　Step2)
　3　Cl
```
     Cl
     |
     C—Cl
     |
     Cl
```
　　　　　　　　Step3)
```
     Cl
     |
 H—C—Cl
     |
     Cl
```

(9) 1−ブテン　　　Step1) C=C—C—C
　$\underline{1}-\text{butene}$　Step2) ×
　｜　C×4　　　Step3)
　二重結合 二重結合
　の位置
```
  H H H H
  | | | |
H—C—C—C—C—H
  |     | |
  H     H H
```

(10) トランス−2−ブテン　Step1) C—C=C—C
　$trans-\underline{2}-\text{butene}$　Step2) ×
　二重結合の位置　　　Step3)
```
  H H   H H
  | |   | |
H—C—C=C—C—H
  |       |
  H       H
```
※解答では，シス形とトランス形がわかるようにする。

(11) 1,2−ジブロモプロパン　Step1) C—C—C
　$\underline{1,2}-\underline{\text{di}}\;\underline{\text{bromo}}\;\text{propane}$　Step2) Br Br
　｜　2　Br　　　　　　　　　　｜ ｜
　Br の位置　　　　　　　　　　C—C—C
　　　　　　　　　　　　　Step3)
```
  Br Br
  |  |
H—C—C—C—H
  |  |  |
  H  H  H
```

(12) 2,4-ジメチルヘプタン　　Step1) C－C－C－C－C－C－C

2,4-di methyl heptane　　Step2)
$$CH_3 \quad CH_3$$
$$C－C－C－C－C－C－C$$

$-CH_3$ の位置　　Step3)
$$H \quad CH_3 \; H \quad CH_3 \; H \quad H \quad H$$
$$H－C－C－C－C－C－C－C－H$$
$$H \quad H \quad H \quad H \quad H \quad H \quad H$$

(13) 3-エチル-2-メチルヘキサン　　Step1) C－C－C－C－C－C

3-ethyl-2-methyl hexane　　Step2)
$$CH_3 \quad C_2H_5$$
$$C－C－C－C－C－C$$

$-C_2H_5$　$-CH_3$
の位置　の位置　　Step3)
$$H \quad CH_3 \; C_2H_5 \; H \quad H \quad H$$
$$H－C－C－C－C－C－C－H$$
$$H \quad H \quad H \quad H \quad H$$

(14) 1,1,2,2-テトラクロロエタン

1,1,2,2-tetra chloro ethane

Cl の位置　4　Cl

Step1) C－C

Step2)
$$Cl \quad Cl$$
$$Cl－C－C－Cl$$

Step3)
$$Cl \quad Cl$$
$$Cl－C－C－Cl$$
$$H \quad H$$

---

167 解答

(1) (ア) 濃硫酸　(イ) 160～170　(ウ) 二重　(エ) 付加
(オ) 1,2-ジブロモエタン　(カ) 赤褐　(キ) エタノール
(ク) エタン　(ケ) 高　(コ) 赤紫　(サ) ポリエチレン
(シ) 付加重合　(ス) シス-トランス(幾何)

(2) (a) $C_2H_4 + Br_2 \longrightarrow C_2H_4Br_2$
(b) $C_2H_4 + H_2O \longrightarrow C_2H_5OH$
(c) $C_2H_4 + H_2 \longrightarrow C_2H_6$

(3)
$$Cl \quad Cl$$
$$\diagdown C=C \diagup$$
$$H \quad H$$
シス-1,2
-ジクロロエチレン

$$Cl \quad H$$
$$\diagdown C=C \diagup$$
$$H \quad Cl$$
トランス-1,2
-ジクロロエチレン

> **ベストフィット**
>
> 化学反応式は構造と反応の仕方をイメージして書く。

解説

(1)
→H_2O(分子内脱水)
$$\boxed{H \quad OH}$$
$$CH_2－CH_2 \xrightarrow[160～170℃]{H_2SO_4(脱水)} CH_2=CH_2$$
$(CH_3－CH_2－OH)$　　エチレン
エタノール

$\Big($→H_2O(分子間脱水)

$CH_3－CH_2－O\boxed{H \quad HO}－CH_2－CH_3 \xrightarrow[130～140℃]{H_2SO_4(脱水)} CH_3－CH_2－O－CH_2－CH_3$　　ジエチルエーテル$\Big)$

$CH_2=CH_2×n \rightarrow \cdots CH_2=CH_2 + CH_2=CH_2 \cdots \xrightarrow{付加重合} \cdots－CH_2－CH_2－CH_2－CH_2－\cdots$

$$\left[CH_2－CH_2 \right]_n$$
ポリエチレン

(2) $CH_2=CH_2 \xrightarrow{Br_2(赤褐)}$
$$Br－Br$$
$$CH_2=CH_2 \longrightarrow$$
$$Br \quad Br$$
$$CH_2－CH_2 \;(＝CH_2Br－CH_2Br＝C_2H_4Br_2)$$
1,2-ジブロモエタン

$\xrightarrow{H_2O}$
$$H－OH$$
$$CH_2－CH_2 \longrightarrow$$
$$H \quad OH$$
$$CH_2－CH_2 \;(＝CH_3－CH_2－OH＝C_2H_5OH)$$
エタノール

$\xrightarrow[Pt(Ni)]{H_2}$
$$H－H$$
$$CH_2－CH_2 \longrightarrow$$
$$H \quad H$$
$$CH_2－CH_2 \;(＝CH_3－CH_3＝C_2H_6)$$
エタン

(3) 1,2-ジクロロエチレン

$CHCl=CHCl$
シス形→
$$Cl \quad Cl$$
$$H \diagup C=C \diagdown H$$

トランス形→
$$Cl \quad H$$
$$H \diagup C=C \diagdown Cl$$

168 （解答）

(1) C_4H_6

(2) $CH\equiv C-CH_2-CH_3$　　$CH_3-C\equiv C-CH_3$

解説　アルキン　<u>alkyne</u>　＝　三重結合を含む炭化水素

　　　　炭化水素 三重結合　C_nH_{2n-2}

(1)

$$C_nH_{2n-2}　+　Br_2　\longrightarrow　C_nH_{2n-2}Br_2$$
$$（1分子）$$

$$\cdots C\equiv C\cdots　+　Br-Br　\longrightarrow　\cdots\overset{}{C}=\overset{}{C}\cdots$$
$$\underset{Br\ \ \ Br}{}$$

分子量　　　　x　　　　　　160　　　　　$x+160$

もとの分子量の 3.9 倍なので

$$\frac{x+160}{x}=3.9$$

$$x\fallingdotseq 55.1$$

また，アルキンの分子式を C_nH_{2n-2} とすると，分子量は

$$12\times n+1.0\times(2n-2)$$
$$=12n+2n-2$$
$$=14n-2$$

したがって，$14n-2=55.1$

$$n\fallingdotseq 4$$

よって，分子式は C_4H_6 である。

(2) $C\times 4$ より主鎖の構造は以下の2つが考えられる。

```
        C-C-C-C
          |
    ┌─────┴─────┐
C≡C-C-C     C-C≡C-C
```

```
      C
      |
    C-C-C
      ↓
      C
      |
    C≡C-C
      ↑
```
炭素の価標が不適

① $C\equiv C-C-C$
　　1-ブチン
　　butyne
　（慣用名＝エチルアセチレン）

② $C-C\equiv C-C$
　　2-ブチン
　　butyne
　（慣用名＝ジメチルアセチレン）

ベストフイット

アルカン　alkane

```
  H   H         H    H
  |   |         |    |
H-C₁-C₂------Cₙ₋₁-Cₙ-H
  |   |         |    |
  H   H         H    H
```
$$C_nH_{2n+2}$$

アルケン　alkene

```
  H   H         H    H
  |   |         |    |
H-C₁=C₂------Cₙ₋₁-Cₙ-H
  ○   ○         H    H
```
$$C_nH_{2n+2-2}=C_nH_{2n}$$

アルキン　alkyne

```
  ○   ○         H    H
  |   |         |    |
H-C₁≡C₂------Cₙ₋₁-Cₙ-H
  ○   ○         H    H
```
$$C_nH_{2n+2-4}=C_nH_{2n-2}$$

169 　**解答**

(1)　C　$CH_2=CH-CH_2-CH_3$　　　D　$CH_2=\overset{\displaystyle CH_3}{\underset{\displaystyle |}{C}}-CH_3$

(2)　シス−トランス異性体

(3)　$CH_3-\overset{\displaystyle Br}{\underset{\displaystyle |}{C^*}}H-\overset{\displaystyle Br}{\underset{\displaystyle |}{C^*}}H-CH_3$　,　$CH_2-\overset{\displaystyle Br}{\underset{\displaystyle |}{C^*}}H-CH_2-CH_3$

▶ ベストフィット

1つの物質に注目しているものから，構造を決定していく。

解説　Step1)　反応図

A（同一平面）　$\xrightarrow{\text{H}_2}$

B（同一平面）　$\xrightarrow{\text{H}_2}$　　同一物質 E

C　　　　　　$\xrightarrow{\text{H}_2}$

D（同一平面）　$\xrightarrow{\text{H}_2}$　F

Step2)　異性体（問題文より鎖式のみで，環式は考えなくてよい）

① $C=C-C-C$　　② $C-C=C-C$（シス，トランス）

③ $\overset{\displaystyle C}{\underset{\displaystyle |}{C}}=C-C$

Step3)　構造決定

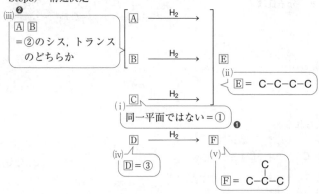

(iii)❷
A B
＝②のシス，トランスのどちらか

A　$\xrightarrow{\text{H}_2}$
B　$\xrightarrow{\text{H}_2}$　　E

(ii) E ＝ $C-C-C-C$

(i) C　$\xrightarrow{\text{H}_2}$
同一平面ではない＝①❶

D　$\xrightarrow{\text{H}_2}$　F
(iv) D ＝ ③
(v) F ＝ $\overset{\displaystyle C}{\underset{\displaystyle }{C}}-C-C$

(3)　$\begin{matrix}A\\B\end{matrix}$ ＝②　$C-C=C-C$　$\xrightarrow{\text{Br}_2}$　$C-\overset{\displaystyle Br}{\underset{\displaystyle |}{C^*}}-\overset{\displaystyle Br}{\underset{\displaystyle |}{C^*}}-C$

C ＝①　$C=C-C-C$　$\xrightarrow{\text{Br}_2}$　$\underline{C-\overset{\displaystyle Br}{\underset{\displaystyle |}{C^*}}-\overset{\displaystyle Br}{\underset{\displaystyle |}{C}}-C}$ ❸

D ＝③　$\overset{\displaystyle C}{\underset{\displaystyle }{C}}=C-C$　$\xrightarrow{\text{Br}_2}$　$\overset{\displaystyle C}{C-\underset{\displaystyle Br\ Br}{C}-C}$

❶
①＝ $\overset{H}{\underset{H}{C}}=\overset{H}{\underset{CH_2}{C}}$ —CH$_3$

②＝ $\overset{CH_3}{\underset{H}{C}}=\overset{CH_3}{\underset{H}{C}}$　$\overset{CH_3}{\underset{H}{C}}=\overset{H}{\underset{CH_3}{C}}$

③＝ $\overset{H}{\underset{H}{C}}=\overset{CH_3}{\underset{CH_3}{C}}$

❷
① $C=C-C-C$ $\xrightarrow{\text{H}_2}$ $C-C-C-C$　｝同
② $C-C=C-C$ $\xrightarrow{\text{H}_2}$ $C-C-C-C$

③ $\overset{C}{\underset{}{C}}=C-C$ $\xrightarrow{\text{H}_2}$ $\overset{C}{\underset{}{C}}-C-C$

❸
$\overset{Br\ Br}{C-C-C-C}$ ＝ $\overset{Br\ Br\ H\ H}{(H)-C-C-C-H}$

H が2つあるため不斉炭素原子にはならない。

170 （解答）

(1) (b)　　(2) (a), (b), (c), (d)　　(3) (b), (c), (d)　　(4) (d), (e)　　(5) (b), (d), (e)

（解説）（1)(2)

(a) エタン C_2H_6

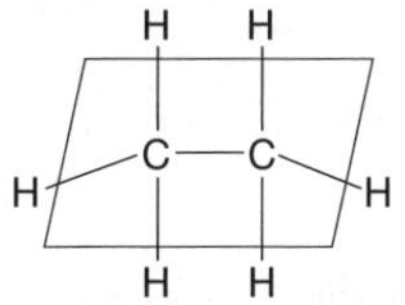

(b) エチレン C_2H_4

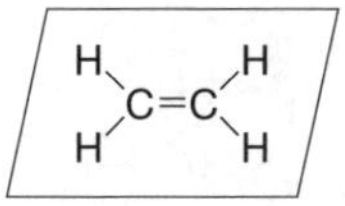

(c) アセチレン C_2H_2

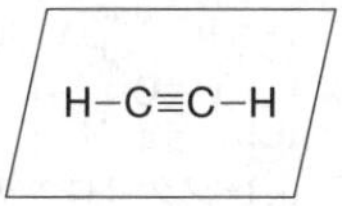

$H-C\equiv C-H$

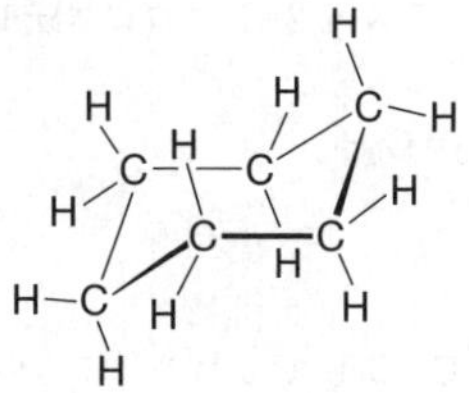

▶ ベストフィット

有機化合物は立体構造に注意する。

(d) プロペン C_3H_6

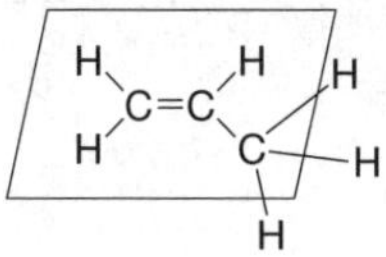

(e) シクロヘキサン C_6H_{12}

(3) 付加反応　→　不飽和結合の特徴

(4) C_3H_6

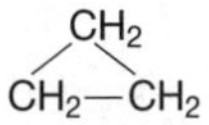

$$CH_2$$
$$CH_2-CH_2$$

シクロプロパン

C_6H_{12}

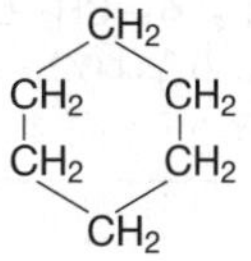

シクロヘキサン 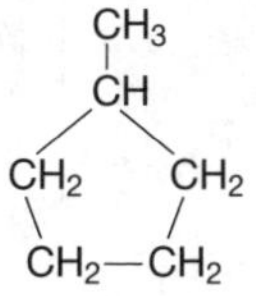　　メチルシクロペンタン

など，環の炭素数 $C\times4$，$C\times3$ についても異性体が存在する。
また，二重結合を含む異性体も存在する。

(5) C_nH_{2n}　→　二重結合×1　or　環×1

171 解答

(1) 3　(2) 5　(3) 4

▶ ベストフィット

C＝C があればシス–トランス異性体を考える。

解説　(1)　$C_2H_2Cl_2$ の Cl をすべて H に置換すると，$C_2H_4＝C_nH_{2n}$
　　　→二重結合×1（C×2 なので環はできない）

主鎖 C×2，二重結合×1

①　①′
C＝C
対称面

Cl×2 を配置

①に Cl×2 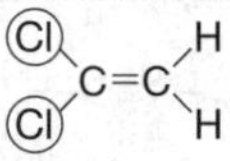
　　1,1–ジクロロエチレン

①に Cl×1, ①′に Cl×1 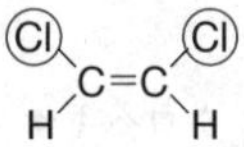 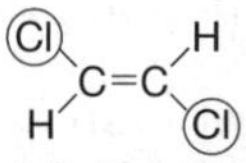
　　シス–1,2–ジクロロエチレン　　トランス–1,2–ジクロロエチレン

(2)　C_3H_5Cl の Cl をすべて H に置換すると，$C_3H_6＝C_nH_{2n}$
　　　→二重結合×1　or　環×1

主鎖 C×3，二重結合×1

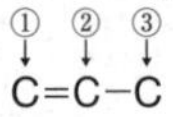

①　②　③
C＝C–C
対称面なし

Cl×1 を配置

①に Cl×1　$C＝C-CH_3$ ではわかりにくいが シス，トランスに注意。
　　(Z)–1–クロロプロペン　(E)–1–クロロプロペン 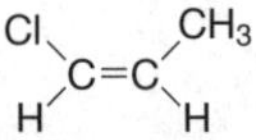 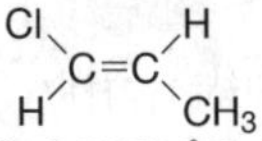
　　　❶　　　　　　　　　❶

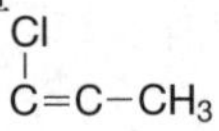

②に Cl×1　$C＝C-CH_3$　シス，トランスなし
　　2–クロロプロペン

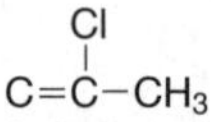

③に Cl×1　$C＝C-CH_2-Cl$
　　3–クロロプロペン

環 C×3

C
C–C

Cl×1 を配置

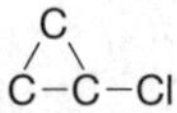

C
C–C–Cl
クロロシクロプロパン

❶［高校範囲外］
シス，トランスは基本的に同じ置換基に使用する。CH_3 と Cl のように異なる場合は(Z)，(E) という表記で対応する。

(3)　$C_3H_6Cl_2$ の Cl をすべて H に置換すると，$C_3H_8＝C_nH_{2n+2}$
　　　→すべて単結合

主鎖 C×3

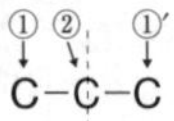

①　②　①′
C–C–C
対称面

Cl×2 を配置

①に Cl×2　$Cl-C-C-C$　1,1–ジクロロプロパン

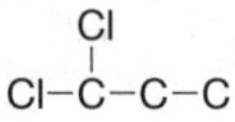

②に Cl×2　$C-C-C$　2,2–ジクロロプロパン

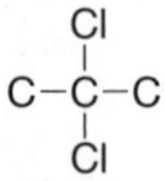

①に Cl×1, ①′に Cl×1 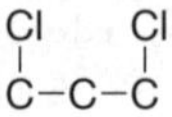
　　$C-C-C$　1,3–ジクロロプロパン

①に Cl×1, ②に Cl×1 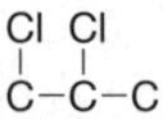
　　$C-C-C$　1,2–ジクロロプロパン

172 解答

(1) 赤褐色→無色 (2) 分子式 C_5H_{10} 構造式 $\underset{\underset{CH_3}{|}}{CH_3-C}=CH-CH_3$

 ベストフィット

二重結合1つに対して
Br_2 は1分子付加する。

解説 (2)

$$\underset{14n}{C_nH_{2n}} + \underset{\text{赤褐色}}{Br_2} \longrightarrow \underset{\text{無色}}{C_nH_{2n}Br_2}$$

分子量 $14n$ $14n+160$

$$\frac{2.8}{14n}\ \text{mol}\qquad\qquad \frac{9.2}{14n+160}\ \text{mol}$$

化学反応式の量的関係より

$$\frac{2.8}{14n}\ \text{mol} = \frac{9.2}{14n+160}\ \text{mol}$$

$$n=5$$

よって, 分子式は C_5H_{10} である。

アルケンでは, ○の部分の原子は同一平面上にある((A))。○以外に原子が結合すると同一平面上からはずれる ((B))。

(A)   (B)

よって, 次の構造しか考えられない。

シス, トランスなし。問題文中の枝分かれ構造とも一致する。

----

173 解答

$$\underset{\underset{H}{|}}{CH_3}\underset{}{C}=\underset{\underset{H}{|}}{C}\underset{}{CH_2-CH_3}$$

ベストフィット

モル質量＝気体の密度×モル体積
　〔g/mol〕　　〔g/L〕　　〔L/mol〕

解説

$$C\ の質量 = \frac{39.6\ \text{mg}}{44\ \text{g/mol}} \times 12\ \text{g/mol} = 10.8\ \text{mg}$$

$$H\ の質量 = \frac{16.2\ \text{mg}}{18\ \text{g/mol}} \times 2 \times 1.0\ \text{g/mol} = 1.8\ \text{mg}$$

組成式を C_xH_y とすると

$$x:y = \frac{10.8}{12} : \frac{1.8}{1.0} = 0.9 : 1.8 = 1 : 2$$

よって, 組成式は CH_2 である。

X の密度 3.13 g/L より❶，モル質量 $M = 3.13\ \text{g/L} \times 22.4\ \text{L/mol}$
$\fallingdotseq 70\ \text{g/mol}$

分子式を$(CH_2)_n$とすると，分子量の関係より

$70 = (12 + 2.0) \times n$

$n = 5$

よって，分子式は C_5H_{10} である。

分子式 C_5H_{10}(C_nH_{2n})，臭素水を脱色したことから，X は二重結合をもつ。

枝分かれなし　→　C–C–C–C–C

シス-トランス異性体あり　→　C–C=C–C–C
対称面

シス形　=

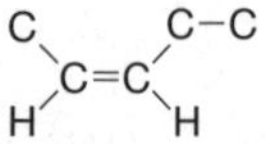

(C=C–C–C–C はシス，トランスなし)

❶ g/L は気体の密度の単位(1 L 当たりの g 数)であると同時に，濃度の単位(1 L の溶液中に溶けている溶質の g 数)としてもよく使われる。後者の場合，モル体積をかけてもモル質量にならない(本冊→ p.250)。

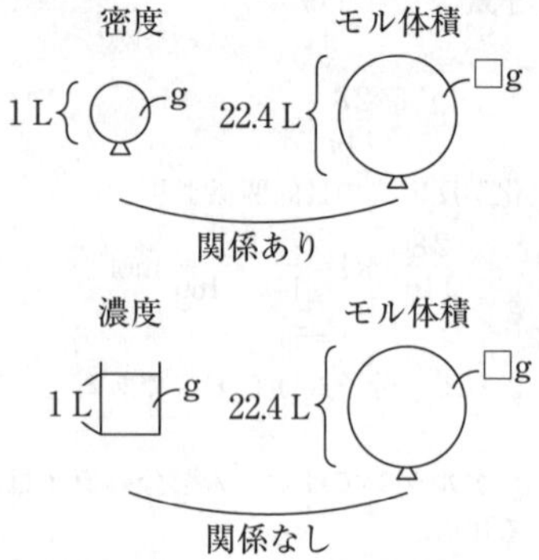
密度
モル体積
1 L
g
22.4 L
□g
関係あり
濃度
モル体積
1 L
g
22.4 L
□g
関係なし

174 解答

(1) $C_nH_{2n-2} + \frac{3n-1}{2} O_2 \longrightarrow nCO_2 + (n-1)H_2O$

(2) $CH \equiv C-CH_3$

ベストフィット

同温・同圧のとき，体積は物質量に比例する。

解説 (1) アルキンの分子式を C_nH_{2n-2} とすると

$C_nH_{2n-2} + O_2 \longrightarrow CO_2 + H_2O$

$C_nH_{2n-2} + O_2 \longrightarrow nCO_2 + (n-1)H_2O$　　右辺の C 数 $= n$，右辺の H 数 $= 2n-2$

$C_nH_{2n-2} + \frac{3n-1}{2} O_2 \longrightarrow nCO_2 + (n-1)H_2O$　　右辺の O 数 $= 2n + (n-1)$
$= 3n-1$

(2) 同温・同圧で❶体積が 4 倍の酸素が必要である。
→アルキン 1 mol に対して酸素 4 mol が反応する。

$C_nH_{2n-2} + \frac{3n-1}{2} O_2 \longrightarrow nCO_2 + (n-1)H_2O$

化学反応式の量的関係より

$1 : 4 = 1 : \frac{3n-1}{2}$

$\frac{3n-1}{2} = 4$

$n = 3$

よって，分子式は C_3H_4 である。

アルキン C_3H_4 の構造は以下の 1 つしか考えられない。

C≡C–C

❶ Ⓟ$V = n$ⓇⓉ ⇔ $\frac{V}{n} = \frac{ⓇⓉ}{Ⓟ} =$ 一定

V は n に比例 → 物質量比 = 体積比

175 解答

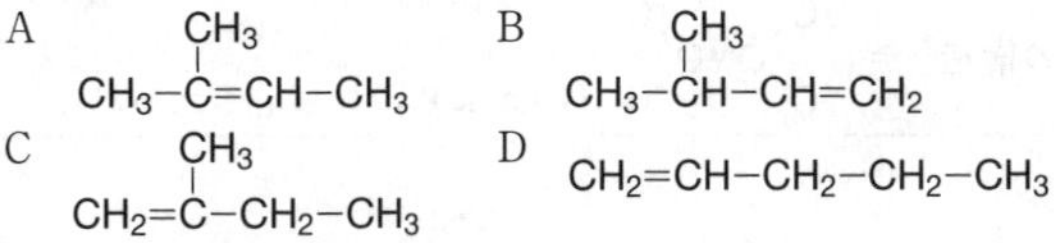

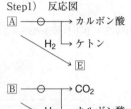

A
$$CH_2=C-CH-CH_3$$ (CH₃)
B
C
D

解説 Step1) 反応図

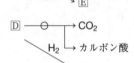

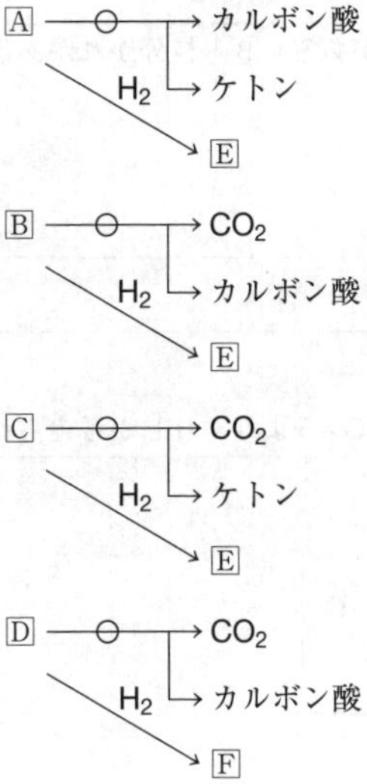

Step2) 異性体

⬭→ : 酸化

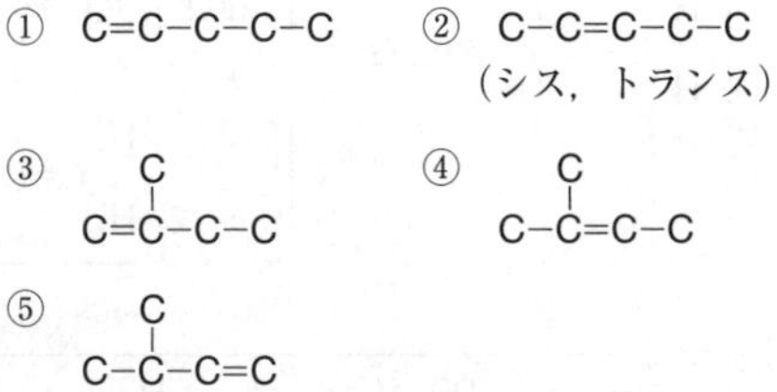

① C=C-C-C-C

② C-C=C-C-C
（シス，トランス）

③
$$\overset{C}{C=C-C-C}$$

④
$$\overset{C}{C-C=C-C}$$

⑤
$$\overset{C}{C-C-C=C}$$

②を過マンガン酸カリウムで酸化するとカルボン酸が2つ生成する。

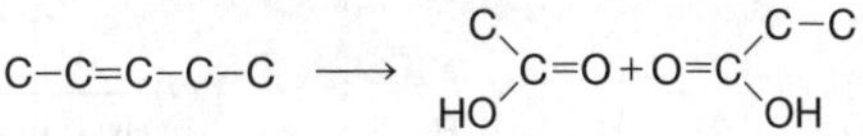

$$C-C=C-C-C \longrightarrow \underset{HO}{\overset{C}{\underset{}{C=O}}} + O=\underset{OH}{\overset{C-C}{C}}$$

カルボン酸を2つ生成するものはないため，②の構造は適当でない。
H₂を付加して異なる生成物Fを生成するDは，鎖の形の異なる①である。

Step3) 構造決定

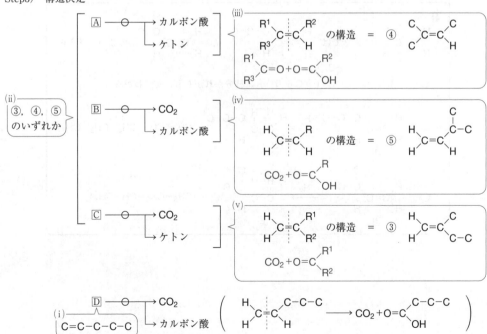

別解 異性体を考えずに解く。

$\boxed{A} \longrightarrow \ominus \left\{ \begin{array}{l} \rightarrow \text{カルボン酸} \\ \rightarrow \text{ケトン} \end{array} \right.$

(i)
$\begin{array}{c} R^1 \\ R^3 \end{array} C=C \begin{array}{c} R^2 \\ H \end{array}$ の構造 = $\begin{array}{c} C \\ C \end{array} C=C \begin{array}{c} C \\ H \end{array}$ C×5 よりこれしか考えられない。

$\downarrow$ H₂

(ii)
$\boxed{E} \left\{ \begin{array}{c} C \\ | \\ C-C-C-C \end{array} \right.$

$\boxed{B} \longrightarrow \ominus \left\{ \begin{array}{l} \rightarrow CO_2 \\ \rightarrow \text{カルボン酸} \end{array} \right.$

$\begin{array}{c} H \\ H \end{array} C=C \begin{array}{c} R \\ H \end{array}$ の構造

(iv)
(ii)より$\boxed{E}$は枝分かれがある＝$\boxed{B}$も枝分かれがある。

$\begin{array}{c} H \\ H \end{array} C=C \begin{array}{c} \overset{C}{\underset{|}{C}}-C \\ H \end{array}$ ❶

$\downarrow$ H₂

$\boxed{E}$

$\boxed{C} \longrightarrow \ominus \left\{ \begin{array}{l} \rightarrow CO_2 \\ \rightarrow \text{ケトン} \end{array} \right.$

(iii)
$\begin{array}{c} H \\ H \end{array} C=C \begin{array}{c} R^1 \\ R^2 \end{array}$ の構造 = $\begin{array}{c} H \\ H \end{array} C=C \begin{array}{c} C \\ C-C \end{array}$ C×5 よりこれしか考えられない。

$\downarrow$ H₂

$\boxed{E}$

$\boxed{D} \longrightarrow \ominus \left\{ \begin{array}{l} \rightarrow CO_2 \\ \rightarrow \text{カルボン酸} \end{array} \right.$

$\begin{array}{c} H \\ H \end{array} C=C \begin{array}{c} R \\ H \end{array}$ の構造

(v)
(iv)より

$\begin{array}{c} H \\ H \end{array} C=C \begin{array}{c} C-C-C \\ H \end{array}$ ❶

$\downarrow$ H₂

$\boxed{F}$

---

❶

$\begin{array}{c} H \\ H \end{array} C=C \begin{array}{c} R \\ H \end{array}$ の構造では $\begin{array}{c} H \\ H \end{array} C=C \begin{array}{c} C-C-C \\ H \end{array}$ と $\begin{array}{c} H \\ H \end{array} C=C \begin{array}{c} \overset{C}{\underset{|}{C}}-C \\ H \end{array}$ の2つが考えら

れるが, (ii)の$\boxed{E}$ = $\overset{C}{\underset{|}{C}}$C-C-C-C より, $\boxed{B}$は枝分かれがあることがわかる。

× $\begin{array}{c} H \\ H \end{array} C=C \begin{array}{c} C-C-C \\ H \end{array} \xrightarrow{H_2} \begin{array}{c} H \ H \ H \\ | \ | \ | \\ C-C-C-C \\ | \ | \ | \\ H \ H \ H \end{array}$ ($CH_3-CH_2-CH_2-CH_2-CH_3$)

$\boxed{D}$ $\boxed{F}$

○ $\begin{array}{c} H \\ H \end{array} C=C \begin{array}{c} \overset{C}{\underset{|}{C}}-C \\ H \end{array} \xrightarrow{H_2} \begin{array}{c} H \ H \ \overset{C}{\underset{|}{C}} \\ | \ | \ | \\ C-C-C \\ | \ | \ | \\ H \ H \ H \end{array}$ ($\begin{array}{c} CH_3 \\ | \\ CH_3-CH_2-CH-CH_3 \end{array}$)

$\boxed{B}$ $\boxed{E}$

176　解答

(1)　① 130 ～ 140℃　　② 160 ～ 170℃

(2)　A　CH₃–CH₂–ONa, ナトリウムエトキシド

$$CH_3-CH_2-ONa$$

B　CH₃–C $\overset{\diagup H}{\diagdown O}$ ，アセトアルデヒド

C　CH₃–C $\overset{\diagup OH}{\diagdown O}$ ，酢酸

▶ **ベストフィット**

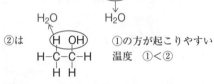

第一級アルコール $\underset{還元}{\overset{酸化}{\rightleftharpoons}}$ アルデヒド $\underset{還元}{\overset{酸化}{\rightleftharpoons}}$ カルボン酸

$$R-\overset{\overset{H}{|}}{\underset{\underset{OH}{|}}{C}}-H \qquad R-\overset{}{\underset{\underset{O}{\|}}{C}}-H \qquad R-\overset{}{\underset{\underset{O}{\|}}{C}}-OH$$

解説　(1)　①は　CH₃–CH₂–O(H　HO)–CH₂–CH₃

　　　　　　　　　　　H₂O　　　　H₂O

②は

$$H-\overset{\overset{H}{|}}{\underset{\underset{H}{|}}{C}}-\overset{}{\underset{\underset{H}{|}}{C}}-H$$

①の方が起こりやすい
温度 ①<②

①　130 ～ 140℃　　② 160 ～ 170℃

(2)　A　H₂O と Na の反応を考える

$$2Na+2H_2O \longrightarrow 2NaOH+H_2\uparrow$$

アルコールは基本的に水　H $\overset{\diagup O}{\diagdown}$ H

反応も同じ　　　　　　　R $\overset{\diagup O}{\diagdown}$ H

$$2Na+2R-OH \longrightarrow 2Na-O-R+H_2\uparrow \quad ⓐ$$
$$\longrightarrow 2R-ONa+H_2\uparrow \quad CH_3-CH_2-ONa$$
$$2Na+2C_2H_5OH \longrightarrow 2C_2H_5ONa+H_2\uparrow \quad ナトリウムエトキシド$$

B，C について K₂Cr₂O₇ は酸化剤

アルコールを酸化してB，さらに酸化してC

$$R-\overset{\overset{H}{|}}{\underset{\underset{H}{|}}{C}}-OH \qquad R-\overset{\overset{H}{\diagup}}{C}\diagdown_O \qquad R-\overset{\overset{OH}{\diagup}}{C}\diagdown_O$$

　　　　　　　　アルデヒド　　　カルボン酸

C₂H₅OH　　ⓑ CH₃–C $\overset{\diagup H}{\diagdown O}$　　ⓒ CH₃–C $\overset{\diagup OH}{\diagdown O}$

　　　　　アセトアルデヒド　　　　酢酸

177 （解答）

(1) (ア) 水素　　(イ) ナトリウムメトキシド　　(ウ) 16
　　(エ) 3.4
(2) (オ) エチレン　　(カ) 水　　(キ) 2.24　　(ク) 1.79

▶ ベストフィット

化学反応式を書き，量的関係より求める。

解説　(1) $2CH_3OH$　　　$+$　　　$2Na$　　　$\longrightarrow$　　　$2CH_3ONa$　　　$+$　　　H_2

$\dfrac{9.6}{32}$ mmol $\longrightarrow$ $\dfrac{9.6}{32}$ mmol $\longrightarrow$ $\dfrac{9.6}{32} \times \dfrac{1}{2}$ mmol

↓ 分子量 54

$\dfrac{9.6}{32}$ mmol $\times 54$ g/mol 　　　$\dfrac{9.6}{32} \times \dfrac{1}{2}$ mmol $\times 22.4$ L/mol

$= 16.2$ 　　　$= 3.36$

$\fallingdotseq 16$ mg 　　　$\fallingdotseq 3.4$ mL

(2) C_2H_5OH　　$\longrightarrow$　　C_2H_4　　$+$　　H_2O

$\dfrac{3.68}{46}$ mmol $\longrightarrow$ $\dfrac{3.68}{46}$ mmol

↓ 分子量 28

$\dfrac{3.68}{46}$ mmol $\times 28$ g/mol 　　　$\dfrac{3.68}{46}$ mmol $\times 22.4$ L/mol

$= 2.24$ mg 　　　$= 1.792$

　　　$\fallingdotseq 1.79$ mL

178 解答

(1) A $CH_3-CH_2-CH_2-CH_2-OH$ B $CH_3-CH_2-\overset{*}{C}H-CH_3$ C $CH_3-CH-CH_2-OH$
$\underset{OH}{|}$ $\overset{\displaystyle CH_3}{|}$

D $CH_3-\overset{\displaystyle CH_3}{\underset{\underset{OH}{|}}{\overset{|}{C}}}-CH_3$ E $CH_3-CH_2-CH_2-O-CH_3$ F $CH_3-\overset{\displaystyle CH_3}{\overset{|}{CH}}-O-CH_3$

G $CH_3-CH_2-O-CH_2-CH_3$

(2) B, I   (3) C_2H_5OH

解説 (1)

Step1) 反応図

$\boxed{\text{沸点}}$
$\boxed{A > C}$

> ベストフィット

アルコール・エーテルの構造決定
① Na ② 酸化 ③ 脱水
④ ヨードホルム反応

Step2) 異性体

① C-C-C-C-OH   ② C-C-C-C
$\underset{OH}{|}$

③ $\underset{\displaystyle C-C-C-OH}{\overset{\displaystyle C}{|}}$ ④ $\underset{\underset{OH}{\displaystyle |}}{\overset{\displaystyle C}{\overset{|}{C-C-C}}}$

⑤ C-C-C-O-C   ⑥ C-C-O-C-C

⑦ $\overset{\displaystyle C}{\underset{}{\overset{|}{C-C-O-C}}}$

Step3) 構造決定

(2) ヨードホルム反応 = $CH_3-\underset{OH}{\overset{|}{CH}}-$ or $CH_3-\underset{O}{\overset{|}{C}}-$

$\boxed{B}$ $\boxed{I}$
$CH_3-CH_2-\boxed{\underset{OH}{\overset{|}{CH}-CH_3}}$ $CH_3-CH_2-\boxed{\underset{O}{\overset{\|}{C}-CH_3}}$

3. 酸素を含む脂肪族化合物 ········ **189**

179 解答

(1) A CH$_3$-CH$_2$-CH$_2$-C-CH$_3$ B CH$_3$-CH$_2$-CH$_2$-CH$_2$-C-H   C CH$_3$-CH$_2$-C-CH$_2$-CH$_3$
                    O   O   O

     D CH$_3$-CH$_2$-CH$_2$-C*H-CH$_3$ E CH$_3$-CH$_2$-CH$_2$-CH$_2$-CH$_2$-OH
                       OH

     F CH$_3$-CH$_2$-CH-CH$_2$-CH$_3$ G CH$_3$-CH$_2$-CH$_2$-CH$_2$-C-OH
                 OH   O

(2) ① 色 黄   化学式 CHI$_3$
     ② 色 赤   化学式 Cu$_2$O

> **ベストフィット**
>
> アルデヒド・ケトンの構造決定
> ① 酸化 ② 銀鏡反応
> ③ フェーリング液の還元
> ④ ヨードホルム反応

解説

Step1) 反応図

        D ——○——→ A（ヨード○）
    （ヨード○）

        E ——○——→ B（フェーリング○）——○——→ G

        F ——○——→ C

Step2) 異性体
       （カルボニル and 枝分かれなし）

① C-C-C-C-C
           O

② C-C-C-C-C
          O ——❶

③ C-C-C-C-C
        O

> **❶**   不斉炭素原子
>   ↙ ではない
> C-C-C-C-C
>   O
> 不斉炭素原子は4つの異なる原子や
> 原子団をもつ。

Step3) 構造決定

        D ——○——→ A（ヨード○）
(i) C-C-C-C-C ←—————— ②
       OH

        E ——○——→ B（フェーリング○）——○——→ G
(ii) C-C-C-C-C ←—————— ① ——————→ C-C-C-C-C-OH
     OH   O

        F ——○——→ C
(iii) C-C-C-C-C ←—————— ③
       OH

180 解答

① ナトリウムメトキシド　② 2-メチル-2-プロパノール　③ ジエチルエーテル
④ アセトアルデヒド

⑤ 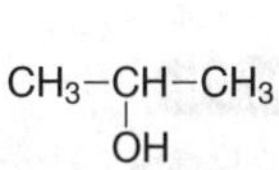　⑥ 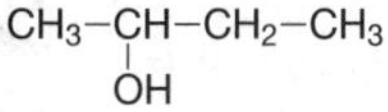　⑦ 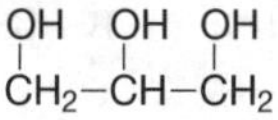　⑧ CH_3-CH_2-ONa

⑨ 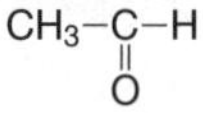　⑩ 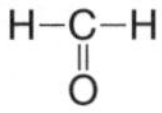　⑪ 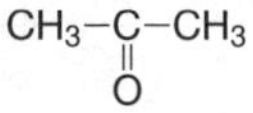　⑫ 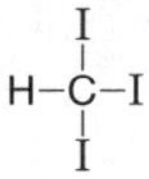

(1) ⑤, ⑥　(2) ⑦　(3) ④, ⑨, ⑩　(4) ④, ⑤, ⑥, ⑨, ⑪

解説

① CH_3-O-Na
meth oxide Na
Na-methoxide
ナトリウム-メトキシド

② 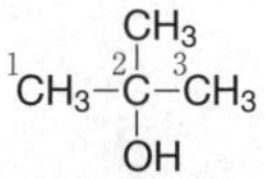
2-methyl-2-propan ol
$-CH_3$の位置　C×1のついた　$-OH$の位置　C×3 +単結合　$-OH$

③ $C_2H_5-O-C_2H_5$
di ethyl ether
2つの　C×2のついた　エーテル

④ 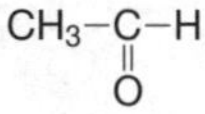
慣用名は暗記 ❶

⑤ 2-propan ol
$-OH$の位置　C×3 +単結合　$-OH$

⑥ 2-butan ol
$-OH$の位置　C×4 +単結合　$-OH$

⑦ グリセリン(=慣用名)
=1,2,3-propan tri ol
3つの$-OH$の位置　C×3 +単結合　3つの　$-OH$

⑧ Na-eth oxide
Na - C×2 酸化物

⑨ 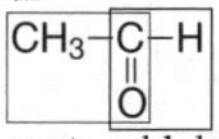
acet ❶ aldehyde

⑩ 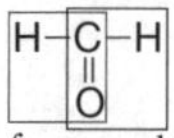
form ❶ aldehyde

⑪ di methyl ketone
2つの　C×1のついた　ケトン
(慣用名 アセトン)

⑫ ヨード=ヨウ素 ❷

> **ベストフィット**
> 命名法(本冊→ p.254)を参考にする。
>
> ❶
> 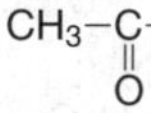をアセチル基(acet-yl)
> 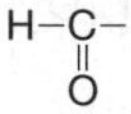をホルミル基(form-yl)
> とよぶことを覚えておくと便利。
> ❷
> 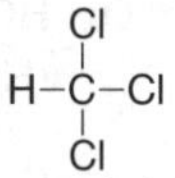
> クロロホルム
> ↓
> 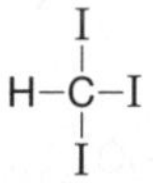
> ヨードホルム

(1)(2) $-OH$の個数で分類 → 価数
$-OH$が結合しているCに結合している炭化水素基の数で分類 → 級数

(3) 銀鏡反応(還元性の確認)=アルデヒド

(4) ④⑨ 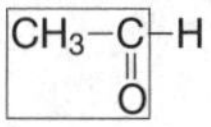　⑤ 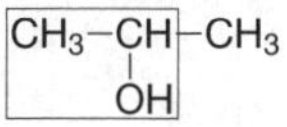　⑥ 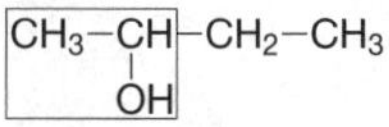　⑪ 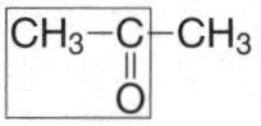

181 解答

(1) ① (c) ② (f) ③ (d) ④ (a)

(2) A 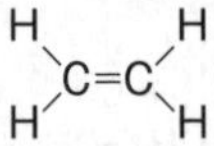
$$H_2C=CH_2$$
　　エチレン　　B　$CH_3-CH_2-O-CH_2-CH_3$　　ジエチルエーテル

C　$CH_3-C\overset{O}{\underset{OH}{}}$　酢酸

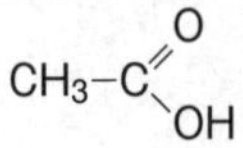

解説

(1) $K_2Cr_2O_7$ がくれば酸化
　① 酸化　② 付加重合 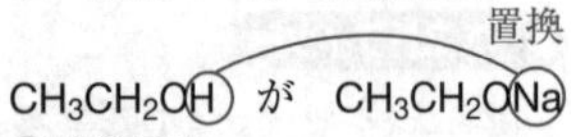
　　　　　　　　　　　置換
　CH_3CH_2OH が　CH_3CH_2ONa になった
　③置換反応
　CHI_3 はヨードホルム 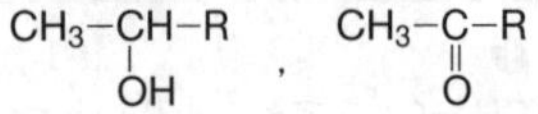
　$CH_3-\underset{OH}{CH}-R$ 　,　$CH_3-\underset{O}{C}-R$ 　の構造がある
　④ ヨードホルム反応

(2)
　Aは高温　　$\underset{C-C}{H\ OH}$ →H_2O
　Bは低温　　$R^1-OH\ HO-R^2$
　　　　　　　　→H_2O

A　$H-\underset{H}{\overset{H\ OH}{C}}-\underset{H}{C}-H \longrightarrow H_2C=CH_2 +H_2O$
　　　　　　　　　　　　　　　　　　　　エチレン

B　$CH_3-CH_2-OH\ HO-CH_2-CH_3$　→H_2O
　　$CH_3-CH_2-O-CH_2-CH_3$
　　ジエチルエーテル

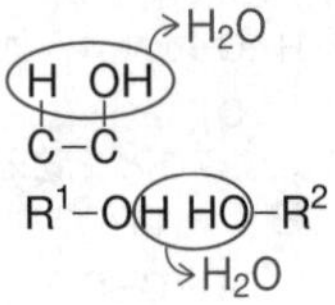

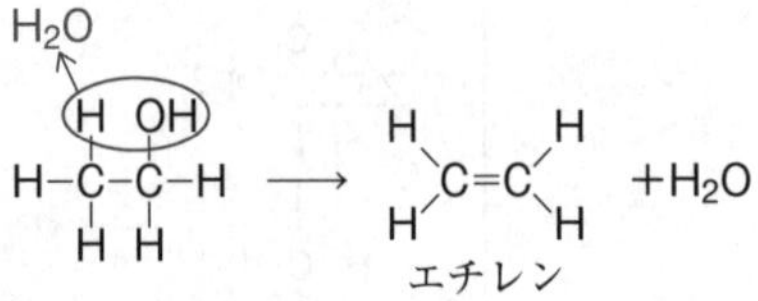

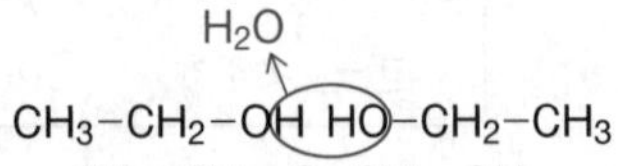

C　最も酸化された形　カルボン酸
　$CH_3-C\overset{O}{\underset{OH}{}}$

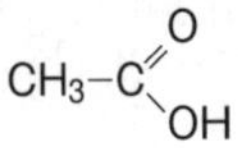

182 （解答）

(1)　$C_nH_{2n+2}O$　　(2)　60　　(3)　$CH_3-CH-CH_3$
　　　　　　　　　　　　　　　　　　　　$\overset{|}{OH}$

解説　(1)　$\underset{\substack{\| \\ -OH\,基が \\ 1つ}}{\underline{1価}}$ $\underset{\substack{\| \\ C-C\,間は \\ すべて単結合}}{\underline{飽和アルコール}}$ ⟶　アルカンのHが1つOHに置換。
　　　　　　　　　　　　　　　$C_nH_{2n+2} - H + OH = C_nH_{2n+1}OH$
　　　　　　　　　　　　　　　　　　　　　　　　$= C_nH_{2n+2}O$

第二級　　　酸化　　　　　　酸化
アルコール　⇄　ケトン　⟶　×
　　　　　　還元

(2)　1価の飽和アルコールの分子量をMとする。

$$2R-OH + 2Na \longrightarrow 2R-ONa + H_2$$

$\dfrac{3.0}{M}\,mol \longrightarrow \dfrac{3.0}{M}\times\dfrac{1}{2}\,mol$

　　　　　　　　　　　　↓

　　　　　　$\dfrac{3.0}{M}\times\dfrac{1}{2}\times 22.4\,L$

体積の関係より

$$\dfrac{3.0}{M}\times\dfrac{1}{2}\times 22.4 = 0.56$$

$$M = 60$$

(3)　$C_nH_{2n+2}O = 60$ より

$$12n + 2n + 2 + 16 = 60$$

$$n = 3$$

よって，Aの分子式はC_3H_8Oである。

$\boxed{A}$ ⟶─○─⟶　ヨードホルム○の物質（$\boxed{B}$）─○─⟶　×
$\boxed{A}$は第二級
　　アルコール　←────────────────────　$\boxed{B}$はケトン

$\boxed{A}$
$C-\overset{|}{\underset{|}{C}}-C$　（ヨードホルム○とも一致）
　$\overset{|}{OH}$

---

183 （解答）

(1)　A　ホルムアルデヒド　　B　ギ酸　　(2)　黒色，CuO
(3)　メタノールを酸化し，自身は還元されてもとの銅に戻ったため。
(4)　赤色，Cu_2O
(5)　$HCHO + 2[Ag(NH_3)_2]^+ + 3OH^- \longrightarrow HCOO^- + 2Ag + 4NH_3 + 2H_2O$
(6)　ギ酸がホルミル基をもつため。

相手を酸化する物質が酸化剤，
還元する物質が還元剤である。

解説

下線部① $2Cu + O_2 \longrightarrow 2CuO$(黒色)

下線部②

$$
\begin{array}{c}
H \\
| \\
H-C-H \\
| \\
OH
\end{array}
\xrightarrow[\substack{-2H \\ (酸化)}]{\substack{CuO \longrightarrow Cu \\ (還元)}}
\begin{array}{c}
H-C-H \\
\| \\
O
\end{array}
$$

(CH_3OH) 　　　　　　　$(HCHO)$

メタノール 　　　　　　ホルムアルデヒド

> ❶ フェーリング液の還元，銀鏡反応は塩基性条件下である。
>
> ❷ 緩やかに還元されるため酸化数+1の Cu_2O で反応は終了する。
>
> しかし，還元性の強いホルムアルデヒドなどを過剰に加えて加熱すると，以下のように，一部，銅鏡ができることがある。
>
> $Cu^{2+} \longrightarrow Cu^+ \longrightarrow Cu$

還元剤

$$\underset{+1}{RCHO} \longrightarrow \underset{+3}{R\underline{C}OOH}$$

$$RCHO \longrightarrow RCOOH + 2e^-$$

$$RCHO + 2OH^- \longrightarrow RCOOH + 2e^- + H_2O \quad \leftarrow 塩基性条件なので OH^- で電荷をそろえる。$$

塩基性条件下では，RCOOH は中和され $RCOO^-$ になっているので，両辺に OH^- を加える。
❶

$$RCHO + 3OH^- \longrightarrow RCOO^- + 2e^- + 2H_2O \quad \cdots ①$$

アルデヒドの還元性

酸化剤

下線部③

$$\underset{+2}{2Cu^{2+}} \longrightarrow \underset{+1}{\underline{Cu_2O}}(赤色) \quad ❷$$

$$2Cu^{2+} + 2e^- \longrightarrow Cu_2O$$

$$2Cu^{2+} + 2e^- + H_2O \longrightarrow Cu_2O + 2H^+$$

塩基性条件なので，両辺に $2OH^-$ を加えて整理する。
❶

$$2Cu^{2+} + 2e^- + 2OH^- \longrightarrow Cu_2O + H_2O$$

フェーリング液中の $Cu^{2+} \rightarrow Cu_2O$

下線部④

$$\underset{+1}{[\underline{Ag}(NH_3)_2]^+} \longrightarrow \underset{0}{\underline{Ag}} + 2NH_3$$

$$[Ag(NH_3)_2]^+ + e^- \longrightarrow Ag + 2NH_3 \quad \cdots ②$$

アンモニア性硝酸銀中の錯イオン → Ag

(5) ①+②×2 より

$$
\begin{array}{l}
HCHO + 3OH^- \longrightarrow HCOO^- + 2e^- + 2H_2O \\
+ \ 2[Ag(NH_3)_2]^+ + 2e^- \longrightarrow 2Ag + 4NH_3 \\
\hline
HCHO + 2[Ag(NH_3)_2]^+ + 3OH^- \longrightarrow HCOO^- + 2Ag + 4NH_3 + 2H_2O
\end{array}
$$

(6) 下線部⑤

$$H-\underset{\underset{O}{\|}}{C}-H \quad \xrightarrow{-\ominus\rightarrow} \quad \boxed{H-\underset{\underset{O}{\|}}{C}-OH} \quad \text{ホルミル基}$$

(HCHO)   (HCOOH)

ホルムアルデヒド   ギ酸

Ⓐ   Ⓑ

---

184 解答

(1) $C_2H_5OC_2H_5$ ジエチルエーテル

(2) C_2H_5OH エタノール

> ▶ ベストフィット
>
> カルボニル化合物は $-\underset{\underset{O}{\|}}{C}-$ の構造をもつ。

....

解説 (1) ヨード○ $CH_3-\underset{\underset{OH}{|}}{CH}-R$ $\longrightarrow\ominus$ 銀鏡○   アルコール X は第一級アルコール。

                     アルコール X   → R=H

アルコール X は CH_3-CH_2-OH である。

                                   分子間脱水

$$CH_3-CH_2-OH \xrightarrow[140℃]{H_2SO_4} CH_3-CH_2-O-CH_2-CH_3$$

(2) ヨード○ $CH_3-\underset{\underset{O}{\|}}{C}-R$ $\longrightarrow\ominus$ カルボン酸   カルボニル化合物 X はアルデヒド。

                                       → R=H

カルボニル化合物 X は $CH_3-\underset{\underset{O}{\|}}{C}-H$ である。

$$CH_3-\underset{\underset{O}{\|}}{C}-H \xrightarrow[+2H]{還元} CH_3-\underset{\underset{OH}{|}}{\overset{\overset{H}{|}}{C}}-H \quad (CH_3-CH_2-OH)$$

補足 酸素原子1個という記述がないと，次のような構造が考えられるため構造決定できない。

$$\boxed{CH_3-\underset{\underset{O}{\|}}{C}-}C_n\boxed{-\underset{\underset{O}{\|}}{C}-H}$$

ヨード○   アルデヒド

185 解答

A
$$CH_3-\underset{\underset{CH_3}{|}}{\overset{\overset{CH_3}{|}}{C}}-CH_2-OH$$

B
$$\underset{\underset{OH}{|}}{CH_2}-\overset{\overset{CH_3}{|}}{CH}-CH_2-CH_3$$

C
$$CH_3-\overset{\overset{CH_3}{|}}{CH}-CH_2-CH_2-OH$$

D $CH_3-CH_2-CH_2-CH_2-CH_2-OH$

E
$$CH_3-\overset{\overset{CH_3}{|}}{CH}-\underset{\underset{OH}{|}}{CH}-CH_3$$

F
$$CH_3-CH_2-CH_2-\underset{\underset{OH}{|}}{CH}-CH_3$$

G
$$CH_3-CH_2-\underset{\underset{OH}{|}}{CH}-CH_2-CH_3$$

H
$$CH_3-\underset{\underset{OH}{|}}{\overset{\overset{CH_3}{|}}{C}}-CH_2-CH_3$$

> **ベストフィット**
>
> 1つずつ構造を決定することで
> 問題を単純化できる。

解説

Step2）異性体

（$C_5H_{12}O$ ＝ 1価の飽和アルコール or 飽和エーテル。下の(i)よりエーテルは除外）

① C-C-C-C-C-OH

② $C-C-C-\underset{\underset{OH}{|}}{C}-C$

③ $C-C-\underset{\underset{OH}{|}}{C}-C-C$

④ $C-\overset{\overset{C}{|}}{C}-C-C-OH$

⑤ $\overset{\overset{C}{|}}{\underset{\underset{OH}{|}}{C}}-C-C$（$C-\overset{C}{C}-C$ with OH）

⑥ $C-\overset{\overset{C}{|}}{\underset{\underset{OH}{|}}{C}}-C-C$

⑦ $C-\overset{\overset{C}{|}}{\underset{\underset{OH}{|}}{C}}-C-C$

⑧ $C-\overset{\overset{C}{|}}{\underset{\underset{C}{|}}{C}}-C-OH$

Step1）, Step3）　反応図＋構造決定

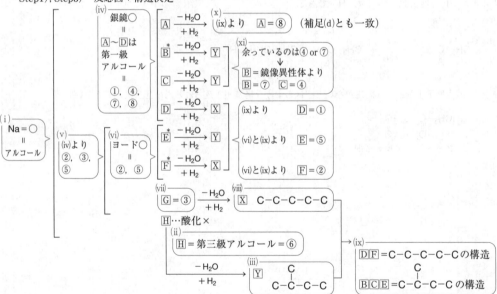

----

196 ········ 第4章　有機化合物

補足 (c) （水酸化ナトリウム水溶液＋ヨウ素）＝ヨードホルム反応

(d) Ⓐ＝⑧　　$CH_3-\overset{\overset{\displaystyle CH_3}{|}}{\underset{\underset{\displaystyle CH_3}{|}}{C}}-\overset{\overset{\displaystyle OH}{|}}{\underset{\underset{\displaystyle H}{|}}{C}}-H$　は OH の結合している C の隣の C に H が結合していないため分子内脱水できない。

$R^1-\overset{\boxed{H}}{\underset{\underset{\displaystyle R^2}{|}}{\overset{|}{C}}}-\overset{\boxed{OH}}{\underset{\underset{\displaystyle R^3}{|}}{\overset{|}{C}}}-R^4 \longrightarrow \overset{\overset{\displaystyle R^1}{|}}{\underset{\underset{\displaystyle R^2}{|}}{C}}=\overset{\overset{\displaystyle R^4}{|}}{\underset{\underset{\displaystyle R^3}{|}}{C}} + H_2O$　　$R^2-\overset{\boxed{R^1}}{\underset{\underset{\displaystyle R^3}{|}}{\overset{|}{C}}}-\overset{\boxed{OH}^{\times}}{\underset{\underset{\displaystyle R^4}{|}}{\overset{|}{C}}}-R^5 \longrightarrow \times$

(e) 分子内脱水や付加反応が起こっても C の基本骨格は変化しない → C の基本骨格を推定できる。

例　$\overset{\overset{\displaystyle OH}{|}}{C}-C-C-C \xrightarrow{-H_2O} C=C-C-C \xrightarrow{+H_2} \overset{\overset{\displaystyle H\ \ H}{|\ \ |}}{C}-C-C-C$ （以下 H 付加）

$C-\overset{\overset{\displaystyle OH}{|}}{C}-C-C \xrightarrow{-H_2O} C-C=C-C \xrightarrow{+H_2} C-\overset{\overset{\displaystyle H\ \ H}{|\ \ |}}{C}-C-C$

$C-\overset{\overset{\displaystyle C}{|}}{\underset{\underset{\displaystyle OH}{|}}{C}}-C \xrightarrow{-H_2O} C=\overset{\overset{\displaystyle C}{|}}{C}-C \xrightarrow{+H_2} \overset{\overset{\displaystyle H\ \ H}{|\ \ |}}{C}-\overset{\overset{\displaystyle C}{|}}{\underset{\underset{\displaystyle H\ \ H}{|\ \ |}}{C}}-C$

(f) Ⓑ＝⑦　　　　　　　Ⓔ＝⑤　　　　　　　Ⓕ＝②

$HO-C-\overset{\overset{\displaystyle C}{|}}{C^*}-C-C$　　　$C-\overset{\overset{\displaystyle C}{|}}{C}-\overset{\overset{\displaystyle OH}{|}}{C^*}-C$　　　$C-C-C-\overset{\overset{\displaystyle OH}{|}}{C^*}-C$

別解

Step1），Step3）　反応図＋構造決定

(a)より A ～ H はすべてアルコール

Ⓐ $\xrightarrow{H_2SO_4}$ ×　　(ii) (d), C_5 より　Ⓐ＝$HO-C-\overset{\overset{\displaystyle C}{|}}{\underset{\underset{\displaystyle C}{|}}{C}}-C$

(b)より
A ～ D は
第一級アルコール

Ⓑ* $\xrightarrow[+H_2]{-H_2O}$ Ⓨ　　(iv) Ⓑは $C-\overset{\overset{\displaystyle C}{|}}{C}-C-C$ を主鎖にもつ第一級アルコール＋不斉炭素原子あり　Ⓑ＝$HO-C-\overset{\overset{\displaystyle C}{|}}{C^*}-C-C$

Ⓒ $\xrightarrow[+H_2]{-H_2O}$ Ⓨ　　(v) (iv)と同様に不斉炭素原子なしの　Ⓒ＝$C-\overset{\overset{\displaystyle C}{|}}{C}-C-C-OH$

Ⓓ $\xrightarrow[+H_2]{-H_2O}$ Ⓧ　　(ix) (viii)と第一級アルコールより　Ⓓ＝$C-C-C-C-C-OH$

(c)より
$CH_3-\overset{\overset{\displaystyle OH}{|}}{CH}-$

Ⓔ* $\xrightarrow[+H_2]{-H_2O}$ Ⓨ　　(vi) (iv)とヨード〇より　Ⓔ＝$C-\overset{\overset{\displaystyle C}{|}}{C}-\overset{\overset{\displaystyle OH}{|}}{C^*}-C$

Ⓕ* $\xrightarrow[+H_2]{-H_2O}$ Ⓧ　　(vii) (vi)とヨード〇より考えられる構造はⒺの構造をとれないため1つしかない。　Ⓕ＝$C-C-C-\overset{\overset{\displaystyle OH}{|}}{C}-C$　　　→ (viii) Ⓧ＝$C-C-C-C-C$

Ⓖ $\xrightarrow[+H_2]{-H_2O}$ Ⓧ　　(x) (vii)と(ix)より　Ⓖ＝$C-C-\overset{\overset{\displaystyle OH}{|}}{C}-C-C$

(b)より
H は
第三級アルコール

Ⓗ　　(i) 第三級＋C_5より　Ⓗ＝$C=\overset{\overset{\displaystyle C}{|}}{\underset{\underset{\displaystyle OH}{|}}{C}}-C-C$ $\xrightarrow[+H_2]{-H_2O}$ (iii) Ⓨ＝$C-\overset{\overset{\displaystyle C}{|}}{C}-C-C$

$$
\text{A} \quad \underset{\overset{|}{\text{CH}_3}}{\text{CH}_3-\text{CH}-\text{CH}_2-\text{OH}} \qquad\qquad \text{E} \quad \underset{\overset{|}{\text{OH}}}{\overset{\overset{\text{CH}_3}{|}}{\text{CH}_3-\text{C}-\text{CH}_3}} \qquad\qquad \text{F} \quad \text{CH}_2=\text{CH}-\text{CH}_2-\text{CH}_3
$$

解説　Step1)　反応図

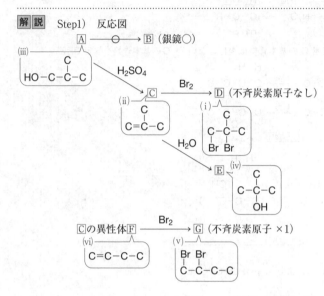

► ベストフィット

付加反応や脱水反応をさせても炭素骨格は変わらない。

$$
\underset{\overset{|}{\text{OH}}}{\text{C}-\text{C}-\text{C}-\text{C}} \xrightarrow{\text{脱水}} \text{C}=\text{C}-\text{C}-\text{C}
$$

$$
\xrightarrow{\text{Br}_2} \underset{\overset{|}{\text{Br}}\ \overset{|}{\text{Br}}}{\text{C}-\text{C}-\text{C}-\text{C}}
$$

$$
\underset{\overset{|}{\text{OH}}}{\overset{\overset{\text{C}}{|}}{\text{C}-\text{C}-\text{C}}} \xrightarrow{\text{脱水}} \overset{\overset{\text{C}}{|}}{\text{C}=\text{C}-\text{C}}
$$

$$
\xrightarrow{\text{Br}_2} \underset{\overset{|}{\text{Br}}\ \overset{|}{\text{Br}}}{\overset{\overset{\text{C}}{|}}{\text{C}-\text{C}-\text{C}}}
$$

Step3)　構造決定

(i), (ii), (iii)
$$
\boxed{\text{A}} \xrightarrow[\text{二重結合}]{\text{分子内脱水}} \boxed{\text{C}} \xrightarrow{\text{Br}_2\ \text{の付加}} \boxed{\text{D}}
$$

$\boxed{\text{C}} \longrightarrow \boxed{\text{D}}$ として考えられるのは次の3通りである。

① $\text{C}=\text{C}-\text{C}-\text{C} \longrightarrow \underset{\overset{|}{\text{Br}}\ \overset{|}{\text{Br}}}{\text{C}-\overset{*}{\text{C}}-\text{C}-\text{C}}$

② $\text{C}-\text{C}=\text{C}-\text{C} \longrightarrow \underset{\overset{|}{\text{Br}}\ \overset{|}{\text{Br}}}{\text{C}-\overset{*}{\text{C}}-\overset{*}{\text{C}}-\text{C}}$

③ $\overset{\overset{\text{C}}{|}}{\text{C}=\text{C}-\text{C}} \longrightarrow \underset{\overset{|}{\text{Br}}\ \overset{|}{\text{Br}}}{\overset{\overset{\text{C}}{|}}{\text{C}-\text{C}-\text{C}}}$

不斉炭素原子を含まないのは③である。

(iii)　$\boxed{\text{A}} \overset{\ominus}{\longrightarrow} \boxed{\text{B}}$ で，$\boxed{\text{B}}$ はアルデヒド＝$\boxed{\text{A}}$ は第一級アルコール

$$
\overset{\overset{\text{C}}{|}}{\text{C}=\text{C}-\text{C}} \xleftarrow{\text{H}_2\text{SO}_4}
\begin{array}{l}
④\ \underset{\overset{|}{\text{OH}}}{\overset{\overset{\text{C}}{|}}{\text{C}-\text{C}-\text{C}}} \\[2.5em]
⑤\ \underset{\overset{|}{\text{OH}}}{\overset{\overset{\text{C}}{|}}{\text{C}-\text{C}-\text{C}}}
\end{array}
$$

第一級アルコールは④である。

(vi), (v)　$\boxed{\text{F}}$ は $\boxed{\text{C}}$ の異性体で，Br_2 の付加で不斉炭素原子を1個もつので，$\boxed{\text{F}} \longrightarrow \boxed{\text{G}}$ は(i)の①である。

$$
\underset{\overset{|}{\text{Br}}\ \overset{|}{\text{Br}}}{\text{C}-\overset{*}{\text{C}}-\text{C}-\text{C}} \xleftarrow{\text{Br}_2} \text{C}=\text{C}-\text{C}-\text{C}
$$

187 解答

A　$CH_3-\underset{\underset{\displaystyle CH_3}{|}}{CH}-O-\underset{\underset{\displaystyle CH_3}{|}}{CH}-CH_3$　　B　$CH_3-\underset{\underset{\displaystyle OH}{|}}{CH}-\underset{\underset{\displaystyle CH_3}{|}}{CH}-CH_2-CH_3$

C　$CH_3-\underset{\underset{\displaystyle OH}{|}}{CH}-CH_3$　　D　$CH_3-\underset{\underset{\displaystyle O}{\|}}{C}-\underset{\underset{\displaystyle CH_3}{|}}{CH}-CH_2-CH_3$

▶ **ベストフィット**

$C_nH_{2n+2}O$ は1価の飽和アルコール or 飽和エーテルである。

解説　$\boxed{A} + O_2 \longrightarrow CO_2 + H_2O$
　　　　　4.08 mg　　　　　10.56 mg　5.04 mg

Cの質量$= \dfrac{10.56\text{ mg}}{44\text{ g/mol}} \times 12\text{ g/mol}$　　Hの質量$=\dfrac{5.04\text{ mg}}{18\text{ g/mol}} \times 2 \times 1.0\text{ g/mol}$　　Oの質量$= 4.08 - (2.88 + 0.56)$

　　　　　$= 2.88$ mg　　　　　　　　　　　$= 0.56$ mg　　　　　　　　　　　　　　$= 0.64$ mg

組成式を $C_xH_yO_z$ とすると，　$x:y:z = \dfrac{2.88}{12} : \dfrac{0.56}{1.0} : \dfrac{0.64}{16}$　$\left.\vphantom{\begin{array}{c}1\\1\\1\end{array}}\right\}$ 組成式の決定

　　　　　　　　　　　　　　　$= 0.24 : 0.56 : 0.04$

　　　　　　　　　　　　　　　$= 6 : 14 : 1$　　　　　組成式 $C_6H_{14}O$

分子量を M とすると，気体の状態方程式 $pV = nRT$ より

$pV = \dfrac{w}{M}RT$　　$M = \dfrac{wRT}{pV} = \dfrac{20\text{ g} \times 8.3 \times 10^3\text{ Pa·L/(K·mol)} \times 300\text{ K}}{1.0 \times 10^5\text{ Pa} \times 4.88\text{ L}}$　$\left.\vphantom{\begin{array}{c}1\\1\\1\end{array}}\right\}$ 分子量の決定

　　　　　　　　　　　　　$\fallingdotseq 102$ g/mol

$C_6H_{14}O = 102$ より，$(C_6H_{14}O)_n = 102$　　　$n = 1$　　　分子式 $C_6H_{14}O$　$\left.\vphantom{\begin{array}{c}1\\1\end{array}}\right\}$ 分子式の決定

Step1) 反応図

$\boxed{A} \xrightarrow[\text{KMnO}_4]{\text{酸化}} \times$

$\phantom{\boxed{A}}\xrightarrow[\substack{140℃\\ \text{分子間脱水}}]{H_2SO_4} \boxed{C}$ （アルコール）（ヨードホルム○）

$CH_3-\underset{\underset{\displaystyle OH}{|}}{CH}$

$\boxed{B} \xrightarrow[\text{KMnO}_4]{\text{酸化}} \boxed{D}^*$（ヨードホルム○）

$CH_3-\underset{\underset{\displaystyle O}{\|}}{C}-$

Step3) 構造決定

アルコール$\boxed{C}$が分子間脱水して，エーテル$\boxed{A}$が生じる。

$\boxed{A}$は $R-O-R$ の構造をもつ。

分子式より，炭素数は C_6 なので，$2R = C_6$，$R = C_3$ となる。

$\boxed{C} = CH_3-\underset{\underset{\displaystyle OH}{|}}{CH}-CH_3$

$\boxed{A} = CH_3-\underset{\underset{\displaystyle CH_3}{|}}{CH}-O-\underset{\underset{\displaystyle CH_3}{|}}{CH}-CH_3$

$\boxed{B} \longrightarrow\!\!\!\!/ \; \boxed{D}$　$= \boxed{B}$はエーテルではない

　　　　　　　$= \boxed{B}$はアルコール

　　　　　　　$= \boxed{D}$はアルデヒド or ケトン

$\boxed{D}$はヨードホルム反応を示すことから

$CH_3-\underset{\underset{\displaystyle O}{\|}}{C}-R$，炭素数より $R = C_6 - C_2 = C_4$

Rは不斉炭素原子をもつことから

$\boxed{D} = CH_3-\underset{\underset{\displaystyle O}{\|}}{C}-\underset{\underset{\displaystyle CH_3}{|}}{C^*}H-CH_2-CH_3$

$\boxed{B} = CH_3-\underset{\underset{\displaystyle OH}{|}}{CH}-\underset{\underset{\displaystyle CH_3}{|}}{CH}-CH_2-CH_3$

188 〔解答〕

A CH₂=CH−CH₂−OH   B CH₂=CH−O−CH₃

C CH₃−CH₂−C−H   D CH₃−C−CH₃
                 ‖   ‖
                 O   O

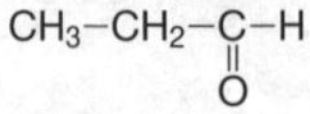

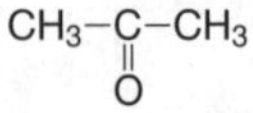

E CH₃−CH₂−CH₂−OH   F CH₃−CH₂−O−CH₃

> ▶ **ベストフィット**
>
> C 数が小さく，異性体の種類が限られるときは，異性体を書き出して構造決定する。

〔解説〕

Step1），Step3）　反応図＋構造決定

Step2）　異性体

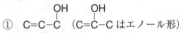

① C=C−C　（C=C−C はエノール形）

② C=C−O−C

③ C−C−C　④ C−C−C
      ‖   ‖
      O   O

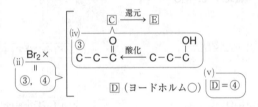

(iii)　①，②に H₂ を付加させると，

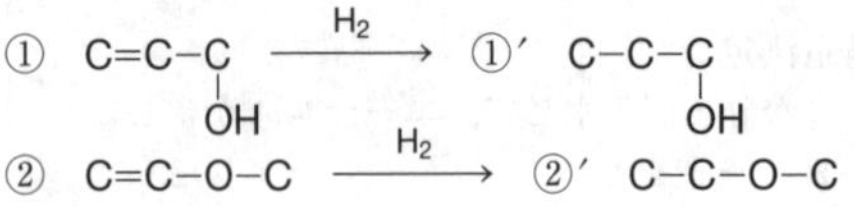

① C=C−C $\xrightarrow{H_2}$ ①′ C−C−C
     OH   OH

② C=C−O−C $\xrightarrow{H_2}$ ②′ C−C−O−C

①′はアルコール，②′はエーテルなので，沸点は①′＞②′ ❶
    ①′＝E   ②′＝F

よって，A＝①　　B＝②

> ❶ アルコールは水素結合を形成するため，エーテルに比べて沸点が高い。

189 解答

(1) $C_3H_6O_2$

(2) A $CH_3-\overset{\underset{\displaystyle |}{OH}}{C^*}H-\overset{\underset{\displaystyle \parallel}{O}}{C}-H$ B $CH_3-\overset{\underset{\displaystyle |}{OH}}{C^*}H-\overset{\underset{\displaystyle \parallel}{O}}{C}-OH$

C $CH_3-\overset{\underset{\displaystyle |}{OH}}{C^*}H-\overset{\underset{\displaystyle |}{OH}}{C}H_2$ D $CH_3-\overset{\underset{\displaystyle \parallel}{O}}{C}-H$

> ▶ **ベストフィット**
>
> 2つの官能基をもつ化合物も1つの場合と同様に構造決定を行う。

解説 $\boxed{A} \longrightarrow CO_2 + H_2O$
14.2 mg　　25.3 mg　10.4 mg

$C\,の質量 = \dfrac{25.3\,mg}{44\,g/mol} \times 12\,g/mol$　　$H\,の質量 = \dfrac{10.4\,mg}{18\,g/mol} \times 2 \times 1.0\,g/mol$　　$O\,の質量 = 14.2 - (6.90 + 1.16)$

$= 6.90\,mg$　　　　　　　　　　$\fallingdotseq 1.16\,mg$　　　　　　　　　　$= 6.14\,mg$

組成式を $C_xH_yO_z$ とすると　$x : y : z = \dfrac{6.90}{12} : \dfrac{1.16}{1.0} : \dfrac{6.14}{16}$

$= 0.575 : 1.16 : 0.384$

$\fallingdotseq 1.5 : 3.0 : 1$

$= 3 : 6 : 2$　　　　　　　　　　組成式　$C_3H_6O_2$

$C_3H_6O_2 = 74$ より，$(C_3H_6O_2)_n = 72 \sim 76$　　$n = 1$　　分子式　$C_3H_6O_2$

Step1)，Step3)
反応図＋構造決定　（$C_3H_6O_2$ は C_nH_{2n} を含むことから不飽和結合を含む）

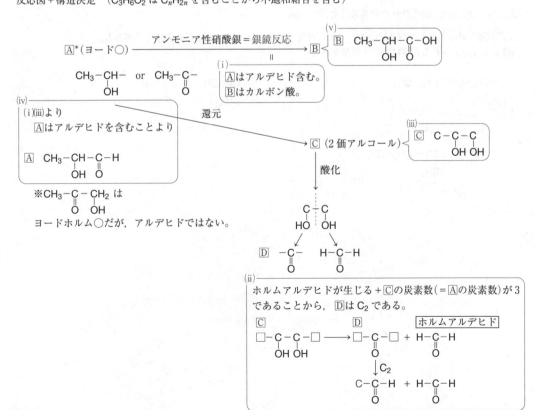

---

3. 酸素を含む脂肪族化合物 ……… 201

190 解答

CH₃ CH₃
CH₃−CH=C−CH−CH₂−CH₃

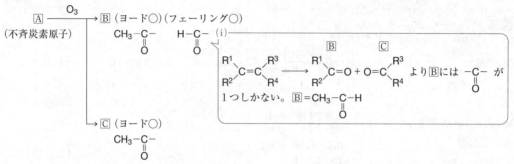

CH$_3$CH$_3$ over the structure:

$$\text{CH}_3-\text{CH}=\overset{\text{CH}_3}{\underset{}{\text{C}}}-\overset{\text{CH}_3}{\underset{}{\text{CH}}}-\text{CH}_2-\text{CH}_3$$

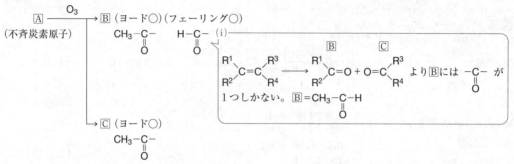

> ▶ ベストフィット
>
> アルケンの二重結合は，オゾンにより開裂する。

解説 Step1) 反応図

$$\text{A} \xrightarrow{\text{O}_3} \text{B}\ (\text{ヨード}\bigcirc)(\text{フェーリング}\bigcirc)$$

（不斉炭素原子）

CH₃−C−　　H−C− （i）
　　‖　　　　　‖
　　O　　　　　O

（囲み内）

$$\overset{R^1}{\underset{R^2}{}}\text{C}=\text{C}\overset{R^3}{\underset{R^4}{}} \longrightarrow \underset{R^2}{\overset{R^1}{}}\text{C}=\text{O} + \text{O}=\text{C}\overset{R^3}{\underset{R^4}{}}$$

B 　　　　C 　　　より B には −C− が
　　　　　　　　　　　　　　　　　　‖
　　　　　　　　　　　　　　　　　　O
1つしかない。 B＝CH₃−C−H
　　　　　　　　　　　　　‖
　　　　　　　　　　　　　O

→ C （ヨード○）

CH₃−C−
　　‖
　　O

Step3) 構造決定

B と C がヨードホルム反応を示すことより，A を次のように表せる。

A
CH₃　　　CH₃
　　C=C　　　（R は不明）
H　　　　R

（ CH₃　　　　　　　　CH₃ ）
（ 　　C=O + O=C　　　　）
（ H　　　　　　　　R ）

B　　　　　　C

炭素数の合計は C₈ なので R の炭素数は C₄ である。

A は不斉炭素原子をもつが上記の構造には不斉炭素原子がない。→ R に不斉炭素原子がある。
−R として考えられる構造は次の 4 種類である。

$$-\text{CH}_2-\text{CH}_2-\text{CH}_2-\text{CH}_3 \quad -\overset{}{\underset{\text{CH}_3}{\text{C}^*\text{H}}}-\text{CH}_2-\text{CH}_3 \quad -\text{CH}_2-\overset{}{\underset{\text{CH}_3}{\text{CH}}}-\text{CH}_3 \quad -\overset{\text{CH}_3}{\underset{\text{CH}_3}{\text{C}}}-\text{CH}_3$$

よって，A は次の構造である。

$$\overset{\text{CH}_3}{\underset{\text{H}}{}}\text{C}=\text{C}\overset{\text{CH}_3}{\underset{\text{C}^*\text{H}-\text{CH}_2-\text{CH}_3}{}}$$
　　　　　　　　　　CH₃

P.166 ▶**2 カルボン酸・エステルと油脂**

191 解答

(1) A　$CH_3-CH_2-\underset{\underset{O}{\|}}{C}-O-CH_3$　プロピオン酸メチル　　B　$CH_3-\underset{\underset{O}{\|}}{C}-O-CH_2-CH_3$　酢酸エチル

　　C　$H-\underset{\underset{O}{\|}}{C}-O-CH_2-CH_2-CH_3$　ギ酸プロピル　　D　$H-\underset{\underset{O}{\|}}{C}-O-\underset{\underset{CH_3}{|}}{CH}-CH_3$　ギ酸イソプロピル

(2) 分子量が大きく，分子の形状が直線的なほど，分子間力が強く
はたらき沸点が高くなるため。

▶ **ベストフィット**

$KMnO_4$ はアルデヒドを酸化す
る。

解説　Step1)，Step3)　反応図＋構造決定

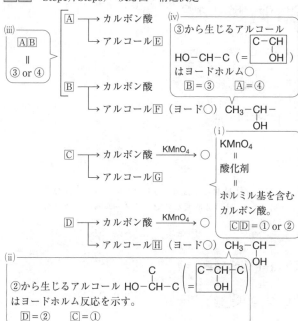

Step2)　異性体および加水分解物

$C_4H_8O_2-CO_2=C_3H_8$
（これを振り分ける）

① $H-\underset{\underset{O}{\|}}{C}-O-C-C-C$

　　$\longrightarrow H-\underset{\underset{O}{\|}}{C}-OH + HO-C-C-C$

② $H-\underset{\underset{O}{\|}}{C}-O-\underset{\underset{C}{|}}{C}-C$

　　$\longrightarrow H-\underset{\underset{O}{\|}}{C}-OH + HO-\underset{\underset{C}{|}}{C}-C$ ❶

③ $C-\underset{\underset{O}{\|}}{C}-O-C-C$

　　$\longrightarrow C-\underset{\underset{O}{\|}}{C}-OH + HO-C-C$

④ $C-C-\underset{\underset{O}{\|}}{C}-O-C$

　　$\longrightarrow C-C-\underset{\underset{O}{\|}}{C}-OH + HO-C$ ❷

(2) 分子量が大きいほど沸点⼤

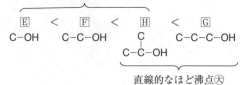

直線的なほど沸点⼤

❶イソ…末端の1つ前の炭素にメチル
基($-CH_3$)があり，分岐したもの。
例
$CH_3-CH_2-CH_2-CH_3$　ブタン
　　　$\underset{\underset{CH_3}{|}}{}$
$CH_3-CH-CH_3$　イソブタン
　　　　　　　（2-メチルプロパン）
$-CH_2-CH_2-CH_3$　プロピル基
　　$\underset{\underset{CH_3}{|}}{}$
$-CH-CH_3$　イソプロピル基
　　　　$\underset{\underset{CH_3}{|}}{}$
$-CH_2-CH-CH_3$　イソブチル基
❷酢酸はヨードホルム反応を示さない。

192 解答

(1)

$$
\begin{array}{c}
CH_2-OH \\
CH-OH \\
CH_2-OH
\end{array}
+ 3C_{17}H_{31}COOH \longrightarrow
\begin{array}{c}
CH_2-O-\overset{O}{\underset{\|}{C}}-C_{17}H_{31} \\
CH-O-\overset{O}{\underset{\|}{C}}-C_{17}H_{31} \\
CH_2-O-\overset{O}{\underset{\|}{C}}-C_{17}H_{31}
\end{array}
+ 3H_2O
$$

ベストフィット

油脂はグリセリン1分子と高級脂肪酸3分子のエステルである。

(2) 878 (3) 6.72 L

- -

解説 (1)

グリセリン　　脂肪酸　　　　　油脂

(2) リノール酸 $C_{17}H_{31}COOH$（分子量 280）からなる油脂の分子量は
$$92 + 280 \times 3 - 54 = 878$$

(3) $C_{17}H_{31}COOH = C_nH_{2n-3}COOH$ より，二重結合は2個ある。

$$
-\overset{|}{\underset{|}{C_1}}-\overset{|}{\underset{|}{C_2}}- \cdots -\overset{|}{\underset{|}{C_{n-1}}}-\overset{|}{\underset{|}{C_n}}-\overset{O}{\underset{\|}{C}}-OH
$$
$$\underbrace{\qquad\qquad\qquad\qquad}_{C_nH_{2n+1}}$$

C_nH_{2n-3} は C_nH_{2n+1} より H が4個少ない。二重結合1個につき，H は2個減るので，リノール酸は二重結合を2個もつ。

リノール酸が3分子結合しているので，油脂は $2 \times 3 = 6$ 個の二重結合をもつ。

$$
\begin{array}{c}
CH_2-OH \\
CH-OH \\
CH_2-OH
\end{array}
+
\begin{array}{c}
HO-\overset{O}{\underset{\|}{C}}-\fbox{$=\times 2$} \\
HO-\overset{O}{\underset{\|}{C}}-\fbox{$=\times 2$} \\
HO-\overset{O}{\underset{\|}{C}}-\fbox{$=\times 2$}
\end{array}
\longrightarrow
\begin{array}{c}
CH_2-O-\overset{O}{\underset{\|}{C}}-\fbox{$=\times 2$} \\
CH-O-\overset{O}{\underset{\|}{C}}-\fbox{$=\times 2$} \\
CH_2-O-\overset{O}{\underset{\|}{C}}-\fbox{$=\times 2$}
\end{array}
$$

リノール酸×3　　　　　　　油脂
（二重結合2個×3）　　（二重結合6個）

したがって，油脂 1 mol に対して H_2 は 6 mol 反応するので

$$
\underbrace{\underbrace{\frac{43.9\ g}{878\ g/mol}}_{\text{油脂の mol}} \times 6}_{H_2\ \text{の mol}} \times 22.4\ L/mol = 6.72\ L
$$
$$\underbrace{\qquad\qquad\qquad\qquad\qquad}_{H_2\ \text{の L}}$$

193 解答

(1) 884　(2) 1

解説　(1)

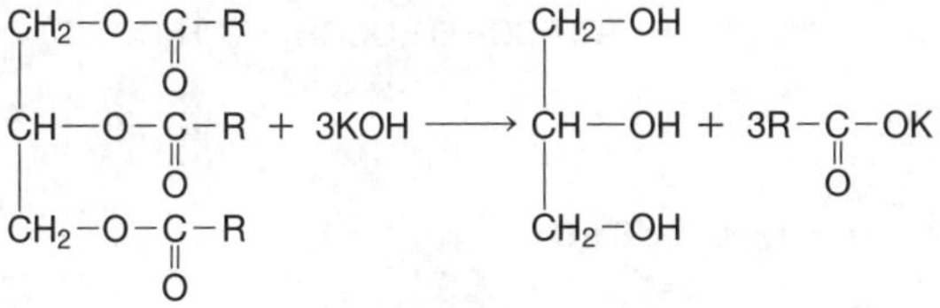

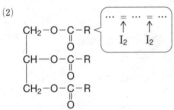

$$\frac{1.0}{M}\ \text{mol} \qquad \frac{190\times10^{-3}}{56}\ \text{mol}$$

化学反応式の量的関係より

$$\frac{1.0}{M}\ \text{mol}\times3=\frac{190\times10^{-3}}{56}\ \text{mol}$$

$$M=1.0\times3\times\frac{56}{190\times10^{-3}}$$

$$\fallingdotseq884$$

(2)

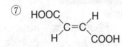

油脂（−R×3）に含まれる二重結合 1 個に対して，I_2 が 1 分子付加する。油脂と I_2 の物質量の比は

$$\frac{100\ \text{g}}{884\ \text{g/mol}}:\frac{86.2\ \text{g}}{254\ \text{g/mol}}\fallingdotseq0.113:0.339$$
$$=\quad1\quad:\quad3$$

油脂 1 mol に対して I_2 は 3 mol 付加する。→油脂 1 分子中に二重結合を 3 個もつ。
油脂は高級脂肪酸 3 分子からなるので，高級脂肪酸 1 分子に含まれる二重結合は

$$3\div3=1$$

---

194 解答

① シュウ酸　　② 無水酢酸　　③ プロピオン酸メチル
④ 酢酸エチル　⑤ マレイン酸　⑥ H−C−OH
　　　　　　　　　　　　　　　　　　　　‖
　　　　　　　　　　　　　　　　　　　　O

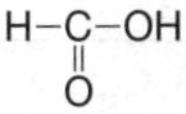

⑦ HOOC　　　H
　　　＼C=C＼
　　H　　　　COOH

⑧ H　C−CO
　　＼C　　＼O
　　C　　C−CO
　H

⑨ H−C−O−CH₃
　　　　‖
　　　　O

⑩ HO−CH−CH₃
　　　　｜
　　　　COOH

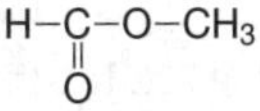

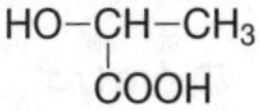

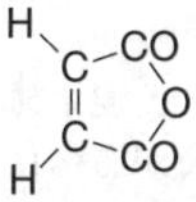

(1) ⑥⑨　　(2) ⑩　　(3) ⑩　　(4) ③と④，⑤と⑦
(5) ③ プロピオン酸，メタノール　　④ 酢酸，エタノール　　⑨ ギ酸，メタノール　　(6) ⑩

解説 カルボン酸の慣用名は暗記する。「無水～」は分子間・分子内で脱水した化合物。

② 無水酢酸

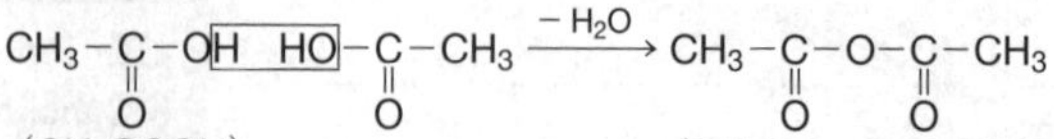

$$CH_3-\underset{O}{C}-\boxed{OH \quad HO}-\underset{O}{C}-CH_3 \quad \xrightarrow{-H_2O} \quad CH_3-\underset{O}{C}-O-\underset{O}{C}-CH_3$$

(CH₃COOH)
酢酸

(CH₃CO−O−OCCH₃ = (CH₃CO)₂O)
無水酢酸

⑧ 無水マレイン酸

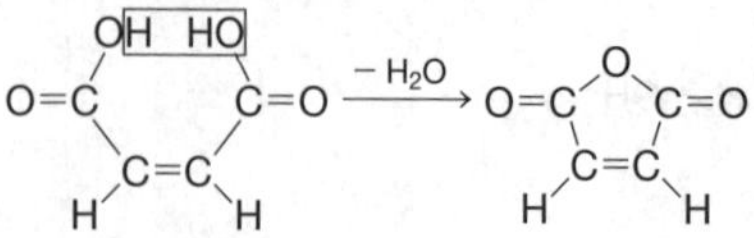

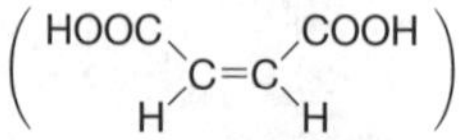

$$O=C \quad \boxed{OH \quad HO} \quad C=O \quad \xrightarrow{-H_2O} \quad O=C \quad C=O$$

$$\left(\underset{H}{HOOC} \underset{}{C}=\underset{}{C} \underset{H}{COOH} \right)$$

マレイン酸　　　　　　　無水マレイン酸

(1) 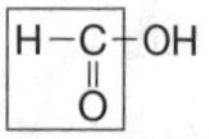 $\boxed{H-\underset{O}{C}-OH}$
ホルミル基

(4) ③④　構造異性体

③ $C_2H_5-\underset{O}{C}-O-CH_3$

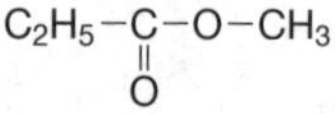

④ $C_2H_5-O-\underset{O}{C}-CH_3$

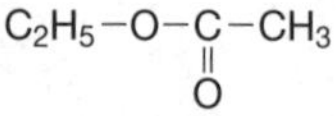

⑤⑦　シス−トランス異性体

⑤ $\underset{H}{HOOC}C=C\underset{H}{COOH}$

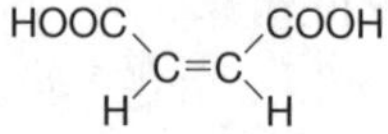

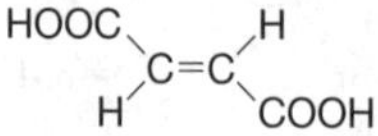

⑦ $\underset{H}{HOOC}C=C\underset{COOH}{H}$

(5) ③ $C_2H_5-\underset{O}{C}-O-CH_3$

→$C_2H_5-\underset{O}{C}-OH$ + HO−CH₃
プロピオン酸　メタノール

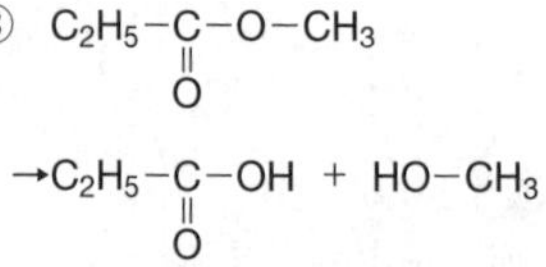

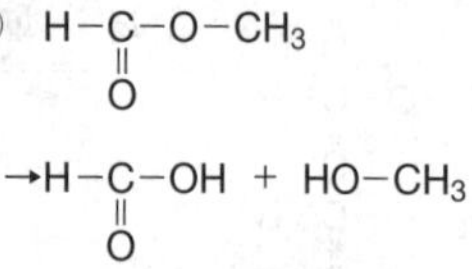

④ $C_2H_5-O-\underset{O}{C}-CH_3$ ❶

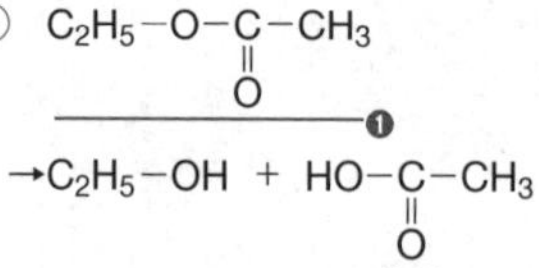

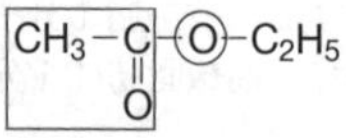

→C_2H_5-OH + HO−$\underset{O}{C}$−CH₃
エタノール　　酢酸

⑨ $H-\underset{O}{C}-O-CH_3$

→$H-\underset{O}{C}-OH$ + HO−CH₃
ギ酸　　メタノール

(6) 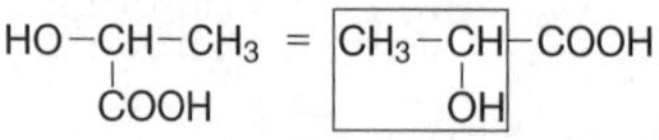 $HO-\underset{COOH}{CH}-CH_3 = \boxed{CH_3-\underset{OH}{CH}-COOH}$

❶

酢酸エチル $CH_3-\underset{O}{C}-\boxed{O}-C_2H_5$

酢酸 $CH_3-\underset{O}{C}-\boxed{O}-H$

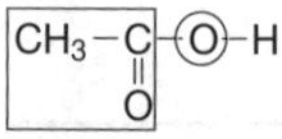

◯の部分がアルキル基やHでない化合物はヨードホルム反応を示さない。

---

195 解答

(1) (エ)

(2) ① 濃硫酸はエステル化の触媒としてはたらく。また，脱水剤としてはたらき，反応後のH₂Oを除くことで平衡が右へ移動し，エステルの収率が上がる。

② 未反応の酢酸を水溶性の塩として，エステルと分離する。

③ ジエチルエーテル中のエタノールを水溶性分子にして，エステルと分離する。

④ ジエチルエーテル中の水分を完全に取り除くため。

(3) C

(4) A $CH_3-CH_2-\underset{O}{C}-O-CH_3$　B $H-\underset{O}{C}-O-\underset{CH_3}{CH}-CH_3$　C $H-\underset{O}{C}-O-CH_2-CH_2-CH_3$

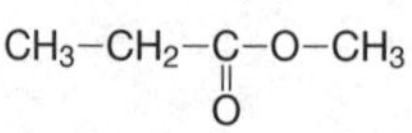

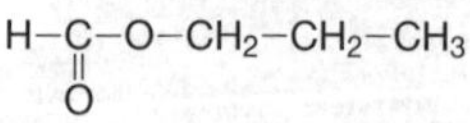

> ▶ ベストフィット 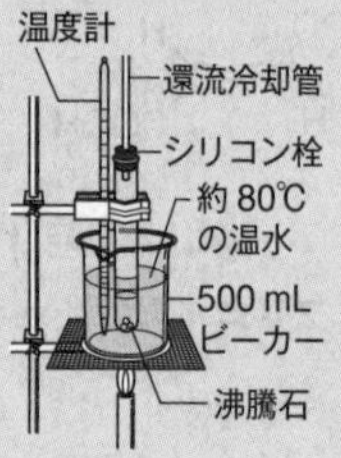
> 温度計
> 還流冷却管
> シリコン栓
> 約80℃の温水
> 500 mL ビーカー
> 沸騰石
>
> エステルの合成実験は左図のような実験装置で行う。

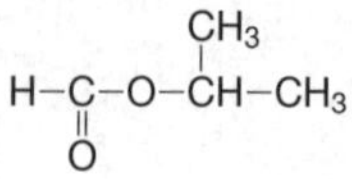

解説 (1) (ア), (エ), (オ) エステル合成反応は可逆反応である　→　(オ)反応物が完全になくならない○

$$R^1-COOH + R^2-OH \rightleftharpoons R^1-\underset{O}{C}-O-R^2 + H_2O$$

濃硫酸により生成物の H_2O を除くと, ルシャトリエの原理より平衡は右へ移動し, エステルの収率が上がる。
→　H_2O が多量に存在すると, 平衡は左に移動しエステルの収率が下がる。

(ア) 器具はぬれてはならない○　+　(エ)水分を含まない純粋な氷酢酸を使用する×

(ウ)

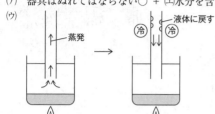

反応物(エタノール, 酢酸), 生成物(酢酸エチル)ともに 80℃で加熱すると, 蒸発を早めてしまう。蒸発した物質を冷却して反応容器に戻す必要がある○

(2)

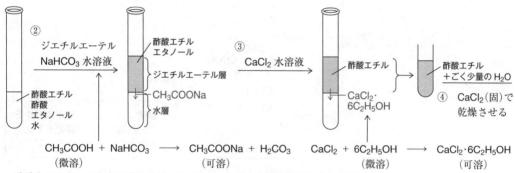

$$CH_3COOH + NaHCO_3 \longrightarrow CH_3COONa + H_2CO_3$$
(微溶)　　　　　　　　　　　　　　(可溶)

$$CaCl_2 + 6C_2H_5OH \longrightarrow CaCl_2 \cdot 6C_2H_5OH$$
(微溶)　　　　　　　　　　(可溶)

酢酸もエタノールも水に溶けるが, ジエチルエーテル(有機溶媒)にも一定量溶ける。
そのため, ②, ③の操作で完全に水層に溶かす。

(3)

$$R^1-\underset{O}{C}-\boxed{OH} + \boxed{H}^{18}O-R^2 \longrightarrow R^1-\underset{O}{C}-^{18}O-R^2 + H_2O \qquad (R^1=CH_3, R^2=C_2H_5)$$

(4) Step1), Step3)　反応図+構造決定

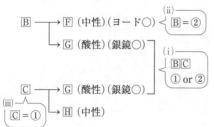

Step2)　異性体および加水分解物
$C_4H_8O_2 - CO_2 = C_3H_8$ (これを振り分ける)

① $\underset{O}{H-C}-O-C-C-C \longrightarrow \underset{O}{H-C}-OH \quad HO-C-C-C$

② $\underset{O}{H-C}-O-\underset{C}{C}-C \longrightarrow \underset{O}{H-C}-OH \quad HO-\underset{C}{C}-C$
(C-C-O-C-C は酢酸エチルなので除く)

③ $C-\underset{O}{C}-C-O-C \longrightarrow C-\underset{O}{C}-C-OH \quad HO-C$

196 解答

A HOOC＼C＝C／COOH　マレイン酸
　　　／　　　＼
　　　H　　　　H

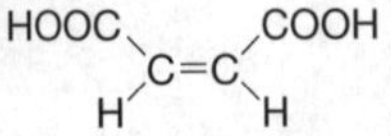

B HOOC＼C＝C／H　　フマル酸
　　　／　　　＼
　　　H　　　　COOH

C　　　OH
　　　CH－CH₂
　　O＝C　　C＝O
　　　　＼O／

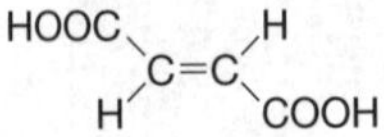

D　　　　O
　　O＝C　　C＝O
　　　　＼　　／
　　　　C＝C
　　　／　　＼
　　　H　　　H

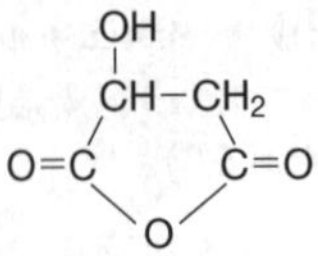

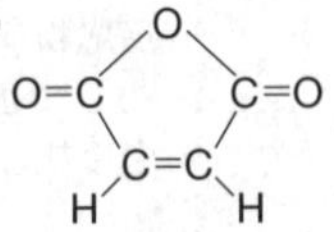

▶ベストフィット

酸無水物はカルボキシ基どうし
の脱水で生じる。

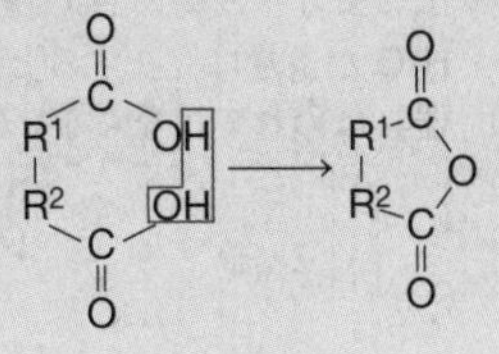

解説

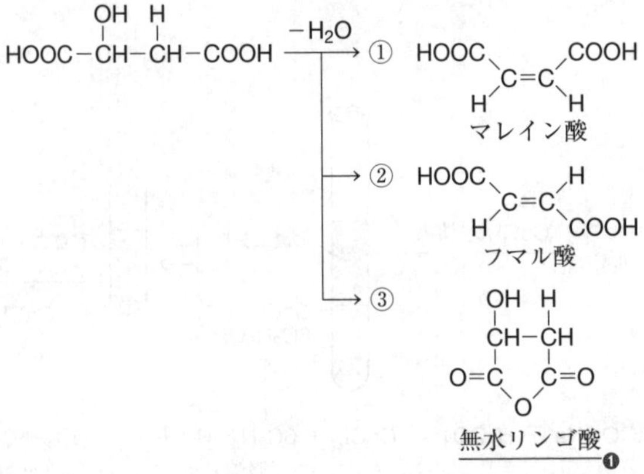

HOOC－CH－CH－COOH
　　　　OH　H

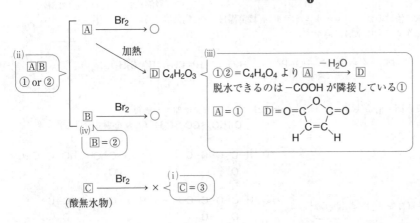

① HOOC＼C＝C／COOH　マレイン酸
　　　／　　＼
　　　H　　　H

② HOOC＼C＝C／H　　フマル酸
　　　／　　＼
　　　H　　　COOH

③　　OH　H
　　CH－CH
　O＝C　　C＝O
　　　＼O／
　　無水リンゴ酸 ❶

❶通常は①②の反応が進行する
が，問題文にCは酸無水物とあ
ることから反応を推測する。

(ii)
Ⓐ Ⓑ
① or ②

Ⓐ ─Br₂→ ○
　　加熱
Ⓐ ──→ Ⓓ C₄H₂O₃
Ⓑ ─Br₂→ ○
(iv)
Ⓑ ＝②

(iii)
①②＝C₄H₄O₄ より Ⓐ ─－H₂O→ Ⓓ
脱水できるのは－COOH が隣接している①
Ⓐ＝①　　Ⓓ＝O＝C　C＝O
　　　　　　　　＼O／
　　　　　　　H－C＝C－H

Ⓒ ─Br₂→ ×
(酸無水物)
(ⅰ)
Ⓒ ＝③

197 解答

③

解説　エステルのけん化(エステル：NaOH＝1：1 で反応)

Ａ

$$R{-}\underset{\|\atop O}{C}{-}O{-}CH_3 + NaOH \longrightarrow R{-}\underset{\|\atop O}{C}{-}ONa + HO{-}CH_3$$

(メチルエステル)

$$5.00\ \mathrm{mol/L}\times\frac{20.0}{1000}\ \mathrm{L}$$

0.100 mol ← ＝0.100 mol

エステルの水素付加(不飽和結合 1 個に対して，H_2 が 1 分子付加)

Ａ　＋　H_2 ⟶ 飽和脂肪酸のメチルエステル

$$0.100\ \mathrm{mol} \longrightarrow \frac{6.72\ \mathrm{L}}{22.4\ \mathrm{L/mol}} = 0.300\ \mathrm{mol}$$

Ａ 0.100 mol に対して，H_2 が 0.300 mol 付加する。

→　Ａ 1 分子中に不飽和結合が 3 個ある。

飽和脂肪酸　$C_nH_{2n+1}COOH$

↓ 不飽和結合 3 個→−6H

不飽和脂肪酸　$C_nH_{2n-5}COOH$

($C_{17}H_{29}COOH$＝③)

ベストフィット

飽和脂肪酸	$C_nH_{2n+1}COOH$
不飽和×1	$C_nH_{2n-1}COOH$
×2	$C_nH_{2n-3}COOH$
×3	$C_nH_{2n-5}COOH$

198 解答

(1) 720　(2) A $C_{11}H_{23}COOH$　B $C_{17}H_{33}COOH$

(3)

$CH_2{-}OCO{-}C_{11}H_{23}$
$CH{-}OCO{-}C_{11}H_{23}$
$CH_2{-}OCO{-}C_{17}H_{33}$ ❶

$CH_2{-}OCO{-}C_{11}H_{23}$
$CH{-}OCO{-}C_{17}H_{33}$
$CH_2{-}OCO{-}C_{11}H_{23}$

解説　(1) 油脂 1 mol に対して KOH は常に 3 mol 反応する。

油脂	＋	3KOH
30.0 g		7.00 g
↓		↓
$\frac{30.0}{M}$ mol		$\frac{7.00}{56}$ mol

化学反応式の量的関係より

$$\frac{30.0}{M}\times 3 = \frac{7.00}{56}$$

$$M = 720$$

ベストフィット

$CH_2{-}OCO{-}R^1$　　　　$CH_2{-}OH$　$KOCO{-}R^1$
$CH{-}OCO{-}R^2$ ──けん化→ $CH{-}OH$　$KOCO{-}R^2$
$CH_2{-}OCO{-}R^3$　　　　$CH_2{-}OH$　$KOCO{-}R^3$

──塩酸→ $HOCOR^1$, $HOCOR^2$, $HOCOR^3$ ＋ 3KCl

❶不斉炭素原子を 1 つもつ。

$CH_2{-}OCO{-}C_{11}H_{23}$
$C^*H{-}OCO{-}C_{11}H_{23}$
$CH_2{-}OCO{-}C_{17}H_{33}$

(2)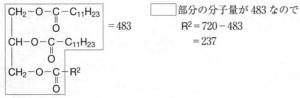

$$ヨウ素価 \quad 35.3$$

$\boxed{A} = C_nH_{2n+1}COOH$（飽和）の分子量は 200 より
$$12n + (2n+1) + 12 + 16 \times 2 + 1 = 14n + 46 = 200$$
$$n = 11$$

$\boxed{A} = C_{11}H_{23}COOH$

油脂の構造式より

$$\begin{array}{l} CH_2-O-C-C_{11}H_{23} \\ \qquad\quad O \\ CH-O-C-C_{11}H_{23} \\ \qquad\quad O \\ CH_2-O-C-R^2 \\ \qquad\quad O \end{array} = 483$$

　部分の分子量が 483 なので
$$R^2 = 720 - 483$$
$$= 237$$

ヨウ素価 35.3 より，油脂 $100\,g$ に対して $35.3\,g$ 反応する。

$$\begin{array}{cc} 油脂 & x\,I_2 \\ 100\,g & 35.3\,g \\ \downarrow & \downarrow \\ \dfrac{100}{720}\,mol & \dfrac{35.3}{254}\,mol \end{array}$$

化学反応式の量的関係より
$$\frac{100}{720} \times x = \frac{35.3}{254} \qquad x ≒ 1$$

よって，油脂 1 分子に二重結合は 1 個である。
$\boxed{A}$ は二重結合を含まないため，$\boxed{B}$ がその二重結合をもつ。

$$\begin{array}{l} CH_2-O-C-C_{11}H_{23} \\ \qquad\quad O \\ CH-O-C-C_{11}H_{23} \\ \qquad\quad O \\ CH_2-O-C-C_nH_{2n-1} \\ \qquad\quad O \quad \underbrace{\qquad}_{R^2} \end{array}$$

$R^2 = C_nH_{2n-1} = 237$
$$14n - 1 = 237$$
$$n = 17$$

$\boxed{B} = C_{17}H_{33}COOH$

---

199 （解答）

(1) (ア) 高級脂肪酸　(イ) グリセリン　(ウ) 脂肪油　(エ) 不飽和　(オ) 乾性油　(カ) 油脂
　　(キ) 疎水（親油）　(ク) 炭化水素　(ケ) 親水　(コ) カルボキシ　(サ) ミセル　(シ) 乳化
　　(ス) 乳濁液　(セ) Mg^{2+}　(ソ) 硬水　(タ) 洗浄　(チ) 塩基　(ツ) 中

(2)
$$\begin{array}{l} CH_2-OCO-R \\ CH-OCO-R \\ CH_2-OCO-R \end{array} + 3NaOH \longrightarrow \begin{array}{l} CH_2-OH \\ CH-OH \\ CH_2-OH \end{array} + 3RCOONa$$

(3) セッケンは弱酸と強塩基の塩であり，加水分解して塩基性を示す。
　　一方，合成洗剤は強酸と強塩基の塩であり，その水溶液は中性である。

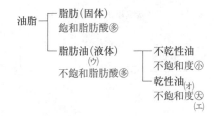

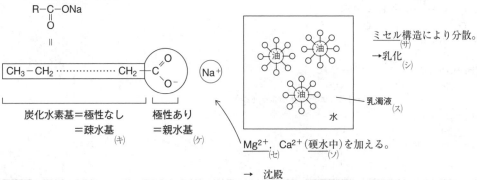

解説

$$CH_2-O-\underset{\underset{O}{\|}}{C}-R^1$$

$$CH-O-\underset{\underset{O}{\|}}{C}-R^2 \quad + \quad 3NaOH \longrightarrow$$

$$CH_2-O-\underset{\underset{O}{\|}}{C}-R^3$$

$$\underset{(カ)}{\underline{油脂}}$$

$$\begin{array}{c} CH_2-OH \\ CH-OH \\ CH_2-OH \end{array} \quad + \quad \begin{array}{c} NaO-\underset{\underset{O}{\|}}{C}-R^1 \\ NaO-\underset{\underset{O}{\|}}{C}-R^2 \\ NaO-\underset{\underset{O}{\|}}{C}-R^3 \end{array}$$

$$\underset{(イ)}{\underline{グリセリン}} \qquad \underset{=\underset{(ア)}{セッケン}}{\underline{高級脂肪酸のナトリウム塩(×3)}}$$

油脂 ─┬─ 脂肪(固体)
　　　│　飽和脂肪酸㊒
　　　│
　　　└─ 脂肪油(液体) ─┬─ 不乾性油
　　　　　　(ウ)　　　　　│　不飽和度㋛
　　　不飽和脂肪酸㋳　　　└─ 乾性油
　　　　　　　　　　　　　　　(オ)
　　　　　　　　　　　　　　不飽和度㋐
　　　　　　　　　　　　　　　(エ)

べストフィット

セッケンと合成洗剤のちがいを整理する。

セッケン1分子を取り出すと

$$R-\underset{\underset{O}{\|}}{C}-ONa$$

$$\boxed{CH_3-CH_2 \cdots\cdots\cdots\cdots CH_2} - \underset{\underset{O^-}{\|}}{C}\bigcirc O \quad \bigcirc Na^+$$

炭化水素基=極性なし　　　極性あり
　　　　=疎水基　　　　　　=親水基
　　　　　(キ)　　　　　　　　(ケ)

ミセル構造により分散。
　　　　(サ)
→乳化
　(シ)

乳濁液
(ス)
水

$$\underset{(セ)}{Mg^{2+}},\ \underset{(ソ)}{Ca^{2+}}(硬水中)を加える。$$

→　沈殿
→　洗浄力の低下

セッケン

$$O^--\underset{\underset{O}{\|}}{C}-R + H_2O \longrightarrow HO-\underset{\underset{O}{\|}}{C}-R + \underset{\underset{(チ)}{塩基性}}{OH^-}$$

合成洗剤

$$C_{12}H_{25}-OH \xrightarrow[\text{エステル化}]{H_2SO_4} \underset{強酸}{C_{12}H_{25}-OSO_3H} \xrightarrow[\underset{強塩基}{中和}]{NaOH} C_{12}H_{25}-OSO_3Na$$

強酸　　　+　　強塩基 ⟶ 中性の塩
　　　　　　　　　　　　　　　(ツ)

---

200 解答

構造式　$H-\underset{\underset{O}{\|}}{C}-O-\overset{\overset{CH_3}{|}}{C}H-CH_2-CH_3$　　誤り　(3)

べストフィット

銀鏡反応を示すカルボン酸はギ酸を考える。

解説 Step1)，Step3)　反応図＋構造決定

$$C_5H_{10}O_2 \longrightarrow$$ カルボン酸 Ⓐ（銀鏡○）

(iii)

$$\begin{array}{c} CH_3 \\ | \\ H-\overset{|}{C}-O-CH-C_2H_5 \\ \| \\ O \end{array}$$

(i) $-\overset{\|}{\underset{O}{C}}-OH$ と $-\overset{\|}{\underset{O}{C}}-H$ をもつ構造　酸素原子の数より $H-\overset{\|}{\underset{O}{C}}-OH$（ギ酸）

アルコール Ⓑ*

(ii) アルコールの炭素原子の数は(i)が C_1 より，残りの C_4 である。

$HO-\overset{|}{\underset{|}{C}}-$ の残り部分に C_3 を配置し，不斉炭素原子が存在する構造は

$HO-CH-C_2H_5$ のみである。
$\quad\quad\ |$
$\quad\ \ CH_3$

(1) Ⓐ $H-\overset{\|}{\underset{O}{C}}-OH \xrightarrow{H_2SO_4} CO + H_2O$　○

(2) $H-\overset{\|}{\underset{O}{C}}-H \xrightarrow{酸化}$ Ⓐ $H-\overset{\|}{\underset{O}{C}}-OH$　○

（ホルムアルデヒド）

(3) Ⓑ $CH_3-\underset{\underset{OH}{|}}{CH}-C_2H_5 \xrightarrow{酸化} CH_3-\overset{\|}{\underset{O}{C}}-C_2H_5$　×

ケトン（エチルメチルケトン）

(4) Ⓑ $\boxed{CH_3-\underset{\underset{OH}{|}}{CH}-C_2H_5}$　○

ヨードホルム反応

---

201 解答

(1) $C_8H_{14}O_2$　(2) B $CH_3-\underset{\underset{OH}{|}}{CH}-CH_2-CH_3$　D $CH_3-\overset{\|}{\underset{O}{C}}-CH_2-CH_3$　E $CH_3-\underset{\underset{CH_3}{|}}{CH}-CH_2-OH$

(3) $\begin{array}{c} HOOC \quad\quad CH_3 \\ \diagdown C=C \diagup \\ H \quad\quad\quad H \end{array}$ $\begin{array}{c} HOOC \quad\quad H \\ \diagdown C=C \diagup \\ H \quad\quad\quad CH_3 \end{array}$

> **ベストフィット**
> 1価の飽和アルコール＝$C_nH_{2n+2}O$
> （エステル）＋(H_2O)＝（カルボン酸）＋（アルコール）

解説　組成式を $C_xH_yO_z$ とすると

$$x:y:z = \frac{67.6}{12} : \frac{9.9}{1.0} : \frac{22.5}{16}$$

$$= 5.63 : 9.9 : 1.41$$

$$\fallingdotseq 4:7:1$$

組成式　C_4H_7O

$(C_4H_7O)_n = 100 \sim 200$

$C_4H_7O = 71$ より，$n = 2$

分子式　$C_8H_{14}O_2$

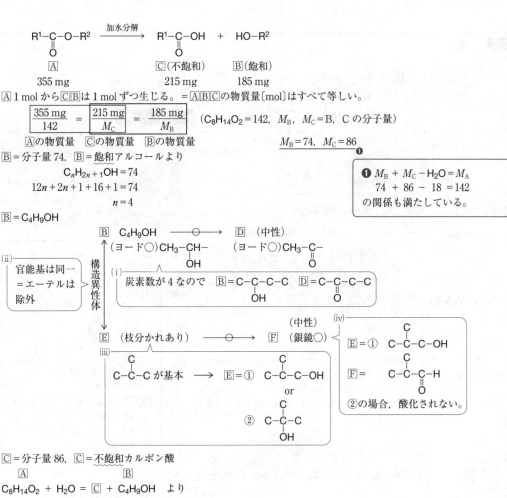

$$\underset{\text{A}}{R^1-\underset{\underset{O}{\|}}{C}-O-R^2} \xrightarrow{\text{加水分解}} \underset{\text{C(不飽和)}}{R^1-\underset{\underset{O}{\|}}{C}-OH} + \underset{\text{B(飽和)}}{HO-R^2}$$

A 1 mol から C B は 1 mol ずつ生じる。＝A B C の物質量〔mol〕はすべて等しい。

$$\underbrace{\frac{355\,\text{mg}}{142}}_{\text{Aの物質量}} = \underbrace{\frac{215\,\text{mg}}{M_C}}_{\text{Cの物質量}} = \underbrace{\frac{185\,\text{mg}}{M_B}}_{\text{Bの物質量}} \quad (C_8H_{14}O_2 = 142,\ M_B,\ M_C = B,\ C\ \text{の分子量})$$

$$\underline{M_B = 74,\ M_C = 86}$$

B = 分子量 74, B = 飽和アルコールより

$$C_nH_{2n+1}OH = 74$$
$$12n + 2n + 1 + 16 + 1 = 74$$
$$n = 4$$

B = C_4H_9OH

❶ $M_B + M_C - H_2O = M_A$
   74 + 86 - 18 = 142
の関係も満たしている。

C = 分子量 86, C = 不飽和カルボン酸

$$\underset{\text{A}}{C_8H_{14}O_2} + H_2O = \underset{}{C} + \underset{\text{B}}{C_4H_9OH} \quad \text{より}$$
$$C = C_4H_6O_2$$

C として考えられる構造は

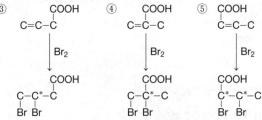

よって，不斉炭素原子が2つある⑤がCである。

⑤には以下の2つの構造が考えられる。

A

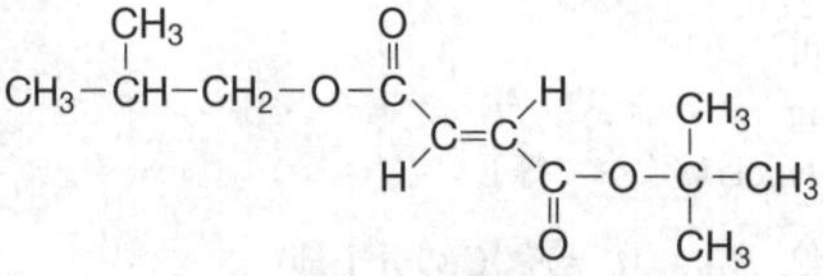

B 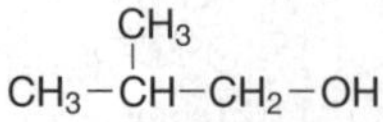
CH₃-CH-CH₂-OH
（2-メチル-1-プロパノール）

C 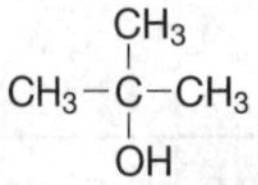
（2-メチル-2-プロパノール）

D HOOC C=C H COOH（フマル酸）

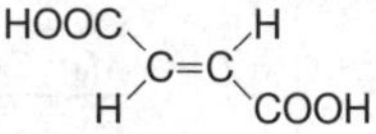

ベストフィット

アルコール2分子＋ジカルボン酸

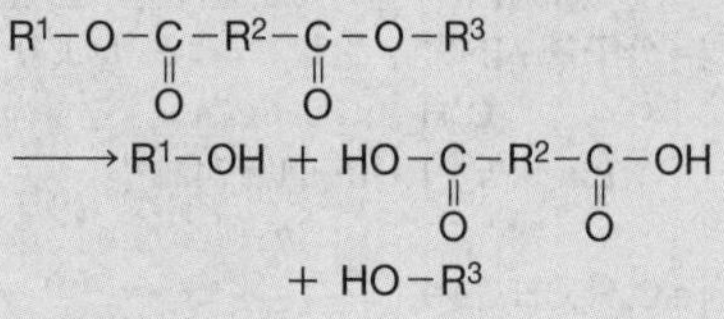

$R^1-O-\underset{O}{C}-R^2-\underset{O}{C}-O-R^3$

$\longrightarrow R^1-OH + HO-\underset{O}{C}-R^2-\underset{O}{C}-OH$

$+ HO-R^3$

解説 Step1），Step3） 反応図＋構造決定

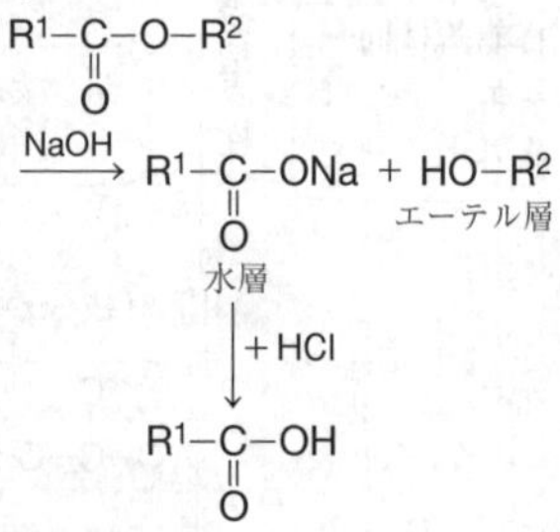

$C_{12}H_{20}O_4$ 　A　加水分解　→ エーテル層　B　$C_4H_{10}O$

C　$C_4H_{10}O$ アルコール❶

→ 水層　酸性　D　カルボン酸❶

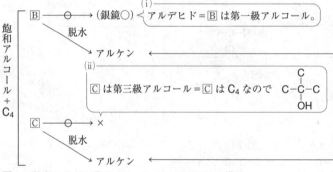

上記よりAの構造は

$\underset{B}{C_4}-O-\underset{O}{C}-\underset{D}{C_2}❷-\underset{O}{C}-O-\underset{C}{C_4}$

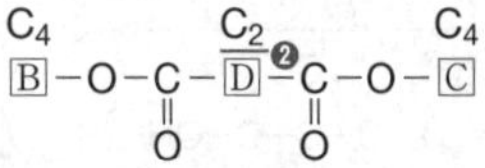

と推測される（アルコールが2つ生じていることから，エステル結合は2つあると考える）。

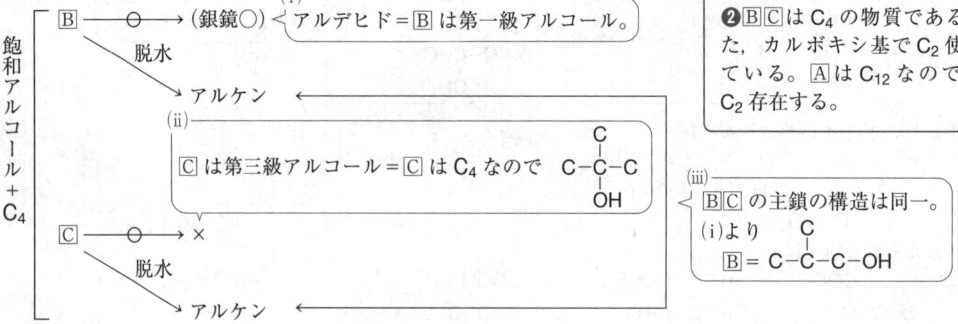

❶
$R^1-\underset{O}{C}-O-R^2$

NaOH

$\longrightarrow R^1-\underset{O}{C}-ONa + HO-R^2$ エーテル層

水層

+HCl

$R^1-\underset{O}{C}-OH$

❷BCはC_4の物質である。また，カルボキシ基でC_2使われている。AはC_{12}なのでDでC_2存在する。

飽和アルコール＋C_4

B ─○─ →（銀鏡○）(i)＜アルデヒド＝Bは第一級アルコール。

脱水

→ アルケン ←

(ii)

Cは第三級アルコール＝CはC₄なので　C-C-C　OH

C ─○─ →×

脱水

→ アルケン

(iii) BCの主鎖の構造は同一。(i)より B = C-C-C-OH

D＝不飽和カルボン酸 ＋ $HO-\underset{O}{C}-C_2-\underset{O}{C}-OH$ の構造

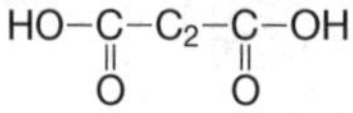

HOOC C=C COOH H H

HOOC H C=C H COOH

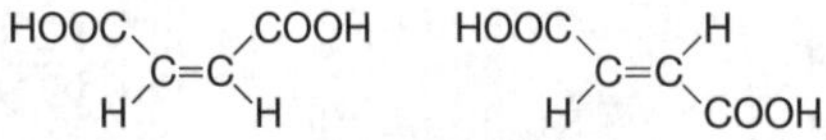

のいずれか

Dは脱水反応を起こさず，Dのシス-トランス異性体は起こすことから

D HOOC C=C H H COOH

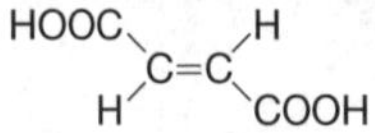

A

C-C-C-O-C O C=C C-O-C O C C-C

B　　D　　C

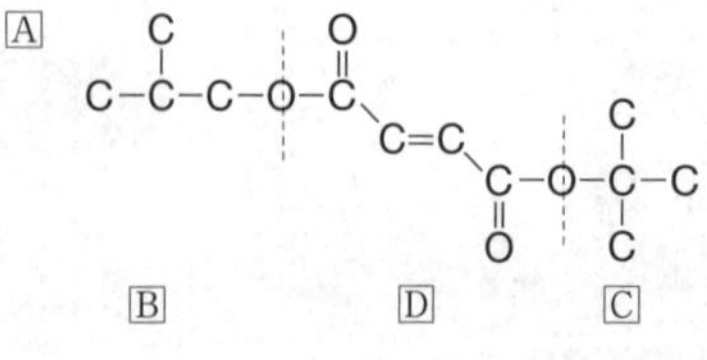

203 解答

(1) ②, ⑤, ⑨, ⑮　　(2) ⑫　　(3) ⑥, ⑧, ⑨, ⑪

> ▶ ベストフィット
> (1)　フェノール類の検出
> (2)　アニリンの検出
> (3)　炭酸より強い酸
> 　（カルボン酸＞炭酸＞フェノール）

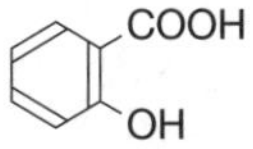

解説　芳香族化合物の名称および構造は覚える。

(1)(2)　呈色反応

分類	検出	操作	変化
芳香族	フェノール類(1) （ベンゼン環に結合した−OH 基）	FeCl₃ 水溶液を加える。	青紫〜赤紫
	アニリン(2)	さらし粉水溶液を加える。	赤紫
		K₂Cr₂O₇ 水溶液を加える。	黒（アニリンブラック）
官能基	CH₃−CH−　　CH₃−C− 　　　OH　　　　　O	ヨウ素と水酸化ナトリウム水溶液を加えて温める。	黄（ヨードホルム）
	−C−H 　O	アンモニア性硝酸銀水溶液を加えて温める。	銀（Ag）
		フェーリング液を加えて温める。	赤（Cu₂O）
脂肪族	不飽和結合	臭素水を加える。	赤褐→無

(3)　弱酸の遊離

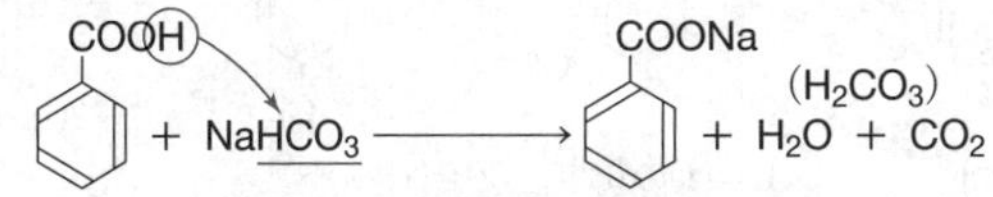

$$\underset{より強い酸}{\overset{COOH}{\bigcirc}} + \underset{より弱い酸の塩}{NaHCO_3} \longrightarrow \underset{より強い酸の塩}{\overset{COONa}{\bigcirc}} + H_2O + \underset{より弱い酸}{CO_2} \;(H_2CO_3)$$

酸の強さ　カルボン酸＞炭酸＞フェノール

204 （解答

(1) 3 　(2) 4 　(3) 3 　(4) 3

ベストフィット

炭素数⑭ → −CH₃ 基
酸素数1つ⑭ → −OH 基　を考える。

解 説

(1) Step1)　置換基を決める。
二置換体

$$C_6H_6 \xrightarrow[\substack{+(\text{Br}\times 2) \\ -(\text{H}\times 2)}]{} C_6H_4Br_2$$

Step2)　置換基の位置を決める。

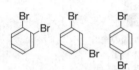

(2) Step1)　置換基を決める。
(i)　一置換体

$$C_6H_6 \xrightarrow[\substack{+(\text{CH}_2\text{CH}_3\times 1) \\ -(\text{H}\times 1)}]{} C_8H_{10}$$

（構造式：CH₂−CH₃ が結合したベンゼン環）

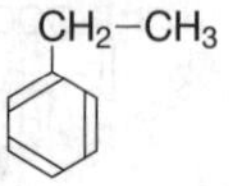

(ii)　二置換体

$$C_6H_6 \xrightarrow[\substack{+(\text{CH}_3\times 2) \\ -(\text{H}\times 2)}]{} C_8H_{10}$$

（構造式：CH₃ が二つ結合したベンゼン環が3種）

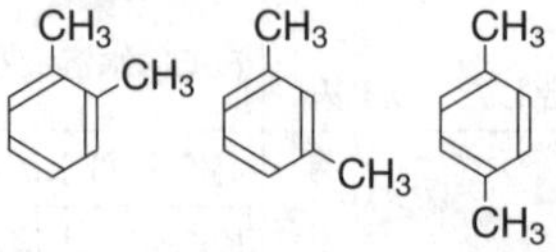

(3) Step1)　置換基を決める。
二置換体

$$C_6H_6 \xrightarrow[\substack{+(\text{OH}\times 1) \\ +(\text{Cl}\times 1) \\ -(\text{H}\times 2)}]{} C_6H_5\text{OCl}$$

Step2)　置換基の位置を決める。

（構造式：OH と Cl が結合したベンゼン環が3種）

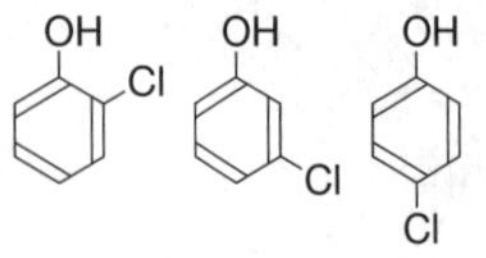

(4) Step1)　置換基を決める。
三置換体

$$C_6H_6 \xrightarrow[\substack{+(\text{Cl}\times 3) \\ -(\text{H}\times 3)}]{} C_6H_3Cl_3$$

(i)　Cl 対称面①　　①　　②

（構造式：Cl が三つ結合したベンゼン環）

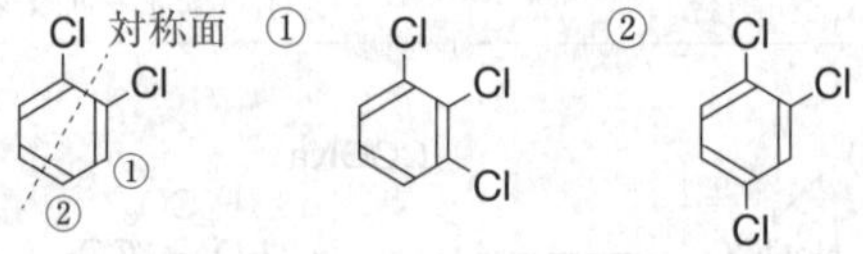

(ii) 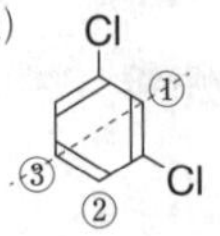　①＝(i)の①　　②＝(i)の②
③

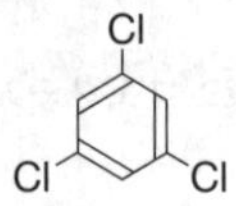

（構造式：Cl が三つ結合したベンゼン環）

(iii) 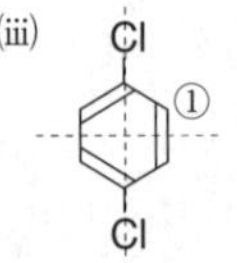　①＝(i)の②

（構造式：Cl が三つ結合したベンゼン環）

205 解答

(1)

① CH₂–OH (ベンゼン環に結合)

② O–CH₃ (ベンゼン環に結合)

③ CH₃, OH (o-位、ベンゼン環)

(CH₃, OH (m-位) と CH₃, OH (p-位) でも可)

(2) B CH₃, OH (o-位) 物質名 サリチル酸

(3) A $C_6H_5OCH_3$
    C $C_6H_5CH_2OH$
    D C_6H_5COOH

ベストフィット

	アルコール	フェノール	エーテル
Na	○	○	×
NaOH	×	○	×

解説

(1) Step2) 異性体

C_6H_6 $\xrightarrow[\substack{+ (CH_3 \times 1) \\ + (OH \times 1) \\ - (H \times 2)}]{}$ C_7H_8O

（構造式：o-クレゾール, m-クレゾール, p-クレゾール, ベンジルアルコール CH₂–OH, アニソール O–CH₃）

フェノール類 ｜ アルコール❶ ｜ エーテル

(2) 下の(iii)より

（反応経路）o-クレゾール $\xrightarrow[\text{アセチル化}]{(CH_3CO)_2O}$ アセチル体 $\xrightarrow{\ominus}$ （アセチルサリチル酸） $\xrightarrow{\text{加水分解}}$ （サリチル酸）

m, p では医薬品の原料の
サリチル酸にはならない。

(3) Step1), Step3) 反応図＋構造決定

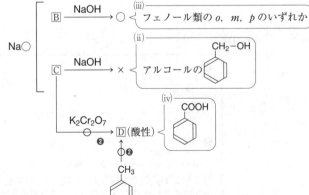

A — Na×
(i) エーテルの O–CH₃（ベンゼン環）

Na○
B — NaOH → ○
(iii) フェノール類の o, m, p のいずれか

C — NaOH → ×
(ii) アルコールの CH₂–OH（ベンゼン環）

C $\xrightarrow[❷]{K_2Cr_2O_7}$ ⊖ → D (酸性)
(iv) COOH（ベンゼン環）
❷ トルエン CH₃（ベンゼン環）

❶ フェノール類に分類される
のは（ベンゼン環）に直接 –OH 基が結合
したものである。（ベンゼン環に CH₂–OH）は
フェノール類ではなくアルコー
ルに分類される。

❷ ベンゼン環の側鎖はその炭素
数に関係なく、酸化されて
–COOH 基になる。

CH₂–OH（ベンゼン環） $\xrightarrow{\ominus}$ COOH（ベンゼン環）

CH₃（ベンゼン環） $\xrightarrow{\ominus}$ COOH（ベンゼン環）

206 解答

> **ベストフィット**
> ベンゼンの反応系統図(本冊→p.175)を書けるようにする。

(ア) プロペン　(イ) フェノール　(ウ) アセトン
(エ) ナトリウムフェノキシド　(オ) 濃硝酸　(カ) スズ
(キ) 塩酸　(ク) 亜硝酸ナトリウム
(ケ) 塩化ベンゼンジアゾニウム　(コ) *p*-ヒドロキシアゾベンゼン(*p*-フェニルアゾフェノール)
(サ) アゾ　(シ) サリチル酸ナトリウム　(ス) サリチル酸　(セ) アセチルサリチル酸
(ソ) サリチル酸メチル
(1) クメン法　(2) 低温　(3) (e)　(4) (f)
(5) さらし粉水溶液で赤紫色に呈色。(二クロム酸カリウムの硫酸酸性溶液で黒色に呈色。)
(6) (h)

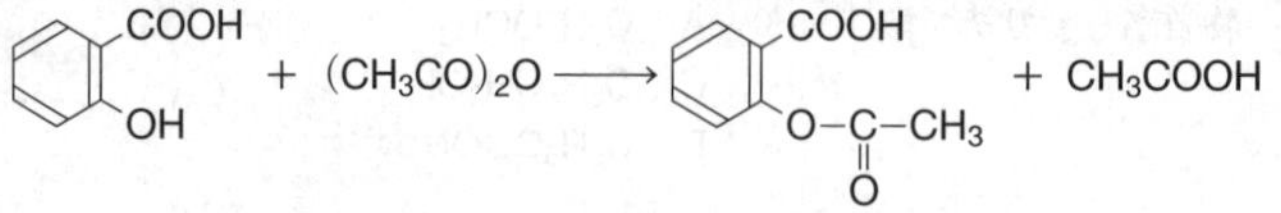

アセチル化

(i)

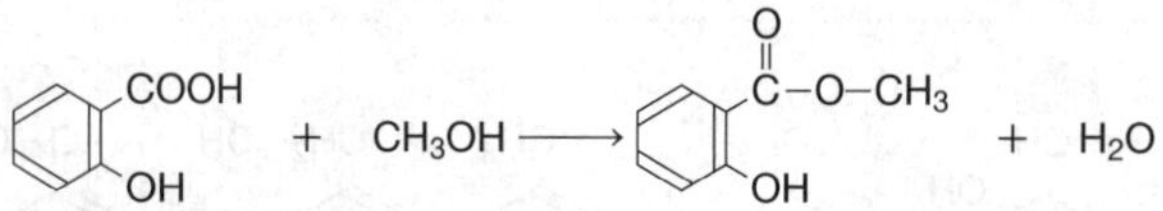

エステル化

(セ) 解熱鎮痛剤　(ソ) 消炎鎮痛剤

(7) (b)

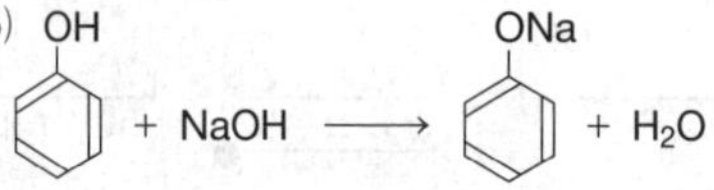

(d)

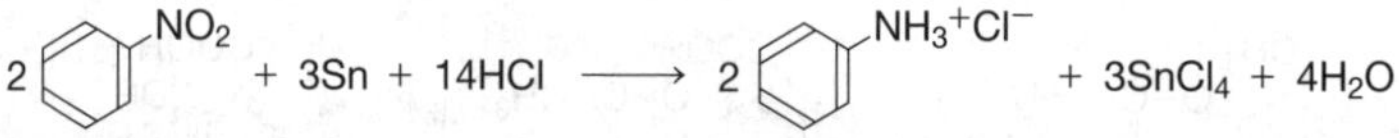

(f)

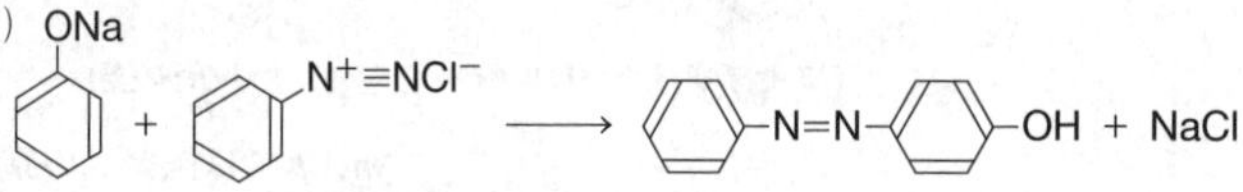

解説

(a)

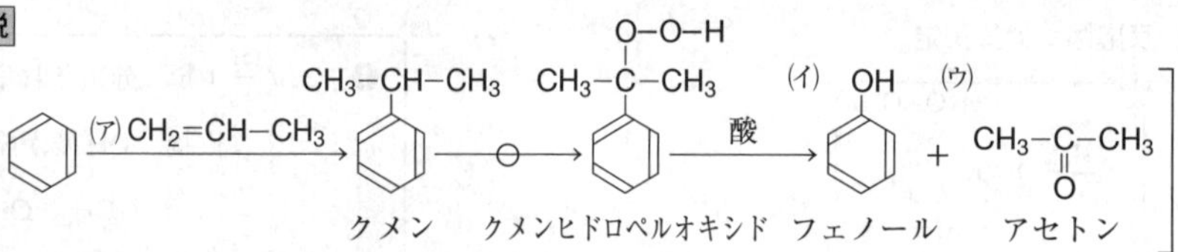

クメン法(1)

(b)

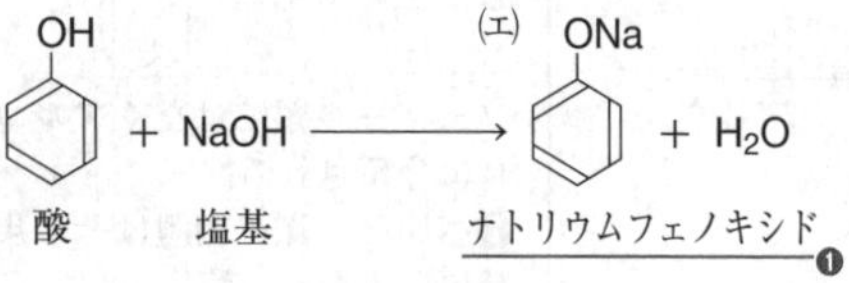

中和反応

(c)

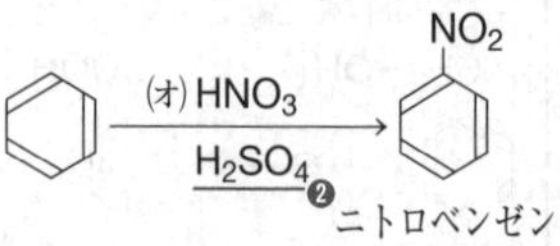

ニトロ化

❶

フェニル基
phenyl

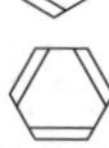

フェノキシド
phenoxide

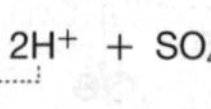

(本冊→p.171)

❷ $H_2SO_4 \longrightarrow 2H^+ + SO_4{}^{2-}$

$HNO_3 + H^+ \longrightarrow H_2O + NO_2{}^+$

のように，H_2SO_4 は HNO_3 から $NO_2{}^+$ を生じさせ，さらに発生した H_2O を吸収させる役割を担う。

(d)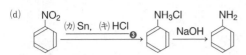

$$NO_2 \xrightarrow[\text{③}]{\text{(カ) Sn, (キ) HCl}} NH_3Cl \xrightarrow{NaOH} NH_2$$

(e)

$$NH_2 \xrightarrow[\text{低温}]{\text{(ク) NaNO}_2, \text{ HCl}} N^+\equiv NCl^- \left] \text{ジアゾ化 (3)}_{④}\right.$$

(ケ)塩化ベンゼンジアゾニウム

(f) (エ) ONa + (ケ) N$^+\equiv$NCl$^-$

(コ)
$$\longrightarrow -N=N--OH + NaCl \left] \text{カップリング (4)}\right.$$

p-ヒドロキシアゾベンゼン
(*p*-フェニルアゾフェノール)⑤

(g) (エ) ONa $\xrightarrow[\text{高温・高圧}]{CO_2}$ (シ) OH COONa $\xrightarrow{\text{酸性}}$ (ス) OH COOH
⑥ サリチル酸ナトリウム サリチル酸

❸半反応式
酸化剤

$$NO_2 + 7H^+ + 6e^-$$

$$\longrightarrow NH_3^+ + 2H_2O$$

還元剤
$$Sn \longrightarrow Sn^{4+} + 4e^-$$

❹ジアゾ…di(=2つの)-azote(フランス語で窒素)

❺*p*-ヒドロキシアゾベンゼン

$$-N=N--\boxed{OH}$$

アゾベンゼン ヒドロキシ基

p-フェニルアゾフェノール

$$\boxed{-N=N-}-OH$$

フェニルアゾ基 フェノール

❻常温ではフェノール(弱酸の遊離)が生じる。

(h)(i) 両方ともエステルを形成することに着目する。

無水酢酸
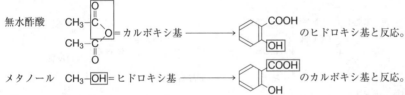

$$CH_3-C(=O)-O-C(=O)-CH_3 = \text{カルボキシ基} \longrightarrow COOH \boxed{OH} \text{のヒドロキシ基と反応。}$$

メタノール $CH_3-\boxed{OH} = \text{ヒドロキシ基} \longrightarrow \boxed{COOH}OH \text{のカルボキシ基と反応。}$

---

207 （解答）

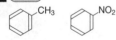

CH$_3$ NO$_2$

ベストフィット

有機化合物を塩とし，水層へ移動させる。

解説 水溶性

	有機化合物(極性なし)	有機化合物の塩 や無機化合物(極性あり)
有機溶媒層 (ジエチルエーテルなど)	○	×
水層	×	○

一般に，油は水に浮くように有機溶媒層は上，水層は下となる。❶

❶有機溶媒として，ジエチルエーテル(0.71 g/cm^3)，ヘキサン(0.65 g/cm^3)，トルエン(0.87 g/cm^3)をよく用いる。

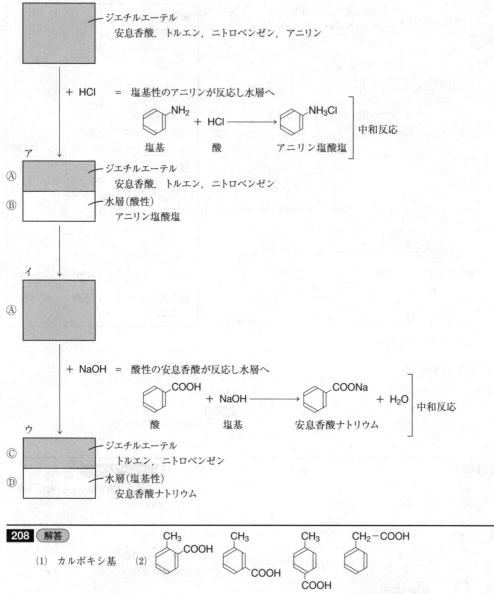

ジエチルエーテル
安息香酸, トルエン, ニトロベンゼン, アニリン

＋ HCl ＝ 塩基性のアニリンが反応し水層へ

塩基 ＋ 酸 → アニリン塩酸塩 ⎤ 中和反応

ア
Ⓐ ─ジエチルエーテル
安息香酸, トルエン, ニトロベンゼン
Ⓑ ─水層(酸性)
アニリン塩酸塩

イ
Ⓐ

＋ NaOH ＝ 酸性の安息香酸が反応し水層へ

酸 ＋ 塩基 → 安息香酸ナトリウム ＋ H_2O ⎤ 中和反応

ウ
Ⓒ ─ジエチルエーテル
トルエン, ニトロベンゼン
Ⓓ ─水層(塩基性)
安息香酸ナトリウム

---

208 解答

(1) カルボキシ基 (2)

A

(3)

(4)

> ▶ ベストフィット

弱酸の遊離

COOH ＋ $NaHCO_3$ → COONa ＋ H_2O ＋ CO_2

より強い酸　より弱い酸の塩　　より強い酸の塩　　より弱い酸

解説 Step1），Step3）　反応図＋構造決定

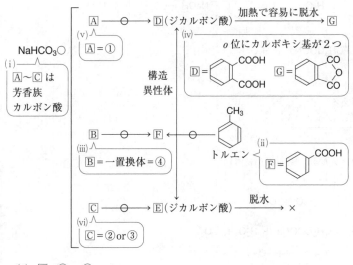

Step2）　異性体

(i)より，芳香族カルボン酸のみ考える。

$$C_6H_6 \xrightarrow[\substack{+ (COOH \times 1) \\ + (CH_3 \times 1) \\ - (H \times 2)}]{} C_8H_8O_2$$

① ② ③

$$C_6H_6 \xrightarrow[\substack{+ (CH_2COOH \times 1) \\ - (H \times 1)}]{} C_8H_8O_2$$

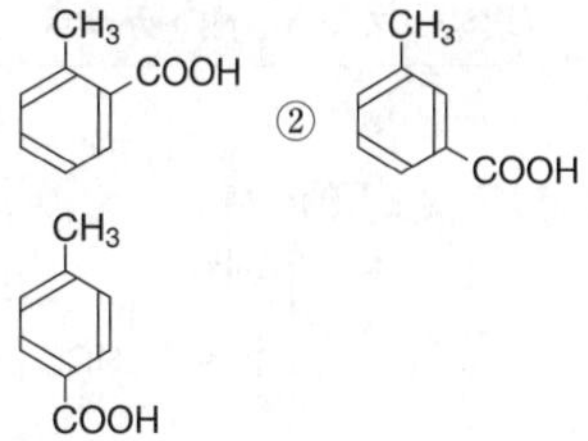

④

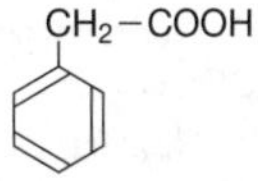

(4)　Ⓒ＝② or ③

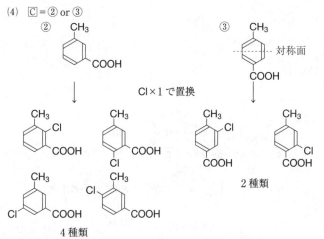

Cl×1 で置換

2 種類

4 種類

　解答

(1)　(イ)，(エ)，(キ)　　(2)　(イ)　　(3)　(イ)，(キ)　　(4)　(ク)　　(5)　(ウ)

(6)　(ウ)　　(7)　(ア)，(イ)，(オ)　　(8)　(ア)，(ウ)　　(9)　(キ)

解説　(ア)　クロロベンゼン　　(イ)　ベンゼンスルホン酸　　(ウ)　アニリン

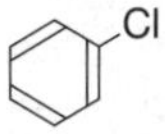

      Cl　　　　　　　　　　　SO₃H　　　　　　　　　　NH₂

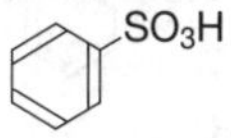

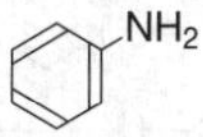

(エ)　フェノール　　(オ)　ニトロベンゼン　　(カ)　エタノール　　(キ)　酢酸　　(ク)　酢酸エチル

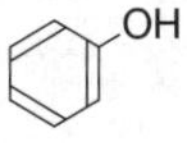

    OH　　　　　　　　　NO₂

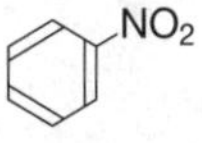

                      C₂H₅OH　　　　CH₃COOH　　　CH₃COOC₂H₅

> **ベストフィット**
> ①ベンゼンの反応系統図
> ②酸・塩基および強さ
> 　（→中和, 弱酸・弱塩基の遊離）
> ③水溶性
> ④触媒，温度などの反応条件

(1) NaOH と中和 ⟶ 酸性物質

(イ) (ベンゼン環-SO₃H) 強酸 + NaOH ⟶ (ベンゼン環-SO₃Na) + H₂O

(エ) (ベンゼン環-OH) 弱酸 + NaOH ⟶ (ベンゼン環-ONa) + H₂O

(キ) CH_3COOH + NaOH ⟶ CH_3COONa + H_2O
　　弱酸

(2) $\alpha \fallingdotseq 1$ ⟶ 塩 or 強酸，強塩基

芳香族化合物の強酸はスルホン酸と考える。

(塩酸＞スルホン酸＞カルボン酸＞炭酸＞フェノール)
　　　強酸　　　　　　　　弱酸

(3) 炭酸より強い酸 ⟶ カルボン酸，スルホン酸（弱酸の遊離）

(イ) (ベンゼン環-SO₃H) + $NaHCO_3$ ⟶ (ベンゼン環-SO₃Na) + H_2O + CO_2

(キ) CH_3COOH + $NaHCO_3$ ⟶ CH_3COONa + H_2O + CO_2

(4) 加水分解 ⟶ エステル($-\overset{\text{O}}{\underset{\|}{C}}-O-$)，アミド($-NH-\overset{\text{O}}{\underset{\|}{C}}-$)

(ク) $CH_3COOC_2H_5$ $\xrightarrow{\text{加水分解}}$ CH_3COOH + C_2H_5OH

(5) 酸と塩を形成（中和反応） ⟶ 塩基性物質

(ウ) (ベンゼン環-NH₂) + HCl ⟶ (ベンゼン環-NH₃⁺Cl⁻)

(6) (ウ) (ベンゼン環-NH₂) $\xrightarrow[\text{ジアゾ化}]{\text{NaNO}_2,\ \text{HCl}\ \text{低温}}$ (ベンゼン環-N⁺≡NCl⁻) $\xrightarrow[\text{カップリング}]{\text{(ベンゼン環-ONa)}\ \text{低温}}$ (ベンゼン環-N=N-ベンゼン環-OH) p-フェニルアゾフェノール

(　(ベンゼン環-OH) は酸性物質のため不適　)

(7) (ア) (ベンゼン) + Cl_2 $\xrightarrow{\text{塩素化}}$ (ベンゼン環-Cl)　(イ) (ベンゼン) + H_2SO_4 $\xrightarrow{\text{スルホン化}}$ (ベンゼン環-SO₃H)

(オ) (ベンゼン) + HNO_3 $\xrightarrow{\text{ニトロ化}}$ (ベンゼン環-NO₂)

(　(ウ) (ベンゼン) ⟶ (ベンゼン環-NO₂) ⟶ (ベンゼン環-NH₂)　(エ) クメン法，アルカリ融解，加水分解すべて3段階　)

(8) (ア) (ベンゼン) $\xrightarrow[\text{Fe}]{\text{Cl}_2}$ (ベンゼン環-Cl)　(ウ) (ベンゼン環-NO₂) $\xrightarrow{\text{Sn(Fe),\ HCl}}$ (ベンゼン環-NH₂)

(9) CH_3-CH_2-OH ⟶ $CH_3-\overset{\text{O}}{\underset{\|}{C}}-H$ ⟶ $CH_3-\overset{\text{O}}{\underset{\|}{C}}-OH$
　　エタノール　　　　　アセトアルデヒド　　　　酢酸 (キ)

210 解答

A 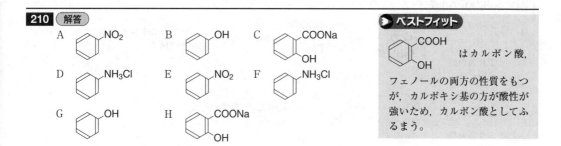 (structures A-H shown: A ニトロベンゼン with NO2, B フェノール OH, C サリチル酸ナトリウム COONa/OH, D アニリン塩酸塩 NH3Cl, E NO2, F NH3Cl, G OH, H COONa/OH)

▶ ベストフィット

COOH / OH はカルボン酸，フェノールの両方の性質をもつが，カルボキシ基の方が酸性が強いため，カルボン酸としてふるまう。

解説

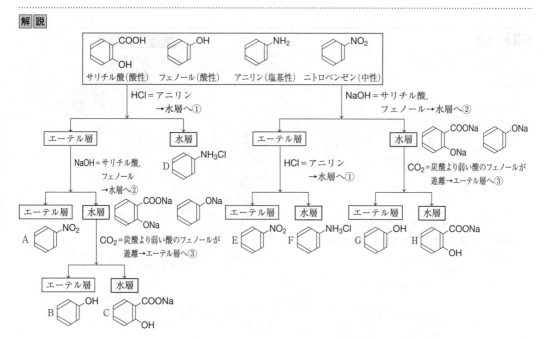

① HCl＝塩基性のアニリンが反応し，塩となる。

NH2 ＋ HCl ⟶ NH3Cl ｝中和反応

② NaOH＝酸性のサリチル酸とフェノールが反応し，塩となる。

COOH/OH ＋ 2NaOH ⟶ COONa/ONa ＋ 2H2O

OH ＋ NaOH ⟶ ONa ＋ H2O ｝中和反応

③　$CO_2 = H_2CO_3$ の生成（カルボン酸＞炭酸＞フェノール）

$$\underset{\substack{\text{より強い酸}\\\text{の塩}}}{\overset{\text{COONa}}{\underset{\text{ONa}}{\bigcirc}}} + \underset{\text{より弱い酸}}{H_2CO_3} \longrightarrow \overset{\text{COONa}}{\underset{\text{OH}}{\bigcirc}} + NaHCO_3$$

$\left.\begin{array}{l}\text{フェノール性ヒドロキシ基}\\\text{のみもとに戻る}\end{array}\right.$

$$\underset{\substack{\text{より弱い酸}\\\text{の塩}}}{\overset{\text{ONa}}{\bigcirc}} + \underset{\text{より強い酸}}{H_2CO_3} \longrightarrow \overset{\text{OH}}{\bigcirc} + NaHCO_3$$

弱酸の遊離

211　解答
(1)　⑥, (ア), (ウ)　　(2)　①, (ウ)　　(3)　⑤, (イ)　　(4)　④, (エ)

ベストフィット
(1)　弱酸の遊離
(2)　中和反応
(3)　芳香族の呈色反応
(4)　アルデヒドの還元性

解説

(1)　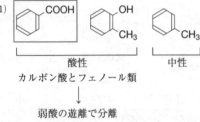

　カルボン酸とフェノール類　　　　中性

　酸性　　　　　　　　　　　　　　　↓

　　　　　弱酸の遊離で分離

$NaHCO_3$ 水溶液を加えることで，カルボン酸のみ塩にできる。

$$\overset{\text{COOH}}{\bigcirc} + NaHCO_3$$

$$\longrightarrow \underset{\text{水溶性}}{\overset{\text{COONa}}{\bigcirc}} + \underset{\substack{\text{} \\ CO_2\text{ 発生}}}{H_2CO_3}$$

$$\left(\overset{\text{OH}}{\underset{\text{CH}_3}{\bigcirc}} + NaHCO_3 \longrightarrow \times\right)$$

(2)　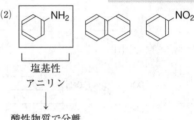

　塩基性
　アニリン

　　　↓

　酸性物質で分離

$$\overset{\text{NH}_2}{\bigcirc} + HCl \longrightarrow \underset{\text{水溶性}}{\overset{\text{NH}_3{}^+Cl^-}{\bigcirc}}$$

弱酸（H_2CO_3）と弱塩基（アニリン）の塩は水に溶けにくいので，塩酸を用いる。

(3)　$\overset{\text{COOCH}_3}{\underset{\text{OH}}{\bigcirc}}$　$\overset{\text{COOH}}{\underset{\text{OCOCH}_3}{\bigcirc}}$　$\overset{\text{CH}_3}{\underset{\text{CH}_3}{\bigcirc}}$

　‖
サリチル酸メチル
のみフェノール類

　　↓

$FeCl_3$ で呈色

(4)　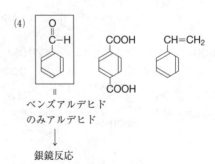

　‖
ベンズアルデヒド
のみアルデヒド

　　↓

銀鏡反応

212 解答

(1) (ア) ① (イ) ⑤ (ウ) ⑤ (エ) ② (オ) ⑥

(2) A CH₃COOH

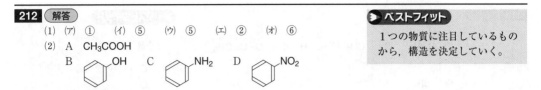

(3) ニトロベンゼンが還元され，生成したアニリンが塩酸によって塩となり水に溶けたため。

ベストフィット

1つの物質に注目しているものから，構造を決定していく。

解説

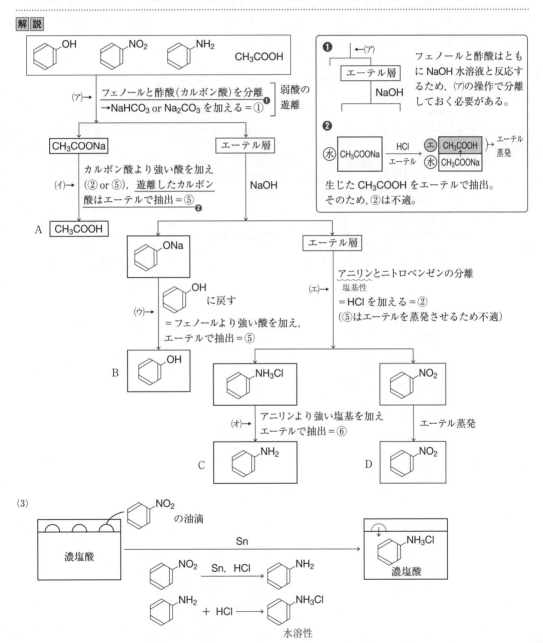

213 解答

(1)　A　〔o-クレジルホルメート構造〕

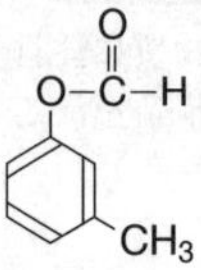

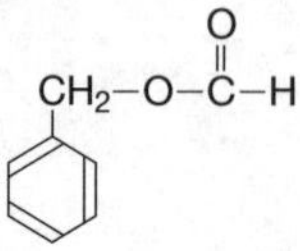

B　〔ベンジルホルメート構造〕

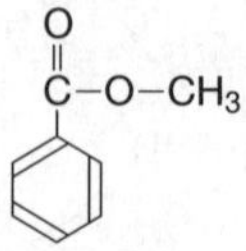

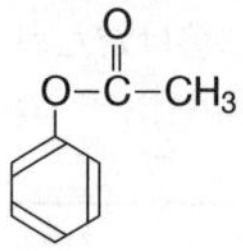

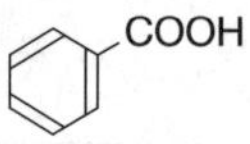

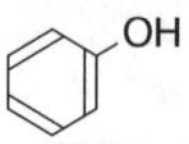

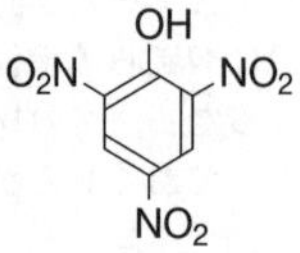

C　〔メチルベンゾエート構造〕

D　〔フェニルアセテート構造〕

E　〔安息香酸 COOH〕

F　〔フェノール OH〕

> **ベストフィット**
>
> 芳香族エステルは 〔ベンゼン環〕 と
>
> $R^1-\overset{\underset{\parallel}{O}}{C}-O-R^2$ を含む。

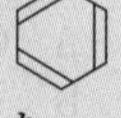

(2)　2,4,6-トリニトロフェノール

OH, O₂N, NO₂, NO₂

(3)　F

解説　Step2)　異性体

$$C_6H_6 \xrightarrow[\substack{+(COO\times1)\\+(CH_3\times1)\\-(H\times1)}]{} C_8H_8O_2 \qquad C_6H_6 \xrightarrow[\substack{+(CH_2OCOH\times1)\\-(H\times1)}]{} C_8H_8O_2$$

① 〔メチルベンゾエート構造〕

② 〔フェニルアセテート構造〕

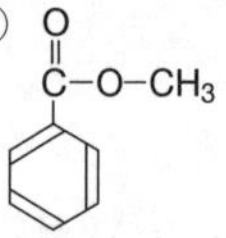

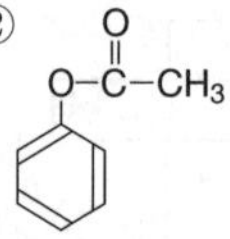

③ 〔ベンジルホルメート構造〕（〔フェニル酢酸構造〕 はカルボン酸）

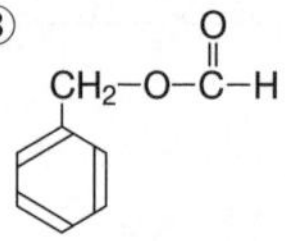

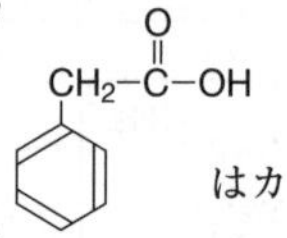

$$C_6H_6 \xrightarrow[\substack{+(OCOH\times1)\\+(CH_3\times1)\\-(H\times2)}]{} C_8H_8O_2$$

④ 〔クレジルホルメート構造〕（〔メチル安息香酸構造〕 はカルボン酸）

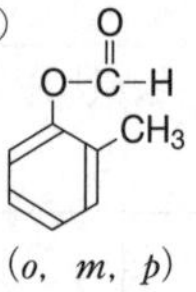

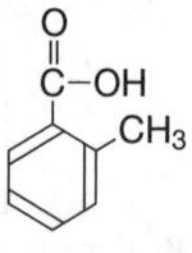

(o, m, p)

Step1), Step3)　反応図＋構造決定

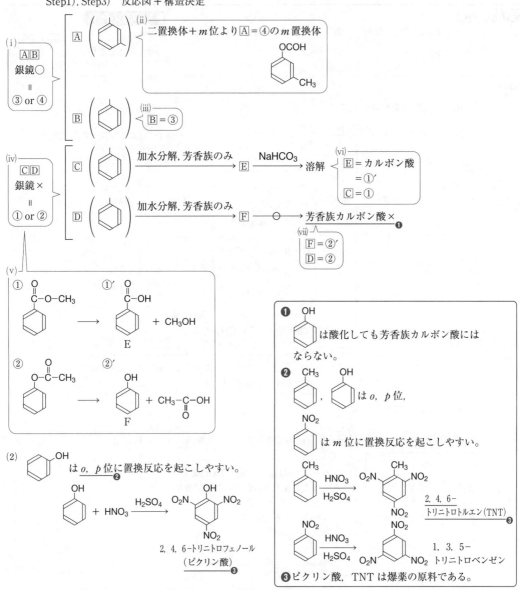

(i)
Ⓐ Ⓑ
銀鏡○
＝
③ or ④

Ⓐ (ii) 二置換体＋ *m* 位より Ⓐ＝④の *m* 置換体

Ⓑ (iii) Ⓑ＝③

(iv)
Ⓒ Ⓓ
銀鏡×
＝
① or ②

Ⓒ 加水分解, 芳香族のみ → Ⓔ NaHCO₃ → 溶解 (vi) Ⓔ＝カルボン酸 ＝①′ Ⓒ＝①

Ⓓ 加水分解, 芳香族のみ → Ⓕ ○ → 芳香族カルボン酸× ❶ (vii) Ⓕ＝②′ Ⓓ＝②

(v)
① C–O–CH₃ → ①′ C–OH ＋ CH₃OH　E
② O–C–CH₃ → ②′ OH ＋ CH₃–C–OH　F

❶ OH は酸化しても芳香族カルボン酸にはならない。

❷ CH₃, OH は *o*, *p* 位, NO₂ は *m* 位に置換反応を起こしやすい。

CH₃ + HNO₃/H₂SO₄ → O₂N–C(CH₃)–NO₂ / NO₂　2, 4, 6-トリニトロトルエン(TNT) ❸

NO₂ + HNO₃/H₂SO₄ → O₂N–NO₂ / NO₂　1, 3, 5-トリニトロベンゼン

❸ ピクリン酸, TNT は爆薬の原料である。

(2) OH は *o*, *p* 位に置換反応を起こしやすい。❷

OH + HNO₃ → H₂SO₄ → O₂N–OH–NO₂ / NO₂　2, 4, 6-トリニトロフェノール（ピクリン酸）❸

214 解答

(1) 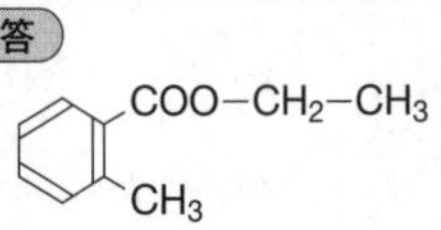 ベンゼン環-COO-CH₂-CH₃ (ortho位にCH₃)

(2) 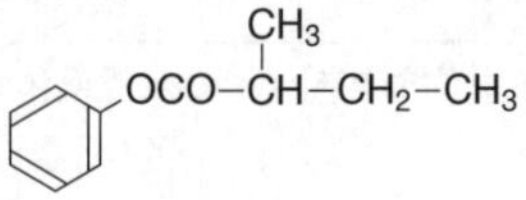 ベンゼン環-O-CO-CH(CH₃)-CH₂-CH₃

▶ ベストフィット

加水分解しても，炭素原子の総数は変化しない。

解説

(1) Step1），Step3）　反応図＋構造決定

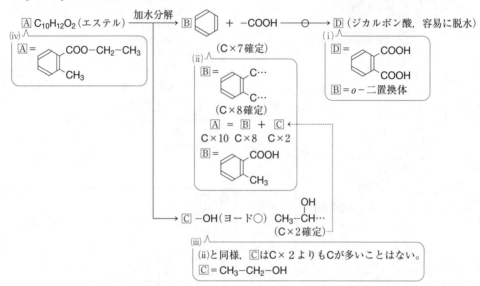

(2) Step1），Step3）　反応図＋構造決定

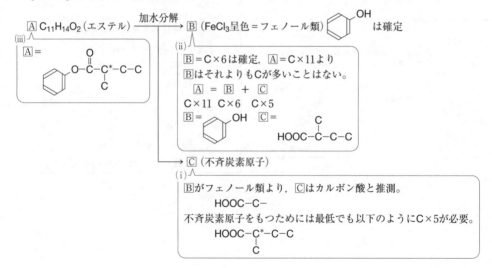

215 解答

(1) A 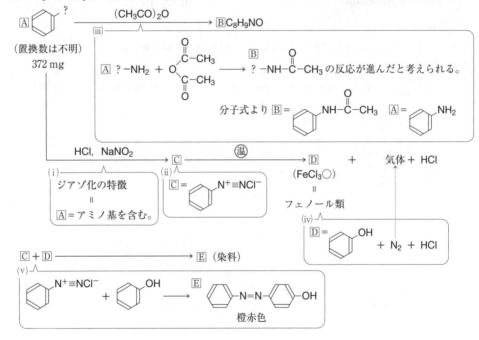 NH₂　B NH-CO-CH₃　C N⁺≡NCl⁻

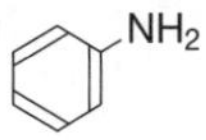

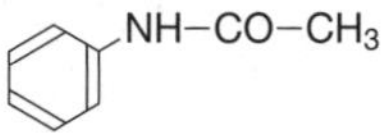

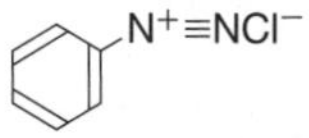

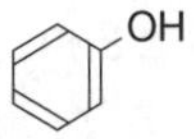

D OH　E N=N-OH

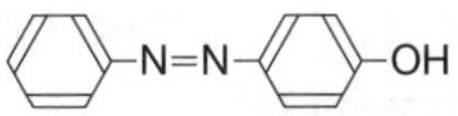

(2) 生成物として水があるため，水が存在すると平衡が左へ移動し，アセトアニリドの収率が下がるため。

(3) 反応後，生成したアセトアニリドは過剰の無水酢酸に溶けているため，冷水中に注ぐことで，無水酢酸が酢酸となりアセトアニリドが析出する。

> **ベストフィット**
> 無水酢酸はアセチル化，亜硝酸ナトリウムはジアゾ化を考える。

(4) N_2　(5) 橙赤色　(6) 80.0 %

解説　(1) Step1)，Step3) 反応図＋構造決定

(2)

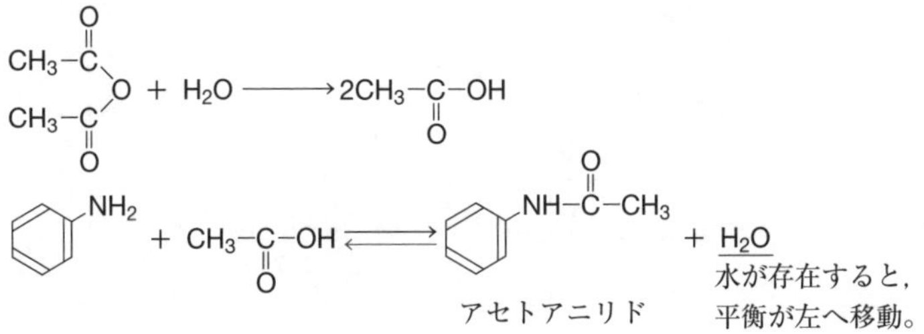

(3) ㋐
NH-CO-CH₃

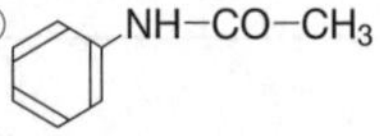

(CH₃CO)₂O   CH₃COOH

水に   不溶   不溶   可溶

$(CH_3CO)_2O + H_2O \longrightarrow 2CH_3COOH$

水に不溶の$(CH_3CO)_2O$を水に可溶なCH_3COOHにして有機層の$(CH_3CO)_2O$を取り除くことができる。

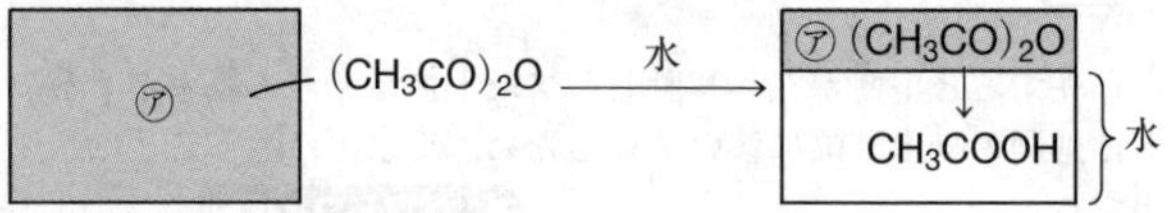

㋐ -$(CH_3CO)_2O$ →水→ ㋐ $(CH_3CO)_2O$ / CH_3COOH } 水

(6)
NH₂   O
| + (CH₃CO)₂O ⟶   NH-C-CH₃   + CH₃COOH

372 mg   432 mg

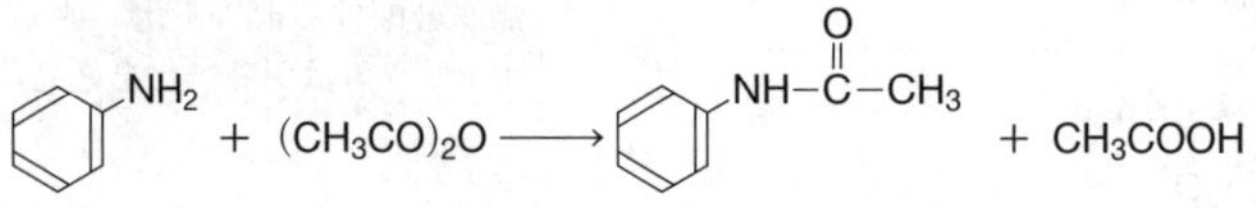

アニリン(分子量 93) 1 mol からアセトアニリド(分子量 135) 1 mol が生成する。

理論上アニリン 372 mg から

$$\dfrac{372\,mg}{93\,g/mol} \times 1 \times 135\,g/mol = 540\,mg$$ のアセトアニリドが生成する。

アニリンの mmol

アセトアニリドの mmol

アセトアニリドの mg

$$収率 = \dfrac{432\,mg}{540\,mg} \times 100 = 80.0\,\%$$

216 解答

(1) A $CH_3-\underset{\underset{OH}{|}}{CH}-CH_3$ B 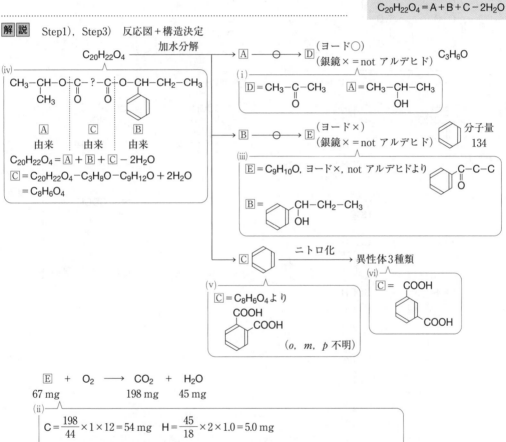   D $CH_3-\underset{\underset{O}{\|}}{C}-CH_3$ E

(2) $C_8H_6O_4$ (3)   (4)   など

▶ ベストフィット

分子式の関係
$C_{20}H_{22}O_4 = A + B + C - 2H_2O$

解説   Step1），Step3)   反応図＋構造決定

加水分解

$C_{20}H_{22}O_4$

(iv)

$CH_3-\underset{\underset{CH_3}{|}}{CH}-O\overset{\overset{\displaystyle ?}{|}}{\underset{\underset{O}{\|}}{C}}-\underset{\underset{O}{\|}}{C}-O-CH-CH_2-CH_3$

    A   C   B
   由来   由来   由来

$C_{20}H_{22}O_4 = A + B + C - 2H_2O$

$C = C_{20}H_{22}O_4 - C_3H_8O - C_9H_{12}O + 2H_2O$
$\quad = C_8H_6O_4$

A ─○─ D (ヨード○)（銀鏡× = not アルデヒド） C_3H_6O

(i)
$D = CH_3-\underset{\underset{O}{\|}}{C}-CH_3$ $A = CH_3-\underset{\underset{OH}{|}}{CH}-CH_3$

B ─○─ E (ヨード×)（銀鏡× = not アルデヒド）   分子量 134

(iii)
$E = C_9H_{10}O$, ヨード×, not アルデヒドより

B =

C ─ニトロ化→ 異性体3種類

(v)
$C = C_8H_6O_4$ より

COOH
COOH
（o, m, p 不明）

(vi)
C = COOH   COOH

E + O_2 ⟶ CO_2 + H_2O
67 mg   198 mg   45 mg

(ii)
$C = \dfrac{198}{44} \times 1 \times 12 = 54$ mg $H = \dfrac{45}{18} \times 2 \times 1.0 = 5.0$ mg

$O = 67 - (54 + 5.0) = 8.0$ mg

$C : H : O = \dfrac{54}{12} : \dfrac{5.0}{1.0} : \dfrac{8.0}{16} = 9 : 10 : 1$ 組成式 $C_9H_{10}O$

分子量 134 より   分子式 $C_9H_{10}O$

(4)
$\overset{\overset{\displaystyle O}{\|}}{C}-C-C$ $\overset{\overset{\displaystyle O}{\|}}{C}-C-C$ $\overset{\overset{\displaystyle O}{\|}}{C}-C$ (o, m, p) $\overset{\overset{\displaystyle O}{\|}}{C}-C-C$ (o, m, p) $\overset{\overset{\displaystyle O}{\|}}{C}$ （位置はどこでも可）から2つ。

補足

(iii) 前提として，Eはフェニル基をもつ $C_9H_{10}O$，ヨードホルム×，アルデヒド×

Eとして考えられるのは

① 一置換

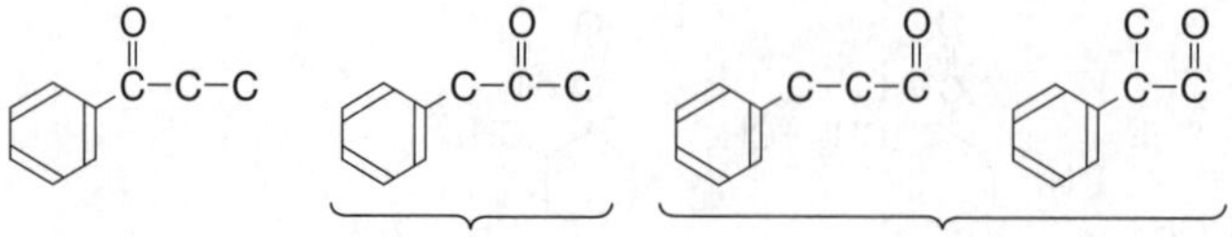

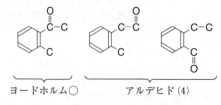

ヨードホルム○   アルデヒド (4)

② 二置換   ③ 三置換

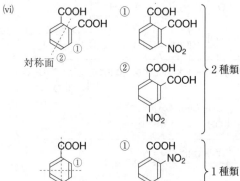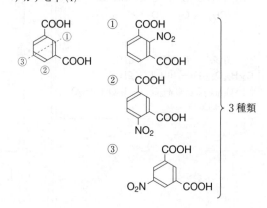

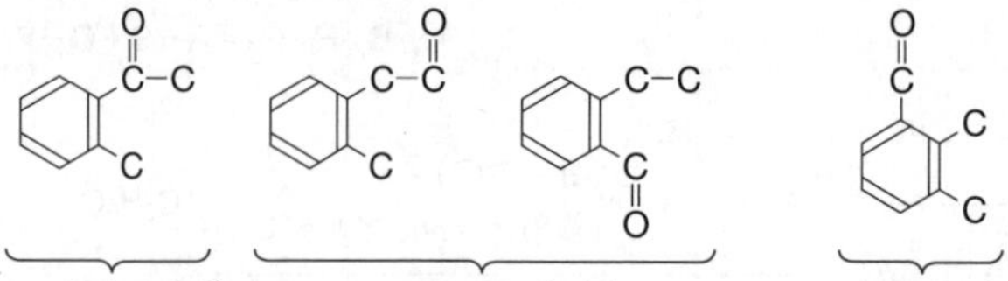

ヨードホルム○   アルデヒド (4)   アルデヒド (4)

のように 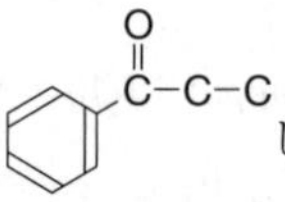 しか考えられない。

217 解答

(ア) 天然染料　(イ) 合成染料　(ウ) カルミン酸　(エ) 低
(オ) 水溶　(カ) ナトリウム　(キ) 酸化　(ク) アゾ
(ケ) 塩化ベンゼンジアゾニウム
(コ) *p*-ヒドロキシアゾベンゼン(*p*-フェニルアゾフェノール)
(サ) カップリング

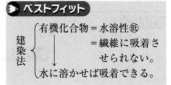
解説

$$インジゴ \xrightarrow{\text{NaOH 水溶液, } Na_2S_2O_4} インジゴのナトリウム塩$$

水溶性⑮　　　　　　　　　　　　　　　　水溶性⑥
(有機化合物は基本的に水に溶けにくい)　　　(有機化合物の塩は水に溶けやすい)

繊維に吸着。
酸素(＝酸化)でインジゴに戻す。

繊維に青色が吸着。

---

218 解答

(1) (ア) 対症療法　(ウ) 化学療法　(カ) 耐性
(ケ) 酸化
(2) (イ) ⑤　(エ) ②　(オ) ⑥
(3)
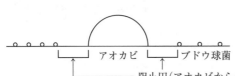

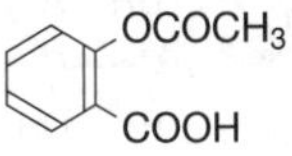

(4) (キ) ⑤　(ク) ①　(コ) ②

解説

(2) ストレプトマイシン
　　ペニシリン } 抗生物質＝ある種の微生物によって生産され，原因となる細菌を死滅させる。

　　ペニシリン＝世界初の抗生物質(1928 年にアレクサンダー・フレミングが発見)。

アオカビ
阻止円
ブドウ球菌

アオカビ　　ブドウ球菌

阻止円(アオカビから生じるペニシリンによって,ブドウ球菌の生育が阻止される)

ニトログリセリン＝狭心症の薬。
アセトアニリド
アスピリン } 解熱鎮痛剤(アセトアニリドは副作用が強いため，現在は使われていない)
アセトアミノフェン

サルファ剤＝スルファニルアミド骨格 $\left(H_2N-\!\!\bigcirc\!\!-SO_2NHR \right)$ をもつ抗菌剤。

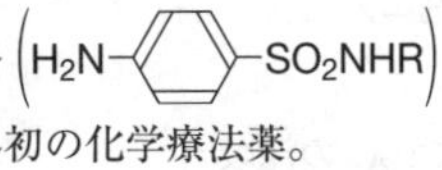

サルバルサン＝梅毒の特効薬で，世界初の化学療法薬。

(4) (キ) さらし粉　$CaCl(ClO)\cdot H_2O$　高度さらし粉　$Ca(ClO)_2\cdot 2H_2O$　塩素 Cl を含む
(ク) ヨウ素(沃素)はヨード(沃度)ともいい，ヨウ素化合物をヨード〜と表すことが多い。
(コ) フェノール類とあることから，クレゾールを選ぶ。

219 解答

(ア) ①② (イ) ③④ (ウ) ⑤⑥ (エ) ①②④ (オ) ⑤ (カ) ④⑤⑥

▶ ベストフィット

ヘミアセタール構造をもつ → 還元性あり ↔ 単糖はすべて還元性あり
二糖はスクロース以外，還元性を示す

解説 ① グルコース 単糖 還元性あり

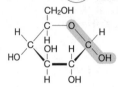

② フルクトース 単糖 還元性あり

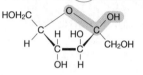

③ スクロース 二糖 **還元性なし**

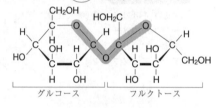

グルコース フルクトース

④ マルトース 二糖 還元性あり

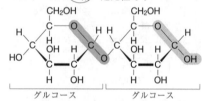

グルコース グルコース

⑤ アミロース 多糖 **還元性なし**

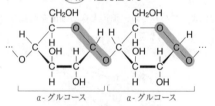

α-グルコース α-グルコース

⇨  らせん構造を形成。
└→ ヨウ素デンプン反応(オ)

⑥ セルロース 多糖 **還元性なし**

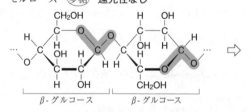

β-グルコース β-グルコース

⇨ 直線状構造を形成。

(エ) フェーリング液を還元する＝還元性あり，Cu_2O の沈殿

(オ) ヨウ素ヨウ化カリウム水溶液($KI + I_2$：ヨウ素溶液)で呈色＝ヨウ素デンプン反応

220 解答
29.4 g

解説 $C_{12}H_{22}O_{11} + H_2O \longrightarrow 4C_2H_5OH + 4CO_2$

68.4 g

$\downarrow$ 分子量 342

$\dfrac{68.4}{342}$ mol

$\downarrow$ 80.0 %

$\dfrac{68.4}{342} \times \dfrac{80.0}{100}$ mol $\longrightarrow$ $4 \times \dfrac{68.4}{342} \times \dfrac{80.0}{100}$ mol

$\downarrow$ 分子量 46

$4 \times \dfrac{68.4}{342} \times \dfrac{80.0}{100}$ mol $\times 46$ g/mol $= 29.44$

$\fallingdotseq 29.4$ g

▶ **ベストフィット**

糖類の分子量は
　単糖　180
　二糖　342　←180×2−18
　多糖　162n ←(180−18)n
で計算できる。

---

221 解答

(1) $(C_6H_{10}O_5)_n + \dfrac{n}{2}H_2O \longrightarrow \dfrac{n}{2}C_{12}H_{22}O_{11}$

(2) 171 g

▶ **ベストフィット**

加水分解を受ける部分は分解後
の基本単位から考える。

解説

(1) グルコース単位n個に対して,マルトース単位は$\dfrac{n}{2}$個ある　　加水分解を受けるグリコシド結合は$\dfrac{n}{2}$カ所=H$_2$Oも$\dfrac{n}{2}$個必要

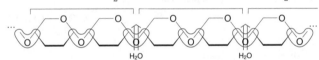

(2) $(C_6H_{10}O_5)_n + \dfrac{n}{2}H_2O \longrightarrow \dfrac{n}{2}C_{12}H_{22}O_{11}$

162 g

$\downarrow$ 分子量 162n

$\dfrac{162}{162n}$ mol $\longrightarrow$ $\dfrac{n}{2} \times \dfrac{162}{162n}$ mol

$\downarrow$ 分子量 342

$\dfrac{n}{2} \times \dfrac{162}{162n}$ mol $\times 342$ g/mol $= 171$ g

222 解答

(1) R^1 $-CH_2OH$ R^2 $-H$
    R^3 $-H$ R^4 $-OH$

(2) ④

....

解説

(1)

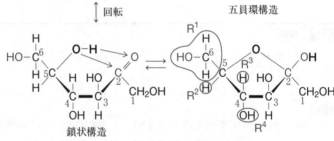

> ▶ ベストフィット
>
> 構造式中のヘミアセタール構造 〔図〕 を探す。
>
> 開環して 〔図〕 ⇌ 〔図〕 の平衡となる。

鎖状構造

六員環構造

回転

鎖状構造

五員環構造

$R^1 = -CH_2OH$ $R^2 = -H$
$R^3 = -H$ $R^4 = -OH$

(2) 環状⇌鎖状＋二重結合（不飽和度＝1より）

①～⑤のうち，(1)より $-\overset{3}{C}-\overset{2}{C}-\overset{1}{CH_2OH}$ の構造を選ぶ
                        $\ \ HO\ \ O$

① $-\overset{}{\underset{O}{C}}-O-$ ② $-C-O-C-$ ③ $-\overset{}{\underset{O}{C}}-OH$ ④ $-\overset{O}{C}-$ ⑤ $-OH$

223 解答

(1) 酵素　マルターゼ　　単糖　グルコース
(2) 酵素　セロビアーゼ　　単糖　グルコース
(3) 酵素　スクラーゼ(インベルターゼ)　　単糖　グルコース，フルクトース
(4) 酵素　ラクターゼ　　単糖　グルコース，ガラクトース

ベストフィット

二糖＝グルコース＋他の単糖
酵素名は分解する糖(-ose)の語尾をアーゼ(-ase)とする。

解説

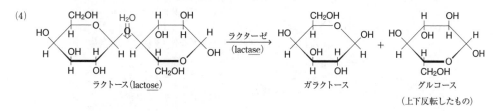

(1) マルトース(maltose) → マルターゼ(maltase) → グルコース ＋ グルコース

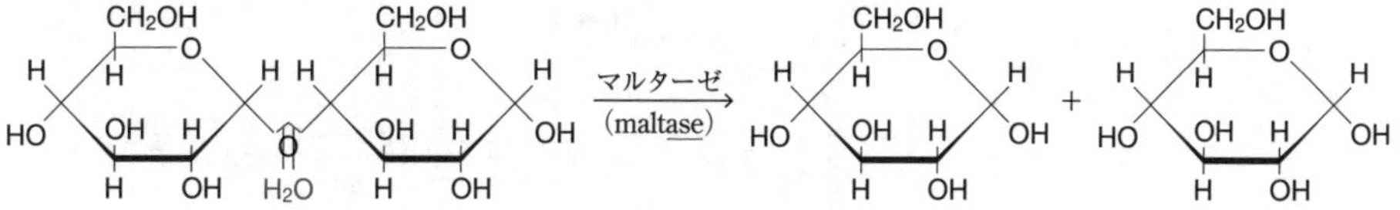

(2) セロビオース(cellobiose) → セロビアーゼ(cellobiase) → グルコース ＋ グルコース(上下反転したもの)

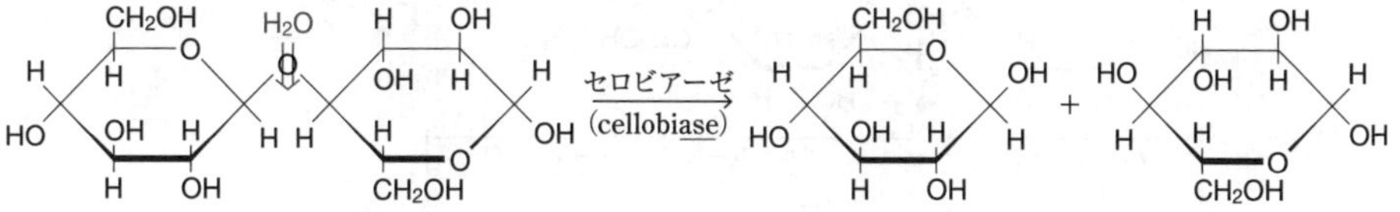

(3) スクロース(sucrose) → スクラーゼ(sucrase) → グルコース ＋ フルクトース

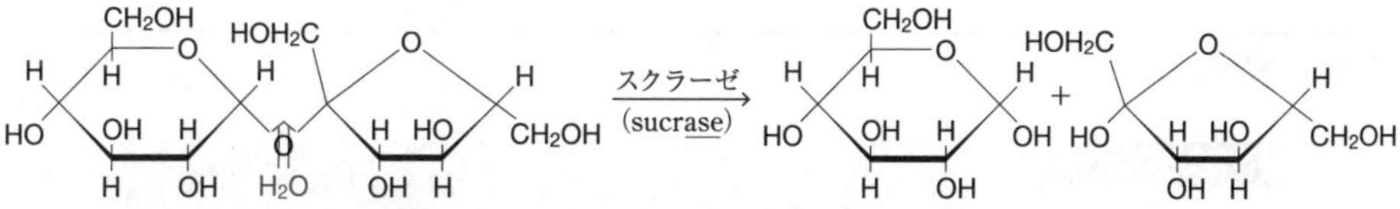

スクロースを加水分解することを「転化(invert)」という。生じたグルコースとフルクトースの等量混合物を「転化糖」といい，転化に用いる酵素スクラーゼを「インベルターゼ(invertase)」という。

(4) ラクトース(lactose) → ラクターゼ(lactase) → ガラクトース ＋ グルコース(上下反転したもの)

224 解答

(1) (ア)　マルトース　　(イ)　セロビオース　　(ウ)　スクロース
(2) (ア)　グルコース　　(イ)　グルコース　　(ウ)　グルコース，フルクトース
(3) ①　(ア)，(イ)　　②　(イ)　　③　(ウ)

ベストフィット

二糖の構造のうち，「グルコース」を探す → もう1つの単糖と結合のようすで特定する。
　　　　　　　　　　　　　　　　　　α，β，グリコシド結合など

(ア)

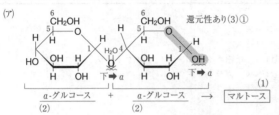

α-グルコース　＋　α-グルコース　→　マルトース (1)
(2)　　　　　　(2)

還元性あり(3)①

(イ)

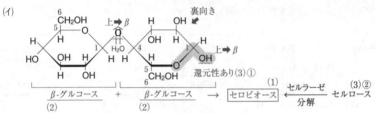

β-グルコース　＋　β-グルコース　→　セロビオース (1)　セルラーゼ分解　セルロース (3)②
(2)　　　　　　(2)

裏向き　上→β

還元性あり(3)①

(ウ)

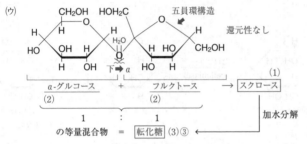

α-グルコース　＋　フルクトース　→　スクロース (1)
(2)　　　　　　(2)

五員環構造　還元性なし

1　：　1
の等量混合物　＝　転化糖(3)③　←　加水分解

---

225 解答

(4)

> ベストフィット

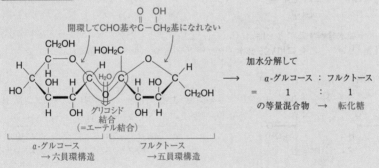

開環してCHO基やC−CH₂基になれない

グリコシド結合
（＝エーテル結合）

α-グルコース
→六員環構造

フルクトース
→五員環構造

加水分解して
　α-グルコース ： フルクトース
　＝　1　：　1
の等量混合物 → 転化糖

解説
(1) スクロースは，グルコースとガラクトースが還元性を示す OH の部分で結合しているため。
　　　　　　　　　　　　×フルクトース
(2) スクロースは，グルコースとフルクトースがエステル結合により結合しているため。
　　　　　　　　　　　　　　　　　　×エーテル結合またはグリコシド結合
(3) スクロースは，水溶液中で容易に転化糖に変化するため。
　　　　　　　　　　×加水分解して転化糖になる。
④ スクロースは，水溶液中で −CHO 基や −COCH₂OH 基になる部分がないため。
(5) スクロースは，×グルコース部分が五員環構造をとっているため。
　　　　　　　　　　フルクトース

226 解答

(1) $C_{12}H_{22}O_{11} + H_2O \longrightarrow 2C_6H_{12}O_6$

(2) 9.00 g　　(3) 15.0 %

▶ ベストフィット

単糖，二糖，多糖でそれぞれ同じ分子式が書けるが，必要に応じて反応式中で区別する。

解説

(1)

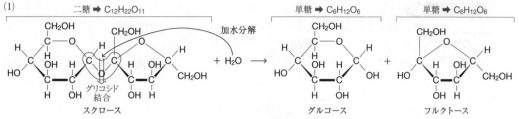

※構造式がなくても 二糖 → 単糖×2 の変化がわかれば反応式は書ける。

(2)　スクロース　　　　　　　　グルコース　　フルクトース

$C_{12}H_{22}O_{11}$　+　H_2O　$\longrightarrow$　$C_6H_{12}O_6$　+　$C_6H_{12}O_6$

17.1 g

$\downarrow$ 分子量 342

$\dfrac{17.1}{342}$ mol　$\longrightarrow$　$\dfrac{17.1}{342}$ mol

分子式は同じだがグルコースが問われているので分けて考える。

$\downarrow$ 分子量 180

$\dfrac{17.1}{342}$ mol×180 g/mol = 9.00 g

(3)　求める割合を x 〔%〕とする。生じる単糖は

すべて還元性あり

グルコース，フルクトース

$C_{12}H_{22}O_{11}$　+　H_2O　$\longrightarrow$　$2C_6H_{12}O_6$

11.4 g

$\downarrow$ 分子量 342

$\dfrac{11.4}{342}$ mol

$\downarrow x$ 〔%〕

$\dfrac{11.4}{342} \times \dfrac{x}{100}$ 〔mol〕　$\longrightarrow$　$\left(2 \times \dfrac{11.4}{342} \times \dfrac{x}{100}\right)$ 〔mol〕

生じた Cu_2O は $\left(\dfrac{1.43}{143}\text{ mol}\right)$

$\left(\dfrac{1.43}{143}\right) = \left(2 \times \dfrac{11.4}{342} \times \dfrac{x}{100}\right)$　$x = 15.0$ %

単糖 1 mol につき Cu_2O は 1 mol 生じた

227 （解答）

(1) A （キ）　B （ウ）　C （ア）　D （イ）　E （エ）　F （オ）　G （カ）

(2) 水溶液中で開環し，還元性を示すホルミル基ができるため。

(3) 糖の開環で還元性が生じるが，開環が不可能であるため。
（開環に必要な OH 基がグリコシド結合に使われているため。）

> **ベストフィット**
>
> 「還元性のない二糖」＝スクロース＝グルコース＋フルクトース　⇒　E が決まる。
> 「二糖」　　　　　　＝グルコース＋単糖
> 多糖は水に溶けにくい。デンプンは熱湯に可溶。

解説 (1) ①の記述から多糖が特定される。

②, ③, ④より　B, C, E が加水分解された → 二糖
　　　　　　　分解生成物 A, D, ガラクトース → 単糖
「二糖＝グルコース＋単糖」を考慮して，特定していく。

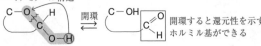

	①水に可溶		②還元性	加水分解	
単糖	○	A	○	単糖	→グルコース（ブドウ糖）
または	○	B	○	Aのみ	→マルトース
	○	C	○	A＋ガラクトース	→ラクトース
二糖	○	D	○	単糖	→フルクトース
	○	E	×	A＋D	→スクロース（還元性を示さない二糖）

	①熱湯に可溶		②還元性	
多糖	×	F	○	→デンプン（アミロース）
	×	G	×	→セルロース

(2) ヘミアセタール構造

C₃C—O⁺—H　⇌　開環　C—OH　C=O　開環すると還元性を示す
C—O—H　　　　　　　　　　　　H　ホルミル基ができる

(3)

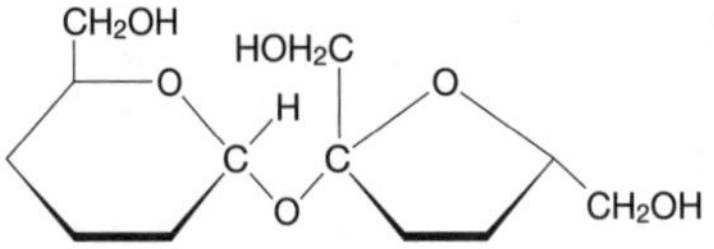

CH₂OH　　HOH₂C
　　　O　　H　　　O
　　　C—O—C
　　　　　　　CH₂OH

開環に必要な OH 基が
グリコシド結合に使われている

228 解答

(1)

・立体異性体
原子のつながり方や結合の種類は同じだが，分子を
立体で見たとき，原子や原子団の空間配置が異なる
・構造異性体
分子式は同じだが，原子のつながり方が異なる

解説

(1)

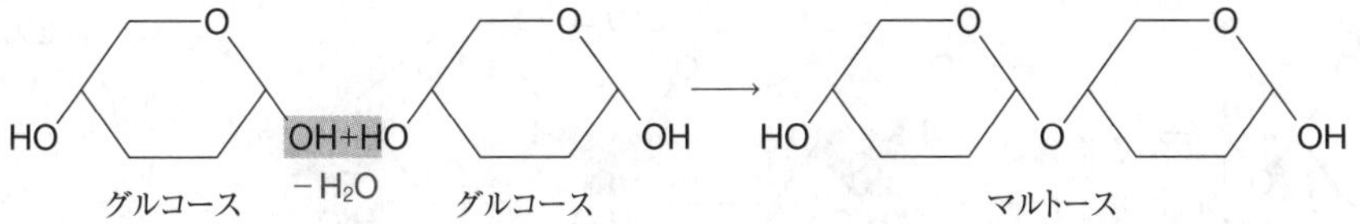

グルコース　グルコース　→　マルトース

分子式は $C_6H_{12}O_6 \times 2 - H_2O = C_{12}H_{22}O_{11}$

$$
\begin{array}{r}
C_{12}H_{24}O_{12} \\
-\quad H_2O \\
\hline
C_{12}H_{22}O_{11}
\end{array}
$$

(2)

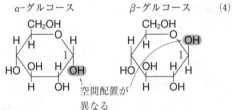

鎖状構造になれない＝還元性なし　鎖状構造になれる＝還元性あり

加水分解　スクロース　→　α-グルコース ＋ β-フルクトース

等量混合物
＝転化糖

(3)　α-グルコース　　β-グルコース

空間配置が
異なる

(4)　グルコース　　フルクトース

β-グルコース　　構造が　　β-フルクトース
$C_6H_{12}O_6$　　異なる　　$C_6H_{12}O_6$

分子式は
同じ

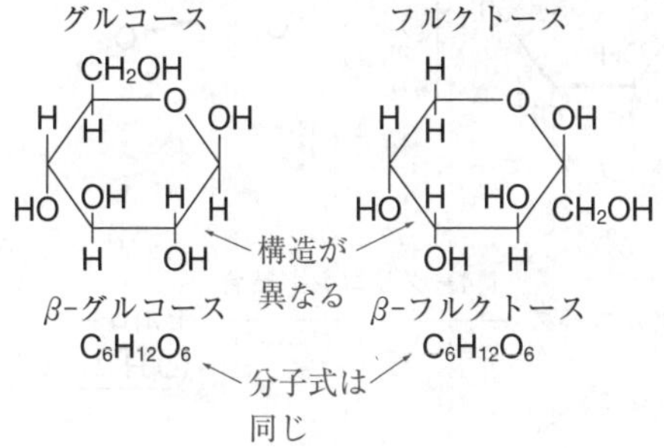

(5)　グルコース

環状（α-グルコース）　　鎖状
C*は5　　　　　　　　C*は4

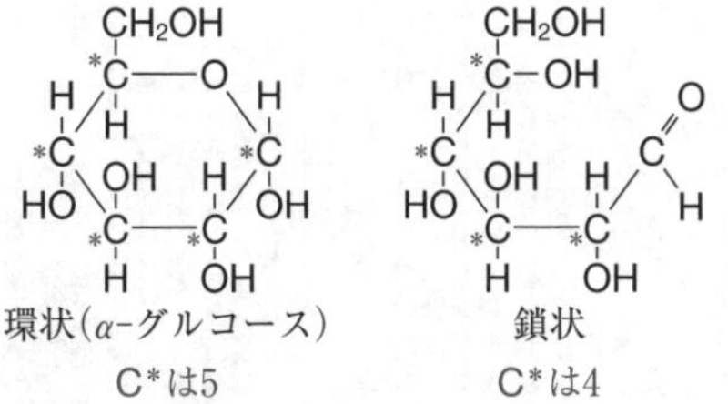

229 解答

(4)

ベストフィット

物質		単量体	構造
デンプン	アミロース アミロペクチン	α-グルコース	らせん状
セルロース		β-グルコース	直線状

解説 (1)(2) デンプン＝アミロースとアミロペクチンの混合物

6 CH₂OH
5
4 OH
1
O
2
3 OH
n
α-1,4－グリコシド結合
H₂O
(1) らせん状
アミロース

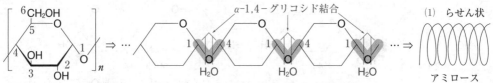

単量体：α-グルコース(1)　　(2) 酸によりグリコシド結合が加水分解される

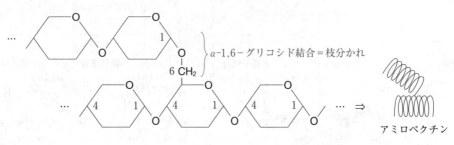

α-1,6－グリコシド結合＝枝分かれ
6 CH₂
アミロペクチン

(3) セルロース

6 CH₂OH
5
4 OH
1
2
3 OH
n
裏
表
裏
表
直線状(3)

単量体：β-グルコース(3)

(4)

β-グルコース
1,4－グリコシド結合
セルロース
(C₆H₁₀O₅)ₙ
シュバイツァー試薬
銅アンモニアレーヨン
濃 NaOH aq, CS₂
ビスコースレーヨン
再生繊維
(C₆H₁₀O₅)ₙ
単量体の構造は変化しない

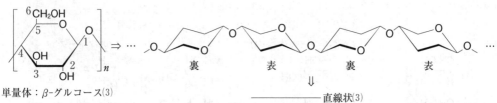

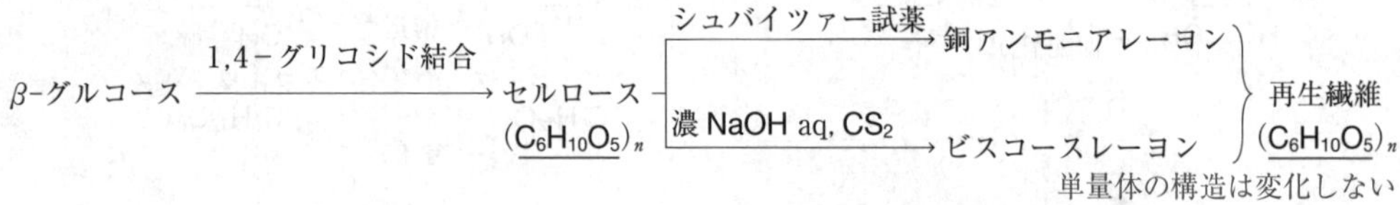

230 （解答）

(1) $(C_6H_{10}O_5)_n + nH_2O \longrightarrow nC_6H_{12}O_6$

(2) $C_6H_{12}O_6 \longrightarrow 2C_2H_5OH + 2CO_2$

(3) x 81.0 y 41.4

ベストフィット

多段階反応は1つにまとめて考える。

解説 (1)

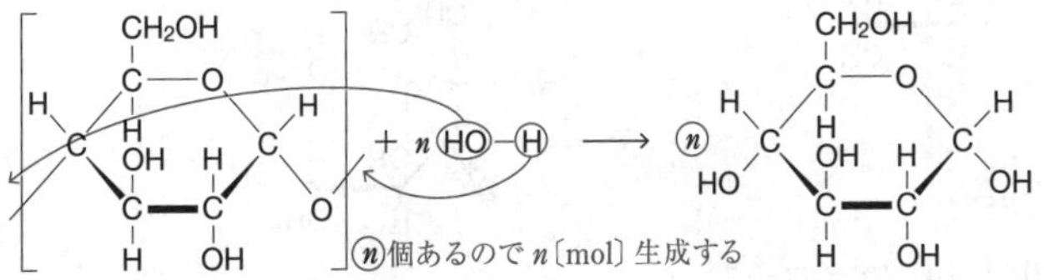

n個あるので n〔mol〕生成する

(2) $C_6H_{12}O_6 \longrightarrow 2C_2H_5OH + 2CO_2$ ←アルコール発酵には CO_2 の発泡がともなう。

(3) (1), (2)×n としてまとめると

$(C_6H_{10}O_5)_n \longrightarrow nC_6H_{12}O_6 \longrightarrow 2nC_2H_5OH + 2nCO_2$

72.9 g

↓ 分子量 162n

$\dfrac{72.9}{162n}$ mol $\longrightarrow$ $n \times \dfrac{72.9}{162n}$ mol $\longrightarrow$ $2n \times \dfrac{72.9}{162n}$ mol

↓ 分子量 180   ↓ 分子量 46

$n \times \dfrac{72.9}{162n} \times 180$ g/mol $= \boxed{81.0}$ g $2n \times \dfrac{72.9}{162n} \times 46$ g/mol $= \boxed{41.4}$ g

=   =

x y

(1) マルトース

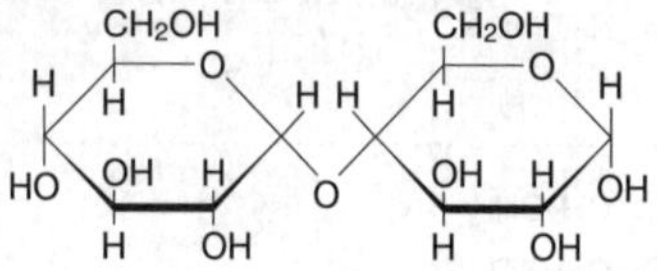

(2)

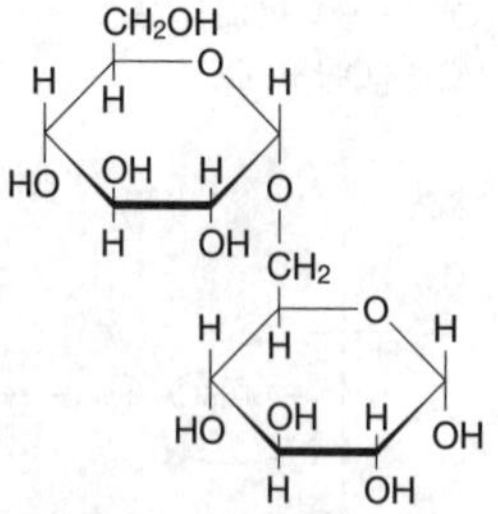

(3) A あり　B あり　(4) アミロース

> **ベストフィット**
>
> グリコシド結合は1位のOHと他の糖のOHから脱水縮合する。

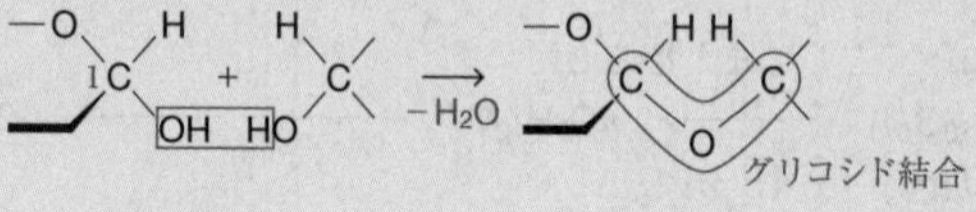

グリコシド結合

解説

A　α-グルコース　　α-グルコース

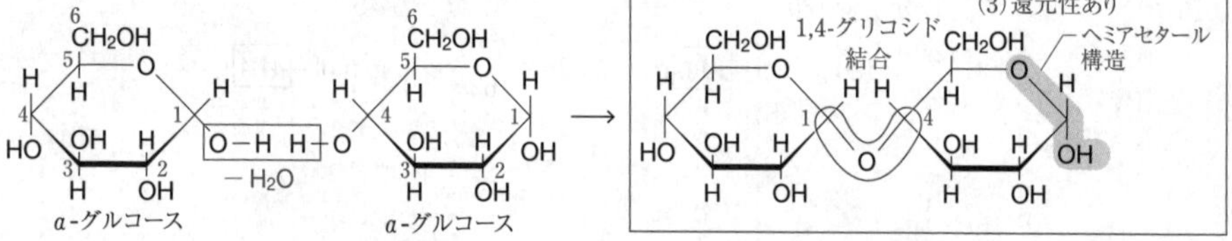

(1) 1,4-グリコシド結合　(3)還元性あり　ヘミアセタール構造

B　α-グルコース　　α-グルコース

(2) 1,6-グリコシド結合　(3)還元性あり　ヘミアセタール構造

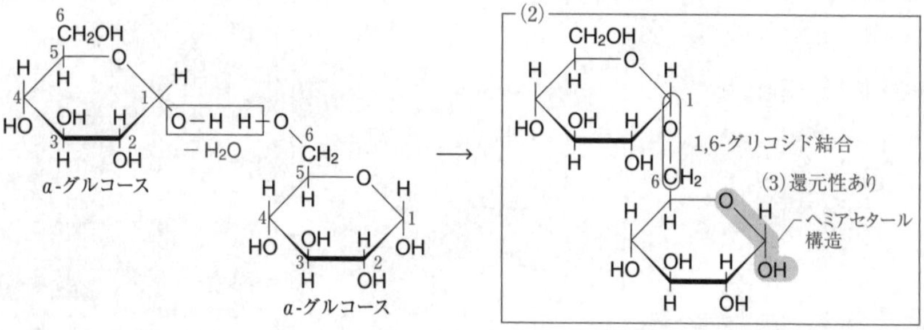

C

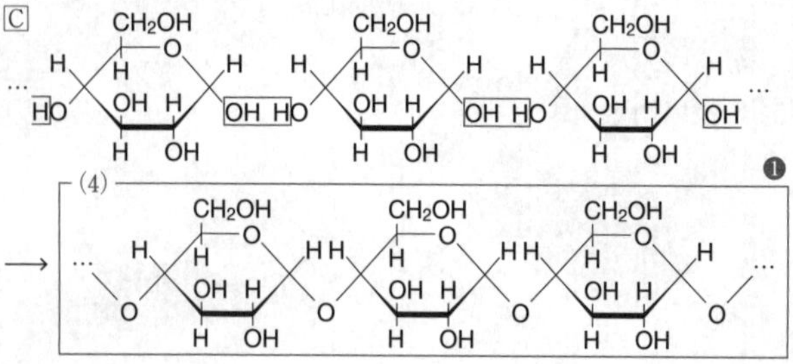

(4)

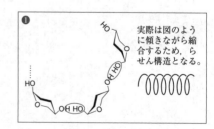

実際は図のように傾きながら縮合するため、らせん構造となる。

232 解答

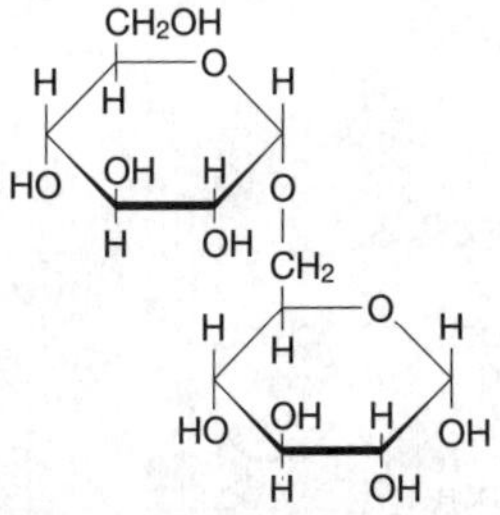

▶ ベストフィット

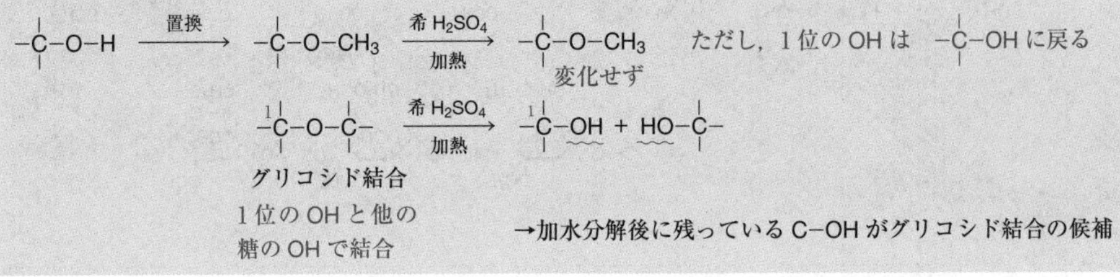

$$-\overset{|}{\underset{|}{C}}-O-H \xrightarrow{\text{置換}} -\overset{|}{\underset{|}{C}}-O-CH_3 \xrightarrow[\text{加熱}]{\text{希 } H_2SO_4} -\overset{|}{\underset{|}{C}}-O-CH_3$$

ただし，1位の OH は $-\overset{|}{\underset{|}{C}}-OH$ に戻る
変化せず

$$-\overset{|}{\underset{|}{\overset{1}{C}}}-O-\overset{|}{\underset{|}{C}}- \xrightarrow[\text{加熱}]{\text{希 } H_2SO_4} -\overset{|}{\underset{|}{\overset{1}{C}}}-\underline{OH} + \underline{HO}-\overset{|}{\underset{|}{C}}-$$

グリコシド結合
1位の OH と他の
糖の OH で結合

→加水分解後に残っている C–OH がグリコシド結合の候補

解説

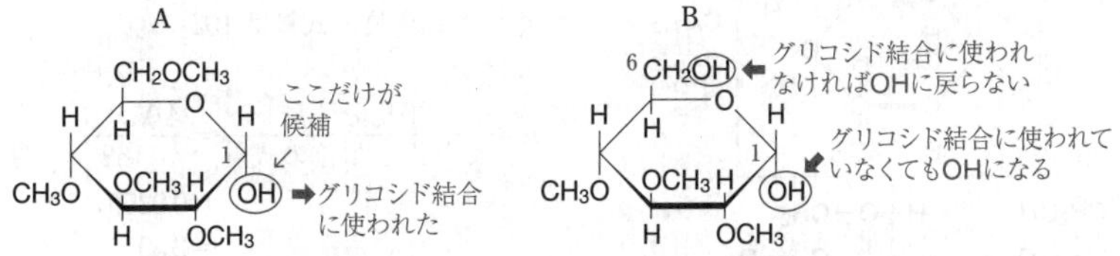

A の 1位の OH と B の 6位の OH の間でグリコシド結合が形成されていた（α-1, 6-グリコシド結合）

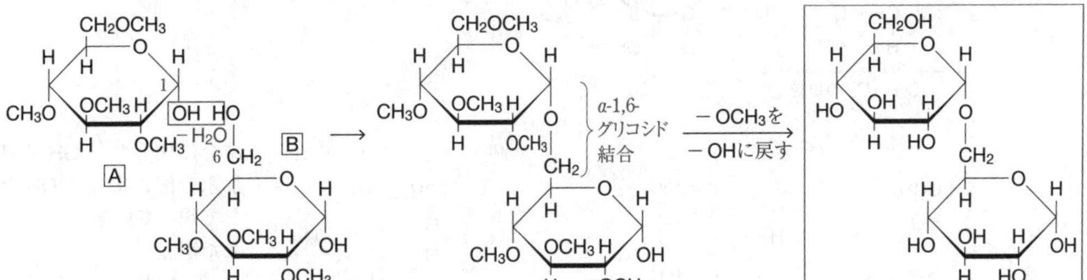

233 解答

(1) 2.50×10^3 個　　(2) (イ)　　(3) 1.0×10^2 個

▶ ベストフィット

枝分かれのある構造は末端，中間，枝分かれの3つのパートに分類できる。

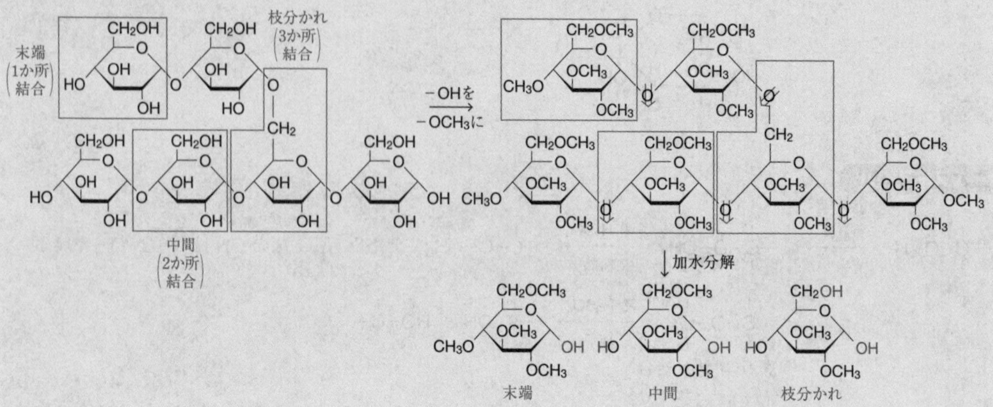

末端
(1か所結合)

CH₂OH　CH₂OH

枝分かれ
(3か所結合)

中間
(2か所結合)

CH₂OH　CH₂OH

$-OH$ を
$-OCH_3$ に

CH₂OCH₃　CH₂OCH₃

CH₂OCH₃

↓ 加水分解

CH₂OCH₃

末端　　　中間　　　枝分かれ

· ·

解説　(1) 枝分かれのある構造の分子式も $(C_6H_{10}O_5)_n$ と書ける。n を求めればよい。

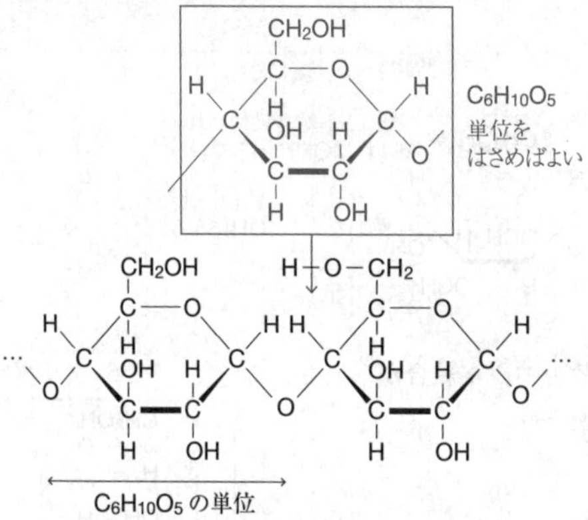

$C_6H_{10}O_5$
単位を
はさめばよい

$C_6H_{10}O_5$ の単位

$(C_6H_{10}O_5)_n$ より
くり返し単位の式量は 162
したがって

$$n = \frac{\text{平均分子量}}{\text{くり返し単位の式量}} = \frac{4.05 \times 10^5}{162}$$
$$= 0.0250 \times 10^5$$
$$= 2.50 \times 10^3$$

(2)　(ア)　　(イ)　　(ウ)

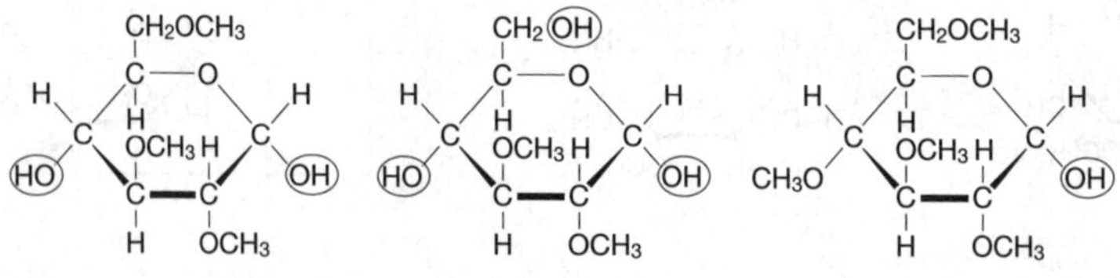

CH₂OCH₃　　CH₂OH　　CH₂OCH₃

結合に使われた OH のみ
加水分解によって OH と
して残っている。
したがって

(ア) 中間
(イ) 枝分かれ
(ウ) 末端

となる。

(3) (1)より1分子中に 2.50×10^3 個のグルコース単位があり

(ア)：(イ)：(ウ)＝23：1：1 より

$$2.50 \times 10^3 \times \frac{1}{23 + 1 + 1} = 0.10 \times 10^3$$
$$= 1.0 \times 10^2$$

234 解答

(1) (ア) アセチル基　　(イ) レーヨン(ビスコースレーヨン)　　(ウ) セロハン

(2) セルロースは直線状の分子が平行に並んで分子間に水素結合を形成するため，水に溶けにくい。

> **ベストフィット**
>
> セルロースは分子間で水素結合を形成し，溶解性が低い。OH 基を他の官能基に変換して溶解性を改善する。

(3) トリニトロセルロース

(4)

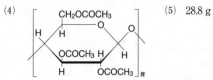

(5) 28.8 g

解説

(1)(2) セルロース

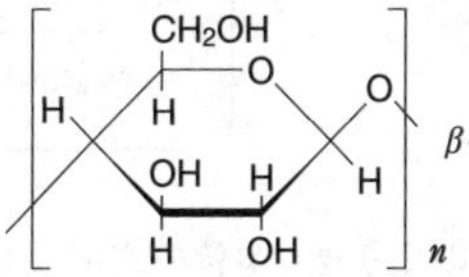

CH₂OH ... β-グルコース

↓

───セロビオース単位───

裏　　表　　裏　　表

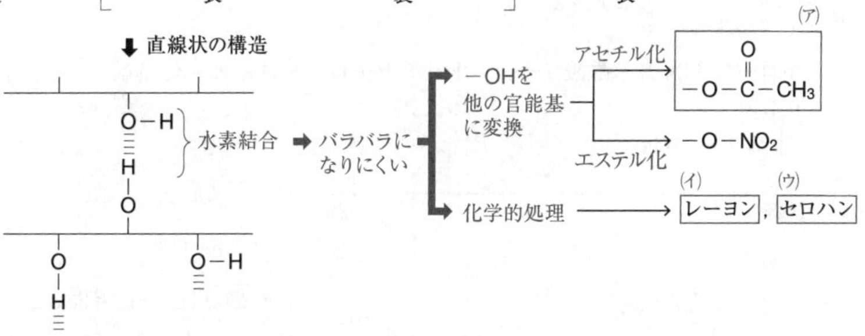

↓ 直線状の構造

O−H
‖
O
─── 水素結合 → バラバラになりにくい
O−H　　O−H
‖
O

−OHを他の官能基に変換

アセチル化 →
(ア)
O
‖
−O−C−CH₃

エステル化 → −O−NO₂

化学的処理 →
(イ) レーヨン，(ウ) セロハン

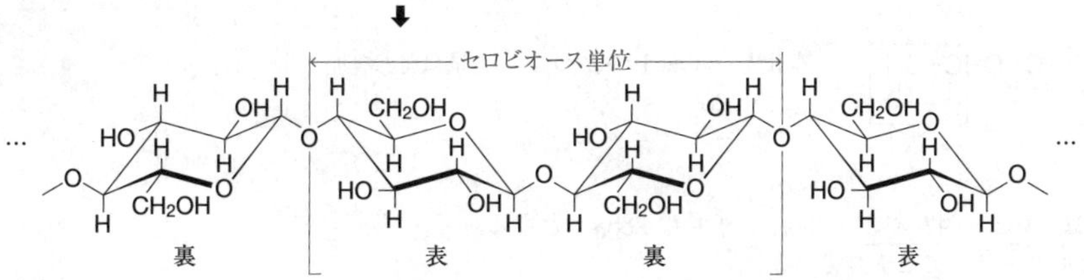

アミロースでは分子がらせん状になり，分子内で多くの水素結合ができる。

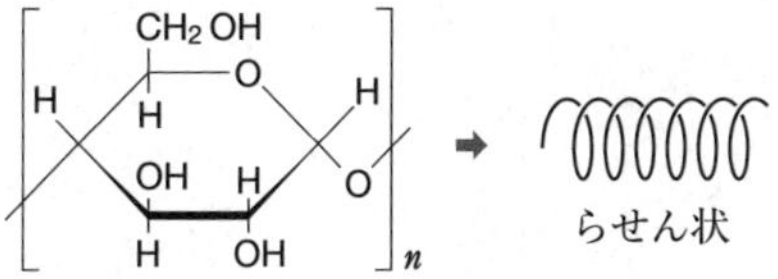

CH₂OH ... α-グルコース → らせん状

(3)

(4)
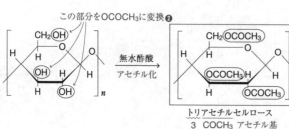

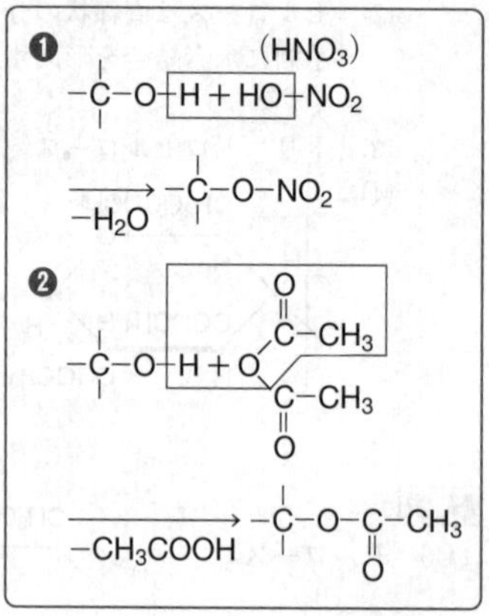

(5) トリアセチルセルロースのくり返し単位の式量はセルロースのくり返し単位の式量に比べて，42×3 増加している。

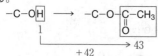　　変化した OH 1 つにつき，式量は 42 増加している。

くり返し単位の式量は　$\underline{162}$ ＋ $\underline{42 \times 3}$ ＝288，分子量は 288n　となる。
　　　　　　　　　セルロース　アセチル基×3
　　　　　　　　　の式量

したがって　　セルロース＋3n 無水酢酸　⟶　トリアセチルセルロース＋3n 酢酸
　　　　　　16.2 g
　　　　　　　↓分子量 162n

$\dfrac{16.2}{162n}$ mol　　　　　　　　　　　　　　　　　　$\dfrac{16.2}{162n}$ mol

　　　　　　　　　　　　　　　　　　　↓ 分子量 288n

　　　　　　　　　　　　　　$\dfrac{16.2}{162n}$ mol×288n〔g/mol〕＝28.8 g

235 解答

(1) (A) ③　(B) ①②④⑤⑦　(C) ⑥

(2) ②③④⑤⑥⑦

(3) (ア) ①②③④⑤⑥⑦　(イ) ⑤　(ウ) ⑦　(エ) ×

▶ ベストフィット

ニンヒドリンで
赤紫色で検出
（ニンヒドリン
反応，アミノ基
の検出）

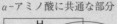
α-アミノ酸に共通な部分

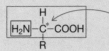

R=H のとき不斉炭素原子なし

R≠H のとき不斉炭素原子

$$R \begin{cases} -COOH を含む & 酸性アミノ酸 \\ -NH_2 を含む & 塩基性アミノ酸 \end{cases} それ以外は中性アミノ酸$$

$$R \begin{cases} -S を含む & NaOH+(CH_3COO)_2Pb で黒色沈殿で検出 \\ ⬡ を含む & 濃 HNO_3 で黄色，さらに NH_3 水で橙黄色 \\ & （キサントプロテイン反応）で検出 \end{cases}$$

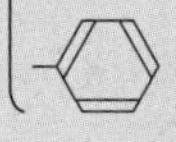

※ビウレット反応　NaOHaq+CuSO₄aq で赤紫色

→2 個以上のペプチド結合　$-\overset{\|}{\underset{O}{C}}-\overset{}{\underset{H}{N}}-$ を検出

（トリペプチド以上）

解説

① 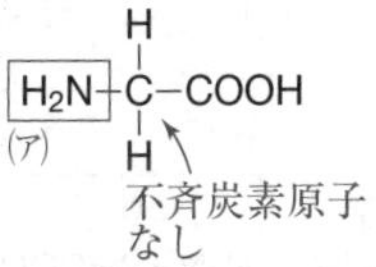 グリシン

$$H_2N-\overset{H}{\underset{H}{C}}-COOH$$
(ア)

不斉炭素原子なし

② 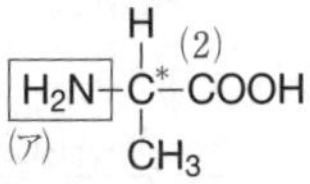 アラニン

$$H_2N-\overset{H}{\underset{CH_3}{C^*}}-COOH \ (2)$$
(ア)

③ 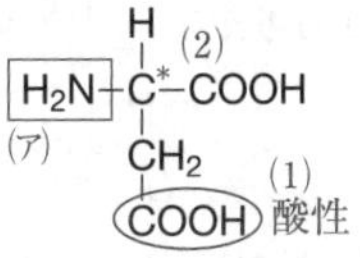 アスパラギン酸

$$H_2N-\overset{H}{\underset{CH_2}{C^*}}-COOH \ (2)$$
(ア)

(COOH)酸性 (1)

④ 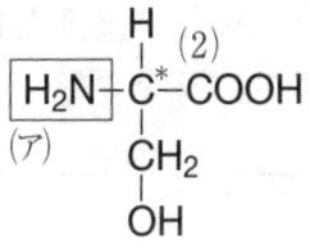 セリン

$$H_2N-\overset{H}{\underset{CH_2}{C^*}}-COOH \ (2)$$
(ア)
OH

⑤ 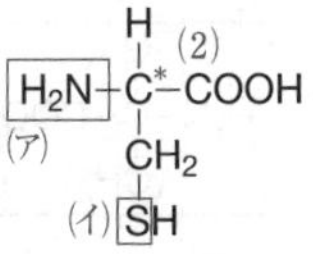 システイン

$$H_2N-\overset{H}{\underset{CH_2}{C^*}}-COOH \ (2)$$
(ア)
(イ) SH

⑥ 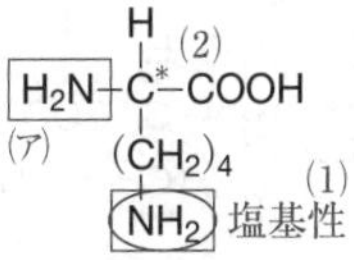 リシン

$$H_2N-\overset{H}{\underset{(CH_2)_4}{C^*}}-COOH \ (2)$$
(ア)
NH₂ 塩基性 (1)

⑦ 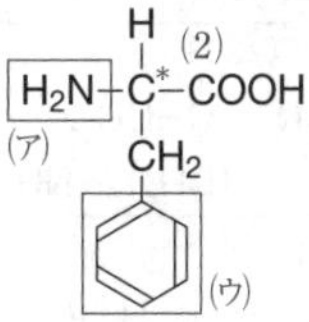 フェニルアラニン

$$H_2N-\overset{H}{\underset{CH_2}{C^*}}-COOH \ (2)$$
(ア)
⬡ (ウ)

(1) A
$$H_3N^+ - \overset{\displaystyle H}{\underset{\displaystyle CH_2-COOH}{C}} - COOH$$

B
$$H_2N - \overset{\displaystyle H}{\underset{\displaystyle CH_2-COO^-}{C}} - COO^-$$

(2) C
$$H_3N^+ - \overset{\displaystyle H}{\underset{\displaystyle (CH_2)_4-NH_3^+}{C}} - COO^-$$

D
$$H_2N - \overset{\displaystyle H}{\underset{\displaystyle (CH_2)_4-NH_2}{C}} - COO^-$$

> ▶ **ベストフィット**

構造中の−COOH 基，−NH$_2$ 基はそれぞれ独立して電離平衡になる。

−COOH の平衡

$$-COO\underset{H^+}{\overset{OH^-}{\rightleftarrows}} -COO^-$$

−H$_2$O

H$^+$ は COOH の酸の強さよりも「より強い酸」のとき

−NH$_2$ の平衡

$$-NH_3^+ \underset{H^+}{\overset{OH^-}{\rightleftarrows}} -NH_2$$

−H$_2$O

補足
・酸の強さ(H$^+$の出しやすさ)は−COOH＞−NH$_3^+$なので−COOH から電離していく。
・塩基の強さ(H$^+$の受けとりやすさ)は−COO$^-$＜−NH$_2$なので，−NH$_2$ から H$^+$を受けとる。

解説 前後の構造と比較しながら考える。

(1) アスパラギン酸

A
$$H_3N^+ - \overset{H}{\underset{CH_2-COOH}{C}} - COOH$$
$\underset{H^+}{\overset{OH^-}{\rightleftarrows}}$
$$H_3N^+ - \overset{H}{\underset{CH_2-COOH}{C}} - COO^-$$
$\underset{H^+}{\overset{OH^-}{\rightleftarrows}}$
−H$_2$O
$$H_3N^+ - \overset{H}{\underset{CH_2-COO^-}{C}} - COO^-$$
$\underset{H^+}{\overset{OH^-}{\rightleftarrows}}$
B
$$H_2N - \overset{H}{\underset{CH_2-COO^-}{C}} - COO^-$$

(2) リシン

$$H_3N^+ - \overset{H}{\underset{(CH_2)_4-NH_3^+}{C}} - COOH$$
$\underset{H^+}{\overset{OH^-}{\rightleftarrows}}$
−H$_2$O
C
$$H_3N^+ - \overset{H}{\underset{(CH_2)_4-NH_3^+}{C}} - COO^-$$
$\underset{H^+}{\overset{OH^-}{\rightleftarrows}}$
$$H_2N - \overset{H}{\underset{(CH_2)_4-NH_3^+}{C}} - COO^-$$
$\underset{H^+}{\overset{OH^-}{\rightleftarrows}}$
−H$_2$O
D
$$H_2N - \overset{H}{\underset{(CH_2)_4-NH_2}{C}} - COO^-$$

H$^+$の
出しやすさ　−COOH＞−NH$_3^+$

H$^+$の
受けとりやすさ　−COO$^-$＜−NH$_2$

237 解答

(1) 3種類　　(2) 6種類

▶ ベストフィット

Ⓝ末端とⒸ末端を固定して，アミノ酸の並べ方を数えあげる。
酸性アミノ酸や塩基性アミノ酸は結合に使われる$COOH$やNH_2を区別する。

解説

(1) 3分子からなるペプチドは次のように書ける。

$$\begin{cases} グリシン＝Gly(1分子) \\ アラニン＝Ala(2分子) \end{cases} とすると$$

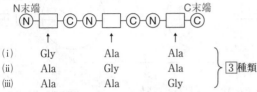

(i)	Gly	Ala	Ala
(ii)	Ala	Gly	Ala
(iii)	Ala	Ala	Gly

⎫ 3種類

※鏡像異性体を区別すると
　Ala には2種類の異性体があるので
　　　　3×2^2 ← = 12通りできる
　ペプチドの数 └Ala └指数は Ala の数
　　　　　　　　　　1つあたり
　　　　　　　　　　の異性体の数

(2) グルタミン酸は1分子につき2つのカルボキシ基をもち，
どちらもペプチド結合が可能である。

$$\begin{cases} アラニン Ala(2分子) \\ グルタミン酸 Glu(1分子) \end{cases} とすると$$

$$H_2N-\overset{\overset{\displaystyle H}{|}}{C}-\boxed{COOH}\,Ⓒ_1$$
$$\underset{\boxed{COOH}\,Ⓒ_2}{(CH_2)_2}$$

とする

例えば，1つの構造で2種類考えられる。

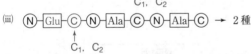

Ⓝ-Ala-Ⓒ-Ⓝ-Glu-Ⓒ-Ⓝ-Ala-Ⓒ → 2種
　　　　　　　　↑
　　　　　C_1, C_2が可能

したがって

(i) Ⓝ-Ala-Ⓒ-Ⓝ-Ala-Ⓒ-Ⓝ-Glu-Ⓒ → 1種
　　　　　　　　　　　　　　↑
　　　　　　　　　　　C_1, C_2

(ii) Ⓝ-Ala-Ⓒ-Ⓝ-Glu-Ⓒ-Ⓝ-Ala-Ⓒ → 2種
　　　　　　　　　　↑
　　　　　　　C_1, C_2

(iii) Ⓝ-Glu-Ⓒ-Ⓝ-Ala-Ⓒ-Ⓝ-Ala-Ⓒ → 2種
　　　　　　↑
　　　C_1, C_2

⎫ 6種類

さらに，Glu の C_1, C_2 が同時にペプチド結合を形成したとすると

Ⓝ-Glu$\overset{Ⓒ_1-Ⓝ-Ala-Ⓒ}{\underset{Ⓒ_2-Ⓝ-Ala-Ⓒ}{}}$ → 1種 ←

（この場合，C_1, C_2 に結合する
　アミノ酸がともに Ala であり
　区別がない。）

(3), (5)

> **▶ベストフィット**
>
> 酵素は生体 触媒 ともよばれ，タンパク質を主体にできており，
> ・反応の活性化エネルギーを下げる。（無機触媒と同じ）
> ・最適温度，最適 pH がある。 ⎫
> ・基質特異性がある。 ⎭ 酵素特有

. . . .

解 説

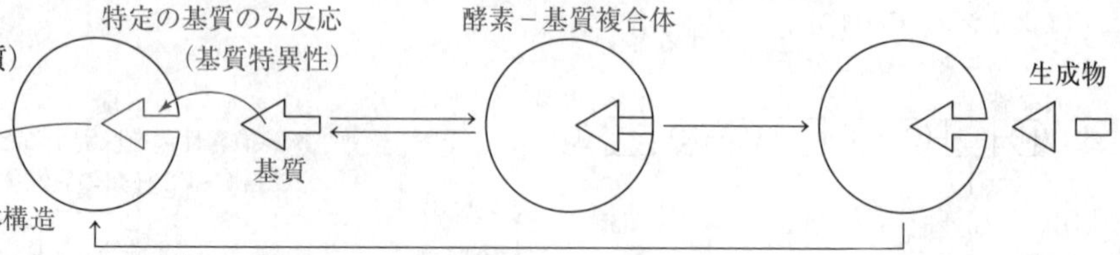

酵素　　　　特定の基質のみ反応　　　　酵素－基質複合体　　　　　　生成物
（タンパク質）　　（基質特異性）

基質

(1) 活性部位
　　タンパク質の立体構造
　　　←熱
　　　←酸・塩基
　　　←アルコール
　　　←重金属（Cu^{2+}, Hg^{2+},
　　　　　Pb^{2+} など）
(2) 立体構造が変化（変性）
　　→失活

(3) 生体触媒
　　活性化エネルギーを下げる。
　　反応エンタルピーは変化し
　　ない。

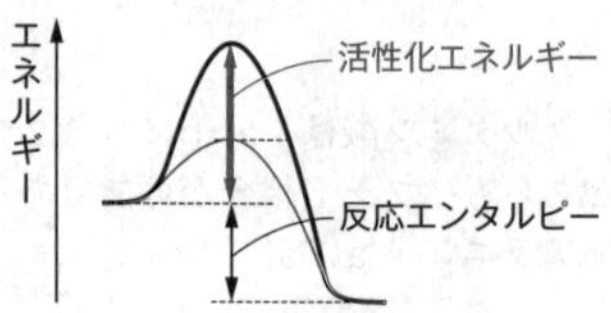

エネルギー
活性化エネルギー
反応エンタルピー

(4) 最もよく作用する温度
(5) 0℃付近では反応速度
　　が低下するが，失活し
　　たわけではないので，
　　常温にするとそのはた
　　らきは回復する。

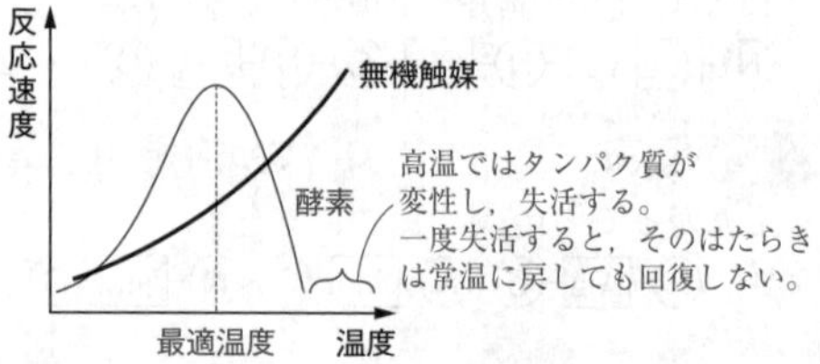

反応速度
無機触媒
酵素
最適温度　温度

高温ではタンパク質が
変性し，失活する。
一度失活すると，そのはたらき
は常温に戻しても回復しない。

(4) 最もよく作用する pH

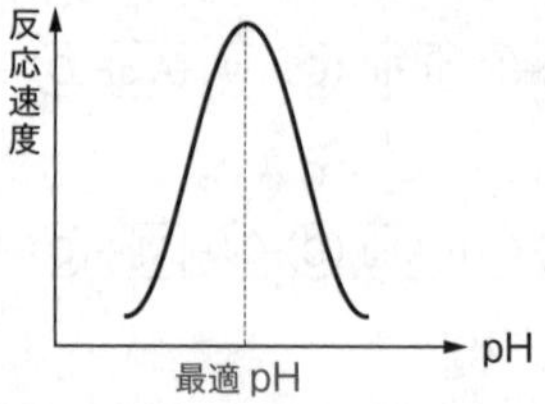

反応速度
最適 pH
pH

(1) 酵素は特定の物質とのみ反応する。正しい。基質特異性。
(2) 酵素は，変性により活性部位の立体構造が変化すると失活する。正しい。
(3) 酵素は，反応の活性化エネルギーや反応エンタルピーを小さくする。誤り。変化しない。
(4) 酵素には，反応速度が最大になる温度や pH が存在する。正しい。
　　　　　　　　　└─最適温度　└─最適 pH
(5) 酵素を 0℃付近に冷却し，常温に戻しても，そのはたらきは失われる。誤り。回復する。

239 （解答）

(5)

> **ベストフィット**
>
> アミノ酸中の −NH₂ 基と −COOH 基はそれぞれ独立して有機反応を行う。
> 分子内塩を形成し，無極性溶媒には溶けにくい。

....

解説

$$\overset{\delta}{C}-\overset{\gamma}{C}-\overset{\beta}{C}-\overset{\alpha}{C}-COOH$$

↑

ここに −NH₂ ⇒ α−アミノ酸 ⇒ H−C−COOH 例
                                 |
                                NH₂

$$H_2N-\overset{\gamma}{C}H_2-CH_2-CH_2-COOH$$
　　　γ−アミノ酸など

(1) NH₂ と COOH が同一の炭素原子に結合していないものもある。

R によってさまざまな特徴，性質がある。

- −H 不斉炭素原子なし
- −CH₂−OH OH あり
- −CH₂−SH S 原子あり(2)
- −CH₂−COOH 酸性アミノ酸
- −(CH₂)₄−NH₂ 塩基性アミノ酸
- −CH₂−⟨ベンゼン環⟩ ベンゼン環あり

(4) R に COOH や NH₂ をもつ
↓
中性でない

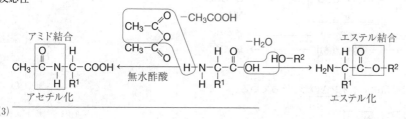

双性イオン

極性溶媒（水など）⇒ 可溶
無極性溶媒（有機溶媒）⇒ 溶けにくい (5)

・反応性

アミド結合

CH₃−C−N−C−COOH ← 無水酢酸 ← H−N−C−C−OH + HO−R² → H₂N−C−C−O−R² エステル結合
　　‖ | |　　　　　　　　　　　 | | ‖　　−H₂O　　　　 | ‖
　　O H R¹　　　　　　　　　　 H R¹ O　　　　　　　　 R¹ O
アセチル化　　　　　　　　　　　　　　　　　　　　　　　　　　エステル化

CH₃−C−O / CH₃−C−O → −CH₃COOH
　　‖　　　‖
　　O　　　O

(3)

(1) ×すべてのアミノ酸のアミノ基とカルボキシ基は，同一の炭素原子に結合している。
　　└ α−アミノ酸のみ

(2) タンパク質を構成する天然アミノ酸に含まれる元素は，水素，炭素，窒素，酸素の4種類だけである。
　　　　　　　　　　　　　　　　　　　　　　　　　　　　　　　S などを含む(例システイン)

(3) アミノ酸は無水酢酸と縮合して×エステルをつくる。アミド

(4) アミノ酸は分子内に，塩基性の×アミノ基と酸性のカルボキシ基をもつので，アミノ酸の水溶液は，×すべて中性である。酸性アミノ酸，塩基性アミノ酸がある。
　　　例(アスパラギン酸，リシン)

⑤ アミノ酸は有機溶媒には溶けにくい。正しい。

240 解答

(1) イオンA

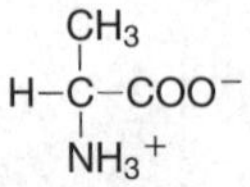

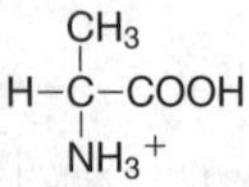

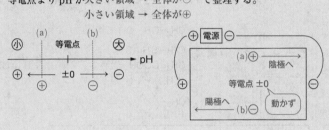

(2) 双性イオンどうしが互いに静電気的引力によって引き合うため。

(3) アラニン ②　グルタミン酸 ①　リシン ②

> **ベストフィット**
>
> 等電点より pH が大きい領域 → 全体が⊖　で整理する。
> 　　　　　　　小さい領域 → 全体が⊕

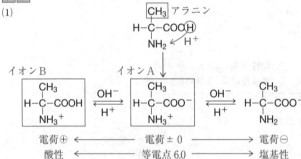

解説

(1)

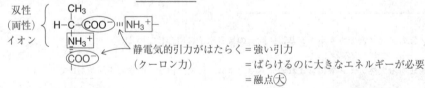

(2) (1)よりアミノ酸は結晶中で**イオンAの形**をとっている。

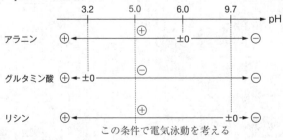

(3) pHにより整理する。

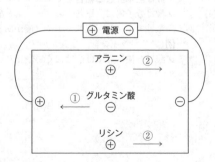

この条件で電気泳動を考える

241 解答

(1) ① 22.2 %　　② 6.72 L
(2) ① $728 - 14x$　　② 4.50×10^2 g

ベストフィット

窒素の含有率（%）$= \dfrac{\text{N の質量}}{\text{ポリペプチドの質量}} \times 100$ で求められる。

解説

(1) ① アミノ酸 $-C \begin{smallmatrix} O \\ \\ OH \end{smallmatrix}$ と $-N \begin{smallmatrix} H \\ \\ H \end{smallmatrix}$ をもつ

$\dfrac{C_2H_5NO_2}{-C\ H\ \ O_2}{C\ H_4N}$ $\quad$ $\dfrac{CH_4N}{-\ H_2N}{CH_2}$

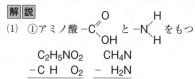

（グリシン）

トリペプチド

H-N-〇-C-OH H-N-〇-C-OH H-N-〇-C-OH

　　　　H₂O　　　　　H₂O

3 分子　　$C_2H_5\ N\ O_2$　　　　　　$\dfrac{N_3}{C_6H_{11}N_3O_4} \times 100 \ 〔\%〕$
　　　　　$C_6H_{15}N_3O_6$
水 2 分子　$H_4\ \ O_2$　　　　　　　$\dfrac{14 \times 3}{12 \times 6 + 11 + 14 \times 3 + 16 \times 4} \times 100$
　　　　　$C_6H_{11}N_3O_4$ ← トリペプチドの分子式　　　$= 22.2\%$

② トリペプチド 18.9 g

$\dfrac{18.9\ \text{g}}{189\ \text{g/mol}} = 0.100\ \text{mol}$

N はトリペプチドの中に 3 個あるから
　　NH_3 は 0.300 mol
気体 1 mol は標準状態で 22.4 L だから
　　22.4 L/mol × 0.300 mol = 6.72 L

(2) ①　　$C_2H_5NO_2$　　$C_3H_7NO_2$
重合度　　x　　　　$10-x$
分子量　　75　　　　89
ポリペプチドの分子量は
　　　　$75x + 89(10-x) - \underline{18 \times 9}$
　　　$= 890 - 14x - 162$　　取れる H_2O の分子量
　　　$= 728 - 14x$

② ポリペプチドの分子量は 686 なので，重合度 x は，
　　　$728 - 14x = 686$
　　　　　　$x = 3$
ポリペプチド 1 mol を加水分解すると，グリシンは 3 mol 生成する。
ポリペプチド 2 mol では，$2 \times 3 = 6$ mol のグリシンが生成する。
グリシンの質量は
　　　6 mol × 75 g/mol = 450 $= 4.50 \times 10^2$ g

242 解答

(1) 8.59 %　　(2) 181　　(3) 334 個

▶ ベストフィット

N 含有率は　NH_3 $\underset{mol}{\longrightarrow}$ $\underset{mol}{N}$ $\underset{(N)}{\overset{\times 14}{\longrightarrow}}$ $\underset{g}{N}$ $\dfrac{N 質量}{ポリペプチド質量}\times 100$　で求まる。

これは，単量体中での N 含有率と等しい。

解説

(1)

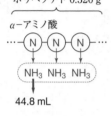

ポリペプチド 0.326 g

α−アミノ酸

ポリペプチド中の窒素 N の質量は

$$N \xrightarrow{変換} NH_3$$

44.8 mL

$$\dfrac{44.8 \times 10^{-3}}{22.4}\ mol \leftarrow \dfrac{44.8 \times 10^{-3}}{22.4}\ mol$$

↓ 原子量 14

$$\underset{N の質量}{\dfrac{44.8 \times 10^{-3}}{22.4}\ mol \times 14\ g/mol = 28 \times 10^{-3}\ g}$$

N の含有率〔%〕は

$$\dfrac{N 質量〔g〕}{ポリペプチド質量〔g〕}\times 100 = \dfrac{28 \times 10^{-3}\ g}{0.326\ g}\times 100$$

$$= 8.588$$

$$≒ 8.59\ \%$$

(2)

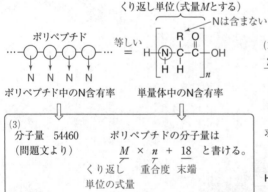

くり返し単位（式量 M とする）

ポリペプチド　等しい

N は含まない

ポリペプチド中の N 含有率　　単量体中の N 含有率

(3)

分子量　54460
（問題文より）

ポリペプチドの分子量は

$$\underset{くり返し\ 重合度\ 末端}{M \times n + 18}\ と書ける。$$

単位の式量

(1)より

$$\dfrac{28 \times 10^{-3}}{0.326}\times 100 = \dfrac{14}{M}\times 100$$

ポリペプチド　　単量体中の
中の N 含有率　　N 含有率

よって，$M = \underset{\sim}{163}$
これはくり返し
単位の式量

求める α−アミノ酸の分子量は

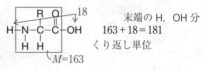

末端の H, OH 分
$163 + 18 = 181$
くり返し単位

(3) (2)の図より n を求めればよい。

$$54460 = \underset{M (2)より}{163} \times n + 18$$

$$n = 334$$

243 解答

(1)
$$H_2N-\overset{R^1}{\underset{H}{\overset{|}{C}}}-\overset{O}{\overset{\parallel}{C}}-O-C_2H_5$$

(2)
$$HOOC-\overset{R^2}{\underset{H}{\overset{|}{C}}}-\overset{H}{\underset{}{\overset{|}{N}}}-\overset{O}{\overset{\parallel}{C}}-CH_3$$

(3)
$$C_2H_5-O-\overset{O}{\overset{\parallel}{C}}-\overset{R^1}{\underset{H}{\overset{|}{C}}}-\overset{H}{\underset{}{\overset{|}{N}}}-\overset{O}{\overset{\parallel}{C}}-\overset{R^2}{\underset{H}{\overset{|}{C}}}-\overset{H}{\underset{}{\overset{|}{N}}}-\overset{O}{\overset{\parallel}{C}}-CH_3$$

(4) (ア) 2　(イ) 4

▶ ベストフィット

ペプチド生成前にエステル化，アセチル化を行うことで，ペプチド結合を行う官能基を制限できる。

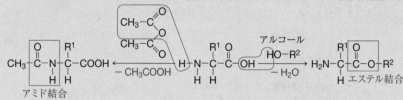

解説 (1)～(3)

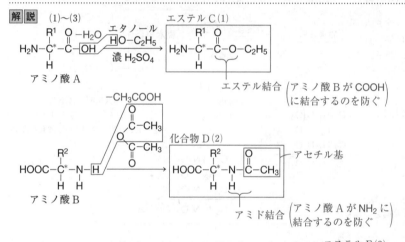

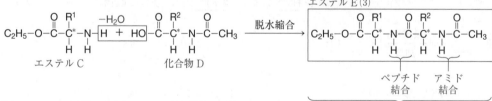

(4)(ア) アミノ酸A（Ⓝ-A-Ⓒ），アミノ酸B（Ⓝ-B-Ⓒ）からは

Ⓝ-A-Ⓒ ＋ Ⓝ-B-Ⓒ ⟶ Ⓝ-A-Ⓒ-Ⓝ-B-Ⓒ

Ⓝ-B-Ⓒ ＋ Ⓝ-A-Ⓒ ⟶ Ⓝ-B-Ⓒ-Ⓝ-A-Ⓒ

｝2種類❶

(イ) エステルEは(3)より

$$C_2H_5-O-\overset{O}{\overset{\parallel}{C}}-\overset{R^1}{\underset{H}{\overset{|}{C^*}}}-\overset{H}{\underset{}{\overset{|}{N}}}-\overset{O}{\overset{\parallel}{C}}-\overset{R^2}{\underset{H}{\overset{|}{C^*}}}-\overset{H}{\underset{}{\overset{|}{N}}}-\overset{O}{\overset{\parallel}{C}}-CH_3$$

↑2種類 × ↑2種類 ＝ 4種類

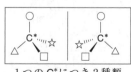

1つのC*につき2種類考えられる。

❶鏡像異性体を考慮すると

$\begin{cases} A^* \to 2種 \\ B^* \to 2種 \end{cases}$

存在するので

$2 \times 2 \times 2 = 8$種類

↑　↑　↑
A* B* (ア)
について について

考えられる。

244 （解答）

(1) キサントプロテイン反応　α-アミノ酸 A はベンゼン環を含む。　(2) 4種類

(3)
$$H_2N-\overset{\overset{\displaystyle H}{|}}{\underset{\underset{\displaystyle H}{|}}{C}}-COOH$$

(4)
$$H_2N-\overset{\overset{\displaystyle H}{|}}{\underset{\underset{\displaystyle H}{|}}{C}}-\overset{\overset{\displaystyle O}{\|}}{C}-O-CH_2-\overset{}{\underset{\underset{\displaystyle NH_2}{|}}{C}}-COOH$$

▶ **ベストフィット**

分子式の変化を丁寧に追う。特に加水分解では H_2O を加えて，分子を引き算する。
α-アミノ酸で不斉炭素原子をもたないのはグリシンのみである。

解説

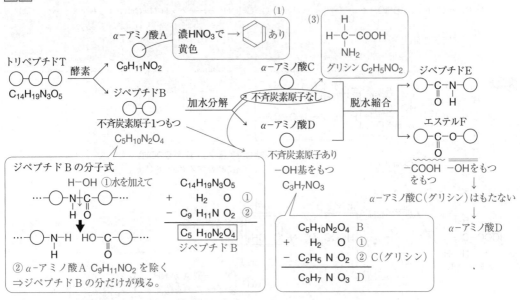

(1)　ペプチドやアミノ酸中の ベンゼン環 が 濃 HNO_3 によってニトロ化され，黄色に呈色する。（キサントプロテイン反応）

例

$$-\langle\bigcirc\rangle-OH \xrightarrow[\text{加熱}]{\text{濃}HNO_3} \quad -\langle\bigcirc\rangle-OH$$
$$\underset{\underset{\text{黄色}}{NO_2}}{}$$

(2)　α-アミノ酸 A（$C_9H_{11}NO_2$）

$$\boxed{H_2N-\overset{\overset{\displaystyle H}{|}}{\underset{\underset{\displaystyle \textcircled{R}}{|}}{C}}-COOH} \quad \begin{array}{l}\to\text{共通部分}\\ C_2H_4NO_2\end{array}$$

$$\begin{array}{l}C_9H_{11}NO_2 \leftarrow A\\ -)\ C_2H_4\ NO_2 \quad \leftarrow\text{共通部分}\\ \hline R=C_7H_7 \quad \leftarrow\text{ベンゼン環}\\ -)\ C_6H_5 \quad C_6H_5\text{を含む}\\ \hline \text{CH}_2\text{ これがどこに}\\ \qquad\text{位置するか考える}\end{array}$$

したがって

①
$$H_2N-\overset{\overset{\displaystyle H}{|}}{C}-COOH$$

②
$$H_2N-\overset{\overset{\displaystyle H}{|}}{C}-COOH$$

③
$$H_2N-\overset{\overset{\displaystyle H}{|}}{C}-COOH$$

④
$$H_2N-\overset{\overset{\displaystyle H}{|}}{C}-COOH$$

4 種類

(3) 不斉炭素原子 C* をもたない α-アミノ酸はグリシンのみである。

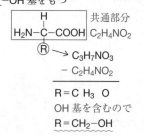

グリシン

(4) $\begin{cases} α\text{-アミノ酸 D の分子式 } C_3H_7NO_3 \\ -OH \text{ 基をもつ} \end{cases}$ より

$$\begin{array}{c} H \\ H_2N-\!\!\overset{|}{\underset{|}{C}}\!\!-COOH \\ \textcircled{R} \end{array} \begin{array}{l} \text{共通部分} \\ C_2H_4NO_2 \end{array}$$

$\textcircled{R} \longrightarrow C_3H_7NO_3$

$\underline{ - C_2H_4NO_2 }$

$R = CH_3 \ O$

OH 基を含むので

$\underline{\underline{R = CH_2-OH}}$

α-アミノ酸 D

$$\begin{array}{c} H \\ H_2N-\!\!\overset{|}{\underset{|}{C}}\!\!-COOH \\ CH_2 \\ \textcircled{OH} \end{array} \text{エステル結合可}$$

これはセリンである

$$\begin{array}{c} H \ O \\ H_2N-\!\!\overset{|}{\underset{|}{C}}\!\!-\!\!\overset{||}{C}\!\!-\boxed{OH} \\ H \end{array} + \begin{array}{c} H \\ HO-CH_2-\!\!\overset{|}{\underset{|}{C}}\!\!-COOH \\ NH_2 \end{array} \xrightarrow{-H_2O}$$

α-アミノ酸 C(グリシン)　　　α-アミノ酸 D(セリン)

エステル F

$$\boxed{\begin{array}{c} H \ O \qquad\qquad H \\ H_2N-\!\!\overset{|}{\underset{|}{C}}\!\!-\!\!\overset{||}{C}\!\!-O-CH_2-\!\!\overset{|}{\underset{|}{C}}\!\!-COOH \\ H \qquad\qquad NH_2 \end{array}}$$

$\underbrace{}_{\text{エステル結合}}$

補足　ジペプチド E は α-アミノ酸 C を Gly，α-アミノ酸 D を Ser とすると，不斉炭素原子を考慮しなければ

$\left.\begin{array}{l} \textcircled{N}-\text{Gly}-\textcircled{C}-\textcircled{N}-\text{Ser}-\textcircled{C} \\ \textcircled{N}-\text{Ser}-\textcircled{C}-\textcircled{N}-\text{Gly}-\textcircled{C} \end{array}\right\}$ 2種類　が考えられる。

不斉炭素原子を考慮する場合，Gly には C* がなく，Ser のみ考えればよいので

2種類 × 2 = 4種類　が考えられる。

　　　　　　⇑

　　　Ser の C*

〔解答〕

(1) 7個　(2) (i) C-Y-D　(ii) C-Y-D-K-G-G-S-C-S-G

▶ベストフィット

アミノ酸配列順序の決定は $\begin{cases}① \text{C末端またはN末端から順に切断する酵素} \\ ② \text{特定のアミノ酸で切断する酵素}\end{cases}$ から決められる。

―――――――――――――――――――――――――――――――――

〔解説〕

〔実験1〕　酸性アミノ酸➡COOH含む

➡D(アスパラギン酸)

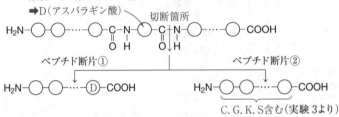

〔実験2〕

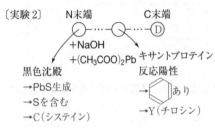

〔実験3〕

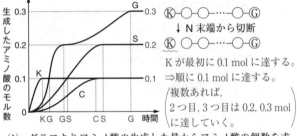

(1)　グラフよりアミノ酸の生成した量からアミノ酸の個数を求める。◀――比の問題であり，ペプチド断片② 0.1 mol に G，S，K，Cが何 mol 含まれているか求めた。

ペプチド断片② → G + S + K + C

0.1 mol　　　0.3 mol　0.2 mol　0.1 mol　0.1 mol

↓　　↓　　↓　　↓

0.3 + 0.2 + 0.1 + 0.1 = 7個

0.1

(2)(i)　ペプチドを構成する α-アミノ酸は全部で10個

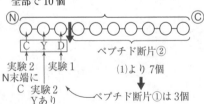

(2)(ii)　グラフより，生成したアミノ酸のモル数が，0.1，0.2，0.3 mol に到達した時間の順にN末端から切り離されているので，

ペプチド断片②は　Ⓝ-K-G-G-S-C-S-G-Ⓒ

(2)(i)とあわせて

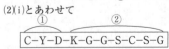

(ア) らせん　(イ) 二　(ウ) 水素　(エ) ジスルフィド　(オ) 四

▶ ベストフィット

タンパク質の構造は一次構造から順にどんな結合がどのように作用して形成されているかを理解する。

解説

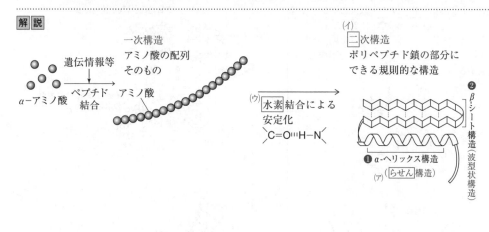

一次構造
アミノ酸の配列
そのもの

α−アミノ酸　遺伝情報等　ペプチド結合　アミノ酸

(イ) 二次構造
ポリペプチド鎖の部分にできる規則的な構造

(ウ) 水素結合による安定化
C=O┄H−N

❷ β-シート構造（波型状構造）

❶ α-ヘリックス構造
(ア) らせん構造

三次構造
例ミオグロビン

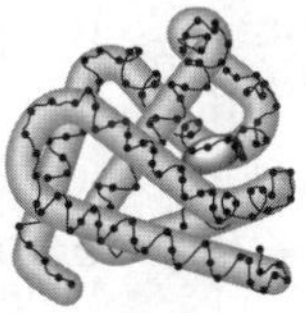

❸ 側鎖(−R)どうしの相互作用。
(エ) ジスルフィド結合等の形成
(−S−S−)

二次構造が特定の形に構築された

(オ) 四次構造
例ヘモグロビン

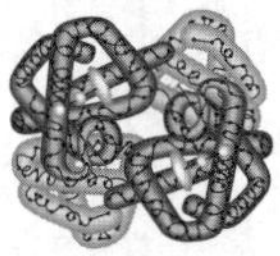

三次構造のポリペプチド鎖(サブユニット)の集合

三次構造をもつ複数のタンパク質の構造体

❶ α-ヘリックス構造
水素結合で結ばれたらせん構造

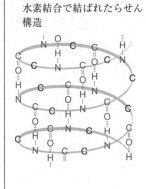

❷ β-シート構造
水素結合で結ばれた波型状構造。

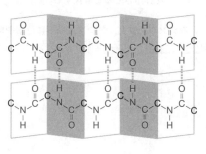

❸ 側鎖どうしの相互作用

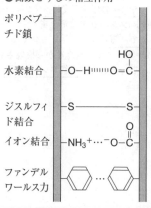

ポリペプチド鎖

水素結合　−O−H┄O=C−

ジスルフィド結合　−S−S−

イオン結合　−NH₃⁺┄⁻O=C−

ファンデルワールス力

247 解答

(4)

ベストフィット

タンパク質は分子コロイドであり，親水コロイドである。
タンパク質の変性はペプチド結合が切れるわけではない。

解説

(1) ビウレット反応はトリペプチド以上のペプチドを検出する。 → $-\underset{\mathrm{H}}{\mathrm{N}}-\underset{\|\atop\mathrm{O}}{\mathrm{C}}-$ が2つ以上

［ これは，Cu^{2+} と $-\underset{\mathrm{H}}{\mathrm{N}}-\underset{\|\atop\mathrm{O}}{\mathrm{C}}-$ が錯体を形成して呈色する。

Cu2+
］

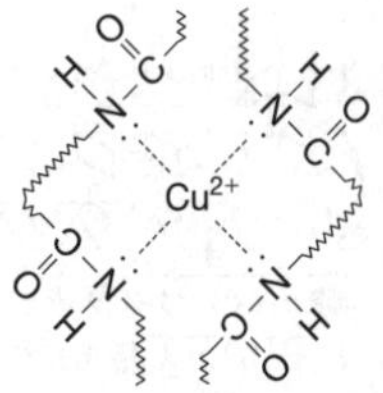

(2)

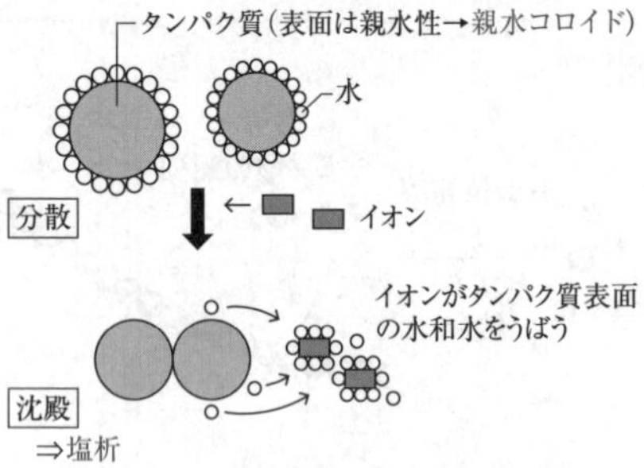

タンパク質(表面は親水性→親水コロイド)
水
分散
イオン
イオンがタンパク質表面の水和水をうばう
沈殿
⇒塩析

(3)

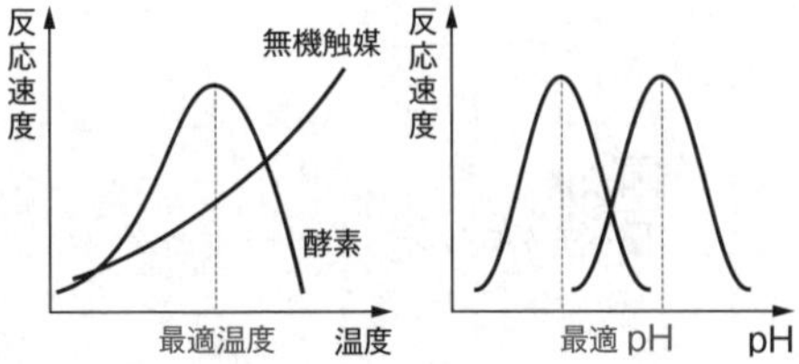

反応速度
無機触媒
酵素
最適温度
温度
反応速度
最適 pH
pH

(4)

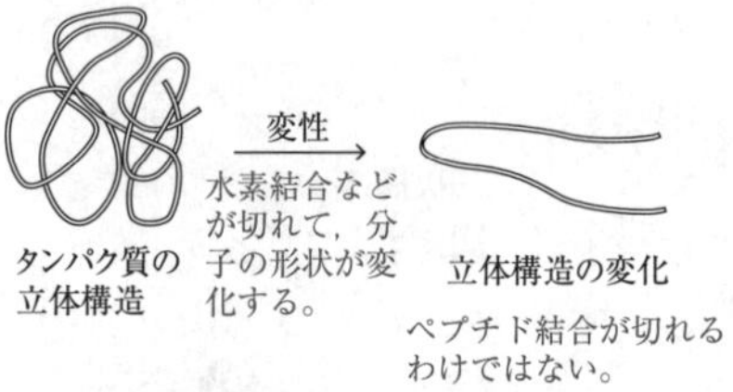

変性
水素結合などが切れて，分子の形状が変化する。
タンパク質の立体構造
立体構造の変化
ペプチド結合が切れるわけではない。

(5) 成分による分類

タンパク質 ─┬─ 単純タンパク質　α-アミノ酸のみからなる。
　　　　　　└─ 複合タンパク質　α-アミノ酸以外に糖や色素，リン酸などを含む。

(1) タンパク質の水溶液に，水酸化ナトリウム水溶液と硫酸銅(Ⅱ)水溶液を加えたところ，紫色になった。これはタンパク質中に多数のペプチド結合が存在することを示す。正しい

(2) タンパク質の水溶液に硫酸ナトリウム水溶液を加えると沈殿が生成する。この現象を塩析という。正しい

(3) 酵素はタンパク質の一種であり，生体内の反応を速やかに進めるための触媒作用を行う。その触媒作用は温度やpHの影響を受けやすい。→最適温度，最適pH。正しい

④ タンパク質に重金属イオンやアルコールを作用させると変性する。これは，× 一部のペプチド結合が切れるためである。立体構造が変化するため。

(5) α-アミノ酸だけから構成されているタンパク質と，アミノ酸以外に色素や糖などが結合しているタンパク質を，それぞれ単純タンパク質，複合タンパク質という。正しい

248 解答

(1) (A) α−アミノ酸　(B) 複合　(2) あ ③　い ②　う ⑧　え ⑦　お ⑫

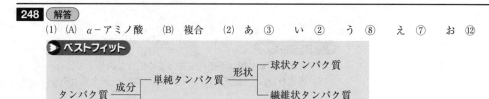

ベストフィット

タンパク質 ─ 成分 ┬ 単純タンパク質 ─ 形状 ┬ 球状タンパク質
　　　　　　　　　　　　　　　　　　　　　　　└ 繊維状タンパク質
　　　　　　　　　└ 複合タンパク質

例もいくつか覚えておく。

解説

タンパク質 ──┬── 単純タンパク質 ──┬── **球状**タンパク質 ← あ
(A)　　　　　　　加水分解によって，　　　ポリペプチド鎖が親水基を外に出して
α−アミノ酸 が　　**α−アミノ酸**　(A)　　折りたたまれた球状の構造。水などの
ペプチド結合に　だけを生じるもの。　　　溶媒に溶けやすい。
よってできる。　　　　　　　　　　　　　例 **アルブミン**(卵白) ← う
　　　　　　　　　　　　　　　　　　　　　　グルテリン(小麦) ← え

　　　　　　　　　　　　　　　　　　　── **繊維状**タンパク質 ← い

　　　　　　　　　　　　　　　　　　　ポリペプチド鎖が何本も束に
　　　　　　　　　　　　　　　　　　　なった繊維状の構造。
　　　　　　　　　　　　　　　　　　　水などの溶媒に溶けにくい。
　　　　　　　　　　　　　　　　　　　例 フィブロイン(絹)
　　　　　　　　　　　　　　　　　　　　　ケラチン(毛)

　　　　　　　└── **複合**タンパク質(多くは球状タンパク質)　(B)

　　　　　　　加水分解したときにα−アミノ酸以外の糖類，
　　　　　　　色素，核酸，脂質，リン酸などを生じるもの。
　　　　　　　例 ヘモグロビン(色素と結合，血液中)
　　　　　　　　　カゼイン(**リン酸** と結合，牛乳中) ← お

※トリプシンはすい液
に含まれるペプチド
の加水分解酵素で，
タンパク質をペプチ
ドにする。

249 （解答）

(1) ア ① 　イ ⑤ 　(2) 等電点 　(3) 点b 2.3 　点d 9.7 　(4) 6.0

(5)

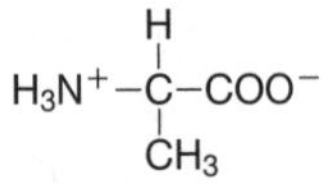

$$H_3N^+-\overset{\overset{\displaystyle H}{|}}{\underset{\underset{\displaystyle CH_3}{|}}{C}}-COO^-$$

> **▶ ベストフィット**
>
> アミノ酸の電離平衡は，条件式をうまく使って約分する。
> 特に等電点では，[B]を消して，[A⁺]＝[C⁻]の式を適用する。

（解説）

(1) ①，②式を与えられたA^+，B，C^-で置き換えると

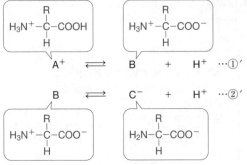

と書ける。したがって，平衡定数K_1，K_2は

$$\underset{ア①}{K_1=\frac{[B][H^+]}{[A^+]}}\ \cdots(ア)'\qquad \underset{イ⑤}{K_2=\frac{[C^-][H^+]}{[B]}}\ \cdots(イ)'$$

となる。

(2) 水溶液中で

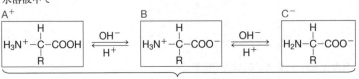

$$電荷が\pm 0\ \Rightarrow\ \begin{cases}ほとんどがB\\[A^+]=[C^-]\end{cases}\Rightarrow\ 等電点（等しい電荷の点）$$

(3) 点bについて，$[A^+]=[B]$，$K_1=5.0\times10^{-3}\,mol/L$を(ア)'式に代入する。

$$\cancel{[A^+]}=[B]$$

$$\underset{5.0\times10^{-3}}{\cancel{K_1}}=\frac{[B][H^+]}{[A^+]}\quad より\quad 5.0\times10^{-3}=\frac{\cancel{[A^+]}[H^+]}{\cancel{[A^+]}}$$

したがって，$[H^+]=5.0\times10^{-3}\,mol/L$　　$pH=-\log_{10}[H^+]$に代入して，

$$pH=-\log_{10}(5.0\times10^{-3})$$
$$=-(\log_{10}5.0+\log_{10}10^{-3})$$
$$=-(\underset{\underset{0.7}{\|}}{\log_{10}5}-3\underset{\underset{1}{\|}}{\log_{10}10})=-(0.7-3)=2.3$$

（問題文より）

点 d について，$[B] = [C^-]$，$K_2 = 2.0 \times 10^{-10}$ mol/L を(イ)′式に代入する。

$$K_2 = \frac{[C^-][H^+]}{[B]} \text{ より} \qquad 2.0 \times 10^{-10} = \frac{[B][H^+]}{[B]}$$

したがって，$[H^+] = 2.0 \times 10^{-10}$ mol/L　$pH = -\log_{10}[H^+]$ に代入して，

$$\begin{aligned}
pH &= -\log_{10}(2.0 \times 10^{-10}) \\
&= -(\log_{10}2.0 + \log_{10}10^{-10}) \\
&= -(\underset{\substack{\| \\ 0.3}}{\log_{10}2} - 10\underset{\substack{\| \\ 1}}{\log_{10}10}) = -(0.3 - 10) = 9.7
\end{aligned}$$

（問題文より）

(4) 点 c について，$[A^+] = [C^-]$ を(ア)′，(イ)′の式に代入する。

重要
等電点に
おける
K_1，K_2
からの
pH の
算出

$$K_1 = \frac{[B][H^+]}{[A^+]}, \quad K_2 = \frac{[C^-][H^+]}{[B]} \text{ より}$$

$$K_1 K_2 = \frac{[B][H^+]}{[A^+]} \times \frac{[C^-][H^+]}{[B]} \quad \leftarrow [B]\text{を消して，}[A^+]\text{と}[C^-]\text{のみにする。}$$

$$= \frac{[C^-][H^+]^2}{[A^+]} = \frac{[A^+][H^+]^2}{[A^+]} = [H^+]^2$$

よって　$K_1 K_2 = [H^+]^2$　したがって　$\underline{[H^+] = \sqrt{K_1 K_2}}$ （$[H^+] > 0$ より）

$$\begin{aligned}
[H^+] = \sqrt{K_1 K_2} &= \sqrt{(5.0 \times 10^{-3}) \times (2.0 \times 10^{-10})} \\
&= \sqrt{10 \times 10^{-13}} = \sqrt{10^{-12}} = 10^{-6} \text{ mol/L}
\end{aligned}$$

したがって，$[H^+] = 10^{-6}$ mol/L を $pH = -\log_{10}[H^+]$ に代入して，

$$pH = -\log_{10}(10^{-6}) = -(-6\underset{\substack{\| \\ 1}}{\log_{10}10}) = 6.0$$

(5) pH 5.0 から $[H^+]$ を求める → K_1，K_2 の式に代入して存在するイオンの比を求める

pH 5.0 → $[H^+] = 1.0 \times 10^{-5}$ mol/L

$A^+ \rightleftarrows B \rightleftarrows C^-$ の平衡において，(1)より

$$K_1 = \frac{[B][H^+]}{[A^+]} \quad \begin{matrix}\leftarrow [H^+]\text{の値から} \\ \leftarrow A^+ \text{と B の比がわかる}\end{matrix}$$

$$\frac{[B]}{[A^+]} = \frac{K_1}{[H^+]} \rightarrow \frac{[A^+]}{[B]} = \frac{[H^+]}{K_1} = \frac{1.0 \times 10^{-5}}{4.0 \times 10^{-3}} = 2.5 \times 10^{-3} \quad \cdots \text{ア} \qquad \boxed{\frac{[A^+]}{[B]} = \frac{2.5 \times 10^{-3}}{1}}$$

$$K_2 = \frac{[C^-][H^+]}{[B]} \quad \begin{matrix}\leftarrow [H^+]\text{の値から} \\ \leftarrow B \text{と } C^- \text{の比がわかる}\end{matrix}$$

$$\frac{[C^-]}{[B]} = \frac{K_2}{[H^+]} = \frac{2.5 \times 10^{-10}}{1.0 \times 10^{-5}} = 2.5 \times 10^{-5} \quad \cdots \text{イ} \qquad \boxed{\frac{[C^-]}{[B]} = \frac{2.5 \times 10^{-5}}{1}}$$

アより

$$[A^+] : [B] \qquad = 2.5 \times 10^{-3} : 1$$

イより

$$[B] : [C^-] = \qquad\qquad 1 : 2.5 \times 10^{-5}$$

あわせて

$$[A^+] : [B] : [C^-] = 2.5 \times 10^{-3} : 1 : 2.5 \times 10^{-5}$$

したがって，最も多いのは **B** である。
双性イオン

アラニンは　R = CH₃

P.227 ▶3 核酸

250 解答

(ア), (イ) リン酸，糖(順不同)　(ウ) 塩基　(エ) アデニン　(オ), (カ) グアニン，シトシン(順不同)
(キ) チミン　(ク) ウラシル

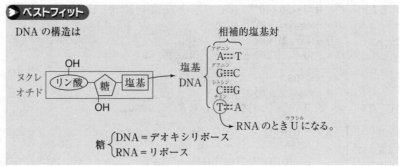

ベストフィット

DNA の構造は

糖 { DNA＝デオキシリボース / RNA＝リボース }

解説 本文を図で表す。
ベストフィット と比較する

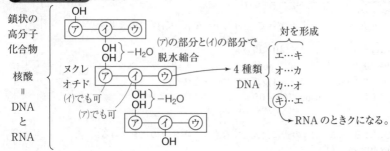

251 解答

グアニン 31％　シトシン 31％
チミン 19％

ベストフィット
相補的塩基対の組み合わせと組成は等しい。

解説

A ∶∶∶ T
組成 19％ → 19％

G ∶∶∶ C
組成 x〔％〕→ x〔％〕

A + T + G + C
$19 + 19 + x + x = 100$％

$x = 31$％ → { T：19％ / G：31％ / C：31％ }

252 解答

アデニンとチミン

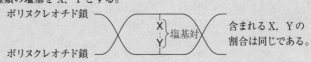

ベストフィット

2種類の塩基のみ → 組成比は2種類の各塩基中の各原子の和と一致する。
2種類の塩基をX，Yとする。

ポリヌクレオチド鎖

X — Y 塩基対

ポリヌクレオチド鎖

含まれるX，Yの
割合は同じである。

解説 元素分析より

$$C : H : N : O$$

全 C H N
100 − (46.0 + 4.21 + 37.5)

$$= \frac{46.0}{12} : \frac{4.21}{1} : \frac{37.5}{14} : \frac{12.29}{16}$$

$$\fallingdotseq 10 : 11 : 7 : 2$$

相補的塩基対より組成比を考える。

組成比は

	C	H	N	O
	10	11	7	2

アデニン $C_5H_5N_5$ と チミン $C_5H_6N_2O_2$ → 10 : 11 : 7 : 2

グアニン $C_5H_5N_5O$ と シトシン $C_4H_5N_3O$ → 9 : 10 : 8 : 2

したがって，アデニンとチミン。

補足

比を簡単にする計算が難しいが，A===T，G≡≡≡C の組み合わせではOが同じ数含まれる。

	C	H	N	O
AとT ➡	10	11	7	②
GとC ➡	9	10	8	② 同じ数

したがって，C：H：N：O

$$= \frac{46.0}{12} : \frac{4.21}{1} : \frac{37.5}{14} : \frac{12.29}{16}$$

これが2となるように計算する。
また，C，H，Nのすべてを求めなくても，
どれか1つ計算して比較すれば解答は速い。

253 〔解答〕

(1) (ア) ⑦　　(イ) ③　　(ウ) ⑧

(2) 塩基で置き換わる　1
エステル結合に使われる　3，5　　(3) ③

〔解説〕　(1) 本文を図で表す。

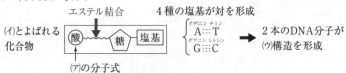

したがって，

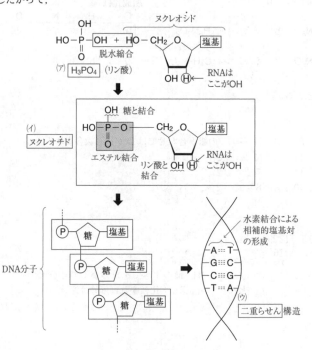

補足　タンパク質は構造中で

ジグザグ構造　β-シート

らせん構造　α-ヘリックス

(2) (1)の解説より

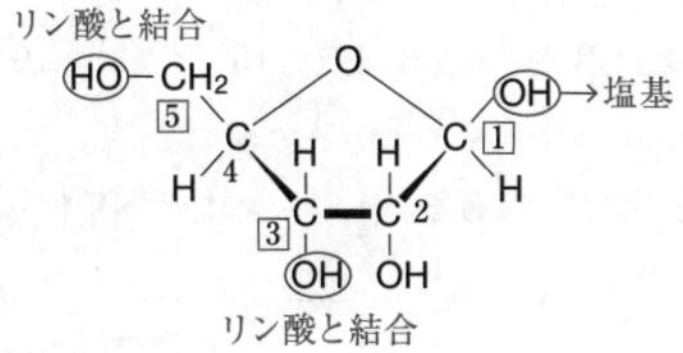

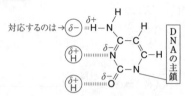

リン酸と結合

HO—CH₂ 5 O OH →塩基
    4 H   H 1
   H   3   2 H
      OH   OH

リン酸と結合

(3) 与えられた塩基は

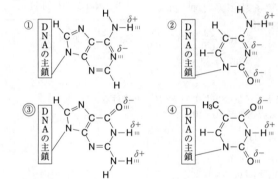

対応するのは →δ−

3本の水素結合が可能

①～④は

①
②
③
④

254 解答

(1) アデニン　29 %　　チミン　29 %　　シトシン　21 %　　(2) 3.1×10^2　　(3) 3.9×10^7

▶ ベストフィット

核酸もヌクレオチドをくり返し単位とする高分子化合物である。(ヌクレオチド単位)$_n$ と考えられる。

解説

(1)

$$A \equiv\equiv\equiv T \quad A \quad T \quad G \quad C$$

組成　$x[\%] \to x[\%]$　$x + x + 21 + 21 = 100 \%$　$\begin{cases} A : 29 \% \\ T : 29 \% \\ C : 21 \% \end{cases}$

組成　$21 \% \to 21 \%$　　　　　　$x = 29 \% \to$

(2) ヌクレオチド構成単位

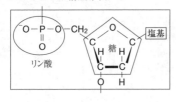

リン酸　　　糖

	式量	割合
アデニン	310	29 %
シトシン	290	21 %
グアニン	330	21 %
チミン	300	29 %

(1)より

式量の平均値
＝(式量×割合)の総和
(原子の相対質量から原子量
を求める方法と同じ)

$$310 \times \frac{29}{100} + 290 \times \frac{21}{100} + 330 \times \frac{21}{100} + 300 \times \frac{29}{100}$$
$$= 307.1 \fallingdotseq 3.1 \times 10^2$$

(3)

式量 3.07×10^2 ((2)より)

左図とすると分子量は(2)より $3.07 \times 10^2 n$ と書ける。
DNA の質量の総和が 4.0×10^{-14} g より

DNA の物質量は　　　$\dfrac{4.0 \times 10^{-14}}{3.07 \times 10^2 n}$ mol

DNA 1分子にヌクレオチド　　　　↓×n
は n 個あり，塩基はヌクレオ
チド1つあたりに1つ含まれ　　　$\dfrac{4.0 \times 10^{-14}}{3.07 \times 10^2 n} \times n$ [mol]
ているので

mol → 個に変換　　　　　　↓×6.0×10^{23}/mol

$$\frac{4.0 \times 10^{-14}}{3.07 \times 10^2 n} \times n \times 6.0 \times 10^{23} \fallingdotseq 7.81 \times 10^7$$

求める塩基対は2個で1対となるので　$7.81 \times 10^7 \times \dfrac{1}{2} = 3.90 \times 10^7 \fallingdotseq 3.9 \times 10^7$

255 解答

(1) (ア) エステル結合(脱水縮合)　(イ) デオキシリボース　(ウ) リボース　(エ) 二重らせん

(2) (オ) ③　(カ) ⑤　(キ) ⑥　(ク) ②

(3) 形成される水素結合の本数がアデニン-チミン間では2本，グアニン-シトシン間では3本であるため。

▶ **ベストフィット**

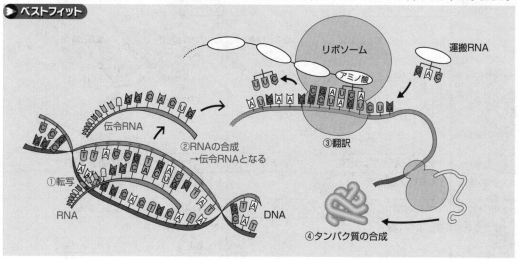

解 説 (1)(2) DNA と RNA の違いを理解する。

	DNA（デオキシリボ核酸）	RNA（リボ核酸）
単量体	ヌクレオチド（＝リン酸＋糖＋塩基）をくり返し単位にもつ。	
糖	デオキシリボース (イ) 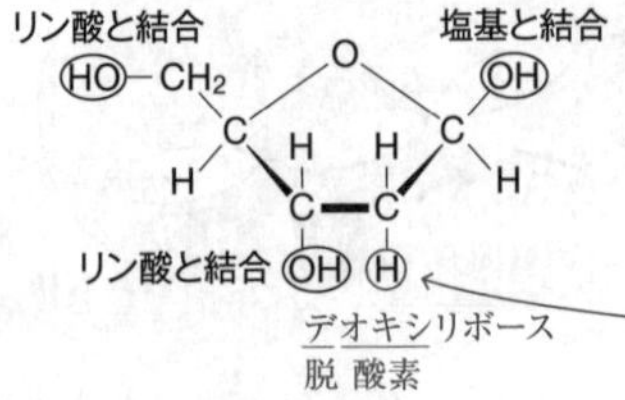 リン酸と結合 (HO)-CH₂ O 塩基と結合 (OH) C H H C H C-C H リン酸と結合 (OH) (H) デオキシリボース 脱 酸素	リボース (ウ) 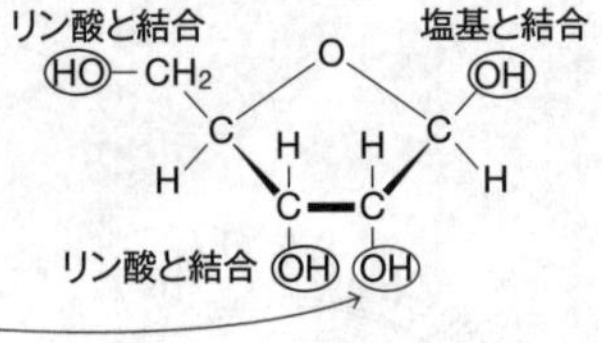 リン酸と結合 (HO)-CH₂ O 塩基と結合 (OH) C H H C H C-C H リン酸と結合 (OH) (OH)
塩基	アデニン(A) グアニン(G) シトシン(C) チミン(T)	アデニン(A) グアニン(G) シトシン(C) ウラシル(U)
全体の構造	2本鎖による 二重らせん 構造 (エ)	1本鎖高分子
相補性	A⋯T　G≡C	転写の際に　A⋯U　G≡C が形成
はたらき	遺伝子の本体	タンパク質の合成に関与 (カ) DNA を写し取る（転写）：伝令 RNA (オ) 　　　　　　↓　　　　　　（mRNA） 必要なアミノ酸を運搬　：運搬 RNA (キ) 　　　　　　↓　　　　　　（tRNA） タンパク質の合成（翻訳）(ク)

(3) 相補的な塩基対を形成する際に A と T，G と C の間では水素結合の数が異なる。
水素結合の数が多いほど，結合を切るのに多くのエネルギーが必要となる。

$$
\begin{array}{c}
2\,本 \\
\downarrow \\
A \cdots T \\
\wedge \\
G \equiv C \\
\uparrow \\
3\,本
\end{array}
\quad
\begin{array}{l}
結合を切って \\
ばらすのに \\
エネルギーが \\
多く必要
\end{array}
$$

256 (解答)

(1) 18996　　(2) 5.7 %

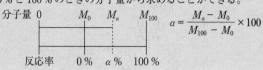

> **ベストフィット**
>
> 反応率は 0 % と 100 % のときの分子量から求めることができる。
>
> 分子量 0　　　　M_0　　M_a　　M_{100}　　$\alpha = \dfrac{M_a - M_0}{M_{100} - M_0} \times 100$
>
> 反応率　　　0 %　　α %　　100 %

解説 (1)　・グアニンとシトシンのみから構成　$\Big\}$ → $\Big\{$　グアニン　30 分子　ずつ含まれる。
　　　　　　　・30 塩基対の 2 本鎖 DNA　　　　　　　　　　シトシン　30 分子
　　　　　　　　　　　　　　　　　　　　　　　　　　　　　・1 本鎖あたりは 30 分子で構成されている。

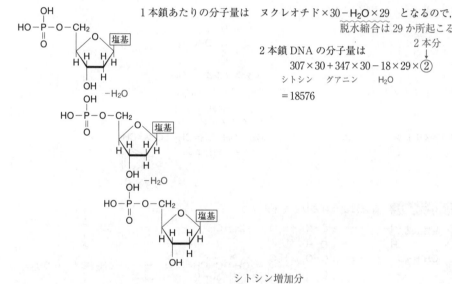

1 本鎖あたりの分子量は　ヌクレオチド×30−H_2O×29　となるので,
　　　　　　　　　　　　　　　　　　　　　$\underbrace{\text{脱水縮合は 29 か所起こる}}$

　　　　　　　2 本鎖 DNA の分子量は　　　　　　　　　　　　　　$\overbrace{}^{\text{2 本分}}$
　　　　　　　　　307×30 + 347×30 − 18×29×②
　　　　　　　　　シトシン　　グアニン　　　H_2O
　　　　　　　　　= 18576

すべてのシトシンがメチル化されたとしたら,　18576 + 14×30 = <u>18996</u>

　　　　　　　　　　　　　　　　　　　シトシン増加分　　　シトシンの数
　　　　　　　　　　　　　　　　　　　　　↓　　↙

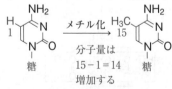

メチル化　分子量は 15−1 = 14 増加する

(2)　平均分子量は 18600 よりメチル化したシトシンの割合は,

$$\frac{\text{実際の塩基の増加量}}{100\ \%\ \text{メチル化による塩基の増加量}} = \frac{18600 - 18576}{18996 - 18576} \times 100 = 5.71 \fallingdotseq 5.7\ \%$$

注目する構造部分で計算する。

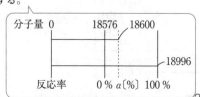

分子量 0　　18576　18600　　　18996

反応率　　　0 %　α〔%〕　100 %

257 解答

(1) (A) ナイロン66　(B)(C)

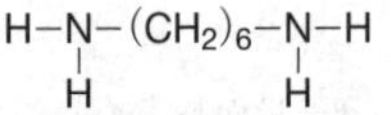

H–N–(CH₂)₆–N–H
　｜　　　　　｜
　H　　　　　H
ヘキサメチレンジアミン

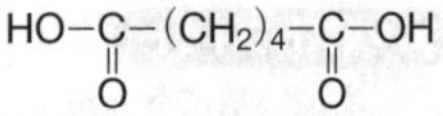

HO–C–(CH₂)₄–C–OH
　　‖　　　　　‖
　　O　　　　　O
アジピン酸

(2) (A) ナイロン6　(B)(C)

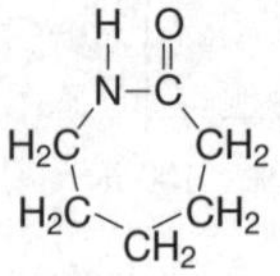

ε–カプロラクタム

(3) (A) ポリアクリロニトリル　(B)(C)

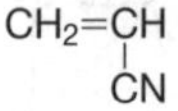

CH₂=CH
　　｜
　　CN
アクリロニトリル

(4) (A) ポリメタクリル酸メチル　(B)(C)

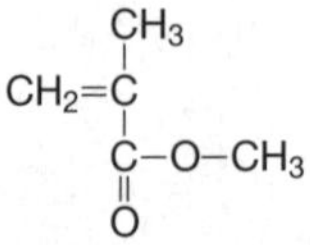

　　　　CH₃
　　　　｜
CH₂=C
　　　｜
　　　C–O–CH₃
　　　‖
　　　O
メタクリル酸メチル

(5) (A) ポリイソプレン　(B)(C)

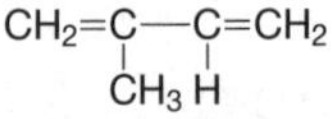

CH₂=C–C=CH₂
　　　｜　｜
　　　CH₃ H
イソプレン

(6) (A) スチレン–ブタジエンゴム　(B)(C)

CH₂=CH–CH=CH₂　　CH₂=CH
1,3-ブタジエン

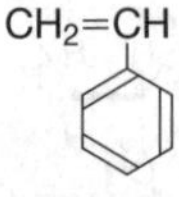

スチレン

▶ベストフィット　重合に使われる反応を整理する

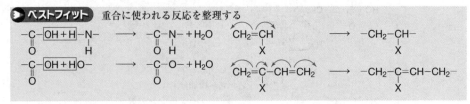

解説

(1) ジアミンのC数　ジカルボン酸のC数

　(A) ナイロン66 ←──────── C数6
　　　　　　　　　　　　　　(B)

［–N–(CH₂)₆–N–C–(CH₂)₄–C–］ₙ ⇔
　｜　　　　　｜　‖　　　　　‖
　H　　　　　H　O　　　　　O
　　　　└─H–OH─┘

C数6
(B)
H–N–(CH₂)₆–N–H
　｜　　　　　｜
　H　　　　　H
(C) ヘキサ メチレン ジ アミン
　　6　　CH₂　 2　NH₂

C数6
(B)
HO–C–(CH₂)₄–C–OH
　　‖　　　　　‖
　　O　　　　　O
(C) アジピン酸

(2)

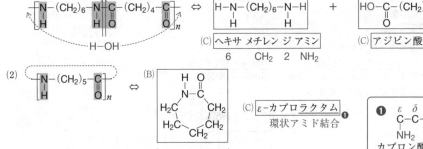

［–N–(CH₂)₅–C–］ₙ ⇔
　｜　　　　　‖
　H　　　　　O
(B)

(C) ε–カプロラクタム❶
環状アミド結合

(A) ナイロン6 ←──── C数6

❶　ε δ γ β α
　C–C–C–C–C–C–OH
　｜　　　　　‖
　NH₂　　　　O
カプロン酸の ε 位に NH₂

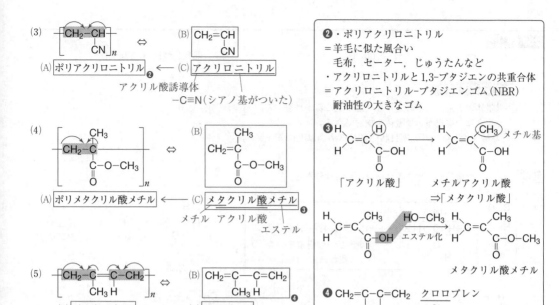

(3) ［CH₂-CH］ₙ ⇔ (B) CH₂=CH
　　　│CN　　　　　　│CN
(A) ポリアクリロニトリル❷ ← (C) アクリロニトリル
　　　アクリル酸誘導体
　　　　-C≡N（シアノ基がついた）

❷・ポリアクリロニトリル
　＝羊毛に似た風合い
　　毛布，セーター，じゅうたんなど
・アクリロニトリルと1,3-ブタジエンの共重合体
　＝アクリロニトリル-ブタジエンゴム（NBR）
　　耐油性の大きなゴム

(4) ［CH₂-C］ₙ ⇔ (B) CH₂=C
　　　│C-O-CH₃ （CH₃）　　　│C-O-CH₃
　　　‖O　　　　　　　　　　‖O
(A) ポリメタクリル酸メチル ← (C) メタクリル酸メチル❸
　　　メチル　アクリル酸
　　　　　　　　　　エステル

❸ メチル基
アクリル酸 ⇒ メチルアクリル酸 ⇒「メタクリル酸」
エステル化 ⇒ メタクリル酸メチル

(5) ［CH₂-C=C-CH₂］ₙ ⇔ (B) CH₂=C-C=CH₂
　　　　│CH₃ │H　　　　　　　│CH₃ │H ❹
(A) ポリイソプレン ← (C) イソプレン

❹ CH₂=C-C=CH₂ クロロプレン
　　　　│Cl │H

(6) ［CH₂-CH=CH-CH₂］ₘ ［CH₂-CH］ₙ ⇔ (B) CH₂=CH-CH=CH₂ + (B) CH₂=CH
　　　　　　　　　　　　　　　　　　　　　　　　　　　　　　（ベンゼン環）
(A) スチレン-ブタジエンゴム（SBR） ← (C) 1,3-ブタジエン　　(C) スチレン
　　　S　　B　　　Rubber　　　　　　C=C C数4 2つの C=C
　　　　　　　　　　　　　　　　　　の位置 buta di ene

---

258 解答

　［H　O　　　　　O
　│N-(CH₂)₆-N-C-(CH₂)₈-C］ₙ

▶ ベストフィット

-NH₂ 基と-COOH 基で脱水縮合し，アミド結合を形成する。
ナイロンの命名はアミン由来の C 数とカルボン酸由来の C 数を並べて書く。ナイロン610
　　　　　　　　　　　　　　　　　　　　　アミン由来　カルボン酸由来

解説

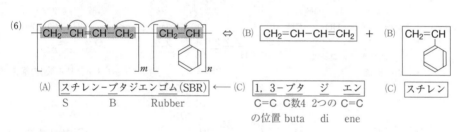

1つのくり返し単位あたり
2つのH₂Oが脱水

　　　C×6　　　　　　　C×10　　　　　　　　　　アミド結合
nH-N-(CH₂)₆-N-H + nHO-C-(CH₂)₈-C-OH → ［H-N-(CH₂)₆-N-C-(CH₂)₈-C］ₙ + 2nH₂O
ヘキサ メチレン ジ アミン　セバシン酸　　　　　ナイロン610
　6　　CH₂　2　NH₂　　　　　　　　　　　アミン由来の　カルボン酸由来の
　　　　　　　　　　　　　　　　　　　　　C数=6　　　C数=10

(1) (ア), (ウ)　　(2) (ア), (オ)　　(3) (カ)　　(4) (ア), (イ)　　(5) (エ)　　熱硬化性樹脂　(2), (4)

ベストフィット

単量体の構造からどのような反応が起こるか理解する。
⇔重合体の構造から単量体を検討できる。
「熱硬化性」=「三次元網目状構造」= 3 方向以上に重合が可能。

解説　(ア)〜(カ)の構造から起こる反応は次のようになる。

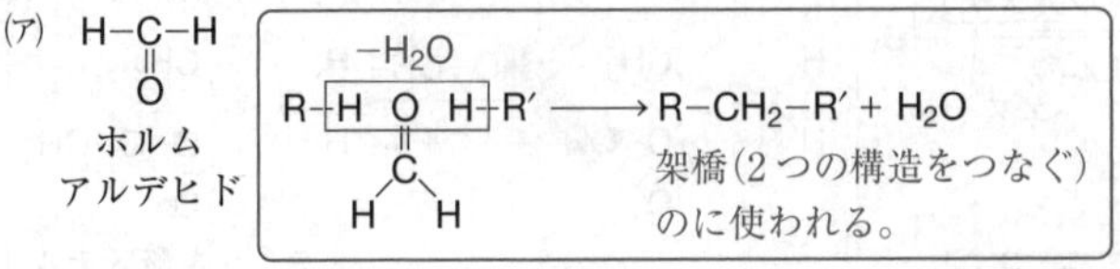

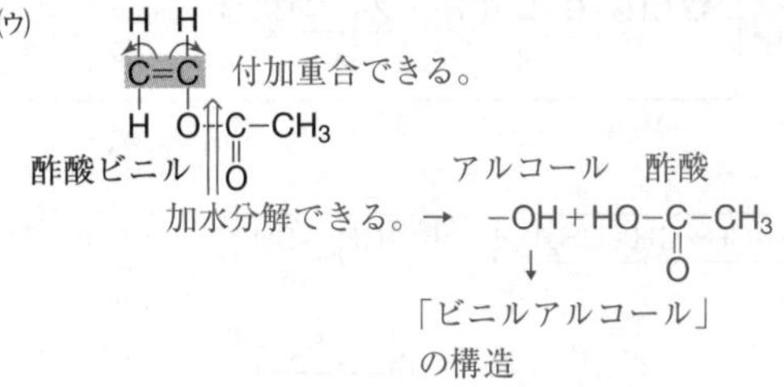

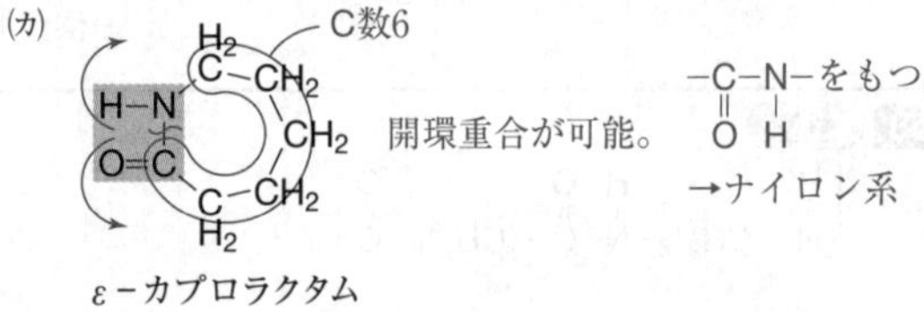

(ア)

H−C−H
　　‖
　　O
ホルム
アルデヒド

R−O H H−R′ ⟶ R−CH₂−R′ + H₂O
　　　‖
　　　CH₂
架橋（2 つの構造をつなぐ）
のに使われる。

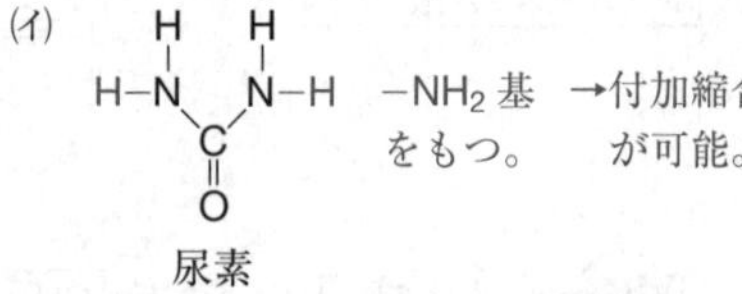

−H₂O

(イ)

H−N　N−H
　　‖
　　O
尿素

−NH₂ 基 →付加縮合
をもつ。　が可能。

(ウ)

H H
C=C
H O−C−CH₃
　　　‖
　　　O
酢酸ビニル

付加重合できる。

加水分解できる。→

アルコール　酢酸
−OH + HO−C−CH₃
　　　　　　　‖
　　　　　　　O
↓
「ビニルアルコール」
の構造

(エ)

H CH₃ メチル基
C=C
H O−CH₃
　　‖
　　O

付加重合できる。

加水分解したら→

酸　メタノール
−C−OH + HO−CH₃
‖
O
↓
「メタクリル酸」の構造

メタクリル酸メチル
CH₃ アクリル酸　エステル
CH₂=CH
COOH

(オ)

OH

フェノール

付加縮合が可能。

(カ)

H₂
C−CH₂
　　　CH₂
H−N　　CH₂
　　‖
O=C　CH₂
　C−CH₂
　H₂
ε−カプロラクタム

C数6

開環重合が可能。

−C−N−をもつ。
‖　|
O　H
→ナイロン系

したがって，(1)〜(5)は次のように考えられる。

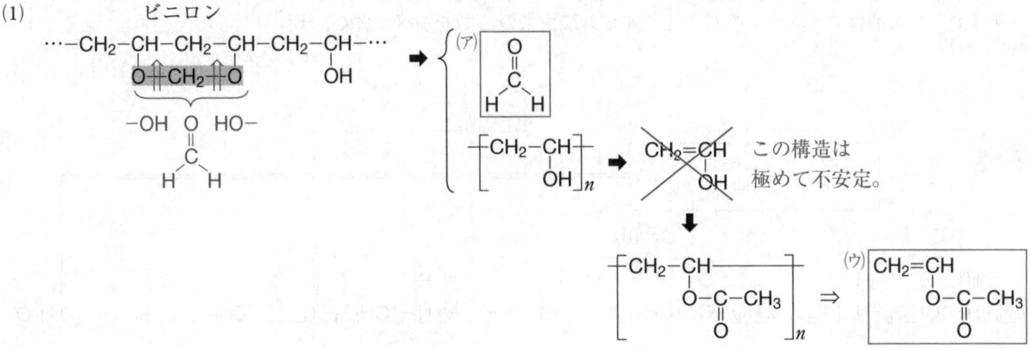

(1)

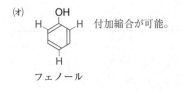

ビニロン

···CH₂−CH−CH₂−CH−CH₂−CH···
　　　O+CH₂+O　　　OH
　−OH O HO−
　　　H−C−H

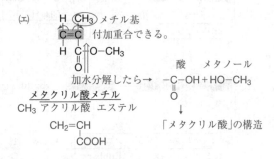

(ア)
O
‖
H−C−H

[CH₂−CH]ₙ
　　OH

CH₂=CH　この構造は
　　OH　極めて不安定。

[CH₂−CH]ₙ
　　O−C−CH₃
　　　‖
　　　O

(ウ)
CH₂=CH
　O−C−CH₃
　　‖
　　O

⇒

(2)

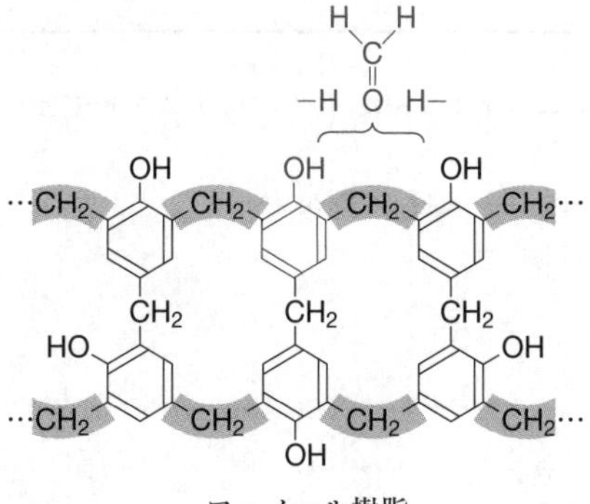

フェノール樹脂

❶
(オ)

(ア)

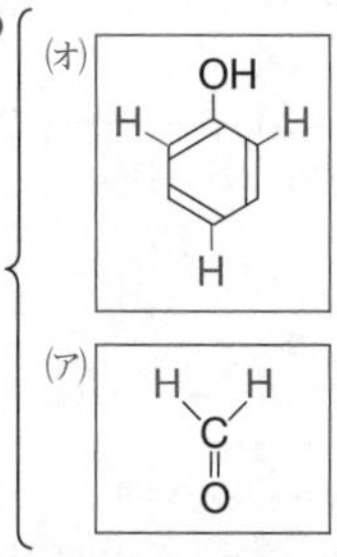

(3)

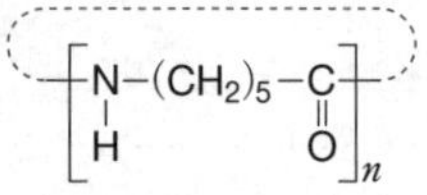

ナイロン6

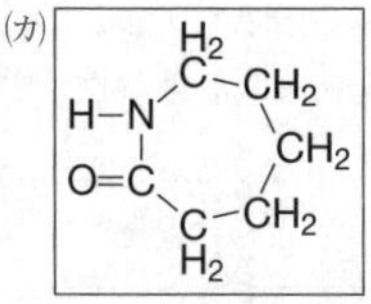

(カ)

(4)

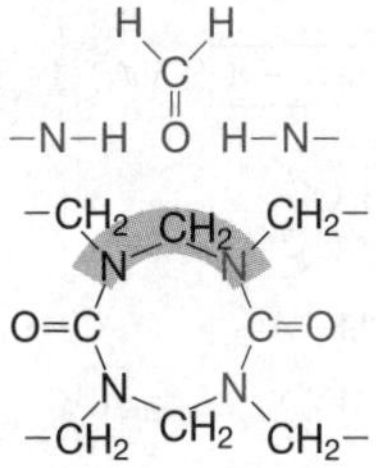

尿素(ユリア)樹脂

❷
(イ)

(ア)

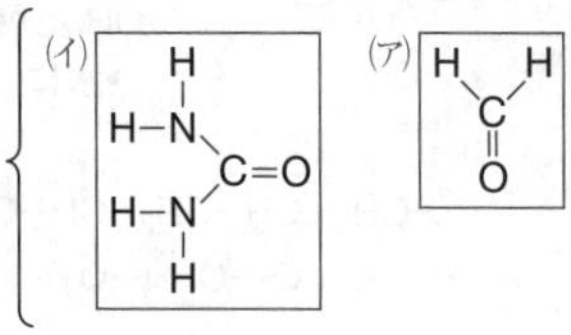

(5)

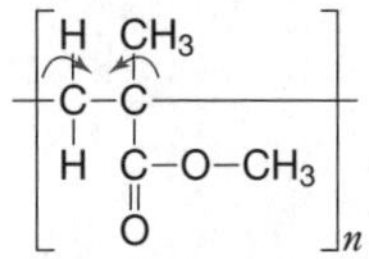

ポリメタクリル酸メチル

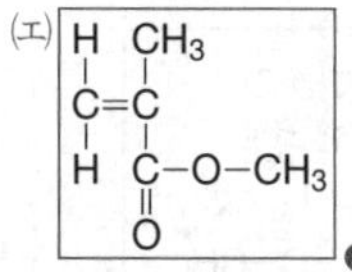

(エ)

❸

補足
重合体の構造から化合物名，単量体が分ればよい。
今回は，単量体に注目して，反応のようすも解説した。
(1)〜(5)で熱硬化性樹脂は(2)，(4)である。

❶重合は次のように考えることができる。

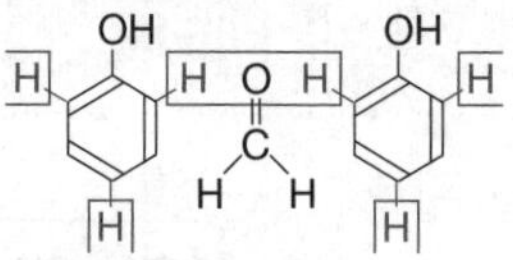

・実際は付加反応をともなって進行するので付加縮合という。
・フェノール1分子あたり最大3方向に結合が形成できるため，網目状となる。

❷重合は次のように考えることができる。

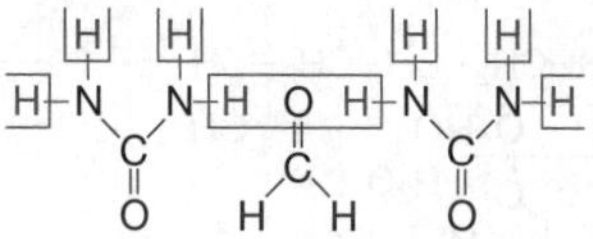

・実際は付加反応をともなって進行するので付加縮合という。
・尿素1分子あたり最大4方向に結合が形成できるため，網目状となる。

❸形の似ている構造に注意する。

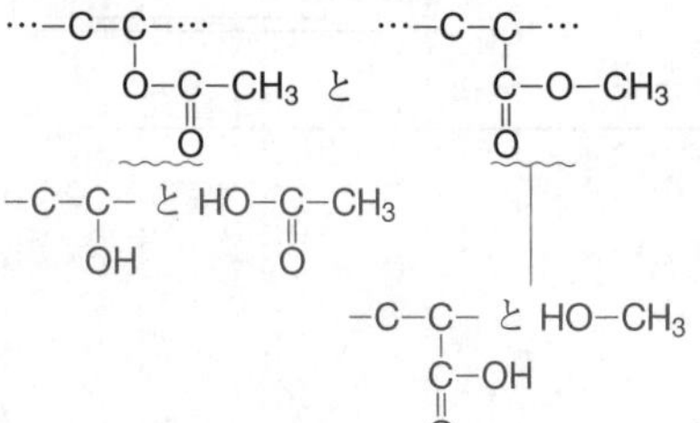

$\cdots$C$-$C$\cdots$ と $\cdots$C$-$C$\cdots$

$-$C$-$C$-$ と   HO$-$C$-$CH$_3$

$-$C$-$C$-$ と   HO$-$CH$_3$

260 [解答]

(1) (ア) 酢酸ビニル　(イ) ポリ酢酸ビニル　(ウ) ポリビニルアルコール　(エ) ホルムアルデヒド
(オ) CH_2

(2)

$$\left[\begin{array}{c} CH_2-CH \\ \quad\quad | \\ O-C-CH_3 \\ \quad\quad \| \\ \quad\quad O \end{array}\right]_n + nNaOH \longrightarrow \left[\begin{array}{c} CH_2-CH \\ \quad\quad | \\ \quad\quad OH \end{array}\right]_n + nCH_3COONa$$

▶ ベストフィット

ビニロンの合成では，ポリビニルアルコールをホルムアルデヒドでアセタール化する。

$$\cdots-CH_2-CH-CH_2-CH-\cdots \longrightarrow \cdots-CH_2-CH-CH_2-CH-\cdots$$

$$\underset{\substack{| \\ C \\ H \quad H}}{OH \; O \; HO} \quad -H_2O \qquad \qquad O-CH_2-O$$

OH 基の減少→水溶性の減少
少量の OH 基→適度な吸湿性

解説

$$nCH_2=CH \xrightarrow{\text{付加重合}} \left[\begin{array}{c} CH_2-CH \end{array}\right]_n$$

(ア) 酢酸ビニル ❶

NaOH 加水分解（けん化） $\xrightarrow{-nCH_3COONa}$

(イ) ポリ酢酸ビニル

(ウ) ポリビニルアルコール (PVA)
OH 基が多い
→水に溶けやすい

$$\cdots-CH_2-CH-CH_2-CH-CH_2-CH-\cdots \xrightarrow{\text{アセタール化}} \cdots-CH_2-CH-CH_2-CH-CH_2-CH-\cdots$$

(エ) ホルムアルデヒド

(オ) CH_2

OH 基の減少→親水性の低下

---

❶酢酸ビニルはアセチレンに酢酸を付加させて生成することができる。

アセチレン　　　　　　　　　　　　酢酸ビニル

$$H-C\equiv C-H \; + \; CH_3COO-H \longrightarrow \begin{array}{c} H-C=C-H \\ \quad | \\ H \; O-C-CH_3 \\ \quad\quad \| \\ \quad\quad O \end{array}$$

261 解答

(1) 2.00×10^2 (2) 6.00×10^2 個 (3) $4.65 \mathrm{~g}$

ベストフィット

分子量が与えられている場合，反応する官能基と反応のようすがわかれば，計算できる。

解説

(1)
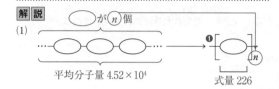

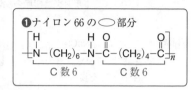

❶ナイロン66の◯部分

$$\left[\begin{matrix} \mathrm{H} & & \mathrm{H} & \mathrm{O} & & \mathrm{O} \\ | & & | & \| & & \| \\ -\mathrm{N}-(\mathrm{CH_2})_6-\mathrm{N}-\mathrm{C}-(\mathrm{CH_2})_4-\mathrm{C}- \end{matrix} \right]_n$$
C数6　　　　　C数6

$$重合度\ n = \frac{平均分子量}{くり返し単位の式量} = \frac{4.52 \times 10^4}{226} = 2.00 \times 10^2$$

(2)
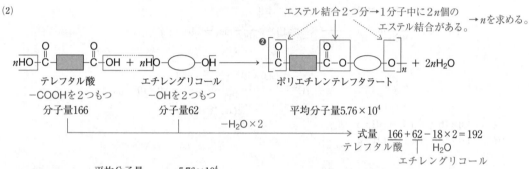

エステル結合2つ分→1分子中に2n個のエステル結合がある。→nを求める。

テレフタル酸　　　エチレングリコール　　　ポリエチレンテレフタラート
−COOHを2つもつ　−OHを2つもつ
分子量166　　　　分子量62　　　　　平均分子量5.76×10^4

$-\mathrm{H_2O} \times 2$　→　式量　$\underline{166} + \underline{62} - \underline{18} \times 2 = 192$
　　　　　　　　　　　　　　　　テレフタル酸┤H₂O
　　　　　　　　　　　　　　　　　　　エチレングリコール

$$重合度\ n = \frac{平均分子量}{くり返し単位の式量} = \frac{5.76 \times 10^4}{192} = 3.00 \times 10^2$$

エステル結合は $2n$ 個あるので　$2 \times \dfrac{3.00 \times 10^2}{n} = 6.00 \times 10^2$ 個

❷ポリエチレンテレフタラートの■と◯部分

$$\left[\begin{matrix} \mathrm{O} & & \mathrm{O} \\ \| & & \| \\ -\mathrm{C}- & & -\mathrm{C}-\mathrm{O}-(\mathrm{CH_2})_2-\mathrm{O}- \end{matrix} \right]_n$$

(3)
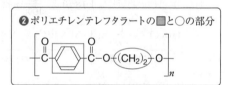

14.4g

$$\frac{14.4}{5.76 \times 10^4} \times n\,[\mathrm{mol}] \xleftarrow{(2)より\ 3.00 \times 10^2} \frac{14.4}{5.76 \times 10^4}\ \mathrm{mol}$$

↓ 分子量62

$$\frac{14.4}{5.76 \times 10^4} \times n\,[\mathrm{mol}] \times 62\ \mathrm{g/mol} = 4.65\ \mathrm{g}$$

平均分子量 5.76×10^4 がわかっている場合のみ(2)のように n を求めてから計算できる。

別解

$$\left(\begin{array}{l} n \times \dfrac{14.4}{192n}\ \mathrm{mol} \xleftarrow{} \dfrac{14.4}{192n}\ \mathrm{mol} \\ \qquad\downarrow \\ n \times \dfrac{14.4}{192n}\ \mathrm{mol} \times 62\ \mathrm{g/mol} = 4.65\ \mathrm{g} \end{array} \right)$$

←分子量にくり返し単位の式量×nを使った場合，平均分子量がわからなくても計算できる。

262 解答

(1) 2　　(2) 20 mL　　(3) 使用済みの陽イオン交換樹脂に強酸の水溶液を通したあと，純水で洗う。

H⁺　　OH⁻
イオン交換樹脂の反応は可逆反応である。→強酸・強塩基水溶液で再生可能である。

解説

(1)

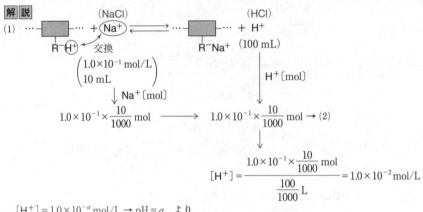

$[H^+] = 1.0 \times 10^{-a} \, mol/L \rightarrow pH = a$　より
$[H^+] = 1.0 \times 10^{-2} \, mol/L \rightarrow pH = 2$

(2) (1)より，H⁺の物質量は $1.0 \times 10^{-1} \times \dfrac{10}{1000}$ mol なので，求める NaOH 水溶液の体積を V〔mL〕とすると

$$\underbrace{1.0 \times 10^{-1} \times \frac{10}{1000} \, mol}_{H^+の物質量} = \underbrace{5.0 \times 10^{-2} \, mol/L \times \frac{V}{1000} \times \overset{\text{NaOHの価数}}{1}}_{OH^-の物質量}$$　よって，$V = 20$ mL

(3) (1)で示した反応は可逆反応であるので，強酸を流すことでもとの状態に再生できる。
（塩酸や硫酸）

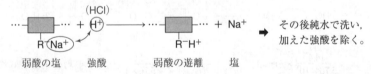

弱酸の塩　　強酸　　　弱酸の遊離　　塩

➡ その後純水で洗い，
加えた強酸を除く。

---

263 解答

平均分子量　1.1×10^5　　重合度　1.0×10^3

高分子化合物の平均分子量は浸透圧を利用して求められる。

解説

式量 104

$$\begin{bmatrix} CH_2-CH \\ \quad | \\ \quad \bigcirc \end{bmatrix}_n$$　求める平均分子量をMとする。

与えられた条件より

$$\begin{cases} 0.45\text{ g} \longrightarrow \dfrac{0.45}{M}\text{ mol} \\ 200\text{ mL 溶液} \end{cases} \longrightarrow \dfrac{0.45}{M}\text{ mol} \div \dfrac{200}{1000}\text{ L} = \dfrac{0.45\times1000}{200M}\text{〔mol/L〕}$$

20℃

浸透圧 $\Pi = 50$ Pa

ファントホッフの法則の式　$\Pi = cRT$ より

$$50\text{ Pa} = \frac{0.45\times1000}{200M}\text{ mol/L}\times 8.31\times10^3\text{ Pa·L/(mol·K)}\times(273+20)\text{〔K〕}$$

$$M = 1.09\times10^5 \fallingdotseq 1.1\times10^5$$

$$\text{重合度 } n = \frac{\text{平均分子量 } M}{\text{くり返し単位の式量}} = \frac{1.09\times10^5}{104} = 1.04\times10^3 \fallingdotseq 1.0\times10^3$$

---

264 解答

(1)　344 g　(2)　36 g　(3)　40 %

(4)　親水性のヒドロキシ基がアセタール化に使用されているため，親水性が低下する。

ベストフィット

ビニロンの計算はくり返し単位2つをひとまとめにして考える。

解説

(1)

式量 88　　式量 100　　式量 88

分子量　$88\times\dfrac{n}{2}$　　　分子量　$100\times\dfrac{n}{2}\times\dfrac{32}{100}$　＋　$88\times\dfrac{n}{2}\times\dfrac{100-32}{100}$

330 g
↓

$$\frac{330}{88\times\frac{n}{2}}\text{ mol} \longrightarrow \frac{330}{88\times\frac{n}{2}}\text{ mol}$$

↓

$$\frac{330}{88\times\frac{n}{2}}\text{ mol}\times\left(100\times\frac{n}{2}\times\frac{32}{100}+88\times\frac{n}{2}\times\frac{100-32}{100}\right)\text{g/mol}$$

$$\fallingdotseq 344\text{ g}$$

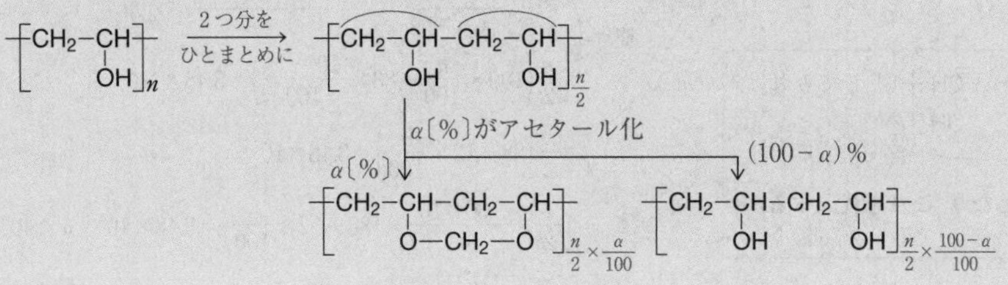

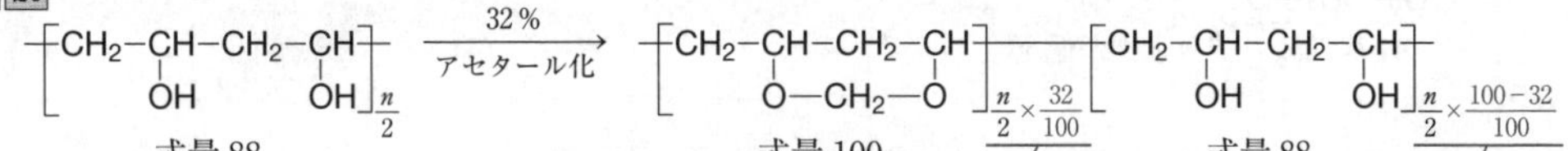

(2) (1)より

$$\begin{array}{c}\text{CH}_2\text{-CH-CH}_2\text{-CH}\end{array}\!\!\frac{}{}\!_{\frac{n}{2}} + \boxed{\frac{n}{2} \times \frac{32}{100}} \underset{\text{分子量 }30}{\text{HCHO}} \longrightarrow \begin{array}{c}\text{CH}_2\text{-CH-CH}_2\text{-CH}\end{array} \begin{array}{c}\text{CH}_2\text{-CH-CH}_2\text{-CH}\end{array}$$

❶ の位置

$$\frac{330}{88 \times \frac{n}{2}} \text{ mol} \longrightarrow \frac{n}{2} \times \frac{32}{100} \times \frac{330}{88 \times \frac{n}{2}} \text{ mol}$$

↓ 分子量 30

$$\frac{n}{2} \times \frac{32}{100} \times \frac{330}{88 \times \frac{n}{2}} \text{ mol} \times 30 \text{ g/mol} = 36 \text{ g}$$

❶ $-\text{CH}_2\text{-CH-CH}_2\text{-CH}-$ の構造
　　　$\text{O}-\text{CH}_2-\text{O}$
1つにつき HCHO は1つ必要。

(3) 　$\begin{array}{c}\text{CH}_2\text{-CH}\\ \text{OH}\end{array}\!\!_n \xrightarrow[\text{アセタール化}]{\alpha(\%)} \begin{array}{c}\text{CH}_2\text{-CH-CH}_2\text{-CH}\\ \text{O}-\text{CH}_2-\text{O}\end{array}\!\!_{\frac{n}{2}\times\frac{\alpha}{100}} \begin{array}{c}\text{CH}_2\text{-CH-CH}_2\text{-CH}\\ \text{OH}\qquad\text{OH}\end{array}\!\!_{\frac{n}{2}\times\frac{100-\alpha}{100}}$

式量 100　　　　　　　式量 88

n は変わらない

$$\frac{n}{2} = \frac{\text{平均分子量}}{\text{くり返し単位の式量}} = \frac{3.30\times10^4}{44}$$

❷ $\begin{array}{c}\text{CH}_2\text{-CH-CH}_2\text{-CH}\\ \text{OH}\qquad\text{OH}\end{array}\!\!_{\left(\frac{n}{2}\right)}$ としてみれば

$\left(\dfrac{n}{2}\right) = \dfrac{3.30\times10^4}{88}$ となり，これを代入する。

分子量 $100 \times \dfrac{n}{2} \times \dfrac{\alpha}{100} + 88 \times \dfrac{n}{2} \times \dfrac{100-\alpha}{100} = 3.48\times10^4$

整理 ↓

$$\frac{n}{2}\left(100 \times \frac{\alpha}{100} + 88 \times \frac{100-\alpha}{100}\right) = 3.48\times10^4$$

$$\left(\frac{n}{2}\right)\left(88 + 12 \times \frac{\alpha}{100}\right) = 3.48\times10^4$$

n を代入

$$\frac{1}{2} \times \frac{3.30\times10^4}{44} \times \left(88 + 12 \times \frac{\alpha}{100}\right) = 3.48\times10^4 \quad \alpha = 40\%$$

(4) $\cdots\text{CH}_2\text{-CH-CH}_2\text{-CH-CH}_2\text{-CH}\cdots$
　　　　　$\text{O}-\text{CH}_2-\text{O}\qquad\quad\text{OH}$
　　　OH 基の減少→親水性が低下

---

265 解答

(1) 5.00×10^2 　(2) 6.80×10^4 　(3) 16.9%

▶ ベストフィット

一部の官能基が変換された場合，「分けて」計算する。

例 $\begin{array}{c}\text{CH}_2\text{-CH}\\ \text{X}\end{array}\!\!_n \xrightarrow{\alpha(\%)} \begin{array}{c}\text{CH}_2\text{-CH}\\ \text{Y}\end{array}\!\!_{n\times\frac{\alpha}{100}} \begin{array}{c}\text{CH}_2\text{-CH}\\ \text{X}\end{array}\!\!_{n\times\frac{100-\alpha}{100}}$

$\begin{array}{c}\text{CH}_2\text{-CH}\\ \text{X}\end{array}\!\!_n \xrightarrow[n\text{ 個のうち}\atop x\text{ 個変換}]{} \begin{array}{c}\text{CH}_2\text{-CH}\\ \text{Y}\end{array}\!\!_x \begin{array}{c}\text{CH}_2\text{-CH}\\ \text{X}\end{array}\!\!_{n-x}$

解説

(1), (2)
$$\left[CH_2-CH \right]_n \xrightarrow{40\%} \left[CH_2-CH \right]_{n\times\frac{40}{100}} \left[CH_2-CH \right]_{n\times\frac{100-40}{100}}$$

式量104 （SO_3H）式量184　式量104
平均分子量 5.20×10^4

(1) 重合度 $n = \dfrac{\text{平均分子量}}{\text{くり返し単位の式量}}$

$= \dfrac{5.20\times10^4}{104}$

$= 5.00\times10^2$　　$\xrightarrow{\quad n \text{ は変わらない}\quad}$

(2) 平均分子量 $= 184\times n\times\dfrac{40}{100} + 104\times n\times\dfrac{100-40}{100}$

$= \left(104 + 80\times\dfrac{40}{100}\right)n$ 　(1)より n を代入

$= \left(104 + 80\times\dfrac{40}{100}\right)\times 5.00\times10^2 = 6.80\times10^4$

(3)
$$\left[CH_2-CH \right]_n \xrightarrow{\alpha(\%)} \left[CH_2-CH \right]_{n\times\frac{\alpha}{100}} \left[CH_2-CH \right]_{n\times\frac{100-\alpha}{100}}$$

式量104　（SO_3H）式量184　式量104
100 g

分子量 $104n$　分子量 $184\times n\times\dfrac{\alpha}{100} + 104\times n\times\dfrac{100-\alpha}{100}$

$= \left(104 + 80\times\dfrac{\alpha}{100}\right)n$

$\dfrac{100}{104n}$ mol $\longrightarrow$ $\dfrac{100}{104n}$ mol

$\downarrow$

$\dfrac{100}{104\not{n}}$ mol $\times \left(104 + 80\times\dfrac{\alpha}{100}\right)\not{n}$ 〔g/mol〕$= 113$ g　　$\alpha = 16.9\%$

別解

(3)は次のように求めることもできる。
① 100 %反応したと仮定して質量を求める。②質量の増加分から反応率を求める。

①
$$\left[CH_2-CH \right]_n \xrightarrow{100\%} \left[CH_2-CH \right]_n$$

（H）式量104　（SO_3H）式量184
100 g

$\downarrow$ 式量104

$\dfrac{100}{104}$ mol $\longrightarrow$ $\dfrac{100}{104}$ mol

$\downarrow$ 式量184

$\dfrac{100}{104}$ mol $\times 184$ g/mol　←100 %のときの質量

② 反応率 α は　　実際の増加分

$\alpha = \dfrac{\boxed{113-100}}{\boxed{\dfrac{100}{104}\times184 - 100}} \times 100 = 16.9\%$

反応率 100 %のときの増加分

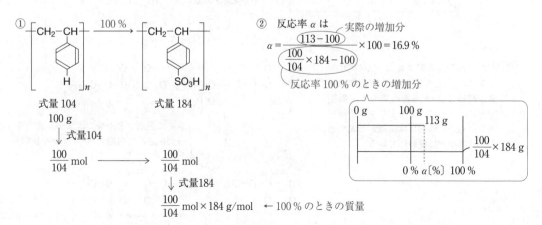

(1) 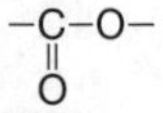 $-\overset{\parallel}{\underset{O}{C}}-O-$　　(2) 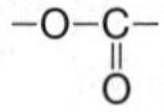 $-O-\overset{\parallel}{\underset{O}{C}}-$

▶ ベストフィット

両末端の構造と有機化学で学んだ知識をもとに構造を推定する。
多価アルコールと多価カルボン酸の縮合重合で得られるポリエステル樹脂をアルキド樹脂という。
　　alcohol　　　　　　　　acid　　　　　　　　　　　　　　　　　　alkyd

【解説】

(1)

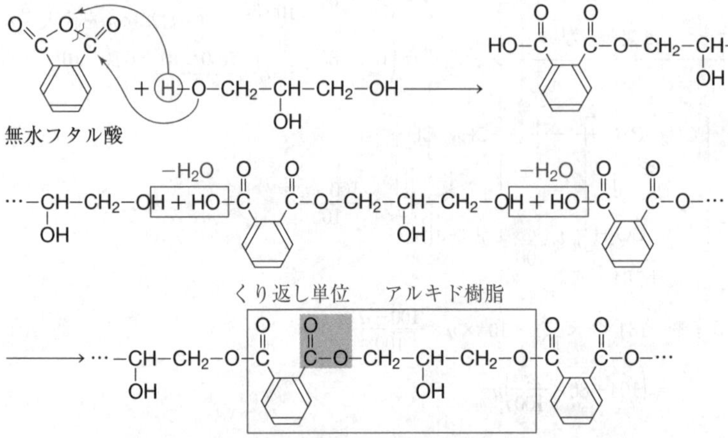

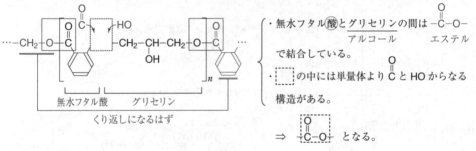

無水フタル酸

酸無水物とアルコールの
反応(エステル化)である。

くり返し単位　アルキド樹脂

これは両端の構造からも推定できる(くり返しの構造を書いて推定する)。

無水フタル酸　　グリセリン
くり返しになるはず

・無水フタル酸とグリセリンの間は $-\overset{\overset{O}{\parallel}}{C}-O-$
　　　　　　　アルコール　　エステル
で結合している。

・点線の中には単量体より $\overset{\parallel}{C}$ と HO からなる
構造がある。

$\Rightarrow$ $-\overset{\overset{O}{\parallel}}{C}-O-$ となる。

【補足】　この樹脂は多価アルコール(グリセ
　リンは3価)と多価カルボン酸(無水フ
　タル酸は2価)からなるアルキド樹脂
　である。さらに,グリセリンは3価で
　あるため,立体網目状構造が形成でき
　る。塗料などに使われている。

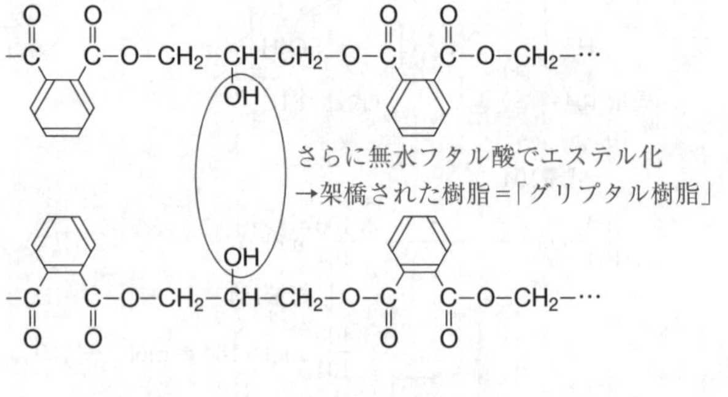

さらに無水フタル酸でエステル化
→架橋された樹脂=「グリプタル樹脂」

(2)

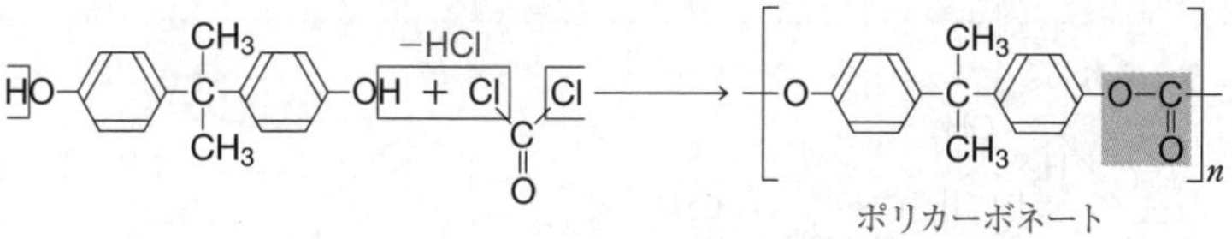

ポリカーボネート
CDやヘルメットなどに使用

これは両端の構造より推定すると

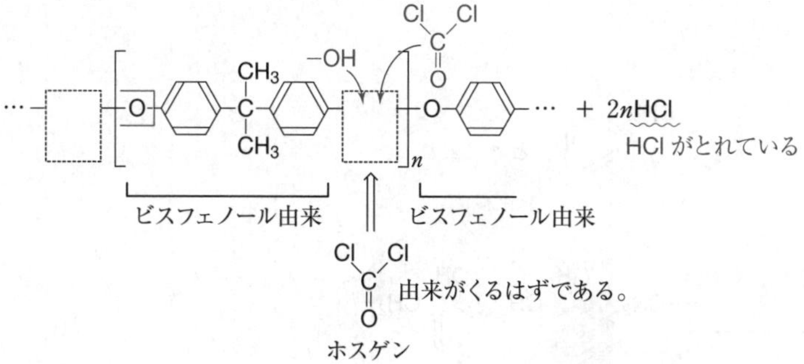

$+ 2n$HCl

HCl がとれている

ビスフェノール由来　　ビスフェノール由来

由来がくるはずである。

ホスゲン

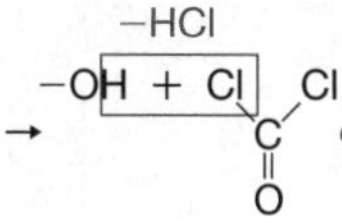

の反応が予想できる。

---

267 解答

(ウ)

> **ベストフィット**
>
> ホルムアルデヒドは架橋構造の形成に使われる。ホルムアルデヒド由来の CH_2 を除いたもとの単量体構造を見抜く。

解説 付加縮合は次のように考えられる。

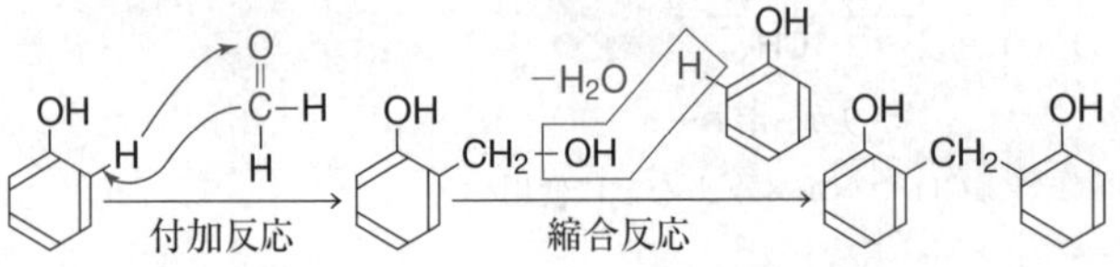

付加反応   縮合反応

まとめて

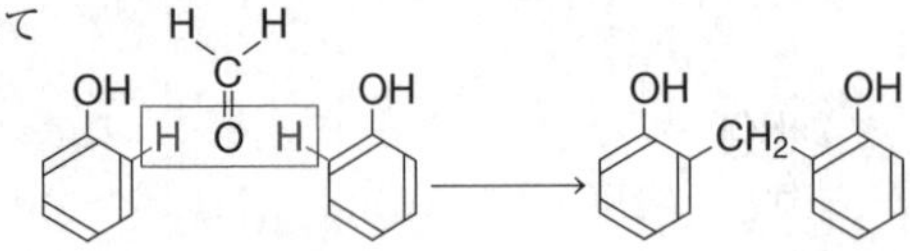

と考えられる。

(ア)

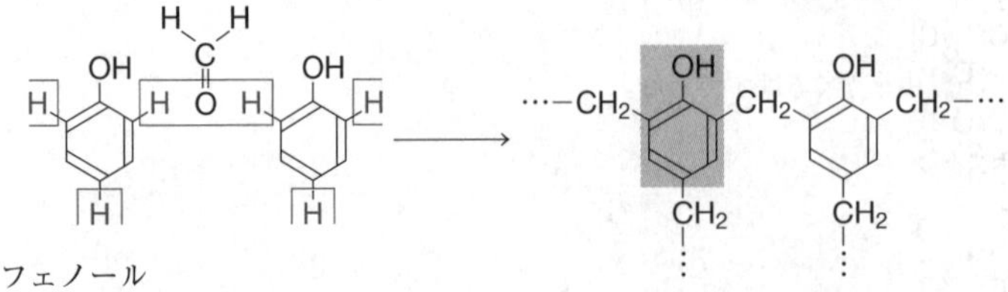

フェノール
1分子あたり最大3方向に結合が可能

フェノール樹脂

(イ)

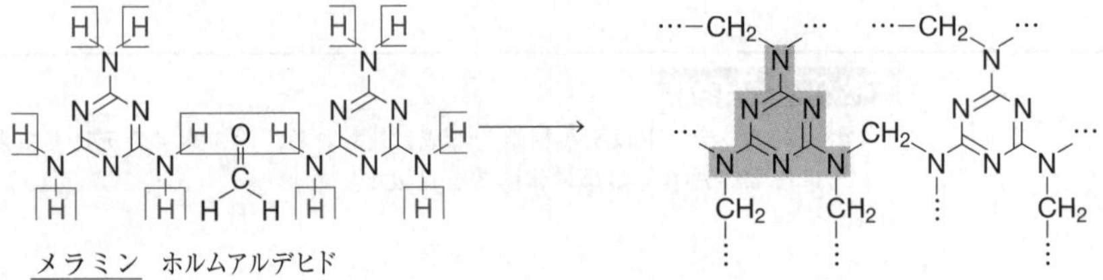

メラミン ホルムアルデヒド
1分子あたり最大6方向に
結合が可能

メラミン樹脂

(ウ)

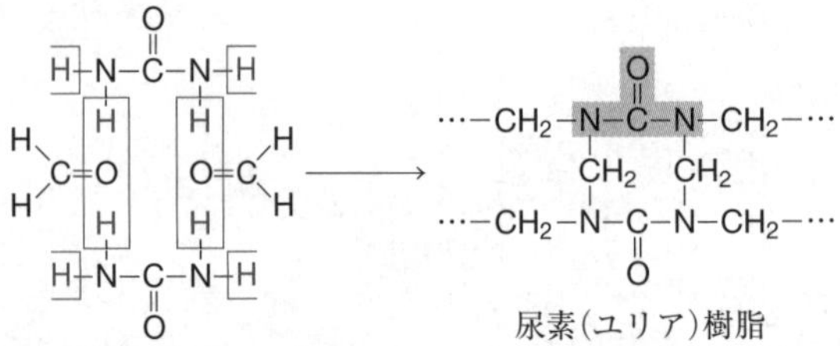

尿素(ユリア)
1分子あたり最大4方向に結合が可能

尿素(ユリア)樹脂

(エ) これは「ゴム」の構造である。

イソプレン

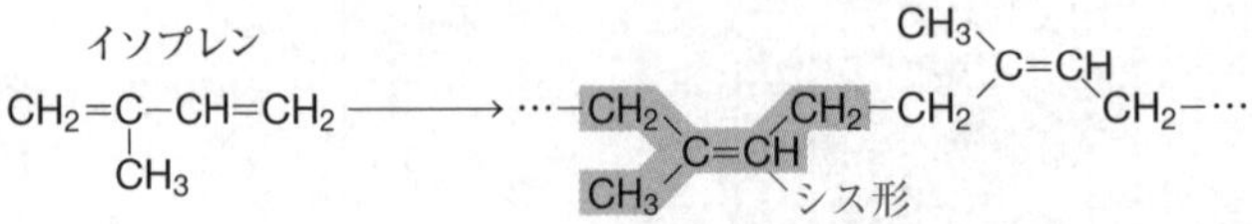

シス形

ポリイソプレン(天然ゴム)

268 解答

(1) ア 酸　イ 生ゴム　ウ シス　エ かたく　オ 付加重合　A ポリイソプレン

(2) (a) $\left[\begin{array}{c}\mathrm{CH_2-C=CH-CH_2}\\\ \ \ |\\\ \ \mathrm{CH_3}\end{array}\right]_n$　(c) $\left[\mathrm{CH_2-CH=CH-CH_2}\right]_n$　(d) $\left[\begin{array}{c}\mathrm{CH_2-C=CH-CH_2}\\\ \ \ |\\\ \ \mathrm{Cl}\end{array}\right]_n$

(3) 加硫　(4) ③　(5) 4.5×10^2 個

> **ベストフィット**
>
> 天然ゴムのしくみを理解する ((1), (3))。

解説

(1), (3)

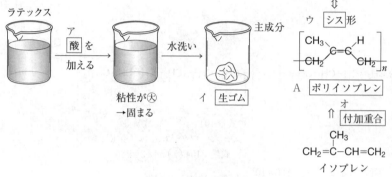

トランス形は「グッタペルカ」という硬い樹脂になる。
⇕
ウ　シス 形

A　ポリイソプレン
　　　　　オ
⇑　付加重合
イソプレン

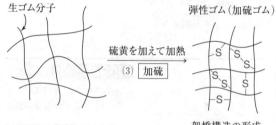

普通 3〜5 % を添加する。
30〜40 % のものは「エボナイト」と呼ばれる
黒色プラスチック状の物質となる。

架橋構造の形成
＝エ　かたく なる

(2) (a)

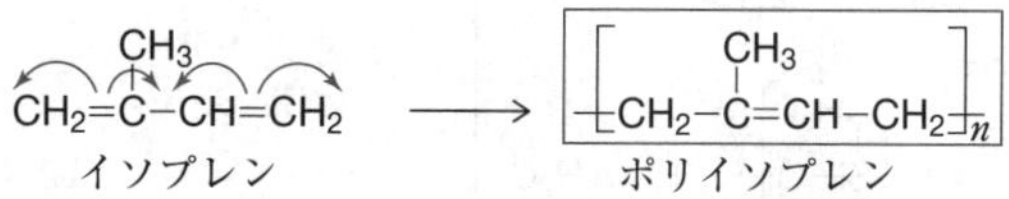

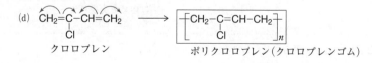

イソプレン　→　ポリイソプレン

(c) $\overset{1}{\mathrm{CH_2}}=\overset{2}{\mathrm{CH}}-\overset{3}{\mathrm{CH}}=\overset{4}{\mathrm{CH_2}}$　→　$\left[\mathrm{CH_2-CH=CH-CH_2}\right]_n$

1,3-ブタジエン　　　　　　　ポリブタジエン(ブタジエンゴム, BR)
二重結合の位置 C4　2つの　C＝C

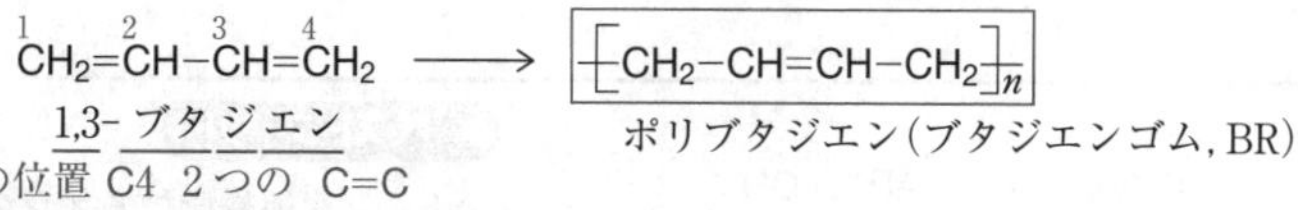

(d) $\mathrm{CH_2{=}C{-}CH{=}CH_2}$ (Cl)　→　$\left[\begin{array}{c}\mathrm{CH_2-C=CH-CH_2}\\\ \ \ |\\\ \ \mathrm{Cl}\end{array}\right]_n$

クロロプレン　　　　　　　ポリクロロプレン(クロロプレンゴム)

(4) (2)(a)と(c)の比較より

天然ゴムの主成分であるポリイソプレンはメチル基がある。　$\left[\text{CH}_2-\underset{\underset{\text{CH}_3}{|}}{\text{C}}=\text{CH}-\text{CH}_2\right]_n$

したがって

① 天然ゴムもブタジエンゴムも，硫黄原子を含む。　⎱ 硫黄による架橋（加硫）
② 天然ゴムもブタジエンゴムも，架橋構造をもつ。　⎰ を行っている。
③ 天然ゴムもブタジエンゴムも，メチル基をもたない。
④ 天然ゴムもブタジエンゴムも，×決まった融点をもたない。——分子量が一定でないため，融点も一定でない。
⑤ 天然ゴムもブタジエンゴムも，触媒を用いて水素と反応させることができる。

　　　　　　　　　　　　　　　　　　C=C を分子内にもっているため。

$$\text{C=C} + \text{H}_2 \longrightarrow \underset{\underset{\text{H H}}{|\ |}}{-\text{C}-\text{C}-}$$

(5)

くり返し単位中に
C=Cは3個ある。
↓
$3n$個

スチレン　　　　　ブタジエン　　　　　式量104　　　　式量54
スチレン-ブタジエンゴム（SBR）
式量　104×①+54×③=266

$$\text{重合度 } n = \frac{\text{平均分子量}}{\text{くり返し単位の式量}} = \frac{4.00 \times 10^4}{266} = 1.503 \times 10^2 \doteqdot 1.50 \times 10^2$$

二重結合は$3n$個あるので　$3 \times 1.50 \times 10^2 = 4.5 \times 10^2$個

---

269 解答

A　−OH　　　B　$-\underset{\underset{\text{CH}_3}{|}}{\overset{\overset{\text{CH}_3}{|}}{\text{Si}}}-\text{O}-$

解説

---

270 解答

(1) (ア) H^+, Cl^-, SO_4^{2-}　　(イ) Na^+, K^+, Al^{3+}, OH^-
　　(ウ) なし（H^+, OH^-）

(2) $4.20 \times 10^{-2}\,\text{mol/L}$

解説　(1) <u>1 mol ずつ</u> NaCl と $AlK(SO_4)_2$ を混合させたとする。
　　　　　等量

$$\text{NaCl} \longrightarrow Na^+ + Cl^-, \quad AlK(SO_4)_2 \longrightarrow Al^{3+} + K^+ + 2SO_4^{2-} \text{より}$$

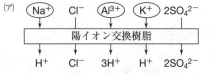

(ア) ⟨Na⁺⟩ Cl⁻ ⟨Al³⁺⟩ ⟨K⁺⟩ 2SO₄²⁻

| 陽イオン交換樹脂 |

H⁺　Cl⁻　3H⁺　H⁺　2SO₄²⁻

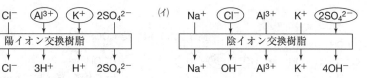

(イ) Na⁺　⟨Cl⁻⟩　Al³⁺　K⁺　⟨2SO₄²⁻⟩

| 陰イオン交換樹脂 |

Na⁺　OH⁻　Al³⁺　K⁺　4OH⁻

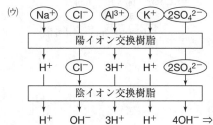

(ウ) ⟨Na⁺⟩ ⟨Cl⁻⟩ ⟨Al³⁺⟩ ⟨K⁺⟩⟨2SO₄²⁻⟩

| 陽イオン交換樹脂 |

H⁺　⟨Cl⁻⟩　3H⁺　H⁺　⟨2SO₄²⁻⟩

| 陰イオン交換樹脂 |

H⁺　OH⁻　3H⁺　H⁺　4OH⁻ ⇒ 5H₂O（水の電離によりH⁺とOH⁻はわずかに存在する。）

このように溶液中の陽イオンを陽イオン交換樹脂でH⁺に，陰イオンを陰イオン交換樹脂でOH⁻に交換すると純水が得られる。これを「脱イオン水」という。

基本的に，イオンからなる物質は電荷がつりあっているので，「等量」混合物でなくても，すべて交換されれば，純水となる。

(2)

$$2\left[\begin{array}{c}\boxed{}\\ \underset{SO_3H}{}\end{array}\right] + \underbrace{Cu^{2+}}_{\text{Cu}^{2+}1つにつき} \rightleftharpoons \left[\begin{array}{c}\boxed{}\\ SO_3^-\end{array}\right]_2 Cu^{2+} + 2H^+$$

H⁺が 2つ交換

$$CuSO_4 \left(\begin{array}{c} x\,[\text{mol/L}] \\ 10.0\text{ mL} \end{array}\right)$$

$$x \times \frac{10.0}{1000} \text{mol} \longrightarrow \underbrace{2 \times x \times \frac{10.0}{1000} \text{mol}}_{\text{H}^+\text{の物質量}}$$

滴定の結果より

$$\underbrace{2 \times x \times \frac{10.0}{1000} \text{mol}}_{\text{H}^+\text{の物質量}} = \underbrace{5.00 \times 10^{-2} \text{mol/L} \times \frac{16.8}{1000} \text{L}}_{\text{OH}^-\text{の物質量}} \times \overset{\text{NaOHの価数}}{1} \qquad x = 4.20 \times 10^{-2} \text{mol/L}$$

第 5 章　高分子化合物 ▶ ❹ 高分子化合物と人間生活

P.246 ▶❶ 高分子化合物と人間生活

271 解答

(1) (ア) エステル　　(イ)　生分解
(2) (i) 1.00×10^{-3} mol　　(ii) $72n$　　(iii) 1.25×10^2
　　(iv) 8.40 L

> ▶ ベストフィット
>
> 生分解性高分子は微生物の働きで分解される。
> 例ポリ乳酸

解説

(1)

エステル結合 → ポリ**エステル**(ア)系合成繊維

$$\cdots + HO\underset{H}{\overset{CH_3\ O}{\underset{|}{\overset{|\ \|}{C}}-C}}-\boxed{OH + H}O-\underset{H}{\overset{CH_3\ O}{\underset{|}{\overset{|\ \|}{C}}-C}}-OH + \cdots \xrightarrow{縮合重合} \cdots-O\underset{H}{\overset{CH_3\ O}{\underset{|}{\overset{|\ \|}{C}}-C}}-O\underset{H}{\overset{CH_3\ O}{\underset{|}{\overset{|\ \|}{C}}-C}}-\cdots$$

微生物の働きで分解 ⇒ **生分解**性(イ)プラスチック

CO₂, H₂O

(2) (1)の構造より

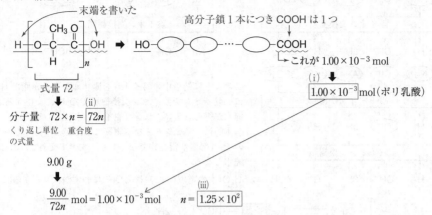

(iv) ポリ乳酸中の C はすべて CO_2 となる（「最終的に水と二酸化炭素になる」）のでくり返し単位 1 つにつき，3 つの CO_2 が生じる。

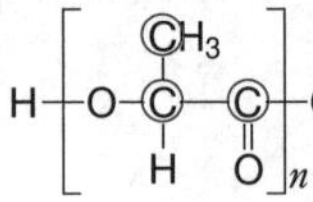

$$\begin{bmatrix} H-O-\overset{\overset{\displaystyle CH_3}{|}}{\underset{\underset{\displaystyle H}{|}}{C}}-\overset{\overset{\displaystyle \,}{\,}}{\underset{\underset{\displaystyle O}{\parallel}}{C}}-OH \end{bmatrix}_{n\,=\,1.25\times10^2\,((iii)より)} \Bigg\} 全体は 1.00\times10^{-3}\,mol\,((i)より)$$

⇒ポリ乳酸を構成するくり返し単位は，

$$\underset{1\,分子あたり}{1.25\times10^2} \times \underset{分子の数}{1.00\times10^{-3}} = 1.25\times10^{-1}\,mol$$

くり返し単位中に 3 つの C があるので，生じる CO_2 は，$1.25\times10^{-1}\times3$ mol

したがって，発生する CO_2 は　$1.25\times10^{-1}\times3\,mol\times22.4\,L/mol = \boxed{8.40}\,L$

(1) ア ③　イ ⑦　ウ ⑨　(2) ①　(3) (ウ)

─────────────────────────────────

解説

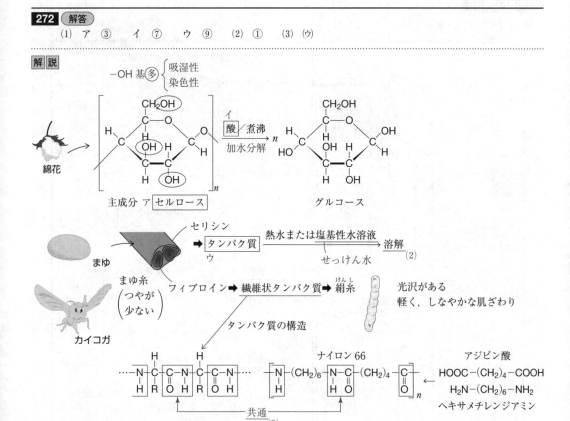

繊維の特徴と構造を理解する。

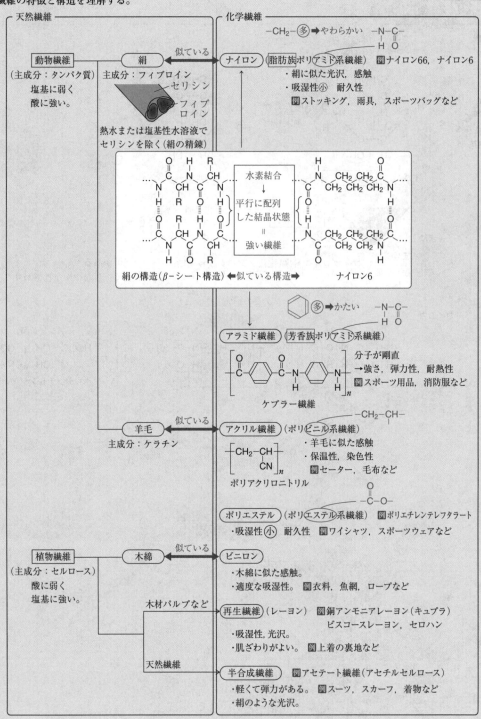

天然繊維

動物繊維
（主成分：タンパク質）
塩基に弱く
酸に強い。

絹
主成分：フィブロイン
　　　　セリシン
　　　　フィブ
　　　　ロイン
熱水または塩基性水溶液で
セリシンを除く（絹の精錬）

化学繊維

−CH₂−多 ➡やわらかい　−N−C−

似ている ➡ ナイロン　（脂肪族ポリアミド系繊維）　例ナイロン66, ナイロン6
・絹に似た光沢，感触
・吸湿性小　耐久性
例ストッキング，雨具，スポーツバッグなど

絹の構造（β−シート構造）◀似ている構造➡　ナイロン6

水素結合
↓
平行に配列
した結晶状態
＝
強い繊維

多 ➡かたい　−N−C−
　　　　　　　　H O

アラミド繊維　（芳香族ポリアミド系繊維）

ケブラー繊維

分子が剛直
→強さ，弾力性，耐熱性
例スポーツ用品，消防服など

羊毛
主成分：ケラチン

似ている ➡ アクリル繊維　（ポリビニル系繊維）　−CH₂−CH−

ポリアクリロニトリル

・羊毛に似た感触
・保温性，染色性
例セーター，毛布など

ポリエステル　（ポリエステル系繊維）　例ポリエチレンテレフタラート
　　　　　　　　　　　　　　　　　　　　　−C−O−
・吸湿性小　耐久性　例ワイシャツ，スポーツウェアなど

植物繊維
（主成分：セルロース）
酸に弱く
塩基に強い。

木綿

似ている ➡ ビニロン
・木綿に似た感触。
・適度な吸湿性。　例衣料，魚網，ロープなど

木材パルプなど

再生繊維　（レーヨン）　例銅アンモニアレーヨン（キュプラ）
　　　　　　　　　　　　　　　ビスコースレーヨン，セロハン
・吸湿性，光沢。
・肌ざわりがよい。　例上着の裏地など

天然繊維

半合成繊維　例アセテート繊維（アセチルセルロース）
・軽くて弾力がある。　例スーツ，スカーフ，着物など
・絹のような光沢。

273 解答

(a) ⑧　ポリ酢酸ビニル　　(b) ⑦　ナイロン 66　　(c) ②　ポリエチレンテレフタラート

(d) ③　ポリメタクリル酸メチル　　(e) ⑥　ブタジエンゴム

> ▶ ベストフィット
>
> おもな高分子化合物，単量体，用途，重合様式，性質の特徴を理解する。

解説　キーワードから連想する。

(a) ビニロン繊維原料

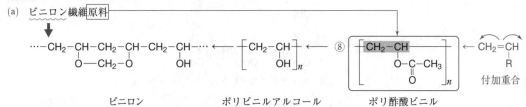

ビニロン　　　　ポリビニルアルコール　　　　ポリ酢酸ビニル

(b) ストッキング，絹のような

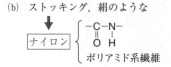

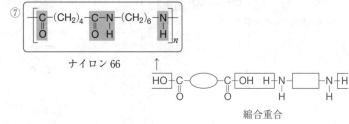

ナイロン 66

縮合重合

(c) 清涼飲料水用容器

PET ボトル

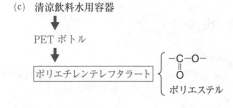

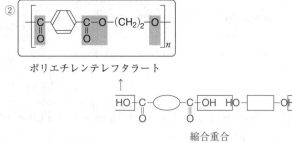

ポリエチレンテレフタラート

縮合重合

(d) 透明性，光ファイバー

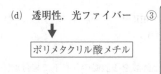

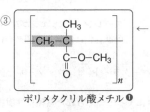

ポリメタクリル酸メチル❶

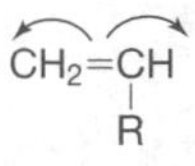

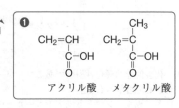

付加重合

アクリル酸　　メタクリル酸

(e) 耐摩耗性，タイヤ

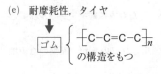

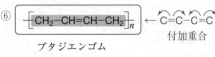

ブタジエンゴム　　　付加重合

(2), (5)

解説

(1) ホルムアルデヒド

付加縮合 → → → フェノール樹脂

(2) 多価カルボン酸 ＋ 多価アルコール

縮合重合 → → → アルキド樹脂　例ペンキ，塗料など

(3) $n\text{CH}_2=\text{CH}$ (CN) 付加重合 → $\{\text{CH}_2-\text{CH}(\text{C}\equiv\text{N})\}_n$

アクリロニトリル　　ポリアクリロニトリル

(4) ポリエチレンテレフタラート

−Cl 原子がない ← ダイオキシンは Cl を含む化合物の
　　　　　　　　　　燃焼によって生じる。

(5) $m\text{CH}_2=\text{CH}$ ＋ $n\overset{1}{\text{CH}}_2=\overset{2}{\text{CH}}-\overset{3}{\text{CH}}=\overset{4}{\text{CH}}_2$

共重合 → $\{\text{CH}_2-\text{CH}\}_m\{\text{CH}_2-\text{CH}=\text{CH}-\text{CH}_2\}_n$

スチレン　　1,3-ブタジエン　　スチレン-ブタジエンゴム (SBR)
　　　　　　二重結合　　　　耐摩耗性に優れる　例タイヤなど
　　　　　　の位置

(1) 代表的な熱硬化性樹脂であるフェノール樹脂(ベークライト)は，フェノールと酢酸を酸触媒の存在下で縮合重
　　合させて合成される。
　　　　　　　　　　　　　　　　　　　　　　　　　　　×　　　　　　　　　　　　　　×
　　　　　　　　　　　　　　　　　　　　　　　　ホルムアルデヒド　　　　　付加縮合

(2) 多価カルボン酸と多価アルコールとの縮合重合によってつくられた熱硬化性樹脂はアルキド樹脂とよばれ，塗
　　料や接着剤，画材などに広く用いられている。

(3) アクリロニトリルを縮合重合すると得られるポリアクリロニトリルを主成分とした合成繊維をアクリル繊維と
　　　　　　　　　　　　×　　　　　　　　　　　　　　付加重合
　　いい，肌触りが羊毛に似ていて暖かみに富む。

(4) ポリエチレンテレフタラート(PET)はペットボトルやフリース衣料などに使用されているが，廃棄のため燃
　　焼させるとダイオキシン類が発生する可能性がある。
　　　　　　　　　　　　　　×　　　　ない

(5) スチレンと1,3-ブタジエンとを共重合させて得られるスチレン-ブタジエンゴムは耐摩耗性に優れ，おもに自
　　動車用タイヤに用いられている。

275 解答

(1), (3)

> **ベストフィット**
> 高分子化合物の分類や繊維の分類を整理する。

解説

(1)

- 繊維
  - 天然繊維
  - 化学繊維
    - 再生繊維 { レーヨン / セロハン }
    - 半合成繊維　アセテート繊維
    - 合成繊維 { ポリエステル系 / ポリアミド系 / ポリビニル系 }

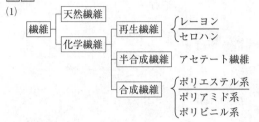

(2)

	有機高分子	無機高分子
天然高分子	デンプン セルロース タンパク質など	雲母 石英　など
合成高分子	ポリエチレン ポリエチレンテレフタラート 合成ゴム　など	シリコーン樹脂 炭素繊維　など

(3)　イオン交換樹脂

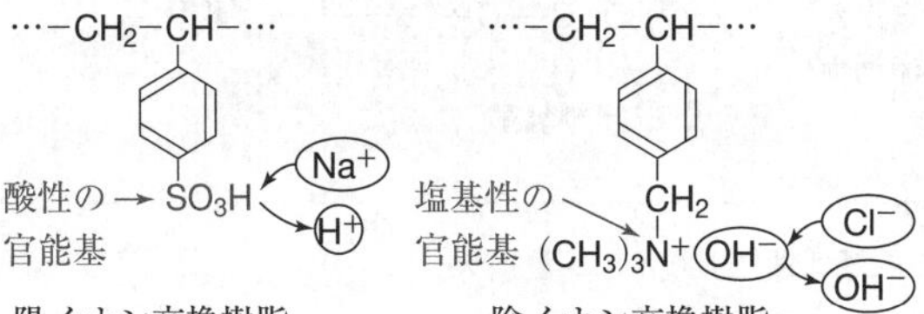

$\cdots-CH_2-CH-\cdots$
酸性の官能基
SO_3H
Na^+
H^+
塩基性の官能基
CH_2
$(CH_3)_3N^+$
OH^-
Cl^-
OH^-

陽イオン交換樹脂　　　陰イオン交換樹脂

(4)

ゴムの分子
加硫
弾性ゴム
(加硫ゴム)
S–S

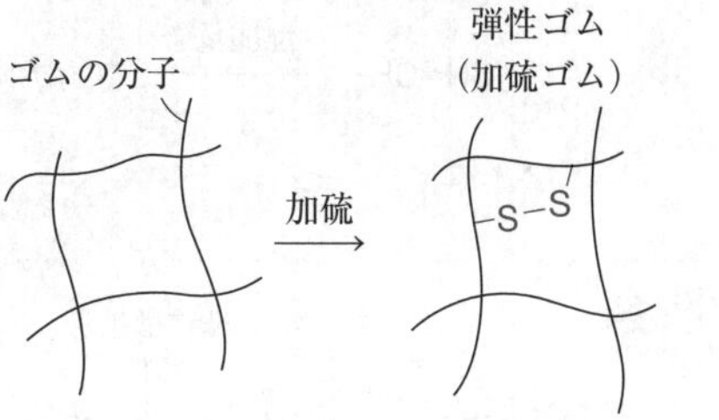

Sによる架橋
立体の変形を抑える。
→強い弾性

(1) 化学繊維には，レーヨンのような半合成繊維やポリエステルのような合成繊維がある。（×半合成繊維→再生繊維）

(2) 有機高分子化合物には，デンプンのような天然高分子とポリエチレンテレフタラート(PET)のような合成高分子がある。また，石英などは無機高分子化合物に分類される。

(3) イオン交換樹脂は，構造中のイオンと水溶液中のイオンを交換する機能をもっている樹脂であり，×陰イオンの交換にはカルボキシ基やスルホ基が関係している。
└→これは陽イオン交換樹脂

(4) 生ゴムまたは天然ゴムは，分子の熱運動により分子の配列や立体的な構造が変化しやすいが，加硫することでゴム特有の強い弾性を示すようになる。

276 解答

(1) 吸水したことにより電離したカルボキシ基が反発し，網目の空間が広がり，さらに極性の大きい水を吸着しやすくなり吸水が進む。

(2) $\left[CH=CH\right]_n$ (3) $HO-CH_2-CH_2-OH$ と $HO-\underset{O}{C}-CH_2-CH_2-\underset{O}{C}-OH$

(4) (イ)

▶ **ベストフィット** 機能性高分子の例を理解する。

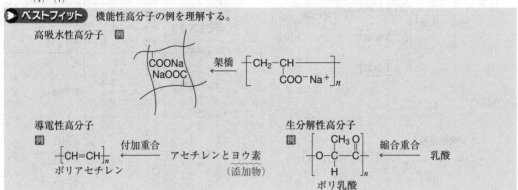

高吸水性高分子 例

導電性高分子
例
$\left[CH=CH\right]_n$ ← 付加重合 ← アセチレンとヨウ素
ポリアセチレン (添加物)

生分解性高分子
例 ← 縮合重合 ← 乳酸
ポリ乳酸

解説

(1)

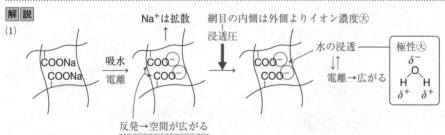

(2) $n\ CH\equiv CH \longrightarrow \left[CH=CH\right]_n$❶
アセチレン　　ポリアセチレン

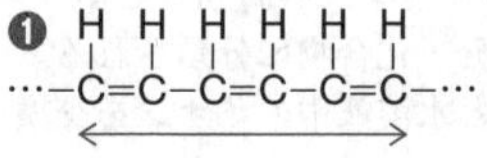

❶ H H H H H H
　…−C=C−C=C−C=C−… 単結合とC=Cがくり返し→共役二重結合　この構造が電子の移動を可能にしている。

ヨウ素（電子吸引性）やアルカリ金属（電子供与性）を少量添加すると金属並みの導電性が生まれる。

(3)

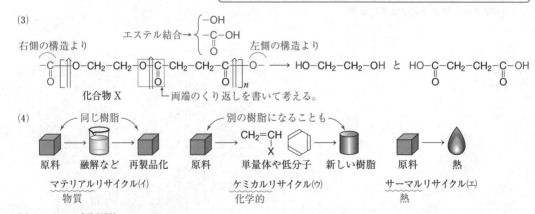

(4)

同じ樹脂
原料 → 融解など → 再製品化
マテリアルリサイクル(イ)
物質

別の樹脂になることも
原料 → $CH_2=CH$ ← 単量体や低分子 → 新しい樹脂
ケミカルリサイクル(ウ)
化学的

原料 → 熱
サーマルリサイクル(エ)
熱

(ア)はリユース（再利用）

25(02)